한솔아카데미가 답이다!
건축기사 _ _ 넷 강좌

한솔과 함께라면 빠르게 합격 할 수 있습니다.

단계별 완전학습 커리큘럼

시험 시 유의사항 – 정규이론과정 – 모의고사 – 마무리특강의 단계별 학습 프로그램 구성

시험 시 유의사항 ▶ **정규강의** (이론+문풀) ▶ **모의고사** (시험 2주 전) ▶ **마무리 특강** (우선순위핵심)

※동일강좌 재수강 신청시 50% 할인 적용
※건축(산업)기사 필기 종합/4주완성 종합반 수강 후 실기 종합반 신청시 20% 할인적용

건축기사 실기 유료 동영상 강의

구 분	과 목	담당강사	강의시간	동영상	교 재
실 기	건축시공	한규대	약 35시간		
	건축적산	이병억	약 14시간		
	공정품질	안광호	약 6시간		
	건축구조	안광호	약 17시간		
	기사 과년도	과목별 교수님	약 60시간		

• 유료 동영상강의 수강방법 : www.inup.co.kr

본 도서를 구매하신 분께 드리는 혜택

본 도서를 구매하신 후 홈페이지에 회원등록을 하시면 아래와 같은
학습 관리시스템을 이용하실 수 있습니다.

01 질의 응답

본 도서 학습 시 궁금하나 사항은 전용 홈페이지를 통해 질문하시면 담당 교수님으로부터
답변을 받아 볼 수 있습니다.

> 전용 홈페이지(www.inup.co.kr)-학습게시판

02 무료 동영상 강좌

교재구매 회원께는 아래의 동영상 강좌 무료수강을 제공합니다.

> ① 건축기사 실기 출제 경향 분석 3개월 무료수강 제공
> ② 건축기사 실기 최근 3개년 기출문제 동영상강의 3개월 무료수강

03 자율 모의고사

교재구매 회원께는 자율모의고사 혜택을 드립니다. 자율모의고사는 나의강의실에 올려드리는
문제지를 출력하여 각자 실제 시험과 같은 환경에서 제한된 시간 내에 답안을 작성하여 주시
고 이후 올려드리는 해설답안을 참고하시어 부족한 부분을 보완할 수 있도록 합니다.

> • 시행일시 : 건축기사 시험일 2주 전 실시(세부일정은 인터넷 전용 홈페이지 참고)

| 인증번호 등록 절차 |

도서구매 후 본권② 뒤표지 회원등록 인증번호 확인

인터넷 홈페이지(www.inup.co.kr)에 인증번호 등록

교재 인증번호 등록을 통한 학습관리 시스템

❶ 출제 경향 분석 3개월 무료제공   ❷ 3개년 기출문제 3개월 무료제공
❸ 시험 2주 전 자율모의고사   ❹ 동영상강좌 할인혜택

교재쿠폰번호 입력

01 사이트 접속

인터넷 주소창에 https://www.inup.co.kr 을 입력하여 한솔아카데미 홈페이지에 접속합니다.

⌄⌄

02 회원가입 로그인

홈페이지 우측 상단에 있는 **회원가입** 또는 아이디로 **로그인**을 한 후, **[건축]** 사이트로 접속을 합니다.

⌄⌄

03 나의 강의실

나의강의실로 접속하여 왼쪽 메뉴에 있는 **[쿠폰/포인트관리]-[쿠폰등록/내역]**을 클릭합니다.

⌄⌄

04 쿠폰 등록

도서에 기입된 **인증번호 12자리 입력(–표시 제외)**이 완료되면 **[나의강의실]**에서 학습가이드 관련 응시가 가능합니다.

■ 모바일 동영상 수강방법 안내

❶ QR코드 이미지를 모바일로 촬영합니다.
❷ 회원가입 및 로그인 후, 쿠폰 인증번호를 입력합니다.
❸ 인증번호 입력이 완료되면 [나의강의실]에서 강의 수강이 가능합니다.

※ 인증번호는 ②권 표지 뒷면에서 확인하시길 바랍니다.
※ QR코드를 찍을 수 있는 앱을 다운받으신 후 진행하시길 바랍니다.

신뢰(信賴)

신뢰는 하루아침에 이루어질 수 없습니다.
매년 약속된 결과보다 더 큰 만족을 드리며
새롭게 앞서나가려는 노력으로
혼신의 힘을 다할 때
신뢰는 조금씩 쌓여가는 것으로
39년 전통의 한솔아카데미의 신뢰만큼은
모방할 수 없는 것입니다.

목차

2011년도부터 구조과목 추가로
건축적산은 (2점~10점) 문제가 출제되고
있으며 (1장~8장)에 출제빈도가 높은
문제 위주로 재구성 하였음

제2편 건축적산

제4편 품질관리 및 재료시험

제5편 건축구조

년도	시행횟수	출 제 내 용	배점	소계
2000	1회	(종) ①벽돌량 ②콘크리트량 ③거푸집량	10	13
		(소) 쇼벨계 굴삭기계 시간당 시공량(m³/hr)	3	
	2회	(종) 줄기초 ①터파기량 ②잡석다짐량 ③버림콘크리트 ④거푸집량 ⑤콘크리트량 ⑥철근량 ⑦잔토처리량 ⑧되메우기량	16	16
	3회	(소) 철골트러스 ①Algle량 ②PL량	9	12
		(소) 토량산출	3	
	4회	(종) 사무실건축 ①벽돌량 ②테라죠현장갈기수량 ③미장면적	10	14
		(소) 잡석량, 틈막이 자갈량	4	
	5회	(종) ①콘크리트량 ②거푸집면적 ③벽돌량 ④미장면적	14	14
2001	1회	(소) 평행트러스 ①Algle량 ②PL-9량	10	15
		(소) 보철근량	5	
	2회	(종) ①벽돌량 ②모르타르량 ③콘크리트량 ④잡석량	15	15
	3회	(종) 사무실 ①벽돌량 ②테라죠수량 ③외벽미장	10	10
2002	1회	(종) 숙직실, 경비실 ①콘크리트량 ②거푸집면적 ③벽돌량 ④미장에 필요한 시멘트량, 모래량	16	16
	2회	(종) 사무실건축 ①벽돌량 ②테라죠갈기수량 ③미장면적	12	18
		(소) 독립기초 ①흙파기량 ②되메우기량 ③잔토처리량	6	
	3회	(소) ①벽돌량 ②쌓기모르타르량	8	15
		(소) 보철근량	7	
2003	1회	(소) 쇼벨계 굴삭기계 시간당 시공량(m³/hr)	4	13
		(소) 슬라브철근량	6	
		(소) 통나무 재적(m³)	3	
	2회	(종) 창고 ①벽돌량 ②미장면적	8	15
		(소) 철강판중량	4	
		(소) 미장면적 작업완료에 따른 소요일수	3	
	3회	(중) 벽돌조건물 ①벽돌량 ②콘크리트량 ③거푸집량	10	13
		(소) 타일장수(정미량)	3	

[2000년]
- 조적공사 13%
- 미장공사 13%
- 철골공사 8.7%
- 토공사 30.4%
- 철·콘공사 34.8%

[2001년]
- 토공사 10%
- 미장공사 20%
- 철·콘공사 20%
- 조적공사 30%
- 철골공사 20%

[2002년]
- 미장공사 23.1%
- 토공사 23.1%
- 철·콘공사 23.1%
- 조적공사 30.7%

[2003년]
- 미장공사 18.1%
- 토공사 9.1%
- 목공사 9.1%
- 철·콘공사 27.3%
- 조적공사 27.3%
- 철골공사 9.1%

년도	시행횟수	출 제 내 용	배점	소계
2004	1회	(종) ① 콘크리트량 ② 거푸집량 ③ 시멘트, 모래, 자갈량	16	16
	2회	(종) 줄기초 ① 터파기량 ② 잡석다짐량 ③ 버림콘크리트 ④ 거푸집량 ⑤ 콘크리트량 ⑥ 철근량 ⑦ 잔토처리량 ⑧ 되메우기량	11	16
		(소) 공사원가, 일반관리비, 직접노무비	3	
		(소) 타일수량	2	
	3회	(종) ① 벽돌량 ② 모르타르량 ③ 콘크리트량 ④ 거푸집량 ⑤ 잡석량	10	10
2005	1회	(종) 간이사무실 ① 벽돌량 ② 테라죠갈기수량 ③ 미장 면적	9	13
		(소) ① 보콘크리트량 ② 보거푸집면적	4	
	2회	(소) 기둥철근량(주근, 대근)	4	14
		(소) 평형트러스(① 앵글량, 플레이트량)	10	
	3회	(종) 숙직실, 경비실 ①콘크리트량 ②거푸집면적 ③벽돌량 ④미장에 필요한 시멘트량, 모래량	14	14
2006	1회	(소) 거푸집소요량(m²)	4	16
		(소) 콘크리트 1일 펌프량(m³)	3	
		(소) 쇼벨계 굴삭기계 시간당 시공량(m³/h)	3	
		(종) ① 옥상시트방수면적 ② 옥상누름콘크리트량 ③ 옥상난간누름벽돌량	6	
	2회	(종) 줄기초 ① 터파기량 ② 잡석다짐량 ③ 버림콘크리트 ④ 거푸집량 ⑤ 콘크리트량 ⑥ 철근량 ⑦ 잔토처리량 ⑧ 되메우기량	11	14
		(소) 시멘트창고 면적	3	
	3회	(종) ① 콘크리트량 ② 거푸집량	10	14
		(소) ① 공사원가산정, 총 공사비 산정	4	
2007	1회	(소) 벽돌정미량	3	15
		(소) 보 주근 철근량	6	
		(소) ① 콘크리트량 ② 거푸집량 ③ 시멘트량 ④ 물량	6	
	2회	(소) 강판소요량, 스크랩량	2	12
		(소) ① 기초콘크리트량 ② 철근량 ③ 거푸집량	4	
		(소) 철골트러스 ① Algle량 ② PL량	6	
	3회	(소) ① 터파기량 ② 되메우기량 ③잔토처리량	6	13
		(소) ① 공사원가 ② 일반관리비 ③ 직접노무비	3	
		(소) 쌍줄비계면적	4	

[2004년]

총론 5.6%
조적공사 16.7%
토공사 24.9%
철, 콘공사 50%

[2005년]

조적공사 16.7%
철골공사 16.7%
마장공사 25%
철·콘공사 41.6%

[2006년]

총론 5.6%
가설공사 5.6%
기타 11%
토공사 27.8%
철·콘공사 50%

[2007년]

기타 5.2%
철골공사 15.8%
총론 15.8%
가설공사 5.3%
토공사 15.8%
철·콘공사 42.1%

	년도	시행횟수	출 제 내 용	배점	소계
[2008년] 총론 14.3% 조적공사 28.6% 철골공사 14.3% 철·콘공사 42.8%	2008	1회	(소) 슬라브 철근량	8	8
		2회	(소) 재료의 할증율	4	22
			(소) 벽돌량 산출	4	
			(소) 철강판 중량 산출	4	
		3회	(소) 콘크리트량과 거푸집 면적 산출	10	9
			(소) 시멘트, 모래, 자갈 중량 산출	6	
			(소) 붉은 벽돌량 산출	3	
[2009년] 기타공사 12.5% 가설공사 12.5% 조적공사 25% 토공사 25% 철골공사 12.5% 철·콘공사 12.5%	2009	1회	(종) 창고(① 벽돌량 ② 미장면적)	9	9
		2회	(소) 강재의 중량산출	2	12
			(종) ① 블록량 ② 일위대가표 ③ 재료비, 노무비	10	
		3회	(소) 기둥철근량	4	16
			(소) 쇼벨계 굴삭기계 시간당 시공량(m³/h)	4	
			(소) 쌍줄비계, 외줄비계 면적산출방법	4	
			(소) 모래 소운반 소요인부수	4	
[2010년] 조적공사 20% 가설공사 20% 토공사 20% 철·콘공사 40%	2010	1회	(종) 온통기초 ① 터파기량 ② 되메우기량 ③ 잔토처리량	9	13
			(소) 레미콘 배차간격	4	
		2회	(종) 경비실건물 ① 콘크리트량 ② 거푸집량	10	18
			(소) 붉은벽돌 소요량	3	
			(소) 변전소면적	5	
		3회	(종) 독립기초 ① 철근량 ② 콘크리트량 ③ 거푸집량	6	6
[구조과목 추가] **[2011년]** 조적공사 20% 방수공사 20% 토공사 20% 철·콘공사 40%	2011	2회	(소) 기둥철근량	4	4
		3회	(종) ① 옥상시트방수면적 ② 옥상누름콘크리트량 ③ 옥상 난간 누름벽돌량	6	9
			(소) 흐트러진 상태토량	3	
[2012년] 가설공사 16.7% 조적공사 16.7% 철골공사 16.7% 토공사 50%	2012	1회	비계면적산출	4	4
		2회	벽돌량 (벽면적 산출)	4	4
		3회	철골량	2	11
			① 터파기량 ② 차량운반대수 ③ 성토다짐 표고	9	

년도	시행횟수	출 제 내 용	배점	소계	
2013	1회	(종) ① 벽돌량 ② 미장면적	9	13	
		(소) 불도져 작업시간 산출	4		
	2회	(소) 비계면적 산출	4	12	[2013년]
		(소) 강판재 소요량, 스크랩량	4		
		(소) 적산, 견적의 뜻	4		
	3회	(소) 벽돌량, 사춤모르타르량	4	13	
		(종) 온통기초 ① 터파기량 ② 되메우기량 ③ 잔토처리량	9		
2014	1회	(소) 콘크리트량과 거푸집 면적산출(보)	6	6	[2014년]
	2회	(종) ① 콘크리트량 ② 거푸집 면적산출	10	13	
		(소) 공사원가, 일반관리비, 직접노무비	3		
	3회	(종) ① 콘크리트량 ② 거푸집 면적산출	10	10	
2015	1회	(종) ① 옥상방수면적 ② 옥상누름콘크리트량 ③ 옥상난간누름벽돌량	6	10	[2015년]
		(소) 기둥주근철근량	4		
	2회	(소) 쇼벨계 굴삭기계 시간당 시공량	4	10	
		(소) 벽돌량(벽면적 산출)	3		
		(소) 목재운반 트럭대수	3		
	3회	(소) 미장면적 작업 소요일 수	3	10	
		(소) 흐트러진 상태 토량	3		
		(소) 재료의 할증율	4		
2016	1회	(소) 8t 트럭에 적재할 수 있는 운반토량	3	6	[2016년]
		(소) 8t 트럭 대수 산정	3		
	2회	(소) 규준틀 개수산정	4	12	
		(소) 쇼벨계 굴착기계 시공량	4		
		(소) 녹재 트럭대수 산정	4		
	3회	(종) ① 터파기량 ② 차량운반대수 ③ 성토 다짐 표고	9	9	

	년도	시행횟수	출제 내용	배점	소계
철·콘공사 50% / 가설공사 50% [2017년]	2017	1회	시멘트, 모래, 자갈 중량산출	6	6
		3회	비계면적 산출	5	5
조적공사 17% / 미장공사 17% / 철·콘공사 33% / 토공사 33% [2018년]	2018	1회	(소) 흐트러진 상태토량	3	10
			(소) 붉은 벽돌 소요량	4	
			(소) 미장면적 작업 소요일 수	3	
		2회	(종) ① 토량　　　　② 차량운반대수	4	4
		3회	(소) ① 철근콘크리트 보 부피 및 중량 ② 철근콘크리트 기둥 부피 및 중량	4	7
			(소) ① 소요콘크리트량　② 6m³ 레미콘 차량대수 ③ 배차간격	3	
조적공사 25% / 토공사 25% / 철·콘공사 50% [2019년]	2019	1회	(소) 쇼벨계 굴삭기계 시간당 시공량	4	4
		2회	(소) 벽돌량	3	9
			(소) 거푸집량	6	
		3회	(소) 콘크리트량	8	8
미장공사 11% / 가설공사 11% / 조적공사 22% / 토공사 22% / 철·콘공사 33% [2020년]	2020	1회	시멘트, 모래, 자갈 중량산출	8	16
			(종) ① 콘크리트량　　　② 거푸집 면적산출	8	
		2회	(종) 온통기초　① 터파기량　② 되메우기량 ③ 잔토처리량	9	9
		3회	(소) 콘크리트량과 거푸집 면적산출(보)	6	10
			(소) 벽돌량 산출	4	
		4회	(소) 규준틀 개수 산출	4	7
			(소) 흐트러진 상태토량	3	
		5회	(조) ① 벽돌량　　　　② 미장면적	10	10

총 론

총론에서는 공사비의 구성, 견적단계순서, 재료의 할증율 등에 대해서 출제되고 있다.
출제빈도는 높지 않으나 내용이 많지 않으므로 핵심내용을 중심으로 학습이 요구된다.

■ 출제경향분석

주 요 내 용	최근출제경향 (출제빈도)
건축공사 견적단계순서	• 견적의 순서〔92, 94〕
적산, 견적	• 적산, 견적의 뜻〔13〕
공사원가구성도	• 공사비 분류〔88, 04, 06, 07, 14〕 • 직접공사비〔92〕
재료의 할증율	• 강재류 할증율〔90, 08, 15〕
각 재료의 단위용적중량	

■ 단원별 경향분석

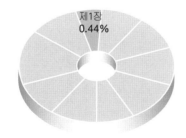

제1장
0.44%

■ 항목별 경향분석

할증율
18.2%

견적의순서,
적산견적뜻
27.3%

직접공사비
9.1%

공사비분류
45.5%

핵심 1

적산과 견적

1. 건축공사 적산과 견적

(1) 적산과 견적

적 산 (積算)	견 적 (見積)
공사에 필요한 재료 및 품의 수량 즉 공사량(工事量)을 산출하는 기술 활동이다.	공사량에 단가(單價)를 곱하여 공사비를 산출하는 기술 활동이다.

예 제

다음 아래 내용에 대한 답을 쓰시오. (4점)　　　　　　　[13년]

(1) 공사에 필요한 재료 및 품의 수량 즉 공사량 (工事量)을 산출하는 기술 활동

　　: ＿＿＿＿＿＿＿＿＿

(2) 공사량에 단가(單價)를 곱하여 공사비를 산출하는 기술 활동

　　: ＿＿＿＿＿＿＿＿＿

정답　(1) 적산, (2) 견적

(2) 적산, 견적업무의 흐름도

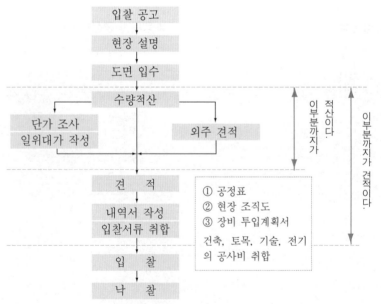

2. 견적의 종류

견적은 그 목적과 조건에 따라 그 정밀도를 달리 하지만 다음과 같이 대별할 수 있다.

개산견적	과거 유사한 건물의 통계실적을 토대로 하여 개략적으로 공사비를 산출하며, 설계도서가 불완전시, 또는 정밀산출시 시간이 없을 때 한다.
명세견적	명세견적은 완비된 설계도서·현장설명·질의 응답 또는 계약조건 등에 의거하여 면밀히 적산·견적을 하여 공사비를 산출하는 것이다.

(1) 명세견적의 순서

① 수량조사	설계도서에서 물량을 조사하는 것이다.
② 단가	조사된 세목의 단가산정한다.
③ 가격	각 세목의 수량에 단가를 곱하여 세목가격을 산출한다.
④ 집계	세목을 비목으로 다시 모아 순공사비를 산출한다.
⑤ 현장경비	순공사비 + 현장경비 = 공사원가
⑥ 일반관리비부담금	공사원가 + 일반관리비 부담금 = 총원가
⑦ 이윤	총원가 × 5~10%
⑧ 총공사비	견적가격 = 총원가 + 이윤

학습 POINT

■ 개산견적과 명세견적의 차이점을 이해한다.

■ 개산견적의 종류
① 비용수지법
② 비용용량법
③ 계수견적법
④ 변수견적법
⑤ 기본단가법

▶ 92년, 94년

건축공사 견적단계 순서

예 제

일반적인 건축공사의 견적단계 순서를 보기에서 골라 기호로 쓰시오. (4점)

[92년, 94년]

(보기) (가) 단가(일위대가표)	(나) 견적가격	(다) 이윤
(라) 수량조사	(마) 일반관리비 부담금	(바) 가격
(사) 현장경비		

→　　　→　　　→　　　→　　　→　　　→

정답　(라) → (가) → (바) → (사) → (마) → (다) → (나)

핵심 2

공사가격의 구성

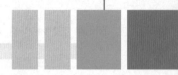

1. 공사원가구성도

(1) 총공사비

이 표는 견적순서에도 사용하고 공사가격 산정에도 필요하다. 일반관리비는 본사 경영비이고 현장경비는 공사현장 관리비이다.

① 공사원가 : 공사시공과정에서 발생하는 재료비, 노무비, 경비의 합계액을 말한다.
② 일반관리비 : 기업의 유지를 위한 관리활동부문에서 발생하는 제비용을 말한다.
③ 직접노무비 : 공사계약목적물을 완성하기 위하여 직접 작업에 종사하는 종업원 및 기능공에 제공되는 노동력의 대가를 말한다.

학습 POINT

▶ 88년, 92년, 04년, 07년

· 공사비의 분류
· 직접공사비 항목
· 공사원가, 일반 관리비,
  직접 노무비

총공사비 (견적가격)	총원가	공사원가	순공사비	직접공사비	재료비 노무비 외주비 경 비
	부가이윤				
		일반관리비 부담금			
			현장경비		
				간접공사비 (공통경비)	

※ 공사원가＝재료비＋노무비＋경비

■ 공사원가
공사원가는 순공사비와 현장경비
순공사비는 직접공사비와 간접공사비(공통경비)
직접공사비는 재료비, 노무비, 외주비, 경비로 구분할 수 있으나 현장경비, 공통경비, 외주비(하도급비), 경비(직접경비)는 모두 경비의 부분이므로
공사원가는
※ 공사원가＝재료비＋노무비＋경비

예 제

실시설계도서가 완성되고 공사물량산출 등 견적업무가 끝나면 공사예정가격 작성을 위한 원가계산을 하게 된다. 원가계산기준 중 아래 내용에 대한 답안을 쓰시오. (3점)　　　　　　　　　　　　　　　　　　　　　[07년, 14년]

(1) 공사시공과정에서 발생하는 재료비, 노무비, 경비의 합계액 : ＿＿＿＿＿＿＿

(2) 기업의 유지를 위한 관리활동부문에서 발생하는 제비용 : ＿＿＿＿＿＿＿＿

(3) 공사계약목적물을 완성하기 위하여 직접 작업에 종사하는 종업원 및 기능공에 제공되는 노동력의 댓가 : ＿＿＿＿＿＿＿＿

정답 ① 공사원가, ② 일반관리비, ③ 직접노무비

---

(2) 가격의 내용

견적가격의 구성 내용에는 단일공사(單一工事)일 때와 수련공사(數連工事)일 때의 2종이 있다.

구 분	내 용
단 일 공 사	한 공사장에 한 동(一棟)의 건물만이 주공사가 되고 다른 공사 종목이 없을 때 이를 단일공사 또는 일련공사(一連工事)라 한다.
수 련 공 사	한 공사장에 2동 이상 또는 다른 공사비목(대지조성공사·옥외 설비공사 등)이 있을 때 이를 수련공사(數連工事)라 한다.

2. 견적서의 서식

(1) 견적서

견적서란 건축설계도서에 따라 공사비를 산출하여 건축공사 예산을 책정하거나 공사실시 가격을 정하는데 쓰이도록 작성한 것이다.

구 분	내 용
대내견적서	① 대내견적서는 실제공사의 실행예산(實行預算)을 작성하기 위한 공사비를 산출하는 것 ② 공사운영의 기본이 되는 것
대외견적서	① 대외견적서는 시공자가 건축주에게 제출하기 위하여 작성하는 것 ② 순서와 내용은 대체로 대내견적서와 같지만, 제출 견적서의 내용을 건축주가 이해하기 쉽도록 간단하면서도 자세히 작성한다.

(2) 공사비 명세서·내역서

한 공사의 공사비는 다음과 같이 3단계로 구분하여 계산한다.

구 분	내 용
비목 (費目)	① 한 공사를 각 건물별로 대별하여 계산한 것 ② 각 비목을 집계(集計)하면 순공사비(純工事費)가 된다.
과목 (科目)	① 각 건물마다 공종별(工種別)로 구분하여 작성한 것 ② 각 과목을 총집계하면 각동 건물의 공사비(비목)가 된다.
세목 (細目)	① 각 공종별 과목을 다시세분하여 재료·노무·기재손료(機材損料)·운임 등으로 정리한 것 ② 이를 집계하면 한 건물의 공종별 공사비(과목)가 된다. ③ 세목으로 기재된 견적서를 공사비내역명세서(工事費內譯明細書)라 한다.

학습 POINT

■ 단일공사와 수련공사의 차이점을 이해한다.

■ 견적가격의 구성
① 비목
총공사비 ─ 공사원가 ─ 순공사비
(견적가격) ─ 부가이윤 ─ 현장경비
─ 일반관리비
부담금

┌ 직접공사비 ─ 재료비
└ 간접공사비 ─ 노무비
─ 외주비
─ 경비

② 과목
순공사비(건물공사비)
1. 가설공사비
2. 토공사비
3. 기초공사비
⋮

③ 세목
각 공사마다 공사종별을 세분한다.

핵심 3

적용기준

1. 적용방법

(1) 수량의 계산

① 재료의 수량은 시방서 및 도면에 의하여 산출된 공사재료의 정미량에 재료 운반, 절단, 가공, 시공 중에 발생되는 손실량을 가산한다.

② 품셈에 할증이 포함되어 있거나 표시되어 있는지 아니한 경우에는 재료의 할증율을 적용함에 유의해야 한다.

정미량	① 공사에 실제 설치되는 자재량이 정미량이다. ② 설계도서의 설계치수에 의한 계산수량으로 할증이 포함되지 않는다.
소요량	정미량 + 각재료의 할증량

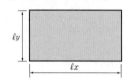
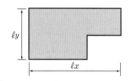
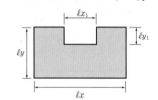
(2) 수량계산의 일반사항

① 수량은 C.G.S 단위를 사용한다.

② 수량의 단위 및 소수위는 표준 품셈 단위 표준에 의한다.

③ 수량의 계산은 지정 소수위 이하 1위까지 구하고, 끝수는 4사 5입한다.

④ 계산에 쓰이는 분도(分度)는 분까지, 원둘레율(圓周率), 삼각함수(三角函數) 및 호도(弧度)의 유효숫자는 3자리(3位)로 한다.

⑤ 곱하거나 나눗셈에 있어서는 기재된 순서에 의하여 계산하고, 분수는 약분법을 쓰지 않으며, 각 분수마다 그의 값을 구한 다음 전부의 계산을 한다.

⑥ 면적의 계산은 보통 수학 공식에 의하는 외에 삼사법(三斜法)이나 삼사유치법(參斜誘致法) 또는 프라니미터로 한다. 다만, 프라니미터를 사용할 경우에는 3회 이상 측정하여 그중 정확하다고 생각되는 평균값으로 한다.

⑦ 체적계산은 의사공식(疑似公式)에 의함을 원칙으로 한, 토사의 입적은 양단 면적을 평균한 값에 그 단면간의 거리를 곱하여 산출하는 것을 원칙으로 한다. 다만, 거리평균법으로 고쳐서 산출할 수도 있다.

⑧ 다음에 열거하는 것의 체적과 면적은 구조물의 수량에서 공제하지 아니한다.

　㉮ 콘크리트 구조물 중의 말뚝머리

　㉯ 보울트의 구멍

　㉰ 모따기 또는 물구멍(水切)

　㉱ 이음줄눈의 간격

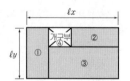

⑩ 포장공종의 1개소당 0.1m² 이하의 구조물 자리

⑪ 강(鋼) 구조물의 리벳 구멍

⑫ 철근 콘크리트 중의 철근

⑬ 조약돌 중의 말뚝 체적 및 책동목(柵胴木)

⑭ 성토 및 사석공의 준공토량은 설계도의 양으로 하되, 지반침하량은 지반의 성질에 따라 가산할 수 있다. 점토량은 자연상태의 설계도 양으로 한다.

학습 POINT

2. 재료의 할증율

(1) 콘크리트 및 포장용 재료

종 류	정치식(%)	기타(%)	종 류	정치식(%)	기타(%)
시멘트	2	3	아 스 팔 트 석분, 혼화재	2	3
잔골재(채움재)	10	12			
굵은골재	3	5			

(2) 강재류

종 류	할증율(%)	종 류	할증율(%)
원 형 철 근	5	대 형 형 강 (形 鋼)	7
이 형 철 근	3	소 형 형 강	5
일 반 보 울 트	5	봉 강	5
고 장 력 보 울 트	3	강관, 각관, 동관	5
강 판	10	경량형강, 평강	5
동 판	10	리 벳	5

▶90년

■ 강재류 할증율 요약

① 이형철근 : 3%

② 원형철근 : 5%

③ 대형형강 : 7%

④ 강판, 동판 : 10%

예제

다음 수량 산출시 할증율이 작은 것부터 큰 것의 순서를 보기에서 골라 번호로 쓰시오. (2점) [90년]

(보기) (가) 이형철근 　　(나) 원형철근 　　(다) 대형형강 　　(라) 강판

정답 (가) → (나) → (다) → (라)

(3) 노상 및 노반재료 (선택층, 보조기층, 기층등)

종　　　　류	할증율 (%)	종　　　　류	할증율 (%)
모　　　　래	6	모　　　　래	0
부순돌, 자갈, 막자갈	4	부순돌, 자갈, 막자갈	6

(4) 해상작업의 경우

　① 토사

종　　　류	할증율(%)	비　　　　　　　　고
치 환 모 래　(置換砂)	20	
깔 모 래　　(敷砂)	30	표면건조포화상태의 모래에 대한 할증률
사항용모래　(砂杭用砂)	20	
압 입 모 래 (壓入砂)	40	

　② 사석

종류 ＼ 사석두께 ＼ 지반	보 통 지 반		모 래 치 환 지 반		연 약 지 반	
	2m미만	2m이상	2m미만	2m이상	2m미만	2m이상
기 초 사 석	25%	20%	30%	25%	50%	40%
피복석(被服石)	15	15	15	15	20	20
뒤 채 움 사 석	20	20	20	20	25	25

　③ 속채움

종　　　류	할증율(%)	바　　　　　　　고
모　　　래	10	케이슨 또는 셀룰러 블록 등의 속채움시. 다만, 블록 또는 콘크리트의속채움재는 제외
사　　　석	10	

예 제

설계도서에서 정미량으로 산출한 D10 철근량은 2,574kg이었다. 건설공사에 할증을 고려한 소요량으로서 8m짜리 철근을 구입하고자 한다. 이 때 D10철근 (0.56kg/m) 몇 개를 운반하면 좋을지 필요한 갯수를 산출하시오. (단, 계근소의 휴업으로 갯수로 구입할 수 밖에 없는 조건이다.) (3점)　　　　　　　[90년]

정답　① (D10)8m짜리 철근중량 : 0.56kg/m×8m=4.48kg
　　　② 소요철근량 : 2,574kg×1.03=2,651kg
　　　∴필요한 철근갯수 : 2,651÷4.48=591.7　　　　　　답 : 592개

소요량＝정미량＋할증량
・이형철근의 할증율은 3%이다.

(5) 기타재료

종　류		할증율(%)	종　류		할증율(%)
목　재	각　재	5	레디믹스트 콘크리트 타설(현장플랜트 포함)	무근구조물	2
	판　재	10		철근구조물	1
	졸　대	20		철골구조물	1
합　판	일 반 용	3	혼합콘크리트 (인력 및 믹서)	무근구조물	3
	수 장 용	5		철근구조물	2
벽　돌	붉은벽돌	3		소형구조물	5
	내 화 벽 돌	3	아스팔트 콘크리트 포설(현장 플랜트 포함)		2
	시멘트벽돌	5			
	경 계 블 록	3	콘크리트 포장 혼합물의 포설		4
	호 안 블 록	5	기　　와		5
블　　　록		4	슬 레 이 트		3
도　　　료		2	원 석 (마 름 돌 용)		30
유　　　리		1	석재판붙임용재	정형물	10
타　일	모 자 이 크	3		부정형물	30
	도　기	3	시 　 스 　 관		8
	자　기	3	원 심 력 콘 크 리 트 관		3
	크 링 커	3	조립식구조물(U형플룸등)		3
타　일 (수장용)	아 스 팔 트	5	덕 트 용 금 속 판		28
	리 놀 륨	5	위생기구(도기, 자기류)		2
	비　닐	5	조 경 용 수 목		10
	비 닐 랙 스	5	잔　　　디		10
텍　　　스		5	프레스접합식 스테인리스 강 관 이 음 부 속 류		5
석고판(본드붙임용)		8			
석고보그(못붙임용)		5			
코 　 르 　 크 　 판		5			
단 　 열 　 재		10			

학습 POINT

▶ 08년, 15년

- 기타재료 할증율 요약
① 붉은벽돌 : 3%
② 내화벽돌 : 3%
③ 시멘트벽돌 : 5%
④ 타일 : 3%
⑤ 기와 : 5%
⑥ 유리 : 1%
⑦ 단열재 : 10%(15년)

예 제

다음 수량 산출시 각 재료의 할증율을 괄호안에 쓰시오. (4점)　　[08년, 15년]

① 유리(　%)　② 기와(　%)　③ 시멘트벽돌(　%)　④ 붉은벽돌(　%)

정답　① 유리 : 1%
② 기와 : 5%
③ 시멘트벽돌 : 5%
④ 붉은벽돌 : 3%

3. 각 재료의 단위용적 중량(m³당)

구 분	종 류	중 량(kg)	구 분	종 류	중 량(kg)
암 석	화 강 석	2,600~2,700	강 철 재	주 철	7,250
	안 산 암	2,300~2,710		강·주강·단철	7,850
	사 암	2,400~2,790		연 철	7,800
	현 무 암	2,700~3,200		구 리	8,900
석 재	호 박 돌	1,800~2,000		놋 쇠	8,400
	사 석	2,000		납	11,400
	조 약 돌	1,700	목 재	생 소 나 무	800
	고로스래그쇄석	1,650~1,850		건 조 소 나 무	580~590
자 갈	건 조	1,600~1,800		미 송	420~700
	습 윤	1,700~1,810	시 멘 트	자 연 상 태	1,500
	포 화	1,800~1,900		밀 실 상 태	3,150
모 래	건 조	1,500~1,700	콘크리트	철근콘크리트	2,400
	습 윤	1,700~1,800		무근콘크리트	2,300
	포 화	1,800~2,000	모르타르		2,100
	자갈섞인것	1,900~2,100	역 청	포 장	2,200
점 토	건 조	1,500~1,700		방 수 용	1,100
	습 윤	1,600~1,800	유 리		2,400~2,800
	포 화	1,900~2,100	소 석 회	분 말 상	550~600
점 질 토	보 통	1,500~1,700	물	담 수	1,000
	염분섞인것	1,600~1,800		해 수	1,030
	〃 (습윤)	1,900~2,100	눈	분 말 상	160
토 사	사 질 토	1,700~1,900		동 결 상	480
	자갈섞인것	1,700~2,000		수 분 포 화	800

학습 POINT

■ 각 재료 단위중량 요약
① 시멘트 : $1.5t/m^3$
② 점토 : $1.5 \sim 1.7t/m^3$
③ 모래 : $1.5 \sim 1.7t/m^3$
④ 자갈 : $1.6 \sim 1.8t/m^3$
⑤ 강철 : $7.85t/m^3$
⑥ 목재 : $580kg/m^3$
⑦ 무근콘크리트 : $2.3t/m^3$
⑧ 철근콘크리트 : $2.4t/m^3$
⑨ 모르타르 : $2.1t/m^3$
⑩ 물 : $1t/m^3$

4. 6t화물자동차 1대의 적재량

(1) 중량으로 적재할 수 있는 품조에 대하여는 중량적재를 하는 것을 원칙으로 한다.

(2) 중량적재가 곤란한 것에 대하여는 적재할 수 있는 실측치에 의한다.

(6ton 차량)

종 류	규 격	단 위	적 재 값
목재(원 목)	길이가 긴 것은 낱개	m³	7.7
목재(제재목)	〃	〃	9.0
경 유	200 ℓ	드럼	30
휘 발 유	〃	〃	30
아 스 팔 트	〃	〃	24
새 끼	12m/m 9.4kg	다발	480
벽 돌	19cm×9cm×5.7cm(표준형)	개	2,930
기 와	34cm×30cm×1.5cm	매	1,860
콘 크 리 트 관	250mm L=1m	본	60
	300mm 〃	〃	52
	350mm 〃	〃	42
	450mm 〃	〃	25
	600mm 〃	〃	12~16
	900mm 〃	〃	4~9
	1,000mm 〃	〃	3~6
	1,200mm 〃	〃	3~6
	1,500mm 〃	〃	3~6
보 도 블 럭	30cm×30cm×6cm	개	490
견 치 돌	뒷길이 45cm	개	100

학습 POINT

■ 재료의 단위중량 요약

① 벽돌(190×90×57)1매는 약 2kg이다.

② 보도블럭(300×300×60) 1개는 약 12.3kg이다.

③ 시멘트 1포대는 약 40kg이다.

④ 기와(340×300×15) 1매는 3.2kg이다.

문제 1

다음은 공사비의 분류이다. (   )안에 채우시오. (4점)　　　　[88년]

```
총공사비 ── 공사원가 ┬─ 순공사비 ── 직접공사비
(견적가격)  ┌ ( ① )  │   ( ③ )      ( ④ )
           └ ( ② )  ┘
```

정답
① 부가이윤
② 일반관리비 부담금
③ 현장경비
④ 간접 공사비

문제 2

공사비의 구성중 직접공사비의 산출항목 종류는 (   ), (   ),
(   ), 경비로 구성된다. (3점)　　　　[92년]

정답
① 재료비
② 노무비
③ 외주비

문제 3

다음 아래 보기의 자료에 의한 공사원가와 총공사비를 산출하시오. (4점)　[06년]

〔보기〕

㉠ 자재비 : 60,000,000원	㉣ 간접공사비 : 20,000,000원
㉡ 노무비 : 20,000,000원	㉤ 일반관리비 부담금 : 10,000,000원
㉢ 현장경비 : 10,000,000원	㉥ 이윤 : 10,000,000원

① 공사원가

계산식 : _____

정　답 : _____

② 총공사비

계산식 : _____

정　답 : _____

정답

① 공사원가
계산식 : 자재비 + 노무비 + 현장경비 + 간접공사비
= 60,000,000 + 20,000,000 + 10,000,000 + 20,000,000
정답 : 110,000,000

② 총공사비
계산식 : 공사원가 + 일반관리비부담금 + 이윤
= 110,000,000 + 10,000,000 + 10,000,000
정답 : 130,000,000

해설 공사원가의 구성

* 주:(1) 재료비, 노무비, 외주비에 따른 직접경비이다.
　(2) 대지조성비, 공통가설비 등 공통경비를 의미
　(3) 직접계상경비, 승율계상경비로 나눈다.

총공사비 (견적가격)	부가이윤				
	총원가	일반관리비 부담금			
		공사원가	(3) 현장경비		
			순공사비	(2) 간접공사비 (공통경비)	
				직접공사비	재료비
					노무비
					외주비
					(1)경비

※ 공사원가 : 공사시공과정에서 발생하는 재료비, 노무비, 경비 합계액을 말한다.

가설 공사비

가설공사에서는 비계면적, 수평보기면적, 동바리수량산출 등이 출제되고 있으며 소단원 적산문제로 3~5점 정도의 비중을 차지하고 있다.

시멘트 창고면적산출이나 변전소면적산출 등에 관한 내용은 출제될 가능성이 높은 부분 으로서 핵심내용을 중심으로 학습이 요구된다.

■ 출제경향분석

주 요 내 용	최근출제경향(출제빈도)
시멘트창고필요면적	• 시멘트창고면적산출〔06〕
동력소 및 변전소면적	• 동력소 및 변전소면적〔10〕
가설건물기준면적	
비계	• 쌍줄비계면적산출〔88, 89, 93, 07, 09, 12, 13, 17〕
수평보기 및 규준틀	• 수평보기면적〔87〕 • 규준틀 개수산정〔16, 20〕
동바리(Support)	• 동바리수량산출〔87〕

■ 단원별 경향분석

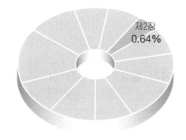

제2장
0.64%

■ 항목별 경향분석

동바리수량
16.6%

시멘트창고
16.6%

수평보기면적
16.6%

비계면적산출
50.2%

핵심 **4**

가설건물

1. 시멘트 창고

(1) 시멘트 창고 주의사항

① 시멘트를 저장하는 창고의 구조는 보관중에 흡습에 의한 품질의 저하를 방지하기 위하여 방습을 제일 목적으로 한다.

② 장기간 사용하는 창고는 마루널 위 철판깔기로 하고 바닥높이는 30cm 이상으로 하며, 주위에는 배수구를 설치하여 물빠짐을 좋게 한다.

③ 공기의 유통을 작게 하기 위하여 개구부를 될 수 있는 한 작게 한다.

④ 시멘트의 높이 쌓기는 13포대를 한도로 하고 마루면적 1m²에 약 50포대를 적재할 수 있도록 한다.

⑤ 창고의 크기는 시멘트 100포당 2~3m²로 하는 것이 바람직하다.

(2) 시멘트 창고 면적산출

$$시멘트창고면적\quad A(m^2) = 0.4 \times \frac{N}{n}$$

① 포대수(N)

　┌ 600포 미만 : N=쌓기포대수
　├ 600포 이상~1,800포 이하 : N=600
　└ 1,800포 초과 : N=1/3만 적용한다.

② 쌓기단수(n)

　단기저장시(3개월 이내 저장을 원칙으로 함) : n ≦ 13

여기서,
A : 저장면적(m²)
N : 시멘트 포대수
n : 쌓기단수(최고 13포)

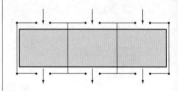

10~15포　1,800

철판붙이기

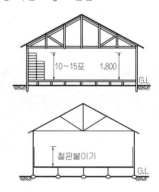

1,500(13포대)
400 400 400
1,600
1,200

예 제

시멘트가 각각 500포, 1,600포, 2,400포가 있다. 공사현장에서 필요한 시멘트 창고의 면적은 얼마나 필요한가? (단, 쌓기 단수는 12단)　[06년]

정답　① 500포의 경우 : $A = 0.4 \times \dfrac{500}{12} = 16.666$　　　답 : 16.67m²

② 1,600포의 경우 : $A = 0.4 \times \dfrac{600}{12} = 20m^2$　　　답 : 20m²

③ 2,400포의 경우 : $A = 0.4 \times \dfrac{(2,400 \times 1/3)}{12} = 26.666$　　　답 : 26.67m²

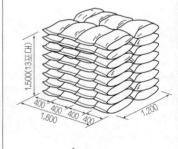

110~150
400　600
40kg들이

2. 동력소 및 변전소

(1) 변전소 면적 산출방법

공사현장에 필요한 전 동력의 장비를 파악하고, 이에 대한 전력소요의 적정기준 설정을 해야 하며 변전소 면적을 구하는 식은 아래와 같다.

> 변전소 면적 $A(m^2) = 3.3\sqrt{W}$

여기서, A : 변전소면적(m^2)
W : 전력용량(kwH)

☞ 1Hp=0.746kw(공사현장에서는 1Hp을 1kw를 계산하기도 하나, 시험에서는 1Hp을 0.746kw를 정확히 명세견적으로 계산함을 원칙으로 한다.)

[예제]

다음과 같은 조건으로 동력소 면적을 산출하고 1개월 소요전력량을 구하시오. (5점) [10년]

| (조건) | ① 20Hp 전동기 5대 | ② 5Hp윈치 2대 |
| | ③ 150w 전등 10개 | ④ 1일 10시간씩 30일 사용한다. |

[정답] 소요전력량 : $74.6 + 7.46 + 1.5 = 83.56kw$

∴변전소 면적 : $A = 3.3\sqrt{83.56} = 30.165m^2$ 답 : 30.17m^2

∴1개월 소요전력 : 83.56×10시간×30일 = 25,068kw   답 : 25,068kw

(2) 가설건물기준 면적

종 별	용 도	기준면적 (m^2)	비 고
사 무 소	30인 이상일 때	3.3	1인당
식 당		1.0	1인당
숙소(기능공)		2.5	1인당(직원:5m^2/인)
휴 게 실	기거자 3명당 9m^2	1.0	1인당
화 장 실	대변기 : 남자 20명당 1기		
	여자 15면당 1기	2.2	1변기당(대소변)
	소변기 : 남자 30명당 1기		
탈의실·샤워장		2.0	1인당
작 업 장	목공용(거푸집 제작)	20	거푸집 사용량 1,000m^2당
	철근공 (가공·보관)	30~60	철근 100t당
	철골공(공작도 작성)	30	철골100t당 (필요시)
	철골공(현장가공·재료보관)	200	철골 100t당
	석공용(가공·공작도 작성)	70~100	매월 가공량 10m^3당
	미장용(막서·재료 둘 곳)	7~15	미장면적 330m^3당
	함석공(가공·재료 둘 곳)	15~30	함석 330m^3당

학습 POINT

[해설] 소요전력량 산출

① 전동기 (20Hp×0.746kw)×5
= 74.6kw

② 윈치(5Hp×0.746kw)×2
= 7.46kw

③ 전등 0.15×10=1.5kw

■ 가설기준면적 요점
① 가설사무소 : 3.3m^2/인
② 가설식당 : 1.0m^2/인
③ 가설숙소 : 2.5m^2/인

■ 가설사무소 평면 예

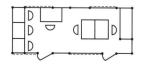

■ 가설숙소 평면 예

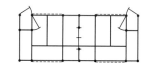

건축구조물의 비계

1. 비계

(1) 비계면적

구분 \ 종별	쌍 줄 비 계	겹 비 계, 외 줄 비 계
목 조	벽 중심선에서 90cm거리의 지반면에서 건물 높이까지의 외주면적이다.	벽 중심선에서 45cm거리의 지면에서 건물 높이까지의 외주면적이다.
벽 돌 조 블 록 조 철근콘크리트조 철 골 조	벽 외면에서 90cm거리의 지면에서 건물높이까지의 외주 면적이다.	벽 외면에서 45cm거리의 지면에서 건물높이까지의 외주 면적이다.
	※ 파이프비계 : 외벽면에서 100cm 이격 (단관비계, 강관틀비계)	

■ 건축물의 높이기준

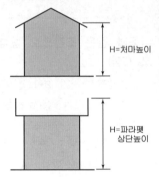

H=처마높이

H=파라펫 상단높이

(2) 비계면적 수량산출

구 분	산 출 방 법
쌍줄비계면적	$A(m^2) = H(L + 8 \times 0.9)$
외줄·겹비계면적	$A(m^2) = H(L + 8 \times 0.45)$
파이프비계면적	$A(m^2) = H(L + 8 \times 1)$

여기서, A : 비계면적(m²)
H : 건물높이(m)
L : 건물외벽길이(m)

0.9 : 외벽에서 0.9m 이격
0.45 : 외벽에서 0.45m 이격
1 : 외벽에서 1m 이격

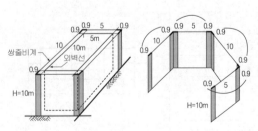

그림. 쌍줄비계

☞ 쌍줄비계 길이산정
① 쌍줄비계길이
= (0.9+10+0.9)+(0.9+5+0.9)+(0.9 +10+0.9)+(0.9+5+0.9)
= 37.2m

② 따라서
= 0.9×8+30(외벽길이) = 37.2m

③ 쌍줄비계면적
= 37.2×10(건물높이) = 372m²

■ 외주길이의 산정
① 외벽 외주길이 $L = 2(a+b)$
② 비계 외주길이 $L' = 2(a'+b')$

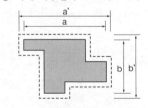

③ 외벽 외주길이 $L = 2(a+b+b_1)$
④ 비계 외주길이
$L' = 2(a'+b'+b_1)$

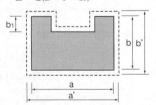

예 제

다음 평면의 건물높이가 13.5m일 때 비계면적을 산출하시오. (단, 도면의 단위는 mm이며, 비계형태는 쌍줄비계로 한다.) (4점)　　　　　　　　　　　　　　[12년, 17년]

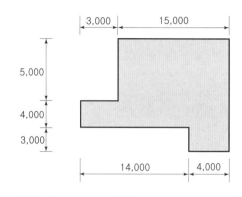

| 정답 | 비계면적 : $A = \{0.9 \times 8 + (18+12) \times 2\} \times 13.5 = 907.2 \text{m}^2$ |

답 : 907.2m²

학습 POINT

■ 비계의 종류

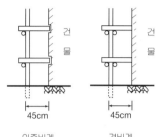

외줄비계　　　　겹비계

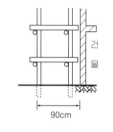

쌍줄비계

■ 내부비계면적
연면적의 90%로 산출한다.

(3) 내부비계

① 내부비계의 비계면적은 연면적의 90%로 하고 손료는 외부비계 3개월까지의 손율을 적용함을 원칙으로 한다.

② 수평비계는 2가지 이상의 복합공사 또는 단일공사라고도 작업이 복잡한 경우에 사용함을 원칙으로 한다.

③ 말비계는 층고 3.6m 미만일 때의 내부공사에 사용함을 원칙으로 한다.

④ 경미한 단일 공사를 하기 위한 페인트공사, 뿜칠공사, 청소 등에서 필요한 경우 사용함을 원칙으로 하며, 외부비계와 비교하여 경제적인 것을 사용한다.

(4) 외부 · 내부비계 및 비계다리 매기 품

(단위 : 비계면적 m²당)

종별 구 분	단위	외부비계			내부비계		비계다리			
		외줄 비계	겹비계	쌍줄 비계	수평 비계	말비계 (발돋음)	면적 m²당	1개소당		
								2층	3층	4층
긴 비 계 목	개	0.24	0.30	0.45	0.27	0.02	0.30	28	68	138
짧은비계목	개	0.10	0.15	0.30	0.60	-	0.55	28~38	65	103
발 판 널	장	0.10	0.10	0.15	0.15	0.15	0.90	12	18	24
각 재	개	-	-	-	-	0.05	0.70	9.35	14	18.7
철 선	kg	0.18	0.25	0.36	-	-	0.30	15~21	20~30	30~40
새 끼	사리	0.06	0.075	0.15	0.10	0.03	-	-	-	-
비 계 공	인						-	6	15	30

핵심 6

규준틀

학습 POINT

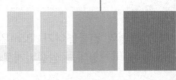

▶ 87년

수평보기면적산출

1. 수평규준틀

구 분	내 용
수평보기 면적산출	① 수평보기란 건축물 공사시 수평면을 정하는 것 ② 외부기둥(기둥이 없는 경우에는 외벽)의 중심선으로 둘러쌓인 내부면적을 수평보기의 면적으로 한다.
줄쳐보기	① 건물의 위치를 정하기 위하여 건축물의 외벽선을 따라 작은 말뚝을 박고 줄을 띄우는 것 ② 건물과 도로 및 인접지 경계선에서의 거리 등을 검토하고, 수평규준틀 말뚝의 위치를 정하기 위한 예비작업으로서도 이용된다.
수평규준틀 산출방법	① 평면도에 따라 귀규준틀과 평규준틀로 나누어 개소수로 계산함이 원칙이다. ② 설치위치 [평규준틀] 내벽간막이 벽의 양 끝 　　　　　[귀규준틀] 외벽코너 �부분

■ 수평규준틀의 설치위치
① 평규준틀 : 내벽간막이벽의 양끝
② 귀규준틀 : 외벽코너 �부분

(1) 규준틀의 목재량 및 설치위치

(1개소당)

구 분	단위	수 평 규 준 틀		
		면적당(m²당)	개소당	
			평규준틀	귀규준틀
목재량	m³	0.002	0.014	0.022
못	kg	0.004	0.03	0.06
설치위치			내벽간막이벽의 양끝	외벽코너 �부분

① 줄띄우기　　　　② 규준틀 설치　　　　③ 수평규준틀

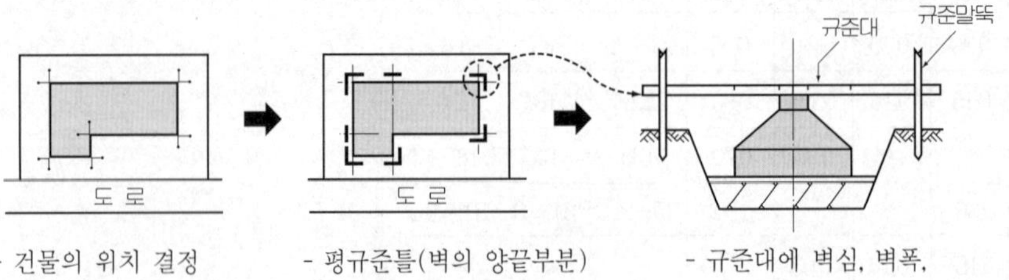

- 건물의 위치 결정
- 규준틀 설치 예비작업

- 평규준틀(벽의 양끝부분)
- 귀규준틀(외벽코너�부분)

- 규준대에 벽심, 벽폭,
　기초폭 등 표시

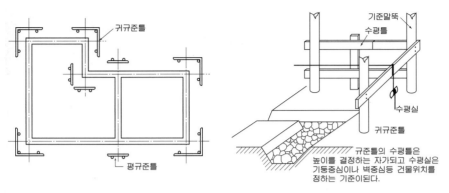

그림. 규준틀의 위치

규준틀의 수평틀은
높이를 결정하는 자가되고 수평실은
기둥중심이나 벽중심등 건물위치를
정하는 기준이된다.

학습 POINT

▶ 16년

규준틀 개수산정

(2) 수평규준틀에서 귀규준틀(개소당)의 일위대가표

(1개소당)

품 명	규 격	단 위	수 량	단 가	금 액	비 고
목 재	육송	m³	0.0176	290,000	5,104.0	0.022×0.8
못	N 50	kg	0.06	680	40.8	
건 축 목 공		인	0.30	71,803	21,540.9	
보 통 인 부		인	0.45	37,736	16,981.2	
계			재료비		5,144.8	
			노무비		38,522.1	
합 계					43,666.9	

2. 세로 규준틀

(1) 조적공사에 있어서의 세로규준틀의 비용도 직접가설비에 계상하는 것을 원칙으로 하지만 필요에 따라 조적공사 또는 목공사에서 계산할 때도 있다.

(2) 수직(세로)규준틀의 높이는 3.6m를 기준한 것이고 그 이상일 때는 비례적으로 가산할 수 있다.

구 분	단위	세 로 규 준 틀	
		개 소 당	
		평(1층)	귀(1층)
목재	m³	0.062	0.056
못	kg	0.050	0.032
목수	인	0.18	0.18
인부	인	0.20	0.20

■ 세로규준틀
조적공사에서 높이의 기준을 삼고자 설치한다.

핵심 7

건축구조물의 동바리

1. 동바리 (Support)

(1) 개요

동바리(Support)는 상부 거푸집(형틀)을 지지하여 콘크리트 타설시 변형을 막고 양생되기까지 설치하는 가설재로서 목재동바리, 강관동바리 등이 있다.

(2) 동바리(Support) 수량산출

구 분	산 출 방 법
목재 동바리	① V(공m³) = (상층바닥판면적 × 층안목높이) × 0.9
	② V(10공m³) = [(상층바닥판면적 × 층안목높이) × 0.9] × 1/10
철재(강관)동바리	A(m²) = (상층바닥판면적 × 층수) × 0.9

① 상층 바닥면적을 계산할 때는 발코니, 채양 등 돌출부 면적을 가산해야 하나, 1m² 이상의 개구부(개소당) 면적은 공제한다.
② 조적조 등에서 테두리보 하부에 내력벽이 있는 경우에는 내력벽을 시공한 후 보를 시공하기 때문에 동바리가 필요하지 않다. 따라서, 당해 면적은 동바리량에서 공제하여야 한다.
③ 조적조 등에서 1층의 경우 공정상 바닥슬라브를 치기전에 상층 슬라브를 동바리로 지지하는 경우 동바리의 길이는 G.L(지표면) 선에서 상층 바닥판 밑까지 산정한다.
④ 보 밑부분에 창문 등 개구부가 있는 경우에는 개구부 상부에 동바리를 대지 않는 것으로 산정한다.

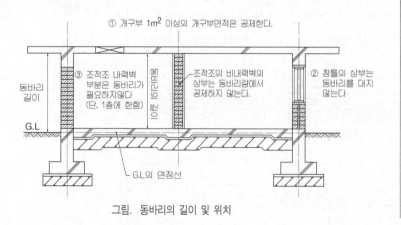

그림. 동바리의 길이 및 위치

학습 POINT

▶ 87년
동바리 수량출

■ 동바리 설치예

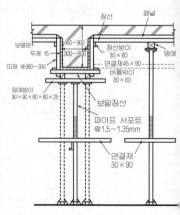

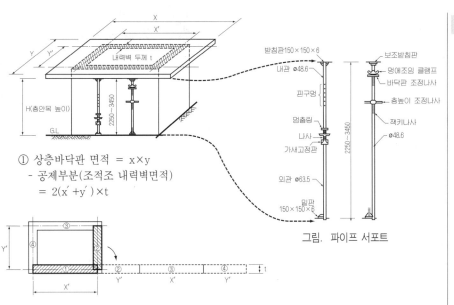

① 상층바닥판 면적 = x×y
 - 공제부분(조적조 내력벽면적)
   = 2(x′+y′)×t

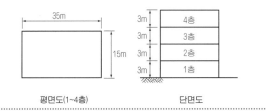

② 층안목높이 = 바닥에서 슬라브 밑까지
               (1층 경우는 G.L부터 슬라브 밑까지)

그림. 파이프 서포트

학습 POINT

■ 동바리(Support)

동바리는 상부거푸집을 지지하여 콘크리트타설시 변형을 막고 양생되기 전까지 설치하는 가설재임.

예 제

다음 그림과 같은 건물의 동바리 체적(10공m³)을 계산하시오.

평면도(1~4층): 35m × 15m

단면도: 4층 3m, 3층 3m, 2층 3m, 1층 3m

정답 동바리 체적(10공m³) = 상층바닥면적(m²)×층고(m)×0.9
                        = (35×15×3×0.9)×4층 = 5,670공m³
                        ∴ 5,670 × $\frac{1}{10}$ = 567

답 : 567(10공m³)

해설

10공m³의 산출은 (공m³) 산출량의 1/10에 해당되는 수량을 산출해야 한다.

(3) 동바리 재료 및 품

(10공m³ 당)

종 별	규 격	단 위	수 량	비 고
통 나 무	길이 3.6~7.0m 중경 12cm, 말구 12cm	m³	0.144	
각 재		m³	0.096	
철 선		kg	0.3	
보 올 트	φ4 mm	kg	1.0	
형틀목공		인	0.24	
인 부		인	0.53	

문제 1

공사현장에서 믹서모터 35마력, 윈치 25마력, 전등 200W 20개를 동시에 사용하는 경우 가설동력소, 변전소의 소요면적을 구하시오.

정답 $A = 3.3 \times \sqrt{W}$

$1HP = 0.746kW$

· $(35HP + 25HP) \times 0.746kw = 44.76kw$

· $200W \times 20 = 4000W = 4kW$

$\therefore A = 3.3\sqrt{44.76 + 4} = 23.04\,\text{m}^2$

답 : 23.04m^2

문제 2

아래 평면의 건물높이가 16.5m일 때 비계면적을 산출하시오.   [88년, 07년]
(단, 쌍줄비계로 함)

(평면도: 36m = 6m + 20m + 10m, 높이 7m, 15m, 22m)

해설 외벽길이 산정시

① 가로의 길이와 세로의 길이를 하나하나 더하지 말고,
② 가로의 최대길이 36m와 세로의 최대길이 22m의 외벽길이 2배로 산정한다.
③ 즉, 2(36+22)＝116m와,(6+7+20+7+10+15+36+15)＝116는 같다.
 $\therefore$ 비계외주길이 $L = (36+22) \times 2$
 $= 116$m

정답 비계면적 $A = \{0.9 \times 8 + (36+22) \times 2\} \times 16.5 = 2,032.8\text{m}^2$

답 : $2,032.8\text{m}^2$

문제 3

다음 그림과 같은 철근 콘크리트조 사무소 건축을 신축함에 있어 외부 강관비계를 매는데 총 비계면적을 산출하시오.

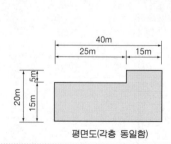

평면도(각층 동일함)

(평면도: 40m = 25m + 15m, 20m, 15m, 5m)

(단면도: 옥상, 6층, 5층, 4층, 3층, 2층, 1층, 높이 1m, 4m, 4m, 5m, 26m)

해설 파이프(강관) 비계면적

파이프 비계면적은 벽외면에서 100cm 거리의 지면에서 건물높이까지의 외주면적으로 산출한다.

정답 강관비계면적 : $A = \{1 \times 8 + (40+20) \times 2\} \times 26 = 3,328\text{m}^2$

답 : $3,328\text{m}^2$

문제 4

그림과 같은 철근콘크리트조 건물에서 외부비계의 쌍줄비계면적을 산출하시오.
(단, 건물높이는 5m이다.) [89년]

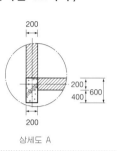

상세도 A

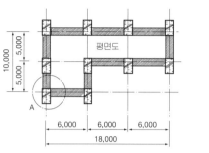

평면도

정답 비계면적 $A = \{0.9 \times 8 + (18.2 + 10.2) \times 2\} \times 5 = 320m^2$

답 : $320m^2$

해설
① 철근콘크리트는 외벽면에서 쌍줄비계일 경우 90cm 떨어져 설치되므로 $10m + 0.2m = 10.2m$와 $18 + 0.2 = 18.2m$로 하여 비계의 외주길이를 구하여 계산한다.
  ∴비계외주길이
  $L = (10.2 + 18.2) \times 2 = 56.8m$

② 비계면적산출시 적산기준은 외벽에서 떨어진 외주면적으로 계산하므로 기둥돌출부는 관계없다.

문제 5

다음 그림과 같은 건물의 내부마감을 하기 위한 내부비계면적을 구하시오. (5점)

평면도

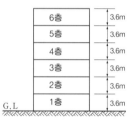

단면도

정답 $(30 \times 15 \times 6) \times 0.9 = 2,430m^2$

답 : $2,430m^2$

해설 내부비계면적
내부비계면적산출은 연면적의 90%가 소요된다.

문제 6

다음 평면도에서 평규준틀과 귀규준틀의 개수를 구하시오. (4점) [16년, 20년]

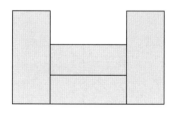

정답 평규준틀 6개, 귀규준틀 6개

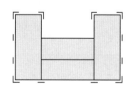

참고도면

해설 규준틀 설치위치

① 평규준틀 6개
② 귀규준틀 6개

문제 7

외부 쌍줄비계와 외줄비계의 면적산출 방법을 기술하시오. (4점) [09년, 13년]

정답 ① 쌍줄비계면적 : $A(m^2) = H(L+8 \times 0.9)$
　　　 벽 외면에서 90cm거리의 지면에서 건물높이까지의 외주 면적이다.
　　② 외줄비계면적 : $A(m^2) = H(L+8 \times 0.45)$
　　　 벽 외면에서 45cm거리의 지면에서 건물높이까지의 외주 면적이다.

문제 8

다음 평면도와 같은 건물에 외부 쌍줄비계를 설치하고자 한다. 비계면적을 산출하시오. (5점) (단, 건물높이는 27m이다.) [93년]

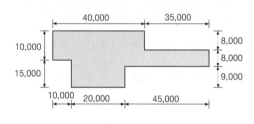

정답 비계면적 : $A = \{0.9 \times 8 + (75+25) \times 2\} \times 27 = 5,594.4m^2$

답 : $5,594.4m^2$

문제 9

다음 그림과 같은 6층 사무실 건물을 철근 콘크리트로 신축할 경우의 목재동 바리수량(10공m^3)과 강관동바리수량(m^2)을 산출하시오

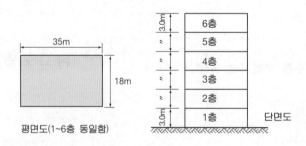

평면도(1~6층 동일함)　　　단면도

정답 목재 동바리일 때 $V = $ 상층바닥면적(m^2) $\times$ 층고(m)의 $90\% \times 1/10$
　　　　　 $= 18m \times 35m \times 3.0m \times 6 \times 0.9 \times 1/10$
　　　 $\therefore$ $10,206$(공m^3) $\times 1/10 = 1,020.6$(10공m^3)

　　강관 동바리일 때 $A = 18m \times 35m \times 6 = 3,780(m^2)$ 이것의 90% 이므로
　　　　　 $A = 3,780(m^2) \times 0.9 = 3,402(m^2)$

토공사 및 기초공사비

토공사 및 기초공사에서는 독립기초, 줄기초에 있어서 터파기량, 되메우기량, 잔토처리량
등이 산출된다.
종합문제로 출제빈도가 높은 부분으로서 철저한 학습이 요구되는 단원이다.

■ 출제경향분석

주 요 내 용	최근출제경향(출제빈도)
터파기(토량, 잔토처리, 되메우기)	• 독립기초 수량산출[88, 89, 91, 94, 02, 12, 16] • 줄기초 수량산출[89, 91, 92, 94, 96, 97, 00, 04, 06, 07, 18] • 온통기초 수량산출[10, 13, 20]
쇼벨계 굴삭기계의 시공량	• 굴삭기계시간당 시공량 산출방법[97, 00, 03, 06, 09, 13, 15, 16, 19]
토량의 변화	• 흐트러진 상태의 토량[90, 00, 11, 15, 18, 20]
토량운반	• 토량소운반 인부수[84, 87, 09] • 토량소운반 차량대수[87]
잡석량	• 잡석지정량, 틈막이자갈량[00]

■ 단원별 경향분석

제3장
24.64%

■ 항목별 경향분석

차량대수
5.3%
잡석지정량
5.3%
인부수
10.5%
독립기초
26.3%
굴삭기계시공량
15.8%
줄기초
36.8%

핵심 8

터파기 (기초파기)

1. 개요

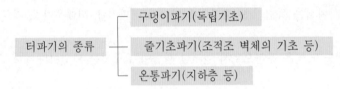

터파기의 종류 ┬ 구덩이파기(독립기초)
             ├ 줄기초파기(조적조 벽체의 기초 등)
             └ 온통파기(지하층 등)

2. 독립기초 수량산출 방법

터파기 수량산출은 걷어내기 면적 및 깊이를 정하고 토사의 종류별로 구분하여 흙의 체적을 자연상태로 산출하되 기초의 종류별로 공식에 의해서 체적(m^3)을 계산한다.

구 분	산 출 방 법
터파기량	$V(m^3) = \dfrac{h}{6}\left[(2a+a')\cdot b + (2a'+a)b'\right]$
되메우기량	$V(m^3) = $ (총터파기량 - 지중구조부 체적)
잔토처리량	$V(m^3) = $ 지반선이하 구조부체적 × 토량환산계수(L)

▶ 92년, 94년, 02년, 07년, 12년, 16년

독립기초수량 산출

■ 터파기 여유폭(D)

구 분	깊이(H)	여유폭(D)
흙막이	1m이하	20cm
없는경우	2m이하	30cm

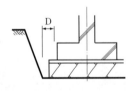

■ 터파기 나비(A) 및 경사도

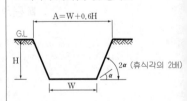

■ 깊이가 1m 미만일 때는 휴식각을 고려하지 않는 수직터파기가 원칙

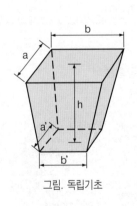

그림. 독립기초

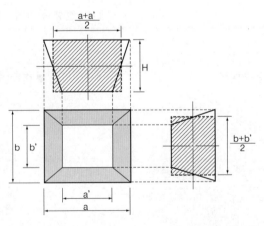

약산식 터파기량 $V = \left(\dfrac{a+a'}{2}\right) \times \left(\dfrac{b+b'}{2}\right) \times h$

다음 기초공사에 소요되는 터파기량(m³), 되메우기량(m³), 잔토처리량(m³)을 산출하시오. (단, 토량환산계수는 L=1.2임) (6점)　　　　　　　　　　　　[92년, 02년, 07년]

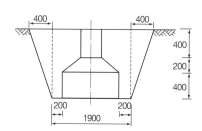
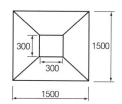

학습 POINT

참고 버림콘크리트, 잡석은 도면에 표기가 없으므로 산출하지 않는다.

정답

① 터파기량 : $V = \dfrac{h}{6}\left[(2a + a')b + (2a' + a)b'\right]$

$= \dfrac{1}{6}\left[(2 \times 2.7 + 1.9) \times 2.7 + (2 \times 1.9 + 2.7) \times 1.9\right]$

$= 5.343$　　　　　　　　　　　　　　　답 : 5.34m³

② 되메우기량 = 기초파기량 − 기초구조부체적

• 기초구조부체적 $= 1.5 \times 1.5 \times 0.4$

$+ \dfrac{0.2}{6}\left[(2 \times 1.5 + 0.3) \times 1.5 + (2 \times 0.3 + 1.5) \times 0.3\right]$

$+ 0.3 \times 0.3 \times 0.4 = 1.122 m^3$

∴ 되메우기량 = 5.343 − 1.122 = 4.221　　　답 : 4.22m³

③ 잔토처리량 = 기초구조부체적 × 토량환산계수

$= 1.122 \times 1.2 = 1.346$　　　　　　　답 : 1.35m³

참고도면

① 기초판X축

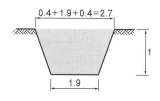

② 기초판Y축

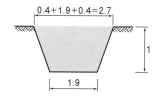

참고 터파기의 나비

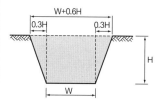

③ 독립기초 터파기량 형태 및 크기

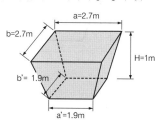

④ 기초구조부체적 산정시

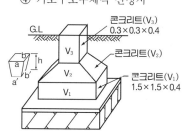

3. 줄기초 수량산출 방법

줄기초의 터파기는 도랑파기라기도 하며, 터파기 단면적에 길이를 곱하여 체적 (m³)을 계산한다.

구 분	산 출 방 법
터 파 기 량	$V(m^3) = \left(\dfrac{a + a'}{2}\right) \times h \times L$
되 메 우 기 량	$V(m^3) = (총터파기량 - 지중구조부 체적)$
잔 토 처 리 량	$V(m^3) = 지반선이하 구조부체적 \times 토량환산계수(L)$

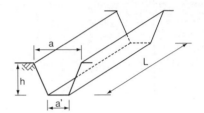

여기서, a : 줄기초 단면 윗변길이

a′ : 줄기초단면 아랫변길이

h : 줄기초 깊이

L : 줄기초 길이

(1) 사다리꼴 줄기초 단면 평균폭 산정

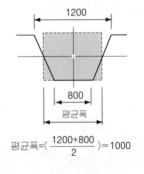

1200

800
평균폭

평균폭=($\dfrac{1200+800}{2}$)=1000

(2) 줄기초 길이산정

① (외벽기초) : 중심간의 길이
② (내벽기초) : 안목간의 길이

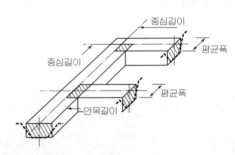

중심길이

중심길이

평균폭

평균폭

안목길이

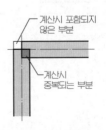

계산시 포함되지 않은 부분

계산시 중복되는 부분

그림. 줄기초길이 산정시 중심선길이 산정

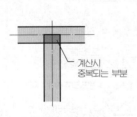

계산시 중복되는 부분

그림. 줄기초길이 산정시 안목길이로 산정

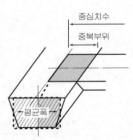

중심치수

중복부위

평균폭

그림. 터파기 교차부

학습 POINT

▶ 89년, 91년, 92년, 94년
96년, 97년, 00년, 04년, 06년

줄기초 수량 산출

■ 줄기초토량산출

① 줄기초에 있어서 중복된 부분은 터파기뿐아니라, 기초상에서 잡석 밑창콘크리트, 기초판, 기초벽 등도 동일하게 적용된다.

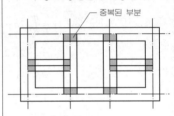

중복된 부분

⇧ 빗금친 부분은 중복된 부분이므로 토량산출시 제외한다.

■ 터파기 여유폭(D)

구 분	깊이(H)	여유폭(D)
흙막이	1m이하	20cm
없는경우	2m이하	30cm

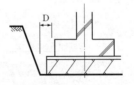

D

■ 터파기 나비(A) 및 경사도

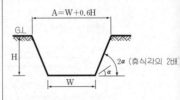

$A = W + 0.6H$

G.L

H

2α (휴식각의 2배)

α

W

■ 깊이가 1m 미만일 때는 휴식각을 고려하지 않은 수직터파기가 원칙

예 제

다음과 같은 조적조 줄기초 시공에 필요한 터파기량, 되메우기량, 잔토처리량, 잡석다짐량, 콘크리트량 및 거푸집량을 건축적산 기준을 준수하여 정미량으로 산출하시오. (12점) (단, 토질의 L=1.2로 하며, 설계지반선은 원지반선과 동일하다.

[94년, 96년, 99년]

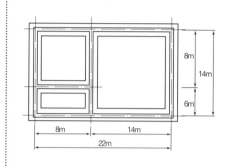

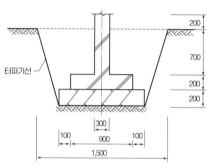

정답 ① 터파기량 : $\left(\dfrac{1.1+1.5}{2}\right) \times 1.1 \times (94 - 0.65 \times 4) = 130.70 m^3$　　답 : 130.70m³

② 잡석다짐량 $= 1.1 \times 0.2 \times (94 - 0.55 \times 4) = 20.196$　　답 : 20.20m³

③ 콘크리트량
　• 기초판 : $0.9 \times 0.2 \times (94 - 0.45 \times 4) = 16.596 m^3$
　• 기초벽 : $0.3 \times 0.9 \times (94 - 0.15 \times 4) = 25.218 m^3$
　∴ 소계 : $16.596 + 25.218 = 41.814$　　답 : 41.81m³

④ 되메우기량 = 터파기량 − 기초구조부체적(G.L 이하)
　　$= 130.70 - \{20.196 + 16.596 + 0.3 \times 0.7 \times (94 - 0.15 \times 4)\}$
　　$= 74.294$　　답 : 74.29m³

⑤ 잔토처리량 = 구조체체적(G.L이하) × 토량환산계수(L)
　　$= \{20.196 + 16.596 + 0.3 \times 0.7 \times (94 - 0.15 \times 4)\} \times 1.2 = 67.687$　답 : 67.69m³

⑥ 거푸집량
　• 기초판 : $0.2 \times 2 \times (94 - 0.45 \times 4) = 36.88 m^2$
　• 기초벽 : $0.9 \times 2 \times (94 - 0.15 \times 4) = 168.12 m^2$
　∴ 소계 : $36.88 + 168.12 = 205 m^2$　　답 : 205m²

학습 POINT

▼ 참고도면

① 터파기량산정시
• 기초의 단면 : 평균폭 1.3m를 보고 계산한다.

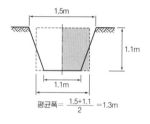

평균폭 $= \dfrac{1.5+1.1}{2} = 1.3m$

• 기초의 길이 : 터파기량, 잡석다짐량, 콘크리트량, 거푸집량 산정시 기초의 길이는
　- 외벽기초 : 중심간길이
　- 내벽기초 : 안목간길이

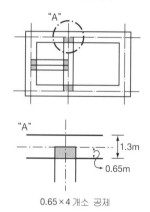

0.65 × 4 개소 공제

⇧빗금친 부분은 중복된 부분으로 길이에서 제외한다.

② 되메우기량 산정시
• 기초의 구조체체적산정시 G.L이하의 부분만 산정함을 유의한다.

4. 온통파기 기초수량 산출 방법

터파기 면적(Lx×Ly)에 터파기 깊이(H)를 곱하여 산출한다.

구 분	산 출 방 법
터 파 기 량	$V(m^3) = Lx \times Ly \times H$
되 메 우 기 량	$V(m^3) = (총터파기량 - 지중구조부 체적)$
잔 토 처 리 량	$V(m^3) = 지반선이하 구조부체적 \times 토량환산계수(L)$

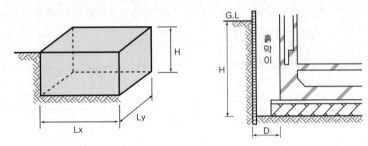

그림. 온통 기초 파기

5. 지중보파기 수량 산출방법

$$터파기량 \quad \begin{array}{l} V(m^3) = d \times h_1 \times l_0 \\[2mm] V(m^3) = \left(\dfrac{e_1 + e_2}{2} \right) \times h_2 \times l_0 \end{array}$$

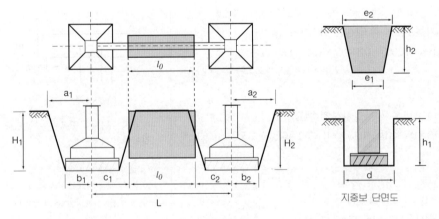

지중보 단면도

그림 지중보 파기

예 제

다음 그림과 같은 온통기초에서 터파기량, 되메우기량, 잔토처리량을 산출하시오. (단, 토량환산계수 L=1.3으로 한다.) (9점) [10년, 13년, 20년]

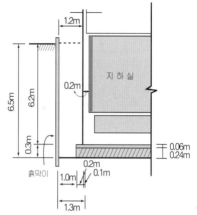
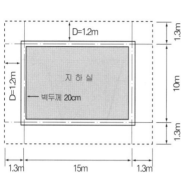

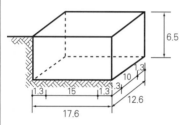

① 터파기량(m³)
    : $V_1 = L_x \times L_y \times H$ 에서
$L_x = 15 + 1.3 \times 2 = 17.6m$
$L_y = 10 + 1.3 \times 2 = 12.6m$
$H = 6.5m$

정답 ① 터파기량(m³)

∴ 터파기량 : $V_1 = 17.6 \times 12.6 \times 6.5 = 1,441.44m^3$ 답 : $1,441.44m^3$

② GL 이하의 구조부체적(m³) :

$V_2 =$ 잡석량(v_1)+밑창콘크리트량(v_2)+지하실부분체적(v_3)

㉮ 잡석량 : $v_1 = 0.24 \times (15 + 0.3 \times 2) \times (10 + 0.3 \times 2) = 39.686m^3$

㉯ 밑창 콘크리트량 : $v_2 = 0.06 \times (15 + 0.3 \times 2) \times (10 + 0.3 \times 2) = 9.921m^3$

㉰ 지하실 부분 :

$v_3 = 6.2 \times (15 + 0.1 \times 2) \times (10 + 0.1 \times 2) = 961.248m^3$

∴ $V_2 = v_1 + v_2 + v_3 = 1,010.855m^3$

③ 되메우기량(m³) = 터파기량V_1 - 기초구조부체적V_2
        = $1,441.44m^3 - 1,010.855m^3 = 430.585m^3$ 답 : $430.59m^3$

④ 잔토처리량(m³) = 기초구조부체적(V_2) × 토량환산계수(L)
        = $1,010.855m^3 \times 1.3 = 1,314.111m^3$ 답 : $1,314.11m^3$

6. 터파기 나비 및 경사도 산정

(1) 기초파기의 길이, 나비 및 경사도는 설계도서 또는 현장 상황에 따라 유리한 것으로 하나 조건이 제시되지 않은 경우는 다음을 표준으로 한다.

(2) 흙의 휴식각의 2배 정도 또는 깊이의 1/3~2/5(0.3H~0.4H 정도)를 기초나비보다 더 넓게 파기 시작한다.

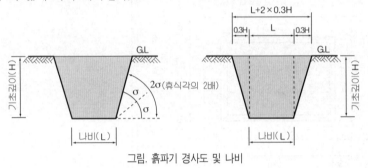

그림. 흙파기 경사도 및 나비

(3) 특수한 토질을 제외하고는 터파기에 있어서 깊이가 1m 미만일 때는 휴식각을 고려하지 않는 수직 터파기량으로 계산함을 원칙으로 한다.

7. 터파기의 여유폭 산정

(1) 거푸집, 흙막이, 방수, 잡석지정 등의 작업공간을 확보하기 위하여 넓게 팔 필요가 있는 경우에는 설계에 의하여 결정하는 것을 원칙으로 하되 일반적으로 다음을 표준으로 한다.

(2) 터파기 폭(D)

구 분	깊이(H)	터파기 여유폭(D)
흙막이가 없는 경우	1.0m 이하	20cm
	2.0m 이하	30cm
	4.0m 이하	50cm
흙막이가 있는 경우	4.0m 이상	60cm
	5.0m 이하	60~90cm
	5.0m 이상	90~120cm

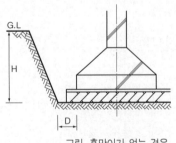

그림. 흙막이가 없는 경우

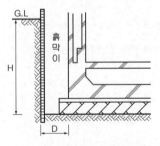

그림. 흙막이가 있는 경우

■ 기초의 수직터파기
 (깊이 1m 미만의 경우)

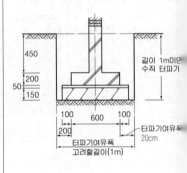

■ 터파기 여유폭(D)
① 터파기 여유폭(D)는 그림에서 밑창콘크리트와 잡석다짐에서의 폭(D)이 아닌 것에 주의한다.
② 높이 1m 이하(여유폭 20cm), 높이 2m 이하(여유폭 30cm)는 시험에 자주 출제된다.

구 분	깊이(H)	여유폭(D)
흙막이 없는경우	1m이하	20cm
	2m이하	30cm

8. 잔토처리량 계산 방법

(1) 일부흙 되메우고 잔토처리 할 때

구 분	산 출 방 법
흙메우고 흙돋우기 할 때	잔토처리량={흙파기체적-(되메우기체적+돋우기체적)} ×토량환산계수
흙되메우기만 할 때	잔토처리량=(흙파기체적-되메우기체적)×토량환산계수
	잔토처리량=지반선이하 구조부체적×토량환산계수

(2) 흙파기량 전부를 잔토처리 할 때

구 분	산 출 방 법
전부를 잔토처리할 때	잔토처리량=흙파기체적×토량환산계수

9. 토량환산계수의 적용

(1) 토량자연상태를 1로 보고 흙을 팔 때 공극이 포함된 흐트러진(Loose)상태를 잔토처리할 때는 토량환산계수를 적용한다. (대개 문제의 조건에서 L=1.2가 주어짐)

(2) 기계 등으로 다짐할 때는 자연상태보다 더 다져진(Condense) 상태를 사용하는데 흙 돋우기를 할 때 토량환산계수를 적용한다. (대개 문제의 조건에서 C=0.9가 주어짐)

(3) 토량의 변화

① 흐트러진 상태의 변화율

$$L = \frac{\text{흐트러진 상태의 토량}(m^3)}{\text{자연상태의 토량}(m^3)}$$

② 다져진 상태의 변화율

$$C = \frac{\text{다져진 상태의 토량}(m^3)}{\text{자연상태의 토량}(m^3)}$$

(4) 토량환산계수(f)

기준토량 ＼ 구하는 토량	자연상태의 토량	흐트러진 상태 토량	다져진 상태 토량
자연상태의 토량	1	L	C
흐트러진 상태의 토량	$1/L$	1	C/L

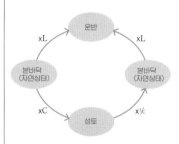

10. 각 지정의 수량산출

(1) 지정은 공종별(모래깔기, 자갈깔기, 잡석깔기 등)로 구분하여 설계도서상에 의한 정미수량만을 산출한다.

(2) 잡석지정에 있어 설계도서상에 특기가 없는 경우에 목조 및 조적조 기초 측면은 10cm, 철근콘크리트 기초측면은 15cm, 지중보는 5cm를 가산하여 잡석지정의 폭으로 한다.

(3) 밑창 콘크리트 지정
 ① 밑창 콘크리트 소요량은 콘크리트의 배합비별로 구분하여 산출하며 설계도서상에 의한 정미수량만을 산출한다.
 ② 설계도서상에 특기가 없는 밑창콘크리트의 배합비는 시멘트：모래：자갈=1:3:6으로 하고 두께는 6cm로 하며, 폭은 목조 및 조적조 기초측면은 10cm, 철근콘크리트의 기초측면은 15cm를 가산하여 수량을 산출한다.

(4) 수량산출

구 분	각 지정 수 량 산 출 근 거
잡석지정	① 잡석은 장소별·두께별로 체적(m³) 단위로 산출하고 실체적의 10%를 가산한다. ② 틈막이 자갈은 잡석지정량의 30%로 한다.
자갈지정	① 자갈의 수량은 실체적의 10%를 가산하여 소요량으로 한다. ② 채움용 왕모래는 자갈량의 40%로 한다.
모래지정	수량은 실체적을 산출하고 20% 가산한 것을 소요량으로 한다.

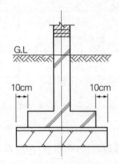

그림. 목조·조적조 기초

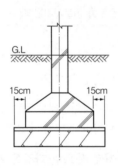

그림. 철근콘크리트의 기초

그림. 지중보

예 제

잡석지정량이 62m³일 경우 잡석량과 틈막이 자갈량은 얼마인가? (4점) [00년]

　　① 잡석량　　　　　　② 틈막이자갈량

정답　① 잡석량 ： 62m³×1.1(실체적인 10%가산)=68.2m³
　　　② 틈막이자갈량 ： 62m³×0.3(잡석지정량의 30%)=18.6m³

핵심 9

토공사용 건설기계

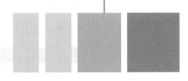

1. 개요

토공사용 건설기계 선정에 있어서는 공사의 규모와 공사기간, 공사목적, 현장조건, 지질에 따라 알맞는 기종을 선택하여 효율적으로 사용해야 한다.

2. 토공사용 기계의 작업능력

(1) 쇼벨계 굴삭기계의 시간당 시공량 산출방법

쇼벨계 굴삭기의 작업능력 1시간당 산정식은 다음과 같다.

$$\text{굴삭토량 } Q = \frac{3600 \times q \times k \times f \times E}{Cm} \, (m^3/hr)$$

여기서, Q : 시간당 작업량 (m³/hr)

q : 버킷용량(m³)

f : 토량환산계수

E : 작업효율

Cm : 1회 싸이클 타임(sec)

k : 버킷계수

▶ 97년, 00년, 03년, 06년, 09년, 15년, 19년

굴삭기계 시간당 작업량

학습 POINT

예 제

Power Shovel의 시간당 작업량을 산출하시오. (4점)

[97년, 00년, 03년, 06년, 09년, 15년]

data q=1.26 k=0.8 f=0.7 E=0.86 Cm=40sec

정답 굴삭토량

$$Q = \frac{3600 \times q \times k \times f \times E}{Cm}$$

$$= \frac{3600 \times 1.26 \times 0.8 \times 0.7 \times 0.86}{40}$$

$$= 54.613$$

답 : 54.61m³/hr

■ 1회 싸이클 타임(cm)

① 굴삭기계의 단위작업, 시간당시공량 공식을 보면 분모에 싸이클타임(cm)뿐이고, 기타조건은 모두 분자에 있다.

② 싸이클타임(cm)이 어떻게 주어졌는가에 따라서 달라지는데, 즉 min(분)일 때는 60이 분자에 적용되고 sec(초)가 주어졌을 때는 3600이 분자에 적용되어 계산한다.

③ 시간당 작업싸이클수

$$n = \frac{60}{Cm(\min)} \text{ 또는 } \frac{3600}{Cm(\sec)}$$

이다.

(2) 불도우져의 단위작업 시간당 시공량

불도우져의 작업능력 1시간당 산정식은 다음과 같다.

$$굴삭토량 \quad Q = \frac{60 \times q \times k \times f \times E}{Cm} \quad (m^3/hr)$$

여기서, $\boxed{q = q_o + e}$

Q : 시간당 작업량 (m³/hr)

q : 삽날(배토판, 토공판)의 용량(m³)

qo : 거리를 고려하지 않은 삽날의 용량(m³), 표준상태의 용량

e : 운반거리별 계수

f : 토량환산계수

E : 작업효율

Cm : 1회 싸이클 시간(1회 왕복작업 소요시간)

■ 토공사용기계

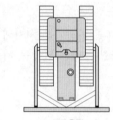

불도우져

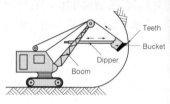

Teeth
Bucket
Dipper
Boom

파워셔벨

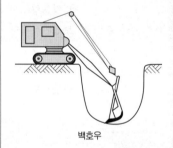

백호우

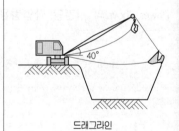

40°

드래그라인

예제

토량 2,000m³, 2대의 불도저가 삽날용량 0.6m³, 토량환산계수 0.7, 작업효율 0.9, 1회 사이클시간 15분일 때 작업완료시간을 계산하시오. (4점)　　　[13년, 16년]

정답　(1)　$Q = \dfrac{60 \cdot q \cdot f \cdot E}{Cm} = \dfrac{60 \times 0.6 \times 0.7 \times 0.9}{15} = 1.512 m^3/hr$

　　　(2)　2,000m³ ÷ 1.512m³/hr ÷ 2대 = 661.375hr

답 : 661.38시간

예제

다음 조건하에서 파워쇼벨의 1시간당 추정 굴착작업량을 산출하시오. (4점)

[19년]

• $q = 0.8m^3$	• $k = 0.8$	• $f = 0.7$
• $E = 0.83$	• $Cm = 40\,sec$	

정답　$Q = \dfrac{3,600 \times 0.8 \times 0.8 \times 0.7 \times 0.83}{40}$

　　　$= 33.47 m^3$

답 : 33.47m³

문제 1

다음 조건으로 요구하는 산출을 구하시오. (단, L : 1.3, C : 0.9) (9점)

[92년, 12년, 16년]

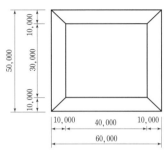

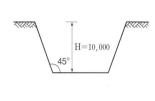

① 터파기량을 산출하시오.

② 운반대수를 산출하시오.(운반대수는 1대, 적재량은 12m³)

③ 5,000m²의 면적을 가진 성토장에 성토하여 다짐할 때 표고는 몇 m인지 구하시오. (비탈면은 수직으로 가정한다.)

해설

① 터파기량

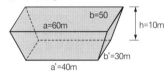

$$V = \frac{h}{6}\left[(2a + a')b + (2a' + a)b'\right]$$

② 운반대수

• 운반시 토량의 부피증가율은 흐트러진상태 L=1.3을 고려한다.

$$운반대수 = \frac{터파기량 \times 흐트러진상태(L)}{트럭\ 1대의\ 적재량}$$

③ 성토표고

• 성토표고산정시는 다져진상태 C=0.9 고려한다.

$$성토표고 = \frac{터파기량 \times 다져진상태(C)}{성토면적}$$

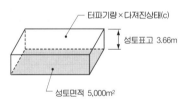

정답 ① 터파기량 : $V = \frac{h}{6}\left[(2a + a')b + (2a' + a)b'\right]$

$$= \frac{10}{6}\left[(2 \times 60 + 40) \times 50 + (2 \times 40 + 60) \times 30\right]$$

$$= 20,333.333$$

답 : 20,333.33m³

② 운반대수 : $\frac{20,333.33 \times 1.3}{12} = 2,202.7$

답 : 2,203대

③ 성토표고 : 자연상태토량 × C = 20,333.33 × 0.9 = 18,299.997m³

∴ 표고 $= \frac{18,299.997}{5,000} = 3.659$

답 : 3.66m

문제 2

흐트러진 상태의 흙 10m³를 이용하여 10m²의 면적에 다짐상태로 50cm 두께를 터돋우기할 때 시공완료후 흐트러진 상태로의 남는 흙량을 산출하시오.
(단, 이 흙의 L=1.2이고 C=0.9) (3점)   [90년, 00년, 11년, 15년, 18년, 20년]

정답 ① 다져진상태의 토량 $= \dfrac{\text{흐트러진상태토량}}{L} \times C$

$= \dfrac{10}{1.2} \times 0.9 = 7.5\text{m}^3$

② 다져진상태의 남는토량 $= 7.5\text{m}^3 - (10 \times 0.5) = 2.5\text{m}^3$

∴ 흐트러진상태로 남는토량 $= \dfrac{\text{다져진상태의 토량}}{C} \times L$

$= \dfrac{2.5}{0.9} \times 1.2 = 3.333$ 답 : 3.33m³

문제 3

다음 기초공사에 소요되는 터파기량(m³), 되메우기량(m³), 잔토처리량(m³)을 산출하시오. (단, 토량환산계수는 L=1.2임) (6점)   [89년, 94년]

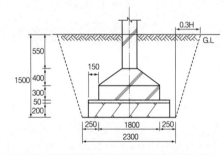

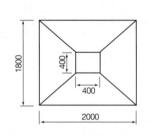

정답 ① 기초파기량 : $V = \dfrac{h}{6}\left[(2a + a')b + (2a' + a)b'\right]$

$= \dfrac{1.5}{6}\left[(2 \times 3.4 + 2.5) \times 3.2 + (2 \times 2.5 + 3.4) \times 2.3\right]$

$= 12.27m^3$ 답 : 12.27m³

② 되메우기량＝기초파기량 － 기초구조부체적

• 기초구조부체적 $= 2.1 \times 2.3 \times 0.2 + 2.1 \times 2.3 \times 0.05 + 2 \times 1.8 \times 0.3$

$+ \dfrac{0.4}{6}\left[(2 \times 2 + 0.4) \times 1.8 + (2 \times 0.4 + 2) \times 0.4\right]$

$+ 0.4 \times 0.4 \times 0.55 = 2.978m^3$

∴ 되메우기량＝12.27-2.978＝9.292   답 : 9.29m³

③ 잔토처리량＝기초구조부체적×토량환산계수
$= 2.978 \times 1.2 = 3.573$ 답 : 3.57m³

해설

① 흐트러진 상태 10m³를 자연상태로
$10\text{m}^3 \div 1.2 = 8.333\text{m}^3$

② 자연상태 8.333m³를 다짐상태로
$8.333 \times 0.9 = 7.5\text{m}^3$

③ 10m² 면적에 높이 50cm의 토량은 5m³
$7.5 - 5 = 2.5\text{m}^3$ 남는량

④ 2.5m³를 자연상태로
$2.5 \div 0.9 = 2.78\text{m}^3$

⑤ 자연상태 2.78m³를 흐트러진 상태로
$2.78 \times 1.2 = 3.33\text{m}^3$

참고도면

① 독립기초 터파기량 형태 및 크기

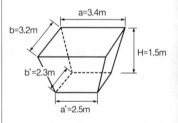

② 기초구조부체적 산정

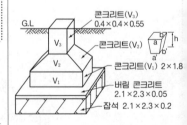

참고 터파기 구획선 산정시

기초파기량 산정시 기초판이 정사각형이 아닌 직사각형이므로 파기 시작하는 넓이를 구할때 주의해야 한다.

문제 4

그림과 같은 줄기초를 타파기 할 때 필요한 6톤 트럭의 필요 대수를 구하시오.
(단, 흙의 단위중량 1,600kg/m³이며, 흙의 할증 25%를 고려한다.) (4점)　　　[18년]

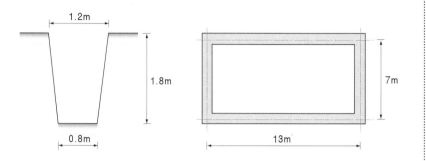

(1) 토량

(2) 운반대수

정답　(1) 토량 :　$V = \dfrac{1.2 + 0.8}{2} \times 1.8 \times (13 + 7) \times 2 = 72m^3$　　　답 : $72m^3$

　　　(2) 운반대수 :　$\dfrac{72 \times 1.25 \times 1.6}{6} = 24$대　　　답 : 24대

문제 5

토량 600m³를 두 대의 불도우저로 작업하려고 한다. 삽날용량은 0.6m³, 토량환산계수는 1.2, 작업효율은 0.9이며, 1회 사이클시간이 10분일 때 작업을 완료할수 있는 시간을 구하시오.　　　[87년]

정답　불도우저 1대의 시간당 작업량

$$Q = \frac{60 \times q \times f \times E}{Cm}$$

$$Q = \frac{60 \times 0.6 \times 1.2 \times 0.9}{10} = 3.888 m^3 / hr$$

$\therefore 600m^3 \div 3.888m^3 / hr \div 2$대 $= 77.16$ 시간　　　답 : 77.16시간

문제 6

3m³의 모래를 운반하려고 한다. 소요인부수를 구하시오.　　　[84년, 87년, 09년]
(단, 질통의 무게 50kg, 상하차시간 2분, 운반거리 240m, 평균운반속도 60m/분,
모래의 단위 용적중량 1,600kg/m³, 1일 8시간 작업하는 것으로 가정한다.)

정답
① 운반할 모래의 총 중량 : $3m^3 \times 1,600kg/m^3 = 4,800kg$
② 운반 질통 회수 : $4,800kg \div 50kg = 96$회
③ 질통 1왕복 소요시간 : $(240m \div 60m/분) \times 2(왕복) + 2(상하차) = 10분$
∴ 소요인원수 : $(96회 \times 10분) \div 60분 \div 8시간 = 2$인

답 : 2인

해설 1회 왕복 소요시간
(상차) ―――――― 240m+60m/분=4분
· 되돌아 오는시간 4분
· 상하차 시간 2분
∴왕복시간 : 4분+4분+2분=10분

문제 7

다음과 같은 조건하에 덤프트럭의 1일 운반회수(싸이클수)를 구하시오.(4점)
[92년]

(조건)　(가) 운반거리 : 2km
　　　　(나) 적재·적하 및 작업장 진입시간 : 15분
　　　　(다) 평균운반속도 : 40km/hr
　　　　(라) 1일 작업시간 : 8시간

정답
① 1회 운반시간 : $\left(\dfrac{60분}{40km} \times 2km \times 2(왕복) \right) + 15분 = 21분$

∴1일 운반회수 : $480분 \div 21분 = 22.86$

답 : 23회

문제 8

터파기한 흙이 12,000m³(자연상태 토량, L=1.25), 되메우기를 5,000m³으로 하고 잔토처리를 8톤 트럭으로 운반시 트럭에 적재할 수 있는 운반토량과 차량 대수를 구하시오. (단, 암반부피에 대한 중량은 1,800kg/m³)　　[16년]

(1) 8t 덤프트럭에 적재할 수 있는 운반토량(3점)
(2) 8t 덤프트럭의 대수(3점)

정답
(1) $\dfrac{8t}{1.8t/m^3} = 4.444$　∴4.44m³

답 : 4.44m³

(2) $\dfrac{(12,000-5,000)m^3 \times 1.25 \times 1.8t/m^3}{8t} = 1,968.75$　∴1,969대

또는 $\dfrac{(12,000-5,000)m^3 \times 1.25}{4.444m^3} = 1,968.95$　∴1,969대

답 : 1,969대

철근콘크리트 공사비

철근콘크리트 공사에서는 독립기초, 줄기초, 보, 기둥, 슬라브, 계단 등에 있어서 콘크리트량, 거푸집량, 철근량 산출에 관한 문제가 출제되고 있다.
출제빈도가 가장 높은 부분으로서 특히 보나 슬라브에서는 단일문제가 많이 출제되고 있으며 종합적산문제로도 매회 빠지지 않고 출제되고 있으므로 철저한 학습이 요구된다.

■ 출제경향분석

주 요 내 용	최근출제경향(출제빈도)
콘크리트 각 재료 산출	• 배합비 1:m:n 일 때[88, 90, 08, 17, 20]
콘크리트 수량산출 거푸집수량산출 철근량 수량산출	• 독립기초, 줄기초[84, 88, 89, 91, 92, 94, 96, 97, 00, 02, 04, 06, 10] • 보[85, 90, 93, 94, 95, 97, 99, 01, 02, 05, 07, 10, 14, 20] • 기둥[90, 96, 98, 05, 09, 10, 11, 14, 15, 20] • 슬라브[92, 93, 94, 95, 03, 08, 10, 14, 20] • 계단[89] • 종합적산[84, 85, 86, 87, 89, 90, 91, 92, 94, 95, 96, 97, 98, 99, 00, 01, 02, 03, 04, 07, 08, 19]
단위중량	• 철근콘크리트 보 부피 및 중량[18] • 철근콘크리트 기둥 부피 및 중량[18]
레미콘	• 소요콘크리트량[18] • 6m³ 레미콘 차량대수[18] • 배차간격[18]

■ 단원별 경향분석

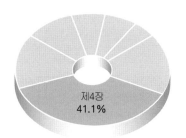

■ 항목별 경향분석

핵심 10

콘크리트 각 재료 산출

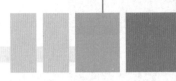

1. 개요

철근콘크리트 공사는 전체의 공사비의 30% 이상을 차지하는 것으로 콘크리트, 거푸집, 철근의 공사비를 산출하는 것이다.

(1) 콘크리트 공사 (체적산출 : m³)

(2) 거푸집 공사 (면적산출 : m²)

(3) 철근공사 (철근길이(m)를 산출하여 중량(kg)으로 환산)

2. 배합비에 따른 각 재료량

(1) 콘크리트 1m³당 재료량

재료 배합비	1:2:4	1:3:6	1:4:8	비 고
시멘트 (kg)	320	220	170	
모 래 (m³)	0.45	0.47	0.48	
자 갈 (m³)	0.90	0.94	0.96	

▶ 88년, 90년

콘크리트 각 재료 산출
(배합비 1 : m : n일 때)

(2) 물의 용적 : $W/C = \dfrac{\text{물의 중량 (kg)}}{\text{시멘트 중량 (kg)}}$ 로 물의 량을 구한다.

▶ 88년, 91년

물의 용적(l)산출

3. 각 재료의 단위 용적중량

재료	단위 용적 중량	재료	단위 용적 중량
시 멘 트	1.5t/m³	모 르 타 르	2.1t/m³
모 래	1.5~1.6t/m³	무근콘크리트	2.3t/m³
자 갈	1.6~1.7t/m³	철근콘크리트	2.4t/m³

▶ 18년

철근콘크리트 부재의 부피와
중량산출

예제 1

다음 조건의 철근콘크리트 부재의 부피와 중량을 구하시오. (4점) [18년]

(1) 보 : 단면 300mm×400mm, 길이 1m, 150개

(2) 기둥 : 단면 450mm×600mm, 길이 4m, 50개

정답 (1) 보 : ① 부피 : 0.3×0.4×1×150=18m³ ② 중량 : 1.8×2,400=43,200kg

(2) 기둥 : ① 부피 : 0.45×0.6×4×50=54m³ ② 중량 : 54×2,400=129,600kg

---

1. 콘크리트 1m³당 각 재료 산출

구 분	산 출 방 법
약산식	콘크리트 현장용적 배합비가 1 : m : n이고 w/c을 고려하지 않을 때 콘크리트 비벼내기량 V(m³) 및 각 재료의 산출식은 다음과 같다. $$ \text{비벼내기} \qquad V = 1.1 \times m + 0.57 \times n $$ ① 시멘트 소요량 $\quad C = \dfrac{1}{V} \times 1500(kg)$ ② 모래의 소요량 $\quad S = \dfrac{m}{V}\left(m^3\right)$ ③ 자갈의 소요량 $\quad G = \dfrac{n}{V}\left(m^3\right)$
정산식	표준계량 용적 배합비 1 : m : n이고, w/c가 $x\%$일 때 비벼내기량 V(m³)는 다음 식으로 산정한다. $$ \text{비벼내기량} \qquad V = \frac{W_c}{G_c} + \frac{mW_s}{G_s} + \frac{nW_g}{G_g} + W_c \times x $$ 여기서, V : 콘크리트의 비벼내기량(m³) 　　　 Wc : 시멘트의 단위용적중량(t/m³ 또는 kg/l) 　　　 Ws : 모래의 단위용적중량(t/m³ 또는 kg/l) 　　　 Wg : 자갈의 단위용적중량(t/m³ 또는 kg/l) 　　　 Gc : 시멘트의 비중 　　　 Gs : 모래의 비중 　　　 Gg : 자갈의 비중 　　　 x : 물시멘트 비 ① 시멘트 소요량 $\quad C = \dfrac{1}{V} \times 1500$ (kg) ② 모래의 소요량 $\quad S = \dfrac{m}{V}\left(m^3\right)$ ③ 자갈의 소요량 $\quad G = \dfrac{n}{V}\left(m^3\right)$ ④ 물의 소요량 $\quad W = C \times x\%$ → 시멘트 무게가 kg일 경우 물의 무게도 kg(l)가 된다.

학습 POINT

▶ 88년, 90년

콘크리트 각 재료 산출
(배합비1 : m : n일 때)

▶ 90년

콘크리트 각 재료 산출
(배합비1 : m : n일 때)

예제 2

배합비가 1:3:6인 무근 콘크리트 1m³를 만드는데 소요되는 재료량을 구해 보면 콘크리트 비벼내기량은 얼마인가 구하시오.

정답 $V = 1.1 \times m + 0.57 \times n = 1.1 \times 3 + 0.57 \times 6 = 6.72 m^3$

① 시멘트 소요량 $C = \dfrac{1}{V} \times 1500 = \dfrac{1}{6.72} \times 1500 = 223 kg \div 40 = 5.58$ 포대

② 모래소요량 $S = \dfrac{m}{V} = \dfrac{3}{6.72} = 0.45 m^3$

③ 자갈소요량 $G = \dfrac{n}{V} = \dfrac{6}{6.72} = 0.89 m^3$

예제 3

콘크리트 용적 배합비 1:3:6이고 물시멘트비가 70%일 때 콘크리트 1m³ 당 각 재료량 및 물의 량을 산출하시오. (시멘트는 포대 단위로 산출한다) [90년]

$(G_C = 3.15, G_S, G_g = 2.65, G_w = 1, \quad W_C = 1.5\,t/m^3, \quad W_S, W_g = 1.7\,t/m^3, \quad W_w = 1\,t/m^3)$

정답 $V = \dfrac{W_c}{G_c} + \dfrac{m W_s}{G_s} + \dfrac{n W_g}{G_g} + W_c \times x\%$

$= \dfrac{1.5}{3.15} + \dfrac{3 \times 1.7}{2.65} + \dfrac{6 \times 1.7}{2.65} + 1.5 \times 0.7 = 7.3 m^3$

① 시멘트 소요량 $C = \dfrac{1}{V} \times 1500 = \dfrac{1}{7.3} \times 1500 = 205 kg \div 40 kg = 5.14$포대

② 모래소요량 $S = \dfrac{m}{V} = \dfrac{3}{7.3} = 0.41 m^3$

③ 자갈소요량 $G = \dfrac{n}{V} = \dfrac{6}{7.3} = 0.82 m^3$

④ 물소요량 $W = C \times x\% = 205 \times 0.7 = 143.5 kg(l)$

예제 4

시멘트 320kg, 모래 0.45m³, 자갈 0.90m³를 배합하여 물시멘트비 60%의 콘크리트 1m³를 만드는데 필요한 물의 용적은 얼마인가? [88년]

정답 시멘트 $320kg \times 0.6 = 192kg(l)$
• 물 1m³는 1,000l이므로 192÷1,000=0.192m³이다.

핵심 11

콘크리트, 거푸집 수량산출

학습 POINT

1. 수량산출기준

(1) 콘크리트(체적산출 : m³)
  ① 콘크리트 소요량은 종류별로 구분하여 산출하며, 도면의 정미량으로 한다.
  ② 체적 산출 순서는 일반적으로 건물의 최하부에서부터 상부로 또한 각 층별
     로 구분하여 기초, 기둥, 벽체, 보, 바닥보, 계단 및 기타 세부의 순으로 산출
     하되 연결부분은 서로 중복이 없도록 한다.

(2) 거푸집(면적산출 : m²)
  ① 거푸집 소요량은 설계도서에 의하여 산출한 정미면적으로 한다.
  ② 수량산출 순서 및 방법은 콘크리트 산출법과 동일하다.
  ③ 다음 접합부 면적은 거푸집 사용재를 고려하여 거푸집 면적에서 빼지 않는다.

㉠ 기초와 지중보	㉡ 기둥과 벽체
㉢ 지중보와 기둥	㉣ 보와 벽
㉤ 기둥과 보	㉥ 바닥판과 기둥
㉦ 큰보와 작은보	◎ 1m²이하의 개구부

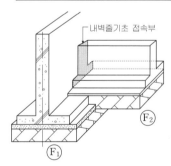

그림. 외벽기초와 내벽기초 접합부면적

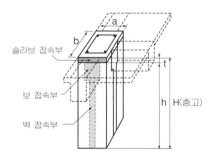

그림. 기둥과 보, 벽체 접합부면적

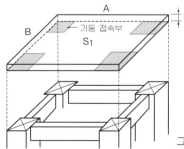

그림. 슬라브와 기둥 접합부면적

제4장 철근콘크리트 공사비 ——————— 2-51

2. 독립기초 수량산출 방법

구 분	산 출 방 법
콘크리트 수량(m³)	콘크리트량 $V = V_1 + V_2$ • $V_1 = a \times b \times D$　　• $V_2 = \dfrac{h}{6}\big[(2a + a') \cdot b + (2a' + a) \cdot b'\big]$
거푸집 수량 (m²)	거푸집 면적 · $\theta \geq 30°$ 경우에는 비탈면 거푸집을 계산하고 · $\theta < 30°$ 경우에는 기초 주위의 수직면 거푸집(D)만 계산한다. $A = \left(\dfrac{a+a'}{2}\right) \cdot h \cdot 4$　　$A = 2(a+b) \cdot D$

3. 줄기초 수량산출 방법

구 분	산 출 방 법
콘크리트 수량(m³)	콘크리트량 $V = $ 기초의 단면적 $\times$ 중심연장길이 　(외벽기초) : 중심연장길이 　(내벽기초) : 안목길이
거푸집 수량 (m²)	거푸집 면적 $A = $ 기초판, 기초벽 옆면적 $\times 2$ 　(외벽기초) : 중심연장길이 　(내벽기초) : 안목길이

학습 POINT

▶ 91년

독립기초 수량산출
(콘크리트량, 거푸집량)

▶ 91년, 92년, 94년, 96년,
97년, 00년, 02년, 04년, 06년

줄기초 수량산출
(콘크리트량, 거푸집량)

※ 줄기초 과년도출제 빈도는 단일
문제보다도 종합적산에서 출제
되고 있다.

다음 도면의 철근콘크리트 독립기초 2개소 시공에 필요한 다음 소요 재료량
을 정미량으로 산출하시오. (12점)

[91년, 07년]

① 콘크리트량(m³)　　　　　　　② 거푸집량(m²)

③ 시멘트량(단, 1 : 2 : 4 현장계량용적배합임 – 포대수)

④ 물량(물시멘트비는 60%임 – l)

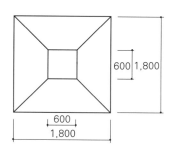
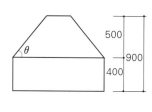

정답 ① 콘크리트량 : $1.8 \times 1.8 \times 0.4 + \dfrac{0.5}{6}\left[(2 \times 1.8 + 0.6) \times 1.8 + (2 \times 0.6 + 1.8) \times 0.6\right] = 2.076$

$\therefore 2.076 \times 2$개 $= 4.152$

답 : 4.15m^3

② 거푸집량 : $1.8 \times 0.4 \times 4 + \left[\left(\dfrac{1.8 + 0.6}{2}\right) \times \sqrt{0.6^2 + 0.5^2}\right] \times 4 = 6.628$

$\therefore 6.628 \times 2$개 $= 13.256$

답 : 13.26m^2

③ 시멘트량

　• 배합비 $1 : 2 : 4$일 때 콘크리트 1m³당 재료량은

　$V = 1.1m + 0.57n = 1.1 \times 2 + 0.57 \times 4 = 4.48$

　• 시멘트소요량　$C = \dfrac{1}{V} \times 1500 = \dfrac{1}{4.48} \times 1500 = 334.8kg \div 40kg = 8.37$포대

　$\therefore$ 전시멘트량　$C = 8.37$ 포 $\times 4.152 = 34.75$

답 : 35포

④ 물량 : 34.75 포 $\times 40kg \times 0.6 = 834kg(l)$

답 : $834l$

참고도면

① 콘크리트량

$V_2 = \dfrac{h}{6}\left[(2a + a') \cdot b + (2a' + a)b'\right]$

$V_1 = A \times B \times D$

② 거푸집량

　1. $\theta \geqq 30°$ 일 때는 경사면도 계산

　$\therefore$ 거푸집량 = 수직면 + 경사면

　2. 경사면

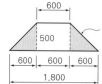

밑면(600) : 높이
(500)가 2 : 1 이상
일 때이므로 경사
면도 계산

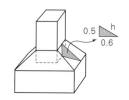

③ 사다리꼴 경사면적의 높이

$h = \sqrt{0.5^2 + 0.6^2} = 0.78m$

④ 사다리꼴 경사면

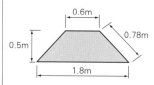

4. 보 수량 산출방법

콘크리트 및 거푸집 소요량은 설계도서에 의하여 산출한 정미면적으로 한다.

구 분	산 출 방 법
콘크리트 수량(m³)	① 보 : (보단면적×보길이) 　- 보단면적은 보의 너비에다 춤에서 바닥판 두께를 뺀 것을 곱한 면적으로 하고 보길이는 기둥간 안목거리로 한다. ② 헌치가 있는 부분은 그 부분만큼 가산한다. ③ 보의 콘크리트량만 구하는 단일 문제에서는 보의 나비에 슬라브 두께를 빼지 않은 전체의 춤을 곱하여 산출한다.
거푸집 수량 (m²)	① 보 : (기둥간안목길이×바닥판 두께를 뺀 보 옆면적)×2 　- 보의 밑부분은 바닥판에 포함한다. ② 보밑부분 : 보의 단일 문제일 때는 보거푸집에서 구한다. ③ 작은보의 거푸집 계산은 큰보간의 안목거리로 산정한다.

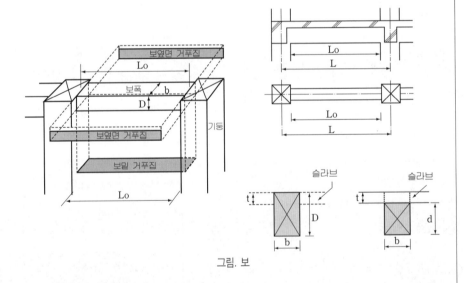

그림. 보

[보 콘크리트, 거푸집 산출식]

구 분	종 합 문 제	단 일 문 제
콘크리트수량 (m³)	$V = (b \times d \times Lo) \times$ 갯수	$V = (b \times D \times Lo) \times$ 갯수
거푸집수량(m²)	$A = (d \times Lo) \times 2$	$A = (d \times Lo \times 2) + b \times Lo$

학습 POINT

■ 길이산정
① 보의 길이 산정에 있어서는 안목길이, 심심길이, 외주길이로 통칭된다.

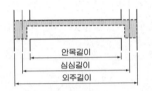

안목길이
심심길이
외주길이

② 보에 헌치(Haunch)가 있는 경우 보밑거푸집의 면적 신장(伸長)은 없는 것으로 간주하고 보의 옆면 거푸집은 계측한다.

수직헌치

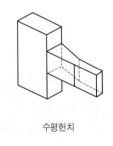

수평헌치

▶ 85년, 93년, 96년, 98년, 04년, 05년, 20년

보 수량산출
(콘크리트량, 거푸집량)

5. 기둥 수량 산출방법

콘크리트 및 거푸집 소요량은 설계도서에 의하여 산출한 정미면적으로 한다.

구 분	산 출 방 법
콘크리트 수량(㎥)	① 기둥 : (단면적×바닥판 안목간의 높이) 　1. 기둥높이는 바닥판의 두께를 뺀것으로 한다. ② 부분적으로 기둥만의 콘크리트량을 구할 경우는 기둥의 단면적에 층고를 곱하여 계산한다.
거푸집 수량 (㎡)	① 기둥 : (기둥둘레길이×기둥높이) 　1. 기둥높이는 바닥판 안목간의 높이이다. 　2. 접한부분이 개소당 1㎡이하일 때 공제하지 않는다.

학습 POINT

▶ 85년, 96년, 98년, 04년

기둥 수량산출
　(콘크리트량, 거푸집량)

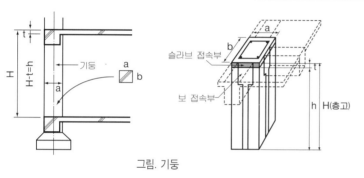

그림. 기둥

■ 기둥수량 산출식

구 분	산 출 식
콘크리트	$V = (a×b×h)×갯수$
거푸집	$A = [2(a+b)×h]×갯수$

6. 바닥판수량 산출방법

구 분	산 출 방 법
콘크리트 수량(㎥)	① 바닥판 : (바닥판전면적×바닥판두께) ② 바닥판 전면적은 바닥 외곽선으로 둘러쌓인 면적으로 한다. 단, 개구부 면적은 제외한다.
거푸집 수량 (㎡)	① 바닥판 : 외벽의 두께를 뺀 내벽간 바닥면적으로 한다.(조적조) ② 바닥판 거푸집 전면적은 외곽선으로 둘러쌓인 면적으로 한다. 　(철근 콘크리트조)

▶ 85년, 96년, 98년, 04년

슬라브 수량산출
　(콘크리트량, 거푸집량)

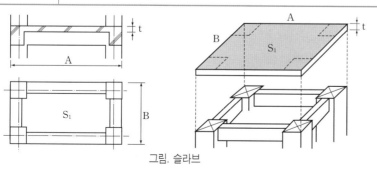

그림. 슬라브

■ 바닥판 수량 산출식

구 분	산 출 식
콘크리트	$V(㎥) = A×B×t$
거푸집	$A(㎡) = A×B+2(A+B)×t$

예 제

아래 그림은 철근콘크리트조 경비실건물이다. 주어진 평면도 및 단면도를 보고 C1, G1, G2, S1 에 해당되는 부분의 1층과 2층 콘크리트량과 거푸집량을 선출하시오. (10점) [10년, 14년, 20년]

단, 1) 기둥단면 (C1) : 30cm×30cm

　2) 보단면 (G1, G2) : 30cm×60cm

　3) 슬라브두께 (S1) : 13cm

　4) 층고 : 단면도 참조

　　단, 단면도에 표기된 1층 바닥선 이하는 계산하지 않는다.

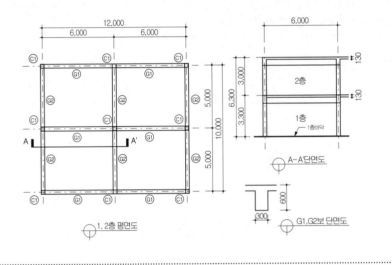

정답

(1) 콘크리트량

① 기둥(C1) 1층 : $(0.3 \times 0.3 \times 3.17) \times 9$개 $= 2.567 \text{m}^3$

　　　　　2층 : $(0.3 \times 0.3 \times 2.87) \times 9$개 $= 2.324 \text{m}^3$

② 보(G1) 1층+2층 : $(0.3 \times 0.47 \times 5.7) \times 12$개 $= 9.644 \text{m}^3$

　보(G2) 1층+2층 : $(0.3 \times 0.47 \times 4.7) \times 12$개 $= 7.952 \text{m}^3$

③ 슬라브(S1) 1층+2층 : $(12.3 \times 10.3 \times 0.13) \times 2$개 $= 32.939 \text{m}^3$

　계 : 55.426m^3

답 : 55.43m^3

(2) 거푸집량

① 기둥(C1) 1층 : $(0.3+0.3) \times 2 \times 3.17 \times 9$개 $= 34.236 \text{m}^2$

　　　　　2층 : $(0.3+0.3) \times 2 \times 2.87 \times 9$개 $= 30.996 \text{m}^2$

② 보(G1) 1층+2층 : $(0.47 \times 5.7 \times 2) \times 12$개 $= 64.296 \text{m}^2$

　보(G2) 1층+2층 : $(0.47 \times 4.7 \times 2) \times 12$개 $= 53.016 \text{m}^2$

③ 슬라브(S1) 1층+2층 : $\{(12.3 \times 10.3) + (12.3+10.3) \times 2 \times 0.13\} \times 2$개 $= 265.132 \text{m}^2$

　계 : 447.676m^2

답 : 447.68m^2

7. 벽체수량 산출방법

구 분	산 출 방 법
콘크리트 수량(m³)	① 벽 : {(벽면적 – 개구부면적)×벽두께} 1. 벽면적은 기둥면적을 빼고 바닥판 안목간의 거리로 한다.
거푸집 수량(m²)	① 벽 : (벽면적 – 개구부 면적)×2 1. 벽면적은 기둥과 보의 면적을 뺀 것이다. 2. 개구부 : 1m² 이하의 개구부는 주위의 사용재를 고려하여 거 푸집 면적에서 빼지 않는다.

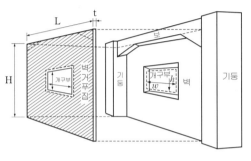

① 벽 콘크리트수량 (m³)
$$V = L \times H \times t$$
② 거푸집수량 (m²)
$$A = (L \times H) \times 2배$$

그림. 벽체

8. 계단수량 산출방법

콘크리트 및 거푸집 소요량은 설계도서에 의하여 산출한 정미면적으로 한다.

콘크리트수량 (m³)	거푸집수량 (m²)
계단 : (경사면적×계단의 평균두께)	계단 : 경사면적+챌판면적+옆판면적

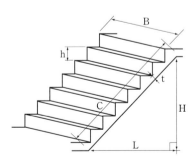
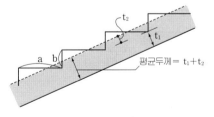

그림. 계단

학습 POINT

■ 콘크리트 벽체
① 콘크리트 체적은 기둥, 보, 슬라브에 의한 안면적과 벽의 두께에 의한 체적이다.
② 보, 슬라브의 헌치에 의한 결제(缺除)는 없는 것으로 한다.
③ 창호와 같은 개구부 1개소당 안목치수에 의한 체적이 0.05m³ 이상이면 공제한다.
④ 안목치수

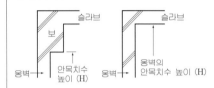

▶ 89년

계단 수량산출 (콘크리트량)

■ 구조체의 부재별 기호
철근 콘크리트 구조의 부재별 약기호와 층별 위치의 약 기호는 다음과 같다.
① C : 기둥
② G : 큰보
③ B :작은보
④ S : 슬라브
⑤ W :벽
⑥ FG : 기초보(지중보)
⑦ F : 기초
⑧ B : 지층
⑨ R : 옥상층
⑩ 1, 2 : 1층, 2층

예제

다음 도면을 보고 계단의 콘크리트량을 도면 정미량으로 산출하시오. (4점)

[89년]

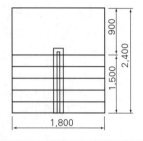 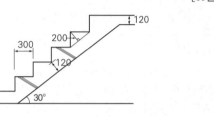

학습 POINT

■ 콘크리트량

1. 경사면 길이

$\cos 30° = \dfrac{1.5}{x}$

$\therefore x = \dfrac{1.5}{\cos 30°}$

2. 평균두께

$\therefore t = 0.12 + \dfrac{0.2}{2} = 0.22m$

정답 콘크리트량

- 계단참 : $1.8 \times 0.9 \times 0.12 = 0.194m^3$

- 경사부분 : $\left(0.9 \times \dfrac{1.5}{\cos 30°} \times 0.22\right) \times 2 = 0.686m^3$

  $\therefore 0.194 + 0.686 = 0.88m^3$

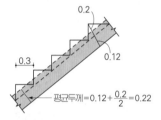 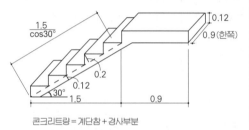

예제

다음 그림과 같은 철근콘크리트조 건물에서 기둥과 벽체의 거푸집량을 산출하시오. (6점)

[19년]

- 기둥: 400mm × 400mm
- 벽두께: 200mm
- 높이: 3m
- 치수는 바깥치수: 8,000mm × 5,000mm
- 콘크리트 타설은 기둥과 벽을 별도로 타설한다.

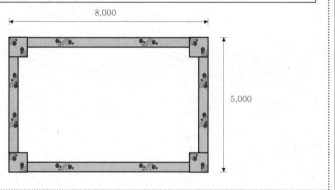

(1) 기둥 : _____ (2) 벽 : _____

정답

(1) 기둥 : $(0.4 \times 4 \times 3) \times 4$개

$= 19.2m^2$

(2) 벽 : $(4.2 \times 3 \times 2) \times 2 + (7.2 \times 3 \times 2) \times 2 = 136.8m^2$

핵심 **12**

철근량 산출

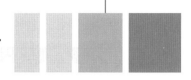

학습 POINT

1. 일반사항

(1) 철근은 종별, 지름별로 총 연장(m)을 산출하고 단위 중량을 곱하여 총 중량(kg)을 산출한다.

(2) 철근은 각 층별로 기초, 기둥, 보, 바닥판, 벽체, 계단 기타로 구분하여 각 부분에 중복이 없도록 산출하여야 한다.

(3) 철근수량은 이음 정착길이를 정밀히 계산하여 정미량을 산정하고 정미량에다 원형철근은 5% 이내, 이형철근은 3% 이내의 할증률을 가산하여 소요량으로 한다. (단, 조건이 제시된 경우에는 조건에 따른다.)

(4) 소요량계산시 kg은 소수3위를 4사5입하고, ton은 소수 2위를 4사5입한다. (단, 조건이 제시된 경우에는 조건에 따른다.)

■ 철근의 이음개소

① 주어진 직선거리에서 철근이음 개소는 밑의 그림과 같다.

② 2400÷600=4개이나 실제 이음개 소는 3개소에서 이음을 한다.

$$이음개소 = \frac{2400}{600} = 4 - 1 = 3EA$$

2. 철근갯수 산정방법

(1) 직선거리에서 갯수산정 방법

① 주어진 직선거리에서 철근갯수 산정시는 그림과 같다.

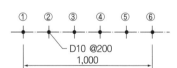

② 1000÷200=5개이다. 5는 간격이므로 철근갯수는 +1을 하여 6개로 산정한다.

$$철근갯수 = \frac{1000}{200} = 5 + 1 = 6EA$$

(2) 연속(폐합)된 거리에서 갯수산정 방법

① 줄기초에서는 끊어짐이 없이 끝단이 서로 만나게 되므로 +1을 할 필요가 없다.

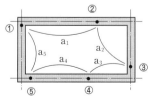

② 간격과 철근갯수가 맞아 떨어지기 때문이다.

$$철근갯수 = \frac{1000}{200} = 5EA$$

③ 줄기초에서는 끊어짐이 끝단이 서로 만나므로 −1을 할 필요가 없다.

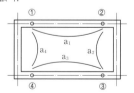

④ 간격과 이음개소가 맞아 떨어지 기 때문이다.

$$이음개소 = \frac{2400}{600} = 4EA$$

(3) 설계도에 철근(띠철근, 늑근, 바닥철근, 벽철근 등)의 배근간격만 표시되어 있을 때에는 직선 길이에서는 그 부분의 길이를 배근간격 치수로 나눠서 소수점 이하는 반올림하여 정수로 하고 다시 1을 더한 값을 그 철근의 본수로 한다. 그러나 폐합된 길이에서는 1을 더하지 않는다.(단, 주어진 갯수가 있으면 주어진 갯수를 우선하여 산정해야 함)

3. 독립기초 철근량 산출

(1) 기초판의 일변길이를 배근 간격으로 나누어 철근 갯수를 내고 다른변의 길이를 곱하여 총길이를 산출한다.

(2) 명세견적으로 할때는 갈고리길이 및 피복두께 등을 고려해야 하나 시험에서 별도의 지시가 없으면 철근1개의 길이를 기초판 일변의 길이와 같게 하여 철근의 후크(hook)는 철근의 피복거리로 상쇄시킨다.

(3) 기초판에 정착되어 있는 기둥철근을 독립기초단일문제일 때에는 기초에서 산정하고, 종합적산일 때는 1층기둥높이에 가산하여 계산한다.

예제

다음 기초에 소요되는 철근, 콘크리트, 거푸집의 정미량을 산출하시오. (6점)
(단, 이형철근 D16의 단위중량은 1.56kg/m, D13의 단위중량은 0.995kg/m 이다.)

[10년]

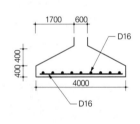
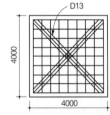
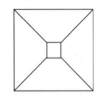

정답

가. 철근량(kg)
계산과정 : 주근(D16) : (9개×4m)×2 → 72m×1.56=112.32kg
대각선근(D13) : ($\sqrt{2}$×4)×6개 → 33.941m×0.995=33.771kg
∴ 총 중량 : 112.32+33.771=146.091

답 : 146.09kg

나. 콘크리트량(m³)
계산과정 : $4×4×0.4+\dfrac{0.4}{6}[(2×4+0.6)×4+(2×0.6+4)×0.6]=8.901$

답 : 8.90m³

다. 거푸집량(㎡)
계산과정 : 4×0.4×4=6.4m²

답 : 6.4m²

■ 독립기초 배근도

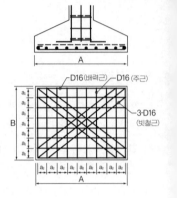

■ 독립기초 철근량 산출방법

구 분	산 출 방 법
배력근 (장변철근)	• 1개의 길이 : A(장변길이) • 갯수 : $\dfrac{기초판길이B}{철근간격 ⓐ}$ + 1
주근 (단변철근)	• 1개의 길이 : B(단변길이) • 갯수 : $\dfrac{기초판길이A}{철근간격 ⓐ}$ + 1
대각선근 (빗철근)	• 1개의 길이 : $\sqrt{A^2+B^2}$ • 갯수 : 도면에 표기된 갯수로 산정

[해설]

① 별도의 지시가 없으면 철근1개의 길이는 기초판 일변의 길이와 같게 하여 철근의 후크는 피복두께와 상쇄시킨다.

② 주어진 갯수로 산출

③ 거푸집량

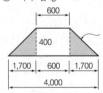

밑면(1,700) : 높이(400)가 2 : 1 미만이므로 경사면은 계산안함

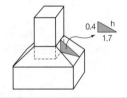

4. 줄기초 철근량 산출

줄기초는 기초판과 기초벽으로 나누어서 산정하고 베이스철근은 독립기초와 같은 방법으로 계측한다.

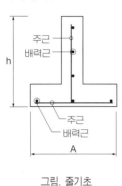 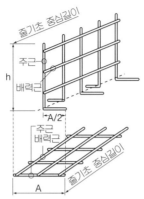

그림. 줄기초

구 분		산 출 방 법
기초벽	주근 (수직철근)	• 1개길이 : $h + \dfrac{A}{2}$ • 갯수 : $\dfrac{\text{줄기초 중심길이}}{\text{철근간격 ⓐ}}$
	배력근 (수평철근)	• 1개길이 : 줄기초중심길이 • 갯수 : 도면 갯수
기초판	주근 (단변철근)	• 1개길이 : 기초판크기(A) • 갯수 : $\dfrac{\text{줄기초중심길이}}{\text{철근간격 ⓐ}}$
	배력근 (장변철근)	• 1개길이 : 줄기초중심길이 • 갯수 : 도면 갯수

예 제

그림과 같은 줄기초의 길이가 150m 일 때 기초콘크리트량, 철근량 및 거푸집량을 산출하시오.   [89년, 07년]

(단, D13=0.995kg/m, D/10=0.56kg/m 이며, 이음길이는 무시하고 정미량으로 할 것)

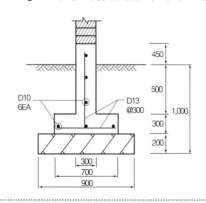

■ 기초벽세로근

① 수직부철근의 길이는 기초벽높이(h)로 본다.

② 정착부철근은 문제의 조건에 주어지나 주어지지 않을 때는 기초판 크기의 1/2을 정착길이로 설정한다.

∴ 기초벽세로근1개의 길이
= 기초벽높이(h) + 정착길이

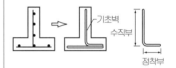

정답 ① 콘크리트량

(기초판) : $0.3 \times 0.7 \times 150 = 31.5\text{m}^3$
(기초벽) : $0.95 \times 0.3 \times 150 = 42.75\text{m}^3$
∴ $31.5 + 42.75 = 74.25\text{m}^3$

② 철근량(기초판) :
D13 : $(150 \div 0.3 + 1) \times 0.7 = 350.7\text{m}$
D10 : $3 \times 150 = 450\text{m}$
(기초벽)
D13 : $(150 \div 0.3 + 1) \times (1.25 + 0.35)$
    $= 801.6\text{m}$
D10 : $3 \times 150 = 450\text{m}$
(D13) : $(350.7 + 801.6) \times 0.995$
        $= 1,146.538 \rightarrow 1146.54\text{kg}$
(D10) : $(450 + 450) \times 0.56 = 504\text{kg}$
∴ 계 : $1,146.538 + 504$
        $= 1,650.538 \rightarrow 1,650.54\text{kg}$

③ 거푸집량 :
$\{(0.3 + 0.5 + 0.45) \times 150 \times 2 + (0.7 \times 0.3$
$+ 0.3 \times 0.95) \times 2\} = 375.99\text{m}^2$

5. 기둥 철근량 산출

(1) 기둥 주근 철근의 길이는 각층마다 계측한다.

(2) 기둥은 일반층에서는 한층마다 이어내는 것이 보통이므로 이음 길이를 층높이에 가산한 것이 기둥 철근 1개의 길이가 된다.

(3) 기둥 주근의 이음은 기둥길이 3m 미만은 그 층에 0.5이음이 있는 것으로 하고, 3m이상의 경우는 1.0이음으로 한다.

(4) 대근(Hoop) 1본의 길이는 기둥 콘크리트단면의 주장 2(a+b)으로 계측하고 후크(hook)는 없는 것으로 한다.

(5) 기둥주근과 대근 산출식

구 분	산 출 방 법
주 근	• 1개의 길이 : 기둥높이＋기초판정착길이 • 배근갯수 : 도면갯수
대 근	• 1개의 길이 : 기둥단면외주길이 • 배근갯수 : $\dfrac{기둥높이(H)}{대근간격@}+1$

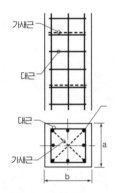
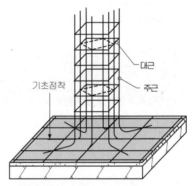

그림. 기둥배근도

예 제

다음 도면과 같은 기둥의 철근량(주근, 대근)을 산출하시오. (4점)
(단, 층고는 3.6m, 주근의 이음길이는 25d로 하고, 철근의 중량은 D22는 3.04kg/m, D19는 2.25kg/m, D10은 0.56kg/m로 한다.) [96년, 98년, 05년, 09년, 11년, 15년]

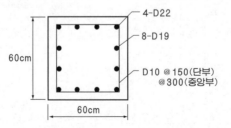

4-D22
8-D19
D10 @150(단부)
@300(중앙부)
60cm
60cm

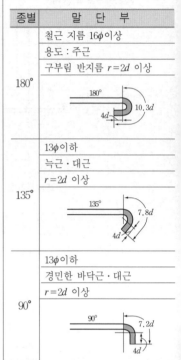
정답 주근 철근량

계산식

주근(D22) : $\{3.6+(25+10.3\times2)\times0.022\}\times4 \to 18.41\times3.04=55.966$kg

주근(D19) : $\{3.6+(25+10.3\times2)\times0.019\}\times8 \to 35.73\times2.25=80.392$kg

대근(D10) : $2.4\times(\dfrac{0.9}{0.15}+\dfrac{1.8}{0.3}+\dfrac{0.9}{0.15}+1)$
$\to 45.6\times0.56=25.536$kg

계 : $55.966+80.392+25.536=161.894$kg

답 : 161.89kg

6. 원형철근 및 이형철근 중량산출기준(KSD 3502, 3504)

종별 \ 구분	호칭지름 (mm)	무 게 (kg/m)	단면적 (cm2)	둘 레 (cm)
원형철근	φ9	0.499	0.64	2.83
	φ12	0.888	1.13	3.77
	φ16	1.578	2.01	5.03
	φ19	2.226	2.84	5.97
	φ22	2.984	3.80	6.91
이형철근	D 10	0.56	0.713	3
	D 13	0.995	1.27	4
	D 16	1.56	1.98	5
	D 19	2.25	2.85	6
	D 22	3.04	3.88	7

학습 POINT

■ 철근 정착·이음길이

① 이음길이 : 인장근은 40d, 압축 및 경미한 인장근은 25d를 이음 길이로 계산한다.

② 정착길이 : 보철근 정착길이는 인장근 일때 40d, 압축근일 때 25d로 한다.

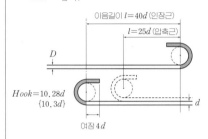

7. 보철근량 산출

보철근은 상부주근, 하부주근, 벤트근, 늑근으로 구분하여 길이를 산정하고 단위중량을 곱하여 중량으로 산출하며 출제빈도가 높은 부분이다.

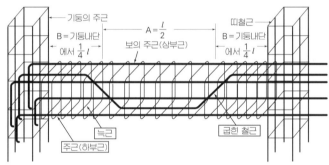

▶ 93년, 95년, 97년, 99년, 01년, 02년, 07년

· 보철근량산출 (주근량, 늑근량)

구 분	산 출 방 법
상부주근 길이	• 중 간 층 = {안목길이+(정착길이 40+Hook길이 10.3)×철근지름 d×양쪽 2} • 최 상 층 = {외주길이+(정착길이 40+Hook길이 10.3)×철근지름 d×양쪽 2} • 배근개수 = 도면에 표기된 갯수
하부주근 길이	• 중간층·최상층 = 안목길이+(정착길이 25+Hook길이 10.3)×철근지름 d ×양쪽 2 • 배근갯수 = 도면에 표기된 갯수
벤트근 길이	• 중간층 ={안목길이+(40+10.3)×d×2}+벤트길이 • 최상층 ={외주길이+(40+10.3)×d×2}+벤트길이 • 배근갯수 = 도면에 표기된 갯수
늑근길이	• 늑근1개 길이 : 늑근(stirrup)의 길이는 보의 콘크리트 설계치수의 주장으로 하고 후크는 없는 것으로 한다. • 배근갯수 : $\dfrac{\text{안목길이}}{\text{늑근간격 @}}+1$

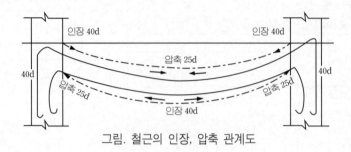

그림. 철근의 인장, 압축 관계도

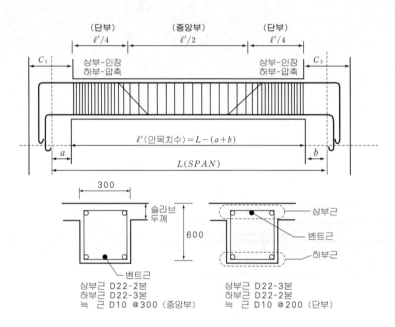

그림. 보의 배근도

상부근 D22-2본
하부근 D22-3본
늑 근 D10 @300 (중앙부)

상부근 D22-3본
하부근 D22-2본
늑 근 D10 @200 (단부)

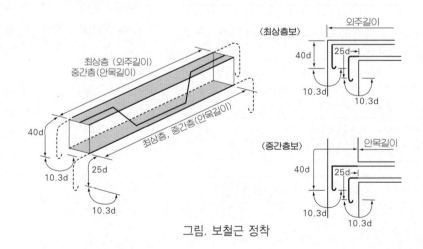

그림. 보철근 정착

■ 길이의 산정
보의 길이산정에 있어서는 안목길
이, 심심길이, 외주길이로 통칭된다.

■ 벤트(Bent)된 부분의 길이
① 수평직선상(안목길이)으로 계산
되어 있으나 비교해보면 경사
(벤트)된 길이 만큼 더 길므로
그 차이를 가산해 주는 것이다.

② 보의 춤이 60cm일 때 벤트근중
심에서 중심까지거리는 60-(5+5)
=50cm으로 주어진 보의 춤에서
10cm를 빼면 된다.

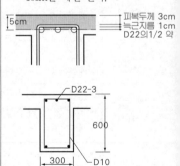

예 제

다음과 같은 철근 콘크리트 보에서 철근 중량을 산출하시오. (단, D22=3.04kg/m, D10=0.56kg/m이고 Hook길이는 10.3d로 한다.) (7점)　　　[95년, 97년, 99년, 02년]

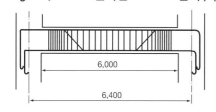
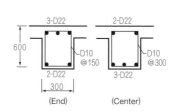

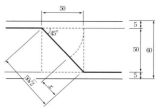
정답
① 상부주근 $(D22) : \{6 + (40 + 10.3) \times 0.022 \times 2\} \times 2 = 16.426m$

② 하 부 근 $(D22) : \{6 + (25 + 10.3) \times 0.022 \times 2\} \times 2 = 15.106m$

③ 벤 트 근 $(D22) : \{6 + (40 + 10.3) \times 0.022 \times 2\} + (\sqrt{2} \times 0.5 - 0.5) \times 2 = 8.627m$

④ 늑　　근 $(D10) : 1.8 \times \left(\dfrac{3}{0.3} + \dfrac{3}{0.15} + 1\right) = 55.8m$

$D22 : (16.426 + 15.106 + 8.627) \times 3.04 = 122.083kg$

$D10 : 55.8 \times 0.56 = 31.248kg$

∴총중량 : 122.083+31.248=153.331　　　　　　　　답 : 153.33kg

예 제

다음은 최상층 철근콘크리트 보이다. 이 보의 철근량을 구하시오. (8점)　　(단, 사용 철근길이 12m, 철근이음은 없는 것으로 하고, 정미량을 산출한다. D19=2.25kg/m, D10=0.56kg/m, 주근 hook길이는 10.3d)　　　[93년, 01년]

가. 주근량(D19)　나. 늑근량(D10)

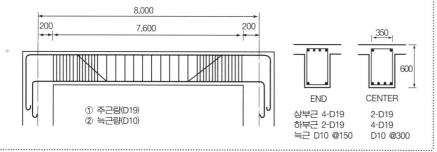

① 주근량(D19)
② 늑근량(D10)

END	CENTER
상부근 4-D19	2-D19
하부근 2-D19	4-D19
늑근 D10 @150	D10 @300

해설

① 상부주근길이

상부주근은 인장측이므로 40d의 정착길이 + 10.3d의 Hook길이로 산정한다. 최상층은 외주길이로 산정한다.

최상층 보

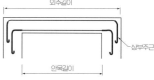

외주길이

안목길이

상부주근

② 하부주근 길이

하부주근은 압축측이므로 25d의 정착길이 + 10.3d의 Hook길이로 산정한다. 하부근은 최상층, 중간층 구분 없이 같다.

③ 벤트근 길이

벤트근은 인장철근의 40d 정착길이 + 10.3d의 Hook길이로 산정한다. 그리고, 벤트된 부분을 산입한다.

정답
① 상부철근$(D19) : \{8.4 + (40 + 10.3) \times 0.019 \times 2\} \times 2$개$= 20.622m$

② 하부철근$(D19) : \{7.6 + (25 + 10.3) \times 0.019 \times 2\} \times 2$개$= 17.882m$

③ 벤트철근$(D19) : \{8.4 + (40 + 10.3) \times 0.019 \times 2\} \times 2 + \{(\sqrt{2} \times 0.5 - 0.5) \times 2\} \times 2 = 21.45m$

④ 늑　　근$(D10) : \{0.35 + 0.6\} \times 2 \times \left(\dfrac{3.8}{0.15} + \dfrac{3.8}{0.3} + 1\right) = 74.1m$

$(D19) : (20.622 + 17.882 + 21.45) \times 2.25 = 134.896kg$

$(D10) : 74.1 \times 0.56 = 41.496kg$

∴총중량 : 134.896+41.496=176.392　　　　　　　답 : 176.39kg

8. 바닥판 철근량 산출

(1) 슬라브 철근의 길이 계산은 연속 슬라브인 경우 바닥판 단위로 계산한다.

■ 4변고정 슬라브 일반사항
① 슬라브에서 장변과 단변이 있을 경우 단변 방향의 철근을 주근이라 하고 장변 방향의 철근을 부근(배력근)이라 한다.
② 슬라브 벤트근은 단변과 장변 모두 단변 방향 구조체(보) 내측 길이의 $L_x/4$의 위치에서 구부린다.

▶ 92년, 93년, 94년, 95년, 03년, 08년
슬라브 철근량 산출
(주근량, 배력근량)

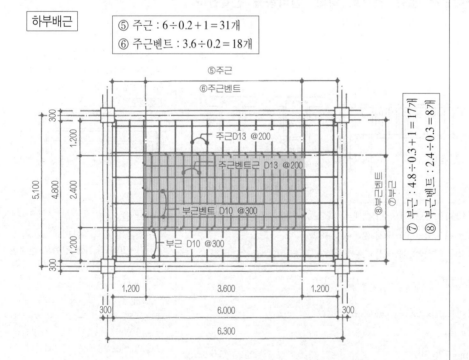

상부배근
① 주근단부 : $(1.2+1.2) \div 0.2 + 1 = 13$개
② 주근톱바 : $(3.6 \div 0.2) \times 2 = 36$개

① 주근단부   ② 주근톱바   ① 주근단부

주근톱바 D13 @200
톱바내민길이150
부근톱바 D10 @300
D13 @100

③ 부근단부 : $(1.2+1.2) \div 0.3 + 1 = 9$개
④ 부근톱바 : $(2.4 \div 0.3) \times 2 = 16$개

하부배근
⑤ 주근 : $6 \div 0.2 + 1 = 31$개
⑥ 주근벤트 : $3.6 \div 0.2 = 18$개

⑤주근
⑥주근벤트

주근 D13 @200
주근벤트근 D13 @200
부근벤트 D10 @300
부근 D10 @300

⑦ 부근 : $4.8 \div 0.3 + 1 = 17$개
⑧ 부근벤트 : $2.4 \div 0.3 = 8$개

(2) 슬라브 철근길이 계산

① 상부주근단부(D13)

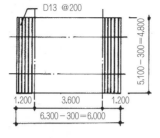

- 철근1개의 길이 $L = 4.8m$

- 철근갯수 $n = \left(\dfrac{1.2}{0.2} + \dfrac{1.2}{0.2} + 1\right) = 13$ 개

- 철근전체길이 $= 4.8 \times 13 = 62.4m$

② 상부주근톱바(D13)

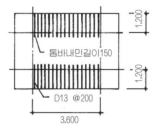

- 철근1개의 길이 $L = 1.2 + 0.15 = 1.35m$
- 철근갯수 $n = (3.6 \div 0.2) \times 2 = 36$개
- 철근전체길이 $= 1.35 \times 36 = 48.6m$

③ 상부부근단부(D10)

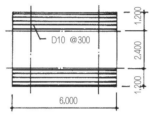

- 철근1개의 길이 $L = 6m$

- 철근갯수 $n = \left(\dfrac{1.2}{0.3} + \dfrac{1.2}{0.3} + 1\right) = 9$ 개

- 철근전체길이 $= 6 \times 9 = 54m$

④ 상부부근톱바(D10)

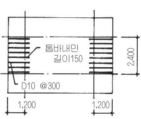

- 철근1개의 길이 $L = 1.2 + 0.15 = 1.35m$
- 철근갯수 $n = (2.4 \div 0.3) \times 2 = 16$개
- 철근전체길이 $= 1.35 \times 16 = 21.6m$

⑤ 하부주근(D13)

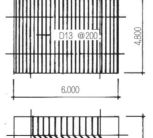

- 철근1개의 길이 $L = 4.8m$
- 철근갯수 $n = (6 \div 0.2 + 1) = 31$ 개
- 철근전체길이 $= 4.8 \times 3.1 = 148.8m$

⑥ 하부주근벤트(D13)

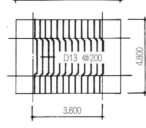

- 철근1개의 길이 $L = 4.8m$
- 철근갯수 $n = 3.6 \div 0.2 = 18$개
- 철근전체길이 $= 4.8 \times 18 = 86.4$

⑦ 하부부근($D10$)

- 철근1개의 길이 $L = 6m$
- 철근갯수 $n = (4.8 \div 0.3 + 1) = 17$개
- 철근전체길이 $= 6 \times 17 = 102m$

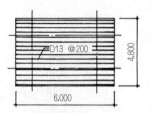

⑧ 하부부근벤트($D10$)

- 철근1개의 길이 $L = 6m$
- 철근갯수 $n = 2.4 \div 0.3 = 8$개
- 철근전체길이 $= 6 \times 8 = 48m$

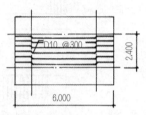

⑨ 집계

- $(D13) = (62.4 + 48.6 + 148.8 + 86.4) \times 0.995kg = 344.469kg$
- $(D10) = (54 + 21.6 + 102 + 48) \times 0.56kg = 126.336kg$

예 제

다음 도면을 보고 철근량을 산출하시오. (8점)   [92년]
(단, 정미량 D13 : 0.995kg/m, D10 : 0.56kg/m, 상부 Top Bar 내민길이 20cm임)

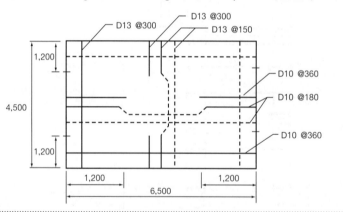

정답 ① 상부근

- 주근단부 $(D13)$: $(1.2 \div 0.3 = 4 \rightarrow 4개 \times 2 + 1) \times 4.5 = 40.5m$
- 주근톱바 $(D13)$: $(4.1 \div 0.3 = 13.66 \rightarrow 14$ 개$) \times 1.4 \times 2 = 39.2m$
- 부근단부 $(D10)$: $(1.2 \div 0.36 = 3.33 \rightarrow 3개 \times 2 + 1) \times 6.5 = 45.5m$
- 부근톱바 $(D10)$: $(2.1 \div 0.36) = 5.83 \rightarrow 6개 \times 1.4 \times 2 = 16.8m$

② 하부근

- 주   근 $(D13)$: $\{(6.5 \div 0.3) + 1\} = 22.67 \rightarrow 23개 \times 4.5 = 103.5m$
- 주근벤트 $(D13)$: $(4.1 \div 0.3 = 13.7 \rightarrow 14$ 개$) \times 4.5 = 63m$
- 부   근 $(D10)$: $\{(4.5 \div 0.36) + 1\} = 13.5 \rightarrow 14개 \times 6.5 = 91m$
- 부근벤트 $(D10)$: $(2.1 \div 0.36 = 5.83 \rightarrow 6$ 개$) \times 6.5 = 39m$

$(D10)$: $192.3 \times 0.56 = 107.688kg$ $(D13)$: $246.2 \times 0.995 = 244.969kg$

∴ 합계 : $107.688 + 244.969 = 352.657$

답 : $352.66kg$

해설 4변고정슬라브 철근량 계산순서

1. 상부근

① 주근단부(+1)
② 주근톱바(±0)
③ 부근단부(+1)
④ 부근톱바(±0)

2. 하부근

① 주근(+1)
② 주근벤트(±0)
③ 부근(+1)
④ 부근벤트(±0)

철근콘크리트공사의 바닥(slab) 철근물량산출에서 주어진 그림과 같은 Two way slab의 철근 물량을 산출(정미량)하시오. (단, D10=0.56gk/m, D13=0.995kg/m임) (6점)

[03년, 08년]

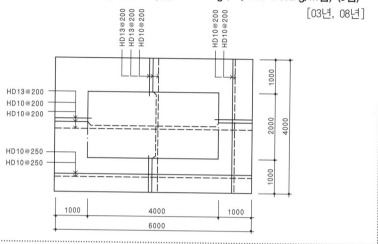

해설
① 08년도 출제시 (8점)
② 톱바의 내민길이는 무시함.

정답 1. 톱바의 내민길이를 고려치 않고 계산한 경우
(상부)
① 주근단부(D10) : $4 \times (1 \div 0.2 = 5 \rightarrow$ 5개 $\times 2 + 1) = 44$m
② 주근톱바(D13) : $\{1 \times (4 \div 0.2)\} \times 2 = 40$m
③ 부근단부(D10) : $6 \times (1 \div 0.25 = 4 \rightarrow$ 4개 $\times 2 + 1) = 54$m
④ 부근톱바(D13) : $\{1 \times (2 \div 0.2)\} \times 2 = 20$m

(하부)
① 주근(D10) : $4 \times (6 \div 0.2 + 1) = 124$m   ② 주근벤트(D13) : $4 \times (4 \div 0.2) = 80$m
③ 부근(D10) : $6 \times \left(\dfrac{2}{0.2} + \dfrac{2}{0.25} + 1 \right) = 114$m   ④ 부근벤트(D10) : $6 \times (2 \div 0.2) = 60$m

(D10) : $396 \times 0.56 = 221.76kg$ (D13) : $140 \times 0.995 = 139.3kg$
∴ 총계 : $361.06kg$

답 : $361.06kg$

해설
① 톱바의 내민길이를 고려치 않는 경우
② 톱바의 내민길이를 고려한 경우 두가지 방법 모두 정답범위로 함

2. 톱바내민길이를 (15d)를 고려한 경우(톱바의 내민길이 $15 \times 0.013 = 0.195$m이나, 0.2m를 보고 계산한 경우도 가능함)
(상부)
① 주근단부(D10) : $4 \times (1 \div 0.2 = 5 \rightarrow$ 5개 $\times 2 + 1) = 44$m
② 주근톱바(D13) : $\{(1 + 0.195) \times (4 \div 0.2)\} \times 2 = 47.8$m
③ 부근단부(D10) : $6 \times (1 \div 0.25 = 4 \rightarrow$ 4개 $\times 2 + 1) = 54$m
④ 부근톱바(D13) : $\{(1 + 0.195) \times (2 \div 0.2)\} \times 2 = 23.9$m
(하부)
① 주근(D10) : $4 \times (6 \div 0.2 + 1) = 124$m
② 주근벤트(D13) : $4 \times (4 \div 0.2) = 80$m
③ 부근(D10) : $6 \times \left(\dfrac{2}{0.2} + \dfrac{2}{0.25} + 1 \right) = 114$m
④ 부근벤트(D10) : $6 \times (2 \div 0.2)\} = 60$m
(D10) : $396 \times 0.56 = 221.76kg$ (D13) : $151.7 \times 0.995 = 150.941kg$
∴ 총계 : 372.701

답 : $372.70kg$

다음 조건에서 콘크리트 1m³을 생산하는데 필요한 시멘트, 모래, 자갈의 중량을 산출하시오. (6점)　　　　　[90년, 08년, 17년, 20년]

> (조건)　(1) 단위수량 : 160kg/m³　　(2) 물시멘트비 : 50%
> 　　　　(3) 잔골재율 : 40%　　　　(4) 시멘트 비중 : 3.15
> 　　　　(5) 잔골재 비중 : 2.6　　　(6) 굵은 골재 비중 : 2.6
> 　　　　(7) 공기량 : 1%

정답　① 단위시멘트량 =160÷0.5=320kg/m³

② 시멘트의 체적 = $\dfrac{320kg}{3.15\times1,000}$ = 0.102m³

③ 물의 체적 = $\dfrac{160kg}{1\times1,000}$ = 0.16m³

④ 전 골재의 체적 =1m³-(시멘트의 체적+물의 체적+공기량의 체적)

　　= 1-(0.102+0.16+0.01)=0.728m³

⑤ 잔 골재의 체적

　　= 전 골재의 체적×잔골재율{체적백분율로서 ; 모래의 체적/(모래+자갈의 체적)}

　　= 0.728×0.4=0.291m³

⑥ 잔 골재량 = 0.291×2.6×1,000=756.6kg/m³

⑦ 굵은 골재의 체적 = 0.728×0.6×2.6×1,000=1,135.68kg/m³

　　∴ 시멘트 : 320kg/m³

　　　잔골재 : 756.6kg/m³ → 757kg/m³

　　　굵은골재 : 1,135.68kg/m³ → 1,136kg/m³

　　　물 : 160kg/m³

① 콘크리트 1m³=1000= l 시멘트+모래+자갈+물+공기량에서 각 재료의 양을 구하면

체적= $\dfrac{중량}{비중}$ 으로 구한다.

② 잔골재 및 굵은 골재량을 정미계산하면 소숫점이하의 양도 계산되나 배합계산에는 소숫점을 내지 않는 것임에 유의할 것

콘크리트 펌프에서 실린더의 안지름 18cm, 스트로우크 길이 1m, 스트로우크 수 24회/분, 효율 100%인 조건으로 1일 6시간 작업할 때 가능한 1일 최대 콘크리트 펌프량을 구하시오. (3점)　　　　　[92년, 06년]

정답　시간당 최대 토출량 = $\dfrac{\pi \times (0.18)^2}{4} \times 1 \times 24 \times 60 = 36.62\,m^3/hr$

∴1일 최대 펌핑량 = $36.62\,m^3/hr \times 6시간 = 219.75\,m^3/$ 일

문제 3

그림과 같은 건축물을 완성하기 위해서 거푸집을 구입할 경우 구입량을 계산하시오. (단, 거푸집 전용율 : 75%, 구입율 : 105%) (10점)　　　　　　[84년]

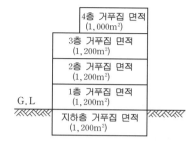

| 4층 거푸집 면적 (1,000m²) |
| 3층 거푸집 면적 (1,200m²) |
| 2층 거푸집 면적 (1,200m²) |
| 1층 거푸집 면적 (1,200m²) |
| 지하층 거푸집 면적 (1,200m²) |

G.L

정답　① 지하층의 구입량 $1,200 \times 1.05 = 1,260m^2$

② 1층의 구입량 $1,200 \times 1.05 = 1,260m^2$

③ 2층은 지하층 거푸집을 75% 전용하므로 $1,200 \times 0.75 = 900m^2$

　　부족량은 $1,200 - 900 = 300m^2$, 구입량은 $300 \times 1.05 = 315m^2$

④ 3층은 1층 거푸집을 75% 전용하므로 $1,200 \times 0.75 = 900m^2$

　　부족량은 $1,200 - 900 = 300m^2$, 구입량은 $300 \times 1.05 = 315m^2$

⑤ 4층은 2층 거푸집을 75% 전용하므로 $1,200 \times 0.75 = 900m^2$

　　부족량은 $1,000 - 900 = 100m^2$ 구입량은 $100 \times 1.05 = 105m^2$

　　∴총 구입량은 $1,260m^2 + 1,260m^2 + 315m^2 + 315m^2 + 105m^2 = 3,255m^2$

답 : 3,255m²

해설　거푸집 전용율 75%

① 지하층거푸집 → 2층으로 전용

② 1층거푸집 → 3층으로 전용

③ 2층거푸집 → 4층으로 전용

문제 4

건설공사의 기초거푸집 소요량이 100m²이고, 1, 2층의 거푸집이 각각 300m²일 때 거푸집 주문량을 산출하시오. (단, 기초 거푸집은 1회 사용, 일반층은 2회 사용하는 것으로 한다. 이때, 거푸집 1m²당 1회 사용시의 손실율은 3%이고, 2회 사용시 전용율은 57%이다.) (2점)　　　　　　[90년, 06년]

정답　① 기초거푸집 구입량 : $100 \times 1.03 = 103m^2$

② 1층 거푸집 구입량 : $300 \times 1.03 = 309m^2$

③ 2층 거푸집 구입량 : $300 \times 0.57 = 171m^2$

　　∴ 구입량은 $(300 - 171) \times 1.03 = 132.87m^2$

　　그러므로, 총 주문량은 $(103 + 309 + 132.87) = 544.87m^2$

답 : 544.87m²

해설

기초거푸집은 1회 사용이므로 전용이 안된다. 1층 거푸집은 2층에 전용한다.

문제 5

아래 그림에서 한 층 분의 콘크리트량과 거푸집량을 산출하시오. (10점)

[04년, 08년, 14년]

① 부재치수 (단위 : mm)
② 전기둥(C_1) : 500×500, 슬래브두께(t) : 120
③ G_1 , G_2 : 400×600(b×D), G_3 : 400×700, B_1 : 300×600
④ 층고 : 4,000

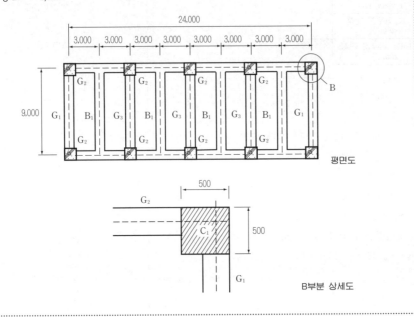

평면도

B부분 상세도

참고도면

① G_1 G_2 보단면 산정

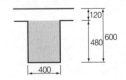

② G_3 보단면 산정

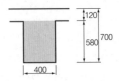

③ B_1 보단면 산정

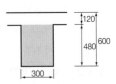

④ G_1 G_2 G_3 B_1의 길이 산정도

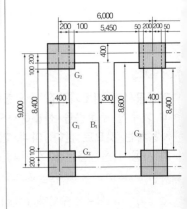

정답 ① 콘크리트량

1. 기둥 (C_1) : $\{(0.5 \times 0.5 \times (4 - 0.12)\} \times 10$개 $= 9.7 \text{m}^3$

2. 보 (G_1) : $\{0.4 \times 0.48 \times (9 - 0.6)\} \times 2$개 $= 3.226 \text{m}^3$

3. 보 (G_2) : $(0.4 \times 0.48 \times 5.5 \times 4) + (0.4 \times 0.48 \times 5.45 \times 4) = 8.409 \text{m}^3$

4. 보 (G_3) : $(0.4 \times 0.58 \times 8.4) \times 3$개 $= 5.846 \text{m}^3$

5. 보 (B_1) : $(0.3 \times 0.48 \times 8.6) \times 4$개 $= 4.953 \text{m}^3$

6. 슬라브 : $9.4 \times 24.4 \times 0.12 = 27.523 \text{m}^3$

∴ 계 : 59.657   답 : 59.66m^3

② 거푸집량

1. 기둥 (C_1) : $\{(0.5 + 0.5) \times 2 \times 3.88\} \times 10$개 $= 77.6 \text{m}^2$

2. 보 (G_1) : $(0.48 \times 2 \times 8.4) \times 2$개 $= 16.128 \text{m}^2$

3. 보 (G_2) : $(0.48 \times 5.5 \times 2 \times 4) + (0.48 \times 5.45 \times 2 \times 4) = 42.048 \text{m}^2$

4. 보 (G_3) : $0.58 \times 8.4 \times 2 \times 3 = 29.232 \text{m}^2$

5. 보 (B_1) : $0.48 \times 8.6 \times 2 \times 4 = 33.024 \text{m}^2$

6. 슬라브 : $9.4 \times 24.4 + (9.4 + 24.4) \times 2 \times 0.12 = 237.47 \text{m}^2$

∴ 계 : 435.502   답 : 435.50m^2

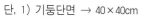

문제 6

아래 그림은 철근콘크리트 사무소 건물이다. 주어진 평면도 및 단면도 A-A′ 를 보고 C_1, G_1, S_1 에 해당되는 부분의 콘크리트량과 거푸집량을 산출하시오. (소수점 3자리에서 반올림함) (18점)   [85년, 96년, 98년]

단, 1) 기둥단면 → 40×40cm

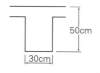

2) 보단면 ──────→

3) 슬랩두께 → 12cm

4) 층고 → 3m

단, 단면도 A-A′ 에 표기된 1층 바닥선 이하는 계산하지 않는다.

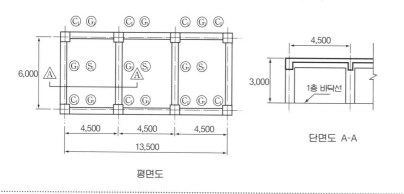

평면도

단면도 A-A

참고도면

① 기둥

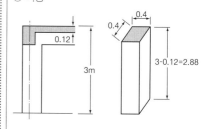

② 가로보

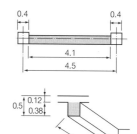

③ 세로보

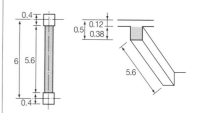

④ 슬라브

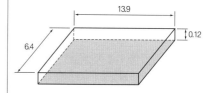

정답 ① 콘크리트량

- 기둥 : $(0.4 \times 0.4 \times 2.88) \times 8$개 $= 3.686m^3$
- 보 : $(5.6 \times 0.38 \times 0.3) \times 4$개 $+ (4.1 \times 0.38 \times 0.3) \times 6$개 $= 5.357m^3$
- 슬라브 : $6.4 \times 13.9 \times 0.12 = 10.675m^3$

    $\therefore 3.686 + 5.357 + 10.675 = 19.718$

답 : $19.72m^3$

② 거푸집량

- 기둥 : $\{2 \times (0.4 + 0.4) \times 2.88\} \times 8$ 개 $= 36.864m^2$
- 보 : $5.6 \times 0.38 \times 8 + 4.1 \times 0.38 \times 12 = 35.72m^2$
- 슬라브 : $6.4 \times 13.9 + 2 \times (13.9 + 6.4) \times 0.12 = 93.832m^2$

    $\therefore 36.864 + 35.72 + 93.832 = 166.416$

답 : $166.42m^2$

해 설

문제 7

아래 그림에서 한 층분의 물량을 산출하시오. (10점) [93년, 06년]

① 부재치수(단위 : mm)

② 전기둥(C₁) : 400×400, (C₂) : 500×500, 슬랩두께(t) : 120

③ G₁, : 300×600(b×D), G₂ : 300×700

④ 층고 : 3,300

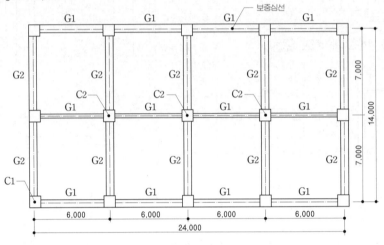

(가) 전체 콘크리트량(m³) _____

(나) 전체 거푸집 면적(m²) _____

정답 ① 콘크리트량(m³)

기둥 C1 : 0.4×0.4×3.18×12개 = 6.1056

　　　C2 : 0.5×0.5×3.18×3개 = 2.385

보　G1 : (5.5m) 0.3×0.48×5.5×4개 = 3.168

　　G1 : (5.55m) 0.3×0.48×5.55×4개 = 3.1968

　　G1 : (5.6m) 0.3×0.48×5.6×4개 = 3.2256

　　G2 : (6.5m) 0.3×0.58×6.5×6개 = 6.786

　　G2 : (6.55m) 0.3×0.58×6.55×4개 = 4.5588

슬래브 : 24.3×14.3×0.12 = 41.6988　∴ 계 = 71.1246

답 : 71.12m³

② 거푸집량(m²)

기둥 C1 : 1.6×3.18×12개 = 61.056

　　　C2 : 2×3.18×3개 = 19.08

보　G1 : (5.5m) 0.48×2×5.5×4개 = 21.12

　　G1 : (5.55m) 0.48×2×5.55×4개 = 21.312

　　G1 : (5.6m) 0.48×2×5.6×4개 = 21.504

　　G2 : (6.5m) 0.58×2×6.5×6개 = 45.24

　　G2 : (6.55m) 0.58×2×6.55×4개 = 30.392

슬래브 : (24.3×14.3)+(24.3+14.3)×2×0.12 = 356.754　∴ 계 : 576.458

답 : 576.46m²

해설

교재의 문제 풀이는 보중심을 기준으로 하여 풀이한 결과임.

전체 15개 기둥에서 중간에 3개가 C2이고, 외벽쪽에 있는 기둥 12개는 C1 기둥이며 기둥의 크기는 주어진 수치와 같음.

보콘크리트량 산출에서 보의 길이는 다음과 같음.

G1 보는 주어진 도면에 전체 12개 (윗쪽 4개, 중간에 4개, 아래쪽 4개)

- 윗쪽 4개에서 보안목간길이는 (왼쪽과 오른쪽 보2개는 5.55m, 중간에 2개는 5.6m)

5.55의 안목길이는 왼쪽기둥에서 0.25를 공제하고, 오른쪽 기둥에서 0.2를 공제한 수치임.

5.6m는 양쪽에서 0.2씩 0.4를 공제한 수치임.

- 아래쪽 4개에서 보안목길이는 윗쪽4개 보와 같은 결과임.

- 중간에 4개보 안목길이는 (5.5m) 5.5의 안목길이는 왼쪽과 오른쪽에서 0.25씩 0.5를 공제한 수치임.

따라서 상기와 같은 안목길이로

- 5.5m 안목길이는 4개
- 5.55m 인목길이는 4개
- 5.6m 안목길이도 4개 이며

슬라브 두께를 공제한 보춤에서 보 나비를 곱한 단면적에 보안목길이로 곱하여 산출한 결과임.

해 설

다음 그림의 보에 대하여, 콘크리트량과 거푸집량을 구하시오. (6점)
(단, 계산과정을 나타내어야 함)

[93년, 05년, 14년, 20년]

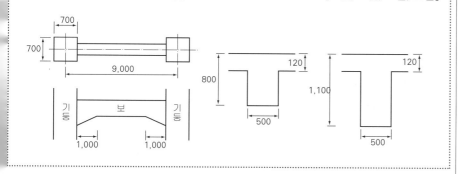

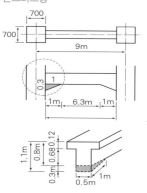

참고도면

① 콘크리트량

1. 보의 콘크리트량 산출할 때는 단일문제이므로 바닥판 두께를 포함해서 산출해야 한다.
2. 헌치가 있는 부분도 콘크리트량으로 산출해야 한다.

정답 ① 콘크리트량

• 보부분 : $0.5 \times 0.8 \times 8.3 = 3.32m^3$

• 헌치부분 : $\left(0.3 \times 0.5 \times 1 \times \dfrac{1}{2}\right) \times 2 = 0.15m^3$

$\therefore 3.32 + 0.15 = 3.47m^3$

답 : 3.47m³

② 거푸집량

• 보옆 : $0.68 \times 8.3 \times 2 = 11.288m^2$

• 헌치옆 : $\left(0.3 \times 1 \times \dfrac{1}{2}\right) \times 2 \times 2 = 0.6m^2$

• 보밑 : $0.5 \times 8.3 = 4.15m^2$

$\therefore 11.288 + 0.6 + 4.15 = 16.038m^2$

답 : 16.04m²

② 거푸집량

1. 종합문제에서는 보밑면은 거푸집계산의 편의상 슬라브를 삽입하였으나 본 문제는 단일문제이므로 보밑면 거푸집도 같이 계산해야 한다.
2. 보에 헌치가 있는 경우 보밑 거푸집의 면적신장(伸長)은 없는 것으로 간주하고 계측한다.
3. 보옆+헌치+보밑

그림과 같은 철근콘크리트보의 주근 철근량을 구하시오. (6점) [89년, 90년, 07년]
(단, D22=3.04kg/m, 정착길이는 인장철근의 경우 40d 압축철근의 경우는 25d로 하고 후크(hook)의 길이는 10.3d로 한다.)

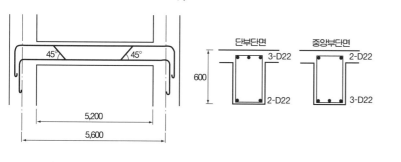

정답 ① 상부철근 (D22) : $\{5.2 + (40 + 10.3) \times 0.022 \times 2\} \times 2개 = 14.826m$

② 하부철근 (D22) : $\{5.2 + (25 + 10.3) \times 0.022 \times 2\} \times 2개 = 13.506m$

③ 벤트철근 (D22) : $\{5.2 + (40 + 10.3) \times 0.022 \times 2\} + \{(\sqrt{2} \times 0.5 - 0.5) \times 2\} = 7.827m$

∴ 계 (D22) : $\{14.826 + 13.506 + 7.827\} \times 3.04 = 109.923$

답 : 109.92kg

문제 10

두께 0.15m, 너비 6m, 길이 100m 도로를 6m³ 레미콘을 이용하여 하루 8시간 작업 시 레미콘 배차간격은 몇 분(min)인가? (3점)　　　　　　　　　[18년]

정답 (1) 소요 콘크리트량 : $0.15 \times 6 \times 100 = 90m^3$

(2) 6m³ 레미콘 차량대수 : $\dfrac{90}{6} = 15$ 대

(3) 배차간격 : $\dfrac{8 \times 60}{15} = 32$ 분

답 : 32분

문제 11

다음 그림에서 한 층 분의 콘크리트량을 산출하시오. (단, 기둥은 층고를 물량에 반영한다.) (8점)　　　　　　　　　[19년]

단, 1) 부재치수(단위 : mm)
　　2) 전 기둥(G_1) : 500 500, 슬래브 두께(t) : 120
　　3) G_1, G_2 : 400×600(b×D), G_3 : 400×700, B_1 : 300×600
　　4) 층고 : 3,600

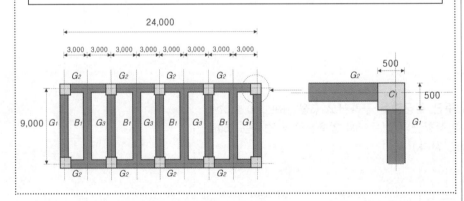

정답 ① 기둥 (G_1) : $[0.5 \times 0.5 \times 3.6] \times 10개 = 9m^3$

② 보 (G_1) : $[0.4 \times 0.48 \times (9 - 0.6)] \times 2개 = 3.226m^3$

③ 보 (G_2) : $[(0.4 \times 0.48 \times 5.45) \times 4개] + [(0.4 \times 0.48 \times 5.5) \times 4개] = 8.409m^3$

④ 보 (G_3) : $(0.4 \times 0.58 \times 8.4) \times 3개 = 5.846m^3$

⑤ 보 (B_1) : $(0.3 \times 0.48 \times 8.6) \times 4개 = 4.953m^3$

⑥ 슬래브 : $9.4 \times 24.4 \times 0.12 = 27.523m^3$

⑦ 합계 : $9 + 3.226 + 8.409 + 5.846 + 4.953 + 273.523 = 58.957 \Rightarrow 58.96m^3$

답 : 58.96m³

철골 공사비

경향분석

철골공사에서는 트러스에서 Angle량, Plate량 산출이 주된 문제로 출제되고 있다.
다른 장에 비하여 공부할 분량이 적으면서 자주 출제되고 있으며 공부하기에 쉬운 부분
으로 점수를 득하기 쉬운 단원이다.

■ 출제경향분석

주 요 내 용	최근출제경향(출제빈도)
철골수량산출	• 강판소요량, 스크랩량 (98, 07, 13)
	• Angle량, Plate량 (87, 88, 90, 93, 95, 96, 97, 98, 99, 00, 01, 03, 05, 07, 09, 12)

■ 단원별 경향분석

제5장
9.18%

■ 항목별 경향분석

강판소요량
7.7%

Angle량, plate량
92.3%

철골 수량산출

1. 보통철골재

(1) 철골재는 층별로 기둥, 벽체, 보, 바닥 및 지붕틀의 순위로 구별하여 산출한다. 또, 주재와 부속재로 나누어 계산한다.

(2) 철골재는 도면 정미량에 할증률을 가산하여 소요량으로 한다. (단, 조건이 제시된 경우에는 조건에 따른다.)

(3) 수량산출방법은 단면치수별로 구분하여 총연장을 산출하고 중량으로 계산한다.

① 형강류 : 종별 및 단면치수별로 구분하여 총연장(m)을 산출하고 중량(kg)으로 계산한다.

② 형강의 종류

a) 등변 L형강	b) 부등변 L형강	c) ㄷ자형강(Channel)
d) I형강(I Beam)	e) H형강	f) Z자강
g) T자강	h) 경량형강	

③ 형강표시법

2L – 100×50×6 : 웨브높이 100, 플랜지나비 50, 두께 6mm인 형강이 2개이다.

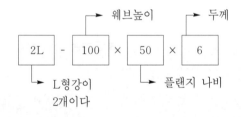

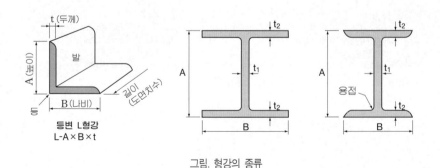

등변 L형강
L-A×B×t

그림. 형강의 종류

학습 POINT

■ 강재의 할증율

종 류	할증률(%)
대형 형강	7
소형 형강	5
강판	10
평강 · 대강	5
경량 형강	5
강관 · 각관	5

■ 철골 구조의 수량 산출
① 형강, 강관 - 규격별 길이(m)를 산출한다.
② 강판 - 규격별 면적(m²)을 산출한다.

▶ 93년, 96년, 98년, 00년, 03년, 05년, 09년, 12년

형강의 수량산출

강재의 길이가 5m이고, 2L-90×90×15 형강의 중량을 산출하시오. (2점)

(단, L-90×90×15 = 13.3kg/m임)   [09년, 12년]

정답 앵글(flange) : 5m×2개×13.3＝133kg

(4) 강판재면적

① 실제 면적에 가까운 사각형, 삼각형, 평행사변형, 사다리꼴로 면적을 산출하고 재료의 손실은 가산하지 아니한다.

② 볼트, 리벳구멍 및 콘크리트 타설용 구멍은 면적에서 공제하지 않는다.

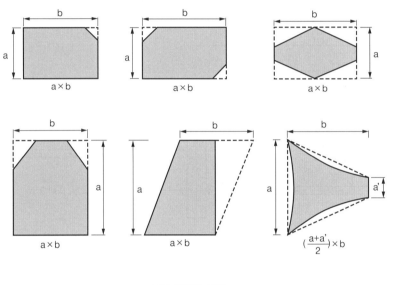

그림. 강판재 면적

(5) 볼트, 리벳 : 지름, 길이, 모양별로 개수 또는 중량으로 산출한다.

(6) 강재의 중량 산출방법

각종 강재의 $\begin{bmatrix} 길이(m) \\ 면적(m^2) \\ 개수 \end{bmatrix}$ ×단위중량 ＝철골중량(kg)

(7) 강재 발생재의 처리

소요강재량과 도면 정미량과의 차이에서 생기는 스크랩(scrap)은 그 스크랩 발생량의 70%를 시중의 도매가격으로 환산하여 그 대금을 설계당시 미리 공제한다. 즉, (소요강재량－도면 정미량×70%(scrap ton당 단가)＝공제금액

학습 POINT

▶ 00년, 03년, 07년, 13년

강판재 면적산출

■ 강판재 면적

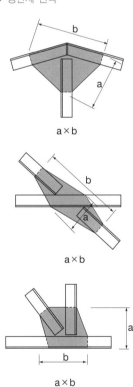

a×b

a×b

a×b

그림. 강판재 면적

문제 1

다음 아래의 도면을 보고 요구하는 각 재료량을 산출하시오. (단, 기둥은 고려하지 않고, 평행 트러스보만 계산할 것) (10점) [95년, 90년, 97년, 99년, 01년, 05년]

가. Angle량(kg)은? (단, L-50×50×4 = 3.06kg/m, L-65×65×6 = 5.9kg/m,

L-100×100×7 = 10.7kg/m, L-100×100×13 = 19.1kg/m)

나. PL9의 량(kg)은? (단, PL9 = 70.56kg/m²)

해설

① 형강은 규격별 길이 m로 총연장을 산출하고 중량으로 계산한다.
② 형강의 표시법 2L-100×50×6은
 • 2L : L형강이 2개이다.
 • 100 : 웨브높이
 • 50 : 플랜지 나비
 • 6 : 두께
③ 플레이트나 필러의 면적산정은 실제면적에 가까운 사각형, 삼각형, 평형사변형, 사다리꼴로 면적을 계산한다.

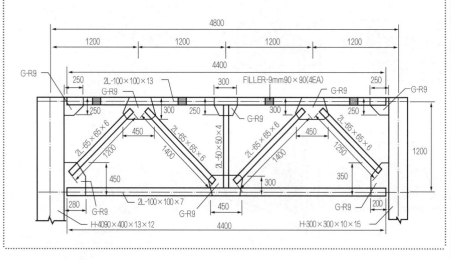

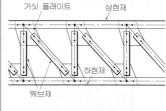

그림. 트러스보

정답 ① Angle량

구 분	산 출 근 거	합 계
L-50×50×4	1.1×2×3.06 = 6.732kg	
L-65×65×6	(1.2+1.4+1.4+1.25)×2×5.9 = 61.95kg	330.92kg
L-100×100×7	4.4×2×10.7 = 94.16kg	
L-100×100×13	4.4×2×19.1 = 168.08kg	

② 플레이트량

구 분	산 출 근 거	합 계
Gueest plate	{(0.25×0.25)+(0.45×0.3)+(0.3×0.25)+(0.45× 0.3)+(0.25×0.25)+(0.28×0.45)+(0.45× 0.3)+(0.2×0.35)}×70.56 = 56.518kg	58.80kg
Filler	0.09×0.09×4×70.56 = 2.286kg	

참고도면

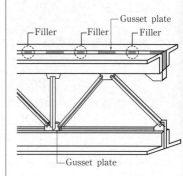

문제 2

다음 철골트러스 1개분의 철골량을 산출하시오. (6점) (단, L - 65×65×6=5.91kg/m, L-50×50×6=4.43kg/m, PL - 6=47.1kg/m²)　　　　　[93년, 96년, 98년, 00년, 03년, 07년]

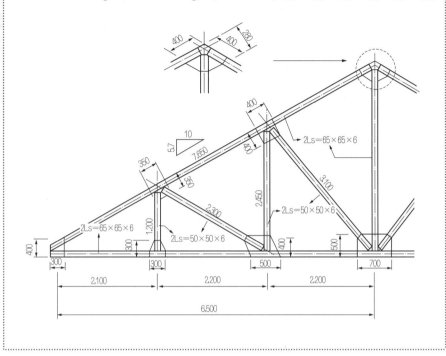

참 고 도 면

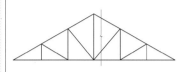

■ 철골트러스 1개분 도면

정답 ① Angle량

구　분	산　출　근　거		합　계
평　보 2Ls-65×65×6	(6.5+0.15)×2×2(좌우)=26.6m	64.78m×5.91kg =382.849kg	
ㅅ자보 2Ls-65×65×6	7.65×2×2(좌우)=30.6m		
왕대공 2Ls-65×65×6	3.79×2=7.58m		543.22kg
대　공 2Ls-50×50×6	(1.2+2.3+2.45+3.1)×2×2(좌우) =36.2m	36.2×4.43kg =160.366kg	

② 플레이트량

구　분	산　출　근　거	합　계
PL - 6	{(0.3×0.4+0.35×0.35+0.3×0.3+0.4×0.4+0.5×0.4)× 2(좌우)+0.4×0.4+0.7×0.5}×47.1kg=89.25kg	89.25kg

해설

① 왕대공 길이산정
　물매 10 : 5.7 = 6.65 : X
　　$x = \dfrac{5.7 \times 6.65}{10} = 3.79m$

② 철골트러스 1개분인 것에 주의를 할 것.(좌우로 계산한다.)

③ 왕대공은 2L-65×65×6의 2L이므로 2개이고, 양쪽이 아니므로 좌우 2가 없다.

④ Plate는 도면크기를 사각형 면적으로 보고 계산한다.(스크랩하지 않음)

문제 3

강판을 그림과 같이 가공하여 20개의 수량을 사용하고자 한다. 강판의 비중이 7.85일 때 소요량(kg)을 산출하고 스크랩의 발생량(kg)도 함께 산출하시오. (4점)

[13년]

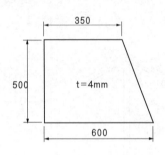

해설
강판재의 면적산출시 스크랩량을 포함한 사각형면적으로 산출하고, 스크랩량을 별도로 산출한 경우 강판의 소요량은 스크랩량을 포함한 면적으로 산출한다.
즉, 강판재 소요량 = 도면의 정미량 + 스크랩량

정답 ① 소요량 : $0.6 \times 0.5 \times 0.004 \times 7,850kg \times 20개 = 188.4kg$ 답 : 188.4kg

② 스크랩량 : $\dfrac{0.25 \times 0.5}{2} \times 0.004 \times 7,850 \times 20개 = 39.25kg$ 답 : 39.25kg

문제 4

강판을 그림과 같이 가공하여 20개의 수량을 사용하고자 한다. 강판의 비중이 7.85일 때 소요량(kg)을 산출하고 스크랩의 발생량(kg)도 함께 산출하시오.

[89년, 07년]

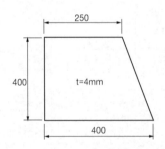

해설
① 강판면적산정은 실제 면적에 가까운 사각형(0.4×0.4)으로 보고 계산한다.
② 스크랩량은 삼각형 면적 ($\dfrac{0.4 \times 0.15}{2}$)로 계산한다.

정답 ① 소요량 : $0.4 \times 0.4 \times 0.004 \times 7,850kg \times 20개 = 100.48kg$ 답 : 100.48kg

② 스크랩량 : $\dfrac{0.15 \times 0.4}{2} \times 0.004 \times 7,850 \times 20개 = 18.84kg$ 답 : 18.84kg

문제 5

다음과 같은 플레이트 보의 각 부재 수량을 산출하시오. (단, 보의 길이는 10m로 하고 리벳은 제외한다.) (6점) [97년, 99년]

| L : 90×90×10 : 13.3kg/m | PL10 : 78.5kg/m² |
| PL12 : 94.2kg/m² | |

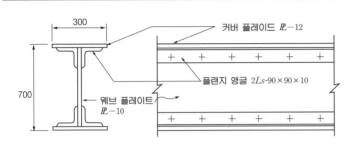

해설

① 플랜지앵글 4개는 총연장을 산출하고 중량으로 계산한다.
② 커버플레이트나 웨브플레이트는 면적으로 산출하고 중량으로 계산한다.

참고도면

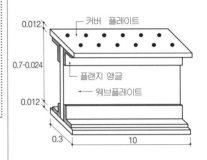

정답 ① 앵 글(flange) : 10×4×13.3kg = 532kg
② 플레이트(cover) : 10×0.3×2×94.2kg = 565.2kg
③ 플레이트(web) : 10×(0.7-0.024)×78.5kg = 530.66kg

문제 6

철골구조물에서 보 및 기둥에는 H형강이 많이 사용되는데 Long Span에서는 기성품인 Rolled형강을 사용할 수 없을 정도의 큰 단면의 부재가 필요하게 된다. 이 경우 공장에서 두꺼운 철강판을 절단하여 소요크기로 용접제작하여 현장제작(Built up)형강을 사용하게 되는데 H-1200×500×25×100부재(L=20m) 20개의 철강판 중량은 얼마(ton)인가? (단, 철강의 비중은 7.85로 한다.) [4점]
[03년, 08년]

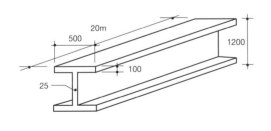

정답 1개의 중량
(1.2-0.1×2)×20×0.025+0.5×20×0.1×2 = 2.5
총 합계 : 2.5×7.85×20 = 392.5

답 : 392.5 ton

제6장

조적공사 및 타일공사

조적공사 및 타일공사에서는 벽돌수량, 쌓기모르타르량, 타일수량산출이 출제되고 있다. 소단원적산으로 단일문제가 출제되고도 있으나 종합적산으로서 출제되는 경향이 많고 비교적 공부하기에 용이한 단원으로서 점수를 특하기 쉬운 단원이다.

■ 출제경향분석

주 요 내 용	최근출제경향(출제빈도)
조적공사	• 벽돌수량, 쌓기모르타르량 〔84, 85, 86, 87, 88, 89, 90, 92, 93, 94, 96, 98, 99, 00, 01, 02, 03, 04, 05, 06, 07, 08, 10, 12, 13, 15, 18, 19, 20〕 • 블록수량, 일위대가표, 재료비, 노무비〔09〕
타일공사	• 타일수량〔86, 92, 04〕

■ 단원별 경향분석

제6장
14.55%

■ 항목별 경향분석

3.8%

타일수량
11.5%

벽돌수량
쌓기모르타르량
84.6%

핵심 **14**

벽돌쌓기 기준량 산출

1. 개요

벽돌은 종류(시멘트벽돌, 붉은벽돌, 고압벽돌, 내화벽돌 등)에 의한 벽체의 두께 별로 벽돌쌓기 면적(㎡)을 계산하고, 여기에 단위면적당 장수를 곱하여 벽돌의 정미수량을 산출한다. 그리고 벽돌의 소요수량은 규격별 쌓기장수를 모두 합산한 정미수량(장)에 할증율을 가산하여 산출한다.

2. 벽돌량 산출방법

(1) 벽두께 0.5B 쌓기로 했을 때 벽면적 1㎡에 소요되는 벽돌수량을 구하는 식은 다음에 의한다. 줄눈크기를 1cm로 하고 벽면적을 A라고 하면

① 기존형 벽돌(21×10×6cm)일 때

$$A = \frac{100 \times 100cm}{(21+1cm) \times (6+1cm)} = 65 \text{ 매}$$

② 표준형 벽돌(19×9×5.7cm)일 때

$$A = \frac{100 \times 100cm}{(19+1cm) \times (5.7+1cm)} = 74.5 \text{ 매}$$

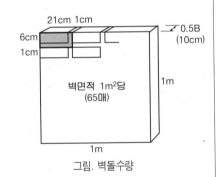

그림. 벽돌수량

(2) 벽돌쌓기 기준량 　　　　　　　　　　　　　　　　　　(벽면적 ㎡당)

구 분 벽두께	0.5B	1.0B	1.5B	2.0B	2.5B
기존형 (210×100×60)	65	130	195	260	325
표준형 (190×90×57)	75	149	224	298	373

※ 본표는 정미량임(할증율 붉은 벽돌 3%, 시멘트 벽돌 5%)

(3) 벽돌쌓기 재료(모르타르량 ㎥) 　　　　　　　　　　(정미량 1000매당)

구 분 벽두께	0.5B	1.0B	1.5B	2.0B	2.5B
기존형 (210×100×60)	0.30	0.37	0.40	0.42	0.44
표준형 (190×90×57)	0.25	0.33	0.35	0.36	0.37

※ 모르타르량은 소요량이 아닌 정미량으로 산출해야 함.

학습 POINT

▶ 94년, 96년, 98년, 02년, 03년, 15년

벽돌수량산출

■ 벽돌벽체의 두께
① 기존형(210×100×60)일 때
　0.5B-10cm
　1.0B-21cm
　1.5B-32cm
　2.0B-43cm
　2.5B-54cm이며 벽두께 0.5B증가시마다 11cm씩 추가된 수치가 벽의 두께임.
② 표준형(190×90×57)일 때
　0.5B-9cm
　1.0B-19cm
　1.5B-29cm
　2.0B-39cm
　2.5B-49cm이며 벽두께 0.5B증가시마다 10cm씩 추가된 수치가 벽의 두께임.

■ 벽돌쌓기 기준량
① 기존형(21×10×6) : 벽면적 1㎡당 정미량은 벽두께 0.5B증가시마다 65가 추가된 수량이다.
② 표준형(19×9×5.7) : 벽면적 1㎡당 정미량은 벽두께 0.5B증가시마다 74.5가 추가된 수량이다.

■ 벽돌쌓기모르타르량(㎥)
모르타르량 산출은 벽두께에 따라 증가된 양으로 산출해야 하고 소요량이 아닌 정미량으로 산출해야 함을 주의해야 한다.

주어진 도면을 보고 다음에 요구하는 각 재료량을 산출하시오. (8점)

[94년, 96년, 98년, 02년]

가. 벽두께 : 외벽 1.0B, 내벽 0.5B

나. 벽돌벽 높이 : 3m

다. 벽돌크기 : 표준형

라. 줄눈나비 : 1cm

마. 창호크기 :

$\frac{1}{D}$: 1.0×2.3m $\frac{1}{W}$: 1.2×1.2m

$\frac{2}{D}$: 0.9×2.1m $\frac{2}{W}$: 2.1×3.0m

바. 벽돌 할증율 : 5%(시멘트 벽돌수량 산출시 길이 산정은 모두 중심선으로 한다.)

• 시멘트벽돌 소요량 :

• 모르타르량 :

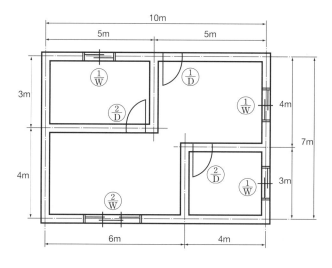

참고도면

① 외벽은 중심간 길이로 계산하고 내벽은 안목길이로 계산하는것이 원칙이나

② 이 문제의 조건에서 외벽 내벽 모두 중심선 길이로 산정해야 함을 주의해야 한다.

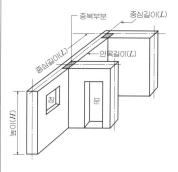

② 벽면적산정

A(m²)＝H×(L+l) - 개구부

• (외벽) : 중심간 길이(L)

• (내벽) : 안목간 길이(l)

• 벽높이(H)

• 개구부면적 공제

정답 ① 시멘트벽돌량

• 외벽(1.0B) : {(10+7)×2×3-(1.2×1.2×3+2.1×3+1.0×2.3)}×149＝13,272.9장

• 내벽(0.5B) : {(8+7)×3-(0.9×2.1×2)}×75＝3,091.5장

∴ 벽돌소요량 : (13,272.9+3,091.5)×1.05＝17,182.6

답 : 17,183장

② 모르타르량

• 외벽(1.0B) : (13,272.9÷1,000)×0.33＝4.380m³

• 내벽(0.5B) : (3,091.5÷1,000)×0.25＝0.772m³

∴ 모르타르량 : 4.380+0.772＝5.152

답 : 5.15m³

3. 벽돌바닥깔기 수량

(1) 깔기방법에 따라 구분하여 도면 정미량에 붉은벽돌은 3%, 시멘트벽돌은 5% 이내의 할증율을 가산하여 소요량으로 한다.

(2) 깔기 방법별 벽돌의 정미량은 다음과 같다.

(바닥면적 m²당)

모로세워깔기	표준형(매)	74.7
	기존형(매)	65.2
평 깔 기	표준형(매)	50.0
	기존형(매)	41.0

벽돌치수 표준형 10cm×9cm×5.7cm

기존형 21cm×10cm×6cm

줄눈나비 1cm인 경우임

(3) 벽돌 바닥깔기 모르타르는 도면 정미량으로 한다.

4. 내화벽돌수량

(1) 벽두께 0.5B 쌓기로 했을 때 벽면적 1m²당 소요되는 내화벽돌 수량을 구하는 식은 다음에 의한다.

줄눈크기를 6mm로 하고 벽면적을 A라고 하면

① 내화벽돌(23×11.4×6.5cm)일 때 $A = \dfrac{100 \times 100\,cm}{(23 + 0.6cm) \times (6.5 + 0.6cm)} = 59.7$ 매

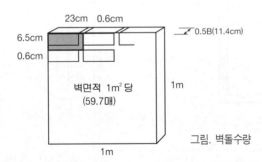

그림. 벽돌수량

② 내화벽돌쌓기기준량(정미량)

규 격	0.5B	1.0B	1.5B	2.0B	2.5B	3.0B	비 고
230×114×65	61(59)	122(118)	183(177)	244(236)	305(295)	366(354)	

1. 본 표는 할증율 3%가 포함되어 있으며 (　　)내는 정미수량이다.

2. 내화 벽돌의 규격은 230×114×65이며, 내화도는 SK-32이다.

■ 벽돌바닥깔기

모로 세워깔기

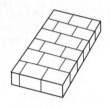

평깔기

무늬깔기

▶ 92년

내화벽돌수량산출

■ 내화벽돌줄눈

내화 몰탈은 쌓는 두께에 따라 부피로 계산하고 줄눈나비는 보통 5~10mm로 한다.(보통 6mm 줄눈 기준)

5. 타일수량

(1) 바닥면적 1m²당 소요되는 수량을 구하는 식은 다음에 의한다.

① 줄눈 5mm로 하고 바닥면적 A라고 하면

타일수량(15×15cm)일 때 $A = \dfrac{100 \times 100}{(15+0.5cm) \times (15+0.5cm)} = 41.6$ 매

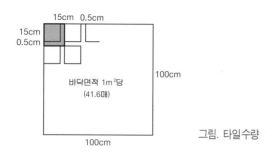

그림. 타일수량

학습 POINT

▶ 92년, 04년

타일수량산출

(2) 줄눈크기와 타일의 정미량   (m² 당)

규격(mm) \ 줄눈폭(mm)	0	1.0	2.0	3.0	4.0	5.0	6.0	7.0	8.0	9.0	10.0
정사각형 52	370	356	343	331	319	308	298	287	278	269	260
60	278	269	260	252	245	237	230	223	216	210	204
90	124	121	118	116	113	111	109	106	104	102	100
100	100	98	96	95	93	91	89	87	86	85	83
108	86	85	83	81	80	78	77	76	74	73	72
150	45	44	43	43	42	42	41	41	40	40	39
직사각형 57×40	439	421	404	338	373	358	345	332	321	310	299
100×60	167	162	158	154	150	147	143	139	136	133	130
108×60	154	150	147	143	140	136	133	130	127	124	121
180×57	98	95	93	91	89	87	86	84	82	81	79
200×100	50	49	49	48	47	46	46	45	45	44	43

(3) 모자이크타일 수량

구 분	매 수 (장)
모자이크(종이)	11.40

1. 본품에는 재료의 할증율(3%)이 포함되었다.
2. 종이 1매의 크기는 30cm×30cm이다.

참고도면

■ 바닥면적 1m² 당 산출근거

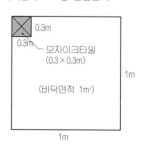

$A = \dfrac{1 \times 1}{0.3 \times 0.3} = 11.4$ 장/m² 당

(할증율 3% 포함된 수량)

예제 1

아래 도면과 같은 굴뚝공사를 하려할 때 각 벽돌 소요량을 정미량으로 구하시오. (5점)
[92년]

단, 1) 굴뚝쌓기 높이는 3m이다.

　　2) 붉은 벽돌의 규격은 기존형(210×100×60)이고, 줄눈의 나비는 10mm이다.

　　3) 내화벽돌의 규격은 230×114×65이고, 줄눈의 나비는 6mm이다.

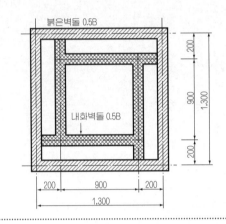

① 내화벽돌은 참고도면처럼 빗금친 길이가 4개 있는 것으로 계산하면 된다.

② 빗금친 벽돌벽 길이는 평면도에서 중심선으로 계산되어 있으므로 붉은 벽돌벽과 내화벽돌벽에 걸쳐있는 부분을 빼고 순 길이를 산정해야 된다.

③ 1100에서 붉은벽도 0.5B 쌓기의 반이 물려 50을 빼주고, 다음 내화벽돌 0.5B쌓기의 반이 물린 57을 빼면 993이 된다.

정답 ① 붉은벽돌 : 1.3×4×3×65＝1,014장

　　 ② 내화벽돌 : 0.993×4×3×59.7＝711장, 또는 0.993×4×3×59＝703장

참고도면

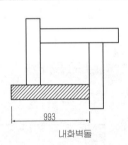

내화벽돌

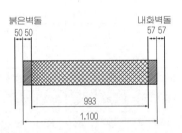

바닥면적 1m²당 정미량산출근거

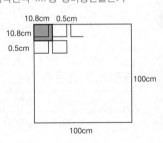

$$A = \frac{100cm \times 100cm}{(10.8 + 0.5) \times (10.8 + 0.5)}$$

$$= 78.31 \text{ 장/m²당}$$

예제 2

타일 108mm 각 줄눈 5mm로 타일 6m²를 붙일 때 타일 장수를 계산하시오. (5점)
(단, 정미량으로 계산한다.)
[92년 · 04년]

정답 타일의 정미수량 : $\frac{1m \times 1m}{(0.108 + 0.005) \times (0.108 + 0.005)} \times 6m^2 = 470$ 장

6. 모르타르 1m³당 각재료량

(1) 시멘트 모르타르 1m³ 당, 용적배합비 시멘트:모래 = 1:m 일 때

시멘트량과 모래량을 구하는 식은 다음에 의한다.

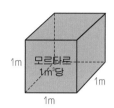

① 시멘트량 $C = \dfrac{1}{(1+m)(1-N)}(m^3)$

(N : 비빔감소량 20~30%)

② 모래량 $S = m \times c(m^3)$

(2) 시멘트 석회혼합몰탈(용적배합비, 시멘트 : 석회 : 모래=1 : l : m 일 때)

① 시멘트량 $C = \dfrac{1}{(1+l+m)(1-N)}(m^3)$

② 석회량 $L = l \times c(m^3)$

③ 모래량 $S = m \times c(m^3)$ N : 비빔감소량(%)

시멘트 1m³=1,500kg

7. 블록 수량산출

(1) 두께별로 각 층마다 산출한다.(단위면적×블록소요수량)

(2) 정미량(12.5매)의 4%를 가산하여 벽면적 1m²당 13매를 소요량으로 한다.

(3) 블록면적 1m²에 소요되는 블록 수량산출은 아래와 같다.

블록수량 $A = \dfrac{1 \times 1}{(0.39 + 0.01) \times (0.19 + 0.01)}$

(4) 할증을 포함한 블록 크기별 소요량은 다음을 표준으로 한다.

(m² 당)

구 분	치 수	단 위	수 량
기본형	390×190×100 (4″블록)	매	13
	390×190×150 (6″블록)	매	13
	390×190×190 (8″블록)	매	13
장려형	290×190×100	매	17
	290×190×150	매	17
	290×190×190	매	17

* 줄눈나비 10mm인 경우임

■ 블록의 형상

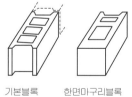

기본블록   한면마구리블록

문제 1

배합비 1 : 3인 모르타르 1m³를 만드는데 소요되는 재료량(시멘트 모래)을 산출하시오. (단, 손비빔에 따른 감소율은 30%이다.)

정답 ① 모르타르배합비 1 : m = 1 : 3일때

② 시멘트량 $C = \dfrac{1}{(1+m)(1-N)} = \dfrac{1}{(1+3)(1-0.3)} = 0.36m^3$

③ 모래량 $S = c \times m = 0.36 \times 3 = 1.08m^3$

문제 2

시멘트 벽돌 1.0B 두께로 가로 9m, 세로 3m 쌓을 경우 시멘트 벽돌의 소요량과 이때 소요되는 사춤몰탈량을 산출하시오. (4점) (단, 시멘트 벽돌은 표준형이다.) [13년]

가. 시멘트 벽돌량 :

나. 사춤 모르타르량 :

정답 ① 시멘트 벽돌량 : 9×3×149 → 4,023×1.05 = 4,224.15   답 : 4,224매

② 사춤모르타르량 : (4,023÷1,000)×0.33 = 1.327   답 : 1.33m³

해설
① 표준형(19×9×5.7)벽돌이고 벽 두께가 1.0B일때, 벽면적 1m²당 149매가 정미량이다.
② 사춤몰탈량은 표준형벽돌 1.0B일 때 정미량 1,000매당 0.33m³소요된다.

문제 3

시멘트 벽돌 1.0B 두께로 가로 15m, 세로 3m 쌓을 경우 시멘트 벽돌의 소요량과 이때 소요되는 사춤몰탈량을 산출하시오. (4점) (단, 시멘트 벽돌은 표준형이다.) [96년]

가. 시멘트 벽돌량 :

나. 사춤 모르타르량 :

정답 ① 시멘트 벽돌량 : 15×3×149 → 6,705×1.05 = 7,040.2   답 : 7,040매

② 사춤모르타르량 : (6,705÷1,000)×0.33 = 2.212   답 : 2.21m³

문제 4

벽면적 20m² 표준형 벽돌 1.5B 쌓기시 붉은벽돌 소요량을 산출하시오. (3점) [10년]

정답 20m²×224×1.03 = 4,614.4   답 : 4,614매

문제 5

표준형 벽돌 1,000장으로 1.5B두께로 쌓을 수 있는 벽 면적은? (4점)
(단, 할증율은 고려하지 않는다.)   [92년, 07년, 08년, 12년, 15년, 20년]

정답 ① 벽면적 : $1,000 \div 224 = 4.464$ 답 : $4.46m^2$

해설

표준형벽돌이고 벽두께가 1.5B일 때
벽면적 1m²당 224매가 정미량이다.

문제 6

아래 도면과 같은 벽돌조 건물의 벽돌 소요량과 쌓기용 모르타르를 구하시
오. (단, 벽돌 수량은 소수점 아래 1자리에서, 모르타르량은 소수점 아래 3자
리에서 반올림함)   [85년]

(조건) 가. 벽돌벽의 높이 : 3.0m
　　　나. 벽두께 : 1.0B
　　　다. 벽돌크기 : 21×10×6cm
　　　라. 줄눈나비 : 1cm
　　　마. 창호의 크기 : 출입문 – 1.0×2.0m, 창문 – 2.4×1.5m
　　　바. 벽돌할증율 : 5%

참고도면

① 외벽은 중심간의 길이로 계산하
　고 내벽은 안목간의 길이로 계
　산한다.
② 벽돌쌓기 면적 = 벽면적 – 개구
　부면적으로 계산한다.

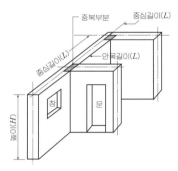

중복부분　중심길이(L)
중심길이(L)　안목길이(l)
높이(H)　창　문

③ 벽면적 산정
　$A(m^2) = H \times (L+l)$ – 개구부
　• (외벽) : 중심간 길이(L)
　• (내벽) : 안목간 길이(l)
　• 벽높이(H)
　• 개구부면적 공제

④ 모르타르량은 정미량 1,000매당
　0.37m³가 소요된다.

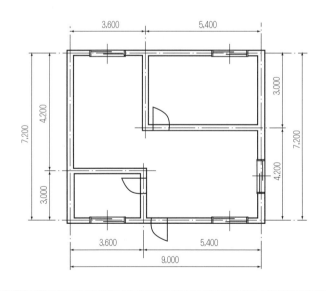

정답 ① 벽돌량 : $\left\{(7.2+9) \times 2 + (8.4-0.21) + (6.6-0.21)\right\} \times 3 - (2.4 \times 1.5 \times 5 + 1.0 \times 2.0 \times 3)$

　　　　　　 $= 116.94m^2$

　　　　　∴ $116.94 \times 130 \times 1.05 = 15,962.3$ 답 : 15,962장

　　　② 모르타르량 : $(15,202.2 \div 1000) \times 0.37 = 5.624 \rightarrow 5.62m^3$ 답 : 5.62m³

해 설

문제 7

다음과 같은 건축물 공사에 필요한 시멘트 벽돌량과 쌓기모르타르량을 산출하시오. (6점)

[90년]

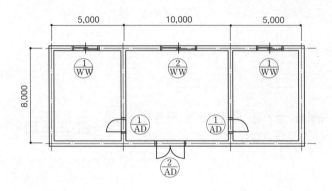

(조건) 가. 벽높이는 3.6m이다.　　나. 외벽은 1.5B, 내벽은 1.0B이다.

　　　　다. 시멘트 벽돌 할증은 5%이다.　라. 벽돌은 190×90×57이다.

　　　　마. 창호의 크기 : ⓐ $\frac{1}{WW}$: 1.2×1.2m　　ⓑ $\frac{2}{WW}$: 2.4×1.2m

　　　　　　　　　　　ⓒ $\frac{1}{AD}$: 0.9×2.4m　　ⓓ $\frac{2}{AD}$: 2.2×2.4m

정답　① 시멘트벽돌량

・외벽(1.5B) : {(20+8)×2×3.6-(2.2×2.4+1.2×1.2×2+2.4×1.2)}

　　　　　　×224장=42,685.4장

・내벽(1.0B) : {(8-0.29)×2×3.6-(0.9×2.4×2)}×149=7,627.6장

∴ 벽돌소요량 : (42,685.4+7,627.6)×1.05=52,828.6

답 : 52,829장

② 모르타르량

・외벽(1.5B) : (42,685.4÷1,000)×0.35=14.939m³

・내벽(1.0B) : (7,627.6÷1,000)×0.33=2.517m³

∴모르타르량 : 14.939+2.517=17.456

답 : 17.46m³

참고도면

① 벽면적 산정

　A(m²)=H×(L+l) - 개구부

　・(외벽) : 중심간 길이(L)

　・(내벽) : 안목간 길이(l)

　・벽높이(H)

　・개구부면적 공제

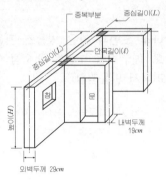

② 내벽길이산정시

　・외벽두께 29cm÷2=14.5cm

　・14.5cm×2(양쪽)=29cm 공제

문제 8

길이4m×높이1m 담장을 세우려한다. 블록소요량을 산출하고, 일위대가표를 작성후 재료비와 노무비를 산출하시오.(단, 블록규격 390×190×150) (10점) [09년]

(1) 담장 쌓기의 블록 소요량을 산출하시오.

　　계산식 :

　　　　　　　　　　　　　　　　　　　　　　　답 : _____ 매

(2) 아래 수량과 단가를 기준으로 일위대가표를 작성하시오.　　　　(단위 : m²당)

구분	단위	수량	재료비		노무비		비고
			단가	금액	단가	금액	
블록							
시멘트							금액산출시
모래							소수점이하 수치
조적공							버림
보통인부							
합계							

(수량)　2. 시멘트 : 4.59Kg/m²당　　　(단가)　1. 블록 : 550원/매당
　　　　3. 모래 : 0.01m³/m²당　　　　　　　2. 시멘트(40Kg) : 3,800원/포대당
　　　　4. 조적공 : 0.17인/m²당　　　　　　3. 모래 : 20,000원/m³당
　　　　5. 보통인부 : 0.08인/m²당　　　　　4. 조적공 : 89,437원/인
　　　　　　　　　　　　　　　　　　　　5. 보통인부 : 66,622원/인

(3) 작성한 일위대가표를 기준으로 담장 쌓기의 재료비와 노무비를 산출하시오.

　　계산식 : (재료비) =
　　　　　　 (노무비) =
　　　　　　 (재료비 + 노무비) =
　　　　　　　　　　　　　　　　　　　　　　　답 : _____ 원

정답 ① 담장 쌓기의 블록 소요량

　　　계산식 : 4×1 → 4m²×13＝52매

② 아래 수량과 단가를 기준으로 한 일위대가표　　　　(단위 : m²당)

구분	단위	수량	재료비		노무비		비고
			단가	금액	단가	금액	
블록	매	13	550	7,150			
시멘트	Kg	4.59	95	436			금액산출시
모래	m³	0.01	20,000	200			소수점이하 수치
조적공	인	0.17	-	-	89,437	15,204	버림
보통인부	인	0.08	-	-	66,622	5,329	
합계				7,786		20,533	

(수량) 2. 시멘트 : 4.59Kg/m²당 (단가) 1. 블록 : 550원/매당

3. 모래 : 0.01m³/m²당

2. 시멘트(40Kg) : 3,800원/포대당

4. 조적공 : 0.17인/m²당

3. 모래 : 20,000원/m³당

5. 보통인부 : 0.08인/m²당

4. 조적공 : 89,437원/인

5. 보통인부 : 66,622원/인

③ 작성한 일위대가표를 기준으로한 담장 쌓기의 재료비와 노무비

계산식 : (재료비) = 4×1 = 4m² → 4×7,786 = 31,144원

(노무비) = 4×1 = 4m² → 4×20,533 = 82,132원

(재료비 + 노무비) = 31,144 + 82,132 = 113,276원

문제 9

벽면적 100m²에 표준형벽돌 1.5B 쌓기 시 붉은벽돌 소요량을 산출하시오.
(4점)   [18년]

정답 $100 \times 224 \times 1.03 = 23,072$ 매

답 : 23,072매

문제 10

칸막이벽 면적 20m²를 표준형벽돌 1.5B 두께로 쌓고자 한다. 이 때 현장에 반입
하여야 하는 벽돌의 수량(소요량)을 산출하시오. (단, 줄눈두께 10mm) (3점) [19년]

정답 $20 \times 224 \times 1.05 = 4,704$ 매

답 : 4,704매

목공사비

목공사에서는 목재량(才), 통나무재적(㎥)이 주로 출제되고 있다.
목재량(才)는 동바리마루, 창틀이 주로 출제되었으며 통나무재적(㎥)은 길이 6m 이상
일 때 주로 출제되고 있으므로 핵심내용 중심으로 학습이 요구된다.

■ 출제경향분석

주 요 내 용	최근출제경향(출제빈도)
목공사	• 목재수량(才)[85, 88, 90, 91, 93] • 통나무재적(㎥)[92, 97, 03] • 목재수량 트럭운반대수[15, 16]

■ 단원별 경향분석

제7장
4.83%

■ 항목별 경향분석

통나무재적
37.5%

목재수량
62.5%

목재 수량산출

1. 일반사항

(1) 목재의 수량산출은 가공조립 순서대로 산출하되 외부에서 내부로, 구조체로부터 수장부의 순서로 산출한다.

(2) 목재의 재종(材種), 등급(일반건조목, 증기건조목), 형상(각재, 판재)치수별로 정미수량을 산출한다.

(3) 도면 치수 적용

① 구조재는 도면 치수를 제재치수의 정미수량 계산치수를 적용한다.

② 수장재, 창호재, 가구재는 도면치수가 마무리 치수로 하여 재적을 산출한다.

2. 목재의 취급단위

(1) 1分(푼)＝3.03mm≒3mm : 판재의 두께를 표시한다.

(2) 1寸(치)＝30.3mm≒3cm : 각재의 단면을 표시한다.

(3) 1尺(자, 척)＝303mm≒30cm : 판재 및 각재 길이를 표시한다.

(4) 1才(재, 사이)＝1寸×1寸×12尺＝3cm×3cm×3.6m

(5) 1石(섬, 석)＝1尺×1尺×10尺＝83.33才

(6) 1척제＝1尺×1尺×12尺＝100才

(7) 1m³를 사이수(才)로 환산

$$① \ 1才 \ = \ 1寸×1寸×12尺 = 3.03cm×3.03cm×12×30.3cm$$
$$= 0.0303m×0.0303m×12×0.303m$$
$$= 0.00333817524m^3$$
$$∴ 1m^3 = 1/0.00333 = 299.59 = 300才$$

$$② \ 1才 \ = \ 1寸×1寸×12尺 = 3cm×3cm×12×30cm$$
$$= 0.03×0.03m×12×0.3m$$
$$= 0.00324m^3$$
$$∴ 1m^3 = 1/0.00324 = 308才$$

그러나, 보편적으로 1m³를 300才로 계산함이 원칙이다.

3. 목재 수량산출방법

(1) 목재의 재종(材種), 등급, 형식(각재, 판재) 치수별로 구분하여 정미수량을 산출한다.

> $1才(재, 사이)=1寸×1寸×12尺=3cm×3cm×360cm$

    여기서, $1寸(치)=30.3mm≒3cm$

                $1尺(자, 척)=303mm≒30cm$

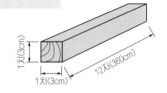

(2) 6cm 각, 길이 360cm 크기에서는 1才(재, 사이)가 4개 나오는 것을 알 수 있다. 그림으로 살펴보면 아래와 같다.

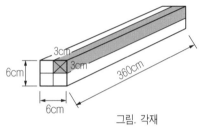

그림. 각재

따라서

$$\frac{6cm(2치)×6cm(2치)×360cm(12자)}{3cm(1치)×3cm(1치)×360cm(12자)}=4才$$

학습 POINT

▶ 85년, 91년, 15년, 16년

목재의 수량산출

예 제

트럭 적재한도의 중량이 6t일 때 비중 0.6, 부피 300,000(才)의 목재 운반 트럭 대수를 구하시오. (단, 6t 트럭의 적재가능 중량은 6ton, 부피는 8.3m³, 최종답은 정수로 표기하시오.) (3점)   [15년]

정답   목재 1m³=300사이(재)

      총 목재의 체적=300,000÷300=1,000m³

      총 목재의 중량=1,000×0.6=600t

      6t 트럭 1대의 적재제한 중량=8.3×0.6=4.98t

      ∴ 트럭운반대수=600÷4.98=120.48대

답 : 121대

해설

[풀이 1]

목재1사이(재)=1치×1치×12자

    =3cm×3cm×30cm×12자

    =0.00324m³

총 목재의 체적

    =0.00324×300,000=972m³

총 목재의 중량=972×0.6=583.2t

6t 트럭 1대의 적재제한 중량

    =8.3×0.6=4.98t

∴ 트럭운반대수=583.2÷4.98

    =117.108대(118대)

[풀이 2]

목재1사이(재)=1치×1치×12자

    =3.03cm×3.03cm×30.3cm×12자

    =0.003338m³

총 목재의 체적

    =0.003338×300,000=1,001.4m³

총 목재의 중량=1,001.4×0.6=600.84t

6t 트럭 1대의 적재제한 중량

    =8.3×0.6=4.98t

∴ 트럭운반대수=600.84÷4.98

    =120.65대(121대)

4. 통나무 재적 계산 방법

(1) 통나무는 보통 1m마다 1.5~2cm씩, 즉 길이의 1/60씩 밑둥이 굵어진다고 본다. 따라서 길이에 따라 (6m미만, 6m이상) 구분하여 체적으로 계산한다.

(2) 통나무는 끝마구리 지름을 사각형으로 보고 계산한다.

(3) 길이 6m 미만인 것

$$V = D^2 \times L \times \frac{1}{10,000}(m^3)$$

(4) 길이 6m 이상인 것

$$V = \left(D + \frac{L'-4}{2}\right)^2 \times L \times \frac{1}{10,000}(m^3)$$

그림. 통나무

여기서, D : 통나무의 마구리 지름(cm)

L : 통나무의 길이(m)

L' : 통나무의 길이로서 1m 미만의 끝수를 끊어버린 길이(m)

5. 제재목

$$V = T \times W \times L \times \frac{1}{10,000}(m^3)\grave{}$$

여기서, T : 제재목의 두께(cm)

W : 제재목의 나비(cm)

L : 제재목의 길이(m)

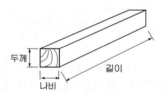

그림. 제재목

6. 판 재

판재는 쪽널을 펴 놓아 6자(尺) 사방이 되는 1묶음을 1평(坪)이라 한다. 두께를 표시하고 연면적으로 산출하거나 재수(才數)로 계산한다.

그림. 판재1평

■ 목재규격

① 각재류

• 두께가 6cm 이상이고, 나비가 두께의 3배 미만인 제재목이다.

② 판재류

• 두께가 6cm 미만이고, 나비가 두께의 3배 이상되는 제재목이다.

과년도 출제문제

문제 1

다음 목재의 재적을 사이수로 산정하시오.

가. 6푼널 10평
나. 3치각 9자 짜리 30개
다. 통나무의 말구지름 10cm에 길이 5.4m짜리 10개
라. 통나무의 말구지름 9cm에 길이 12.4m짜리 5개
마. 목재 각재로 10석(石)
바. 목재 각재로 5척체

정답

① 0.6치$\times 60$치$\times 6$자$\times 10$평$/12 = 180$ 사이

② 3치$\times 3$치$\times 9$자$\times 30$개$/12 = 202.5$ 사이

③ $10^2 \times 5.4 \times \dfrac{1}{10,000} \times 300 \times 10 = 162$ 사이

④ $\left(9 + \dfrac{12-4}{2}\right)^2 \times 12.4 \times \dfrac{1}{10,000} \times 300 \times 5 = 314.34$ 사이

⑤ 10치$\times 10$치$\times 10$자$\times 10$석$/12 = 833.33$ 사이

⑥ 10치$\times 10$치$\times 12$자$\times 5$척체$/12 = 500$ 사이

해설

① 목재의 취급단위
 • 1才(사이)$= 1$치$\times 1$치$\times 12$자
 • 1치≒3cm
 • 1자≒30cm

② 통나무 재적계산
 • 길이 6m 미만인 것

$$V = D^2 \times L \times \frac{1}{10,000}$$

 • 길이6m 이상인 것

$$V = \left(D + \frac{L'-4}{2}\right)^2 \times L \times \frac{1}{10,000}$$

여기서 D : 통나무지름(cm)
  L : 통나무 길이(m)
  L′ : 길이 1m 미만의 끝수는 버린 길이(m)

문제 2

말구지름 9cm, 길이 10.5m짜리 통나무 10개의 재적은 몇 m³인가? (5점)

[92년, 97년]

정답 통나무재적 : $V = \left(D + \dfrac{L'-4}{2}\right)^2 \times L \times \dfrac{1}{10,000}$

$= \left\{\left(9 + \dfrac{10-4}{2}\right)^2 \times 10.5 \times \dfrac{1}{10,000}\right\} \times 10$

$= 1.512$

답 : 1.51m³

해설 목질에 재적계산방법

① 길이가 6m 이상일 때

$$V = \left(D + \frac{L'-4}{2}\right)^2 \times L \times \frac{1}{10000}$$

여기서, D : 통나무말구지름(cm)
  L : 통나무 길이 (m)
  L′ : 통나무길이 1m 미만 끝수는 버린 것(m)

문제 3

원구지름 15cm, 말구지름 10cm이며, 길이가 8.6m인 통나무가 5개 있다. 이 통나무의 재적을 산출하시오. (단, 재적단위 : m³) [88년]

정답 통나무재적 : $V = \left(D + \dfrac{L'-4}{2}\right)^2 \times L \times \dfrac{1}{10,000} \times$ 갯수

$= \left(10 + \dfrac{8-4}{2}\right)^2 \times 8.6 \times \dfrac{1}{10,000} \times 5$개

$= 0.619$

답 : 0.62m³

문제 4

아래의 도면과 같은 목재 창문틀에서 목재량을 m³로 산출하시오. (4점)

[93년]

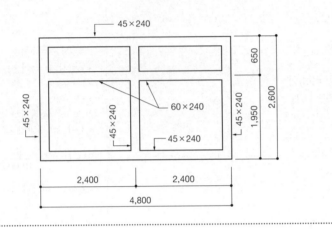

정답 ① 0.045×0.24×4.8×2개＝0.103m³

② 0.045×0.24×2.6×3개＝0.084m³

③ 0.06×0.24×4.8×1개＝0.069m³

∴ 계 : 0.103+0.084+0.069＝0.257

답 : 0.26m³

문제 5

트럭 적재한도의 중량이 6t일 때 비중 0.8, 부피 30,000(才)의 목재 운반 트럭대수를 구하시오. (단, 6t 트럭의 적재가능 중량은 6t, 부피는 9.5m³, 최종답은 정수로 표기하시오.) (4점)

[16년]

정답 (1) 목재 전체의 체적 : 목재 300才를 1m³으로 계산하므로

30,000÷300＝100m³

(2) 목재 전체의 중량 : 100m³×0.8t/m³＝80t

(3) 6t 트럭 1대 적재량 :

① 9.5m³×0.8t/m³＝7.6t≒N.G

② 6t 트럭의 적재가능 중량은 6t을 적용

∴ 80t÷6t＝13.333대 ≒ 14대

답 : 14대

제 8 장

경 향 분 석

기타공사

기타공사에서는 지붕공사, 방수공사, 미장공사, 도장공사 등이 구성되어 있다.
기타공사에서는 종합적산에서 도면의 정미면적을 소요면적으로 산출하는 문제가 출제
되고 있다.

■ 출제경향분석

주 요 내 용	최근출제경향(출제빈도)
지붕공사	• 지붕면적산출〔92〕
방수공사	• 방수면적산출〔84, 86, 88, 89. 06, 08, 11, 15〕
미장공사	• 미장면적산출〔84, 86, 88, 89, 95, 00, 01, 02, 03, 09, 11, 13, 15, 18, 20〕
도장공사	• 도장면적산출〔87〕
기타공사	• 도배, 장판, 보온재 면적〔86〕

■ 항목별 경향분석

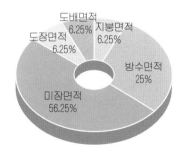

도배면적 6.25%
지붕면적 6.25%
도장면적 6.25%
방수면적 25%
미장면적 56.25%

핵심 16

기타공사

1. 바름면적 산출기준

(1) 바닥의 미장바름면적은 바닥의 안목치수에 의한 정미면적으로 산출한다.
여기서, 안목치수 계측(計測)은 설계도에 표시된 벽의 중심선 치수에서 벽 양측의 절반 두께 치수를 감한 치수로 계산하는 것이 일반적이다. 그러나 아파트인 경우에는 안목치수로 설계가 되기 때문에 이 안목치수를 그래로 적용하면 된다.

(2) 미장바름면적 산출에 있어 바닥·벽 및 천장 등에 개구부가 있는 경우에는 설계도에 의한 개구부 면적을 따로 계산하여 이를 공제한 면적으로 산출한다. 다만, 1개소의 개구부 면적이 0.5m² 이하인 경우에는 미장바름면적 산출 시 이를 공제하지 않는다.

2. 지붕면적 산출방법

(1) 지붕면적은 도면 정미면적을 소요면적으로 한다.

(2) 기와는 도면 정미면적을 소요면적으로 하고 도면 정미량에 할증율 5% 이내를 가산하여 소요량으로 한다.
도면 정미량은 다음 표와 같다.

(지붕면적 m²당)

종 별	치수(mm)	평기와 매수(매)
시멘트기와(양식)	345×300×15	14

3. 방수면적 산출방법

(1) 방수면적은 시공장소별(바닥, 벽면, 지하실, 옥상 등), 시공종별(아크팔트 방수, 액체방수, 방수모르타르 등)로 구분하여 방수층의 시공면적을 산출한다.

(2) 코킹 및 신축줄눈
코킹 및 신추출눈은 시공장소별로 구분하여 연길이로 산정한다.

4. 미장면적 산출방법

(1) 벽, 바닥, 천정 등의 장소별 또는 마무리 종류별로 면적을 산출한다.

(2) 도면정미면적(마무리 표면적)을 소요면적으로 하여 재료량을 구하고 다음표의 값 이내의 할증율을 가산하여 소요량으로 한다.

바름바탕별	할증율(%)	비 고
바 닥	5	
벽, 천 정	15	회사 모르타르바름은 제외
나무졸대	20	

학습 POINT

▶ 00년, 01년, 02년, 03년, 09년, 11년, 13년

미장면적산출

▶ 87년

도장 면적산출

5. 칠면적 산출방법

(1) 칠면적은 도료의 종별, 장소별(바탕종별, 내부, 외부)로 구분하여 산출하며, 도면 정미면적을 소요면적으로 한다.

(2) 고급, 고가인 도료를 제외하고는 다음의 칠면적 배수표에 의하여 소요면적을 산정한다.

① 칠면적배수표

구 분		소요면적계산	비 고
목재면	양 판 문 (양면칠)	(안목면적)×(4.0~3.0)	문틀, 문선 포함
	유리양판면 (양면칠)	(안목면적)×(3.0~2.5)	문틀, 문선 포함
	플 러 시 문 (양면칠)	(안목면적)×(2.7~3.0)	문틀, 문선 포함
	오르내리창 (양면칠)	(안목면적)×(2.5~3.0)	문틀, 문선 창선반 포함
	미 서 기 창 (양면칠)	(안목면적)×(1.1~1.7)	문틀, 문선 창선반 포함
철재면	철 문 (양면칠)	(안목면적)×(2.4~2.6)	문틀, 문선 포함
	샛 시 (양면칠)	(안목면적)×(1.6~2.0)	문틀, 창선반 포함
	셧 터 (양면칠)	(안목면적)×2.6	박스 포함
정두리판벽, 두겁대, 걸레받이 비늘판		(바탕면적)×(1.5~2.5) (표면적)×1.2	
철 격 자 (양면칠) 철 제 계 단 (양면칠) 파 이 프 난 간 (양면칠) 기 와 가 락 잇 기 (외쪽면) 큰 골 함 석 지 붕 (외쪽면) 작은골함석지붕 (외쪽면)		(안목면적)×0.7 (경사면적)×(3.0~5.0) (높이×길이) (0.5~1.0) (지붕면적)×1.2 (지붕면적)×1.2 (지붕면적)×1.33	
철 골 (표 면)		보통구조(33~50m²/t) 큰부재가 많은 구조 (23~26.4m²/t) 작은부재가 많은 구조 (55~66m²/t)	

※ 수치 중 큰 수치는 복잡한 구조일 때, 작은 수치는 간단한 구조일 때 적용한다.

문제 1

다음 그림과 같은 창고를 시멘트 벽돌로 신축하고자할 때 벽돌 쌓기량(매)과 내외벽 시멘트 미장할 때 미장면적을 구하시오. (9점)   [95년, 09년, 13년, 20년]

단, ① 벽두께는 외벽 1.5B쌓기, 간막이벽 1.0B쌓기로 하고 벽높이는 안밖 공히 3.6m로 가정하며 벽돌은 표준형(190×90×57)으로 할증율은 5%임

② 창문틀 규격은 $\frac{1}{D}$ =2.2×2.4m, $\frac{2}{D}$ =0.9×2.4m $\frac{3}{D}$ =0.9×2.1m

$\frac{1}{W}$ =1.8×1.2m, $\frac{2}{W}$ =1.2×1.2m이다.

가. 벽돌량 :

나. 미장면적 :

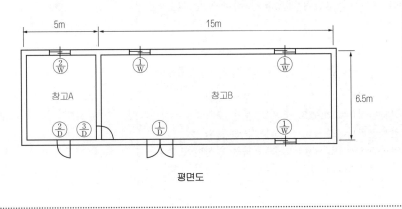

평면도

정답 1. 벽돌량

① 외벽(1.5B) : {(20+6.5)×2×3.6-(2.2×2.4+0.9×2.4+1.2×1.2+1.8×1.2×3)}× 224=39,298.5장

② 내벽(1.0B) : {(6.5-0.29)×3.6-(0.9×2.1)}×149=3,049.4장

∴ 총 벽돌량 = (39,298.5+3,049.4)×1.05=44,465.2

답 : 44,465장

2. 미장면적

① 외부 : {(20.29+6.79)×2×3.6-15.36}=179.616m²

② 내부 : {(14.76+6.21)×2+(4.76+6.21)×2}×3.6-19.14=210.828m²

∴ 총 미장면적 = (179.616+210.828)=390.444

답 : 390.44m²

문제 2

다음 그림과 같은 창고를 시멘트 벽돌로 신축하고자 할 때 벽돌 쌓기량(매)와 내외벽 시멘트 미장할 때 미장면적을 구하시오. [8점] [03년]

(단, 1) 벽두께는 외벽 1.5B 쌓기, 칸막이벽 1.0B 쌓기로 하고 벽높이는 안팎 공히 3.6m 로 가정하며, 벽돌은 표준형 (190×90×57) 으로 할증율은 5%임.

   2) 창문틀 규격은 1/D : 2.2m×2.4m , 2/D : 0.9m×2.4m , 3/D : 0.9m×2.1m

   1/W : 1.8m×1.2m , 2/W : 1.2m×1.2m

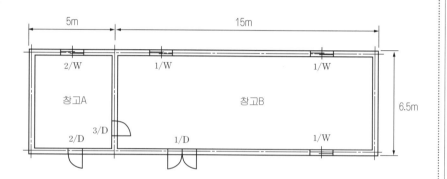

가. 벽돌량 : _____ 매

나. 미장면적 : _____ m²

정답 가. 벽돌량

· 1.5B : {(20-0.29+6.5-0.29)×2×3.6-(1.8×1.2×3+1.2×1.2+2.2×2.4+0.9×2.4)}×224
    =38,363.1장

· 1.0B : {(6.5-0.29×2)×3.6-0.9×2.1)}×149=2,893.8장

  합계 : (38,363.1+2,893.8)×1.05=43,319.7장

                              답 : 43,320장

나. 미장면적

· 외부 : {(20+6.5)×2×3.6-(1.8×1.2×3+1.2×1.2+2.2×2.4+0.9×2.4)}=175.44m²

· 내부 : 창고A = $\left\{\left(5-0.29-\dfrac{0.19}{2}\right)+(6.5-0.29×2)\right\}×2×3.6-(1.2×1.2+0.9×2.4+0.9×2.1)$

      =70.362m²

창고B = $\left\{\left(15-0.29-\dfrac{0.19}{2}\right)+5.92\right\}×2×3.6-(1.8×1.2×3+2.2×2.4+0.9×2.1)=134.202m²$

  ∴ 창고 A+B : 70.362+134.202=204.564m²

  합계 : 175.44+204.564=380m²

                              답 : 380m²

문제 3

다음 도면을 보고 옥상방수면적(m²), 누름콘크리트량(m³), 보호벽돌량(매)를 구하시오. (6점) (단, 벽돌의 규격은 190×90×57 이며, 할증율은 5%임)

[06년, 08년, 11년, 15년]

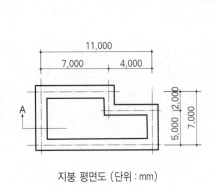

지붕 평면도 (단위 : mm)

A 단면도 (단위 : mm)

0.5B조적 : 시멘트벽돌
누름콘크리트80
P.E필름 2겹
시트방수
350
80

정답 ① 옥상방수 면적 : $(7×7)+(4×5)+\{(11+7)×2×0.43\} = 84.48m^2$　　답 : 84.48m²

② 누름콘크리트량 : $\{(7×7)+(4×5)\} ×0.08 = 5.52m^3$　　답 : 5.52m³

③ 보호벽돌 소요량 : $\{(11-0.09)+(7-0.09)\} ×2×0.35×75매×1.05 = 982.3$　答 : 982매

문제 4

그림과 같은 옥상 슬래브에 4겹 아스팔트 방수를 할 때의 방수면적을 산출하시오. (단, 파라펫트 부분방수의 높이는 40cm) [06년]

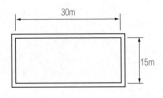

해설

방수면적은 시공장소별로 구분하여 방수층의 시공면적을 산출한다.

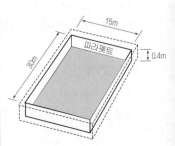

정답 ① 옥상바닥 방수면적 $=15×30=450m^2$

② 파라펫트 방수면적 $=2(15+30)×0.4=36m^2$

∴ 전체 방수면적 $=450+36=486m^2$　　답 : 486m²

문제 5

바닥미장 면적 400m²를 시공하기 위하여 1일에 미장공 5인을 동원할 경우 작업완료에 필요한 소요일수를 산출하시오. (단, 아래와 같은 품셈을 기준으로 한다.) (4점)
[92년]

바닥미장 품셈(m²)

구　분	단　위	수　량
미장공	인	0.05

정답　1m²당 미장공이 0.05인이므로 필요인원은 400×0.05=20인

∴ 소요일수는 20÷5=4일

답 : 4일

문제 6

바닥 미장면적이 1,000m² 일 때, 1일 10인 작업시 작업 소요일을 구하시오. [3점]
(단, 아래와 같은 품셈을 기준으로 하며 계산과정을 쓰시오.)　[03년, 15년, 18년]

바닥미장 품셈(m²)

구　분	단　위	수　량
미장공	인	0.05

정답　1m² 당 미장공 : 0.05인

작업소요일 : 1,000×0.05÷10 = 5일

답 : 5일

문제 7

그림과 같은 박공지붕에 시멘트기와를 얹을 경우, 박공지붕의 면적과 시멘트기와량을 산출하시오. (물매는 4.5cm이고 할증은 5%)로 본다.

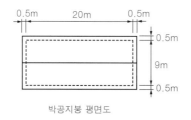

박공지붕 평면도

정답　① 지붕면적 A는

∴ A=5.482m×21m×2=230.244m²

답 : 230.244m²

② 시멘트 기와량

∴ 기와량 : 230.244×14×1.05=3,384.5

답 : 3,385매

해설　① 대공높이 h는

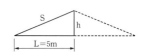

• 10 : 4.5 = 5 : h

∴ $h = \dfrac{4.5 \times 5}{10} = 2.25 m$

② 지부경사길이 S는

∴ $s = \sqrt{5^2 + 2.25^2} = 5.482 m$

③ 시멘트기와(300×345)는 1m²당 14매를 정미량으로 하며 할증율 5%를 가산하여 소요량으로 한다.

문제 8

다음 그림과 같은 모임지붕면적의 정미량을 산출하시오. (5점)　　　[92년]
(단, 지붕물매는 5/10, 처마길이는 50cm 이다)

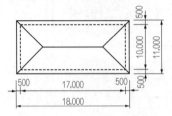

참고도면

지붕물매와 물의 흐름 방향

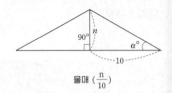

물매 ($\frac{n}{10}$)

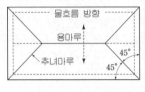

모임 지붕

[정답] ① 대공높이 x는

$10 : 5 = 5.5 : x$

$x = \dfrac{5 \times 5.5}{10} = 2.75m$

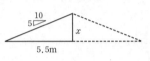

② 지붕의 경사길이 S는

$S = \sqrt{5.5^2 + 2.75^2} = 6.149m$

③ 지붕면적 A는

$A = 6.149 \times 18 \times 2 = 221.364$

답 : 221.36m²

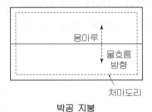

박공 지붕

문제 9

문틀(문선포함)이 복잡한 양판문의 규격이 900mm×2,100mm이다. 양판문의 개수가 20매일 때 전체 칠면적을 산출하시오.

[정답] 양판문의 칠면적 배수는 안목면적의 4~3배이므로

칠면적 = 0.9m × 2.1m × 20개 × 4배 = 151.2m²

답 : 151.2m²

[해설]
칠면적 배수는 복잡한 구조일 때는 4배, 간단한 구조일 때는 3배로 한다.

제9장

경 향 분 석

종합적산 및 기출문제

종합적산에서는 수량산출을 행함에 있어서 아래와 같은 순서에 의하면 중복이나 누락을 방지할 수 있으며 도면이해를 바탕으로 산출해야 한다.

- 수평방향에서 수직방향으로 적산한다.
- 시공순서대로 적산한다.
- 내부에서 외부로 적산한다.
- 큰 곳에서 작은 곳으로 적산한다.

■ 출제경향분석

주 요 내 용	최근출제경향(출제빈도)
사무실	• 벽돌량, 테라죠면적, 미장면적 [93, 00, 01, 02, 05]
창고	• 벽돌량, 미장면적, 콘크리트량, 거푸집량 [95, 98, 00]
벽돌조 건물	• 벽돌량, 모르타르량, 콘크리트량, 거푸집량, 잡석량 [93, 98, 99, 00, 01, 03, 04]
경비실, 숙직실	• 콘크리트량, 거푸집량, 벽돌량, 미장면적 [90, 02, 05]
야외화장실	• 잡석량, 버림콘크리트량, 콘크리트량, 거푸집량, 철근량, 벽돌량 [90, 95]
세차장	• 잡석량, 거푸집, 콘크리트량 [90, 92, 96, 98]
정화조	• 철근량, 거푸집량, 콘크리트량, 되메우기량 [89, 98]
기출문제	• 토공사 • 철근콘크리트공사 • 목공사

핵심 17

종합적산문제

문제 1

다음 그림과 같은 간이 사무실 건축에서 바닥은 테라죠 현장갈기로 하고, 벽은 시멘트 벽돌 바탕에 시멘트 모르타르로 바름할 때 각 공사수량을 산출하시오. (12점)

[93년, 00년, 01년, 02년, 05년]

(단, ① 벽두께-외벽 : 1.0B, 내벽 : 0.5B

② 벽돌의 크기 : 표준형을 사용한다.

③ 벽돌벽의 높이 : 2.7m

④ 외벽 시멘트 모르타르 바름높이 : 3m

⑤ 사무실 내부 걸레받이 높이는 15cm 이며 테라죠 현장갈기 마감

⑥ 창호의 크기

$\dfrac{1}{D}$: 2,200mm × 2,400mm $\dfrac{1}{W}$: 1,800mm × 1,200mm

$\dfrac{2}{D}$: 1,000mm × 2,100mm $\dfrac{2}{W}$: 1,200mm × 900mm

⑦ 벽돌의 할증율 : 5%

⑧ 시멘트 벽돌 수량산출시 외벽 및 칸막이 벽의 길이 산정은 모두 중심거리로 한다.

㉮ 시멘트 벽돌의 소요량(매)

㉯ 테라죠 현장갈기 수량(m²) (단, 사무실 1,2의 경우임)

㉰ 외벽미장(m²)

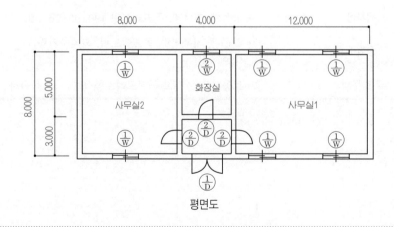

평면도

정답 ① 시멘트 벽돌량

- 외벽 1.0B : $\{(24+8) \times 2 \times 2.7 - (2.2 \times 2.4 + 1.8 \times 1.2 \times 6 + 1.2 \times 0.9)\}$
  $\times 149 = 22,868.5$장
- 내벽 0.5B : $\{(8 \times 2 + 4) \times 2.7 - (1 \times 2.1 \times 3)\} \times 75 = 3,577.5$장

  ∴ 합계 : $(22,868.5 + 3,577.5) \times 1.05 = 27,768.3$ 답 : 27,768장

② 테라죠 현장갈기 면적

- 사무실 1 : $(12 - 0.14) \times (8 - 0.19) + \{(11.86 + 7.81) \times 2 - 1\} \times 0.15 = 98.377 m^2$
- 사무실 2 : $(8 - 0.14) \times (8 - 0.19) + \{(7.86 + 7.81) \times 2 - 1\} \times 0.15 = 65.937 m^2$

  ∴ 합계 : $98.377 + 65.937 = 164.314$ 답 : 164.31m^2

③ 외벽미장 면적

- $(24.19 + 8.19) \times 2 \times 3 - (2.2 \times 2.4 + 1.8 \times 1.2 \times 6 + 1.2 \times 0.9) = 174.96 m^2$

  답 : 174.96m^2

해설 2. 시멘트 벽돌 수량 산출

① 표준형(190×90×57)

구 분	0.5B	1.0B
표준형	75매	149매

② 벽돌벽의 높이 : 2.7m

③ 벽돌벽의 길이 산정시 외벽은 중심간의 길이, 내벽은 안목간의 길이 산정이 원칙이나 조건에 모두 중심길이로 산출하도록 했음.

참고도면

테라죠현장갈기

① 사무실1 참고도면

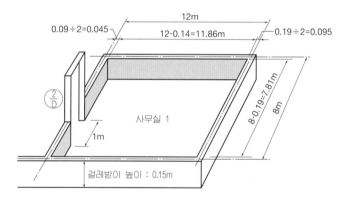

② 바닥면적 : $11.86 \times 7.81 = 92.626 m^2$

③ 걸레받이 면적 : $\{(11.86 + 7.81) \times 2 - 1\} \times 0.15 = 5.751 m^2$

  계 : $98.377 m^2$

문제 2

주어진 도면에 대하여 다음 각 항의 물량을 산출하시오. (단, 소수 세째 자리
에서 반올림한다) (14점)   [95년, 00년]

㉮ 콘크리트량(m³) (단, 배합비에 관계없이 전 콘크리트량을 산출하되 GL Level의
  바닥 콘크리트는 평균 두께 150mm로 산출할 것.)

㉯ 거푸집 면적(m²)

㉰ 시멘트 벽돌 소요량(매) (단, 표준형을 사용하며 물량 산출시는 할증량도 포함시킬
  것)

㉱ 내벽 미장면적(m²)

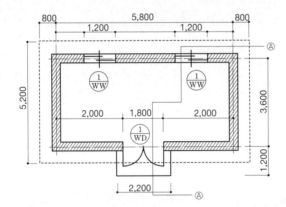

평면도

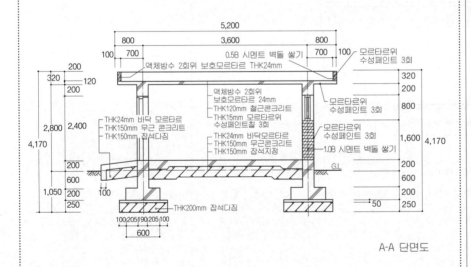

A-A 단면도

정답 1. 콘크리트량(m³)

　① 밑창콘크리트 : $0.8 \times 0.05 \times 18.8 = 0.752 m^3$

　② 기초 : $(0.6 \times 0.2 + 0.19 \times 0.8) \times 18.8 = 5.113 m^3$

　③ 바닥판 : $5.61 \times 3.41 \times 0.15 = 2.869 m^3$

　④ 현관 : $2.2 \times 1.105 \times 0.15 + 0.1 \times 0.15 \times (1.055 \times 2 + 2.1) = 0.427 m^3$

　⑤ 보 : $0.19 \times 0.2 \times 18.8 = 0.714 m^3$

　⑥ 슬라브 : $7.4 \times 5.2 \times 0.12 = 4.617 m^3$

　∴ 전체 콘크리트량 $= 14.492$　　　　　　　　　　답 : $14.49 m^3$

2. 거푸집 면적(m²)

　① 기초 : $(0.2 + 0.8) \times 18.8 \times 2 = 37.6 m^2$

　② 현관 : $0.3 \times (2.2 + 1.105 \times 2) + 0.15 \times (2 + 1.005 \times 2) = 1.924 m^2$

　③ 보 : $0.2 \times 18.8 \times 2 = 7.52 m^2$

　④ 슬라브 : $7.4 \times 5.2 - (0.19 \times 18.8) + 0.12 \times (7.4 + 5.2) \times 2 = 37.932 m^2$

　∴ 전체 거푸집 면적 $= 84.976$　　　　　　　　答 : $84.98 m^2$

3. 시멘트 벽돌 소요량(매)

　① 외벽(1.0B) : $\{18.8 \times 2.4 - (1.2 \times 0.8 \times 2 + 1.8 \times 2.4)\} \times 149 = 5,793.1$장

　② 난간(0.5B) : $(7.3 + 5.1) \times 2 \times 0.2 \times 75 = 372$장

　∴ 총 시멘트 벽돌장수 $= (5,793.1 + 372) \times 1.05 = 6,473.3 \rightarrow 6,473$장

4. 내벽 미장면적 : $(3.41 + 5.61) \times 2 \times 2.6 - (1.2 \times 0.8 \times 2 + 1.8 \times 2.4) = 40.664$

　　　　　　　　　　　　　　　　　　　　　　　　　答 : $40.66 m^2$

참고도면

현관부분 참고도면

① 평면도

③ 투시도

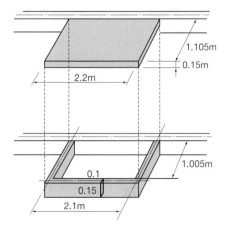

② 단면도

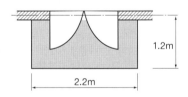

학습 POINT

해설

■ 거푸집면적산출시

　① 밑창(버림)콘크리트 부분의 거푸집 산출은 제외라는 조건이 있든 없던 산출하지 않아도 됨.

　② 이유는 도면에서 주어진 수치는 수량을 산출시 구획된 크기로 나타내기 위함이며, 밑창콘크리트 마구리 부분은 터파기 구획선에 접해있다고 보기 때문임.

■ 콘크리트량 산출시

　① 밑창(버림)콘크리트 부분의 콘크리트량 산출에서는 제외라는 조건이 있으면 산출하지 않아도 됨.

　② 제외라는 조건이 없으면 산출해 주어야 함.

■ 현관바닥 거푸집 면적 산출식에서

　① "$0.15 \times (2 + 1.005 \times 2)$" 부분은 현관바닥 안쪽 부분의 거푸집면적 산출식이며, 내측부분의 거푸집 면적을 산출해 주어야 함.

　② 현관바닥 내측 부분을 산출한 이유는, ㄱ자로 꺾인 안쪽부분도 하나의 기초로 보기 때문임.

　③ 즉, ㄱ자로 꺾인 부분을 선시공후 - 잡석을 깔고 - 마지막으로 현관바닥 콘크리트를 시공함.

　④ 따라서, 현관내측 거푸집면적을 산출해 주어야 함.

조적조와 철근콘크리트의 시공순서

① 조적조 시공순서

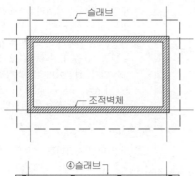

② 철근콘크리트 시공순서

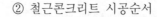
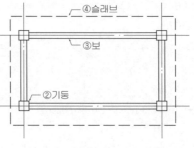

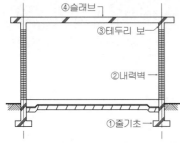

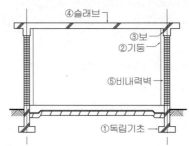

참고 보밑거푸집의 사용여부

구 분	거푸집 사용여부
조적조	조적벽체가 선 시공되고 테두리보가 후 시공되기 때문에 보밑 거푸집은 필요치 않고 보옆거푸집만 필요함
철근콘크리트조	보가 선 시공되고 비내력벽이 후 시공되기 때문에 보밑과 보옆거푸집이 모두 필요함

해설

■ 조적조

① 외벽면적을 공제해 주고 창상단 거푸집면적 구할 때

② 창문틀세우기에서 목재창호는 먼저세우기로 보아야 하며, 알루미늄창호는 나중세우기로 봄.

③ 따라서, 나중세우기인 알루미늄 창 상단의 거푸집면적은 산출해 주어야 하며, 2-124문제에서는 목재창이여서 산정하지 않았으며, 2-127, 2-131문제는 알루미늄 창이기 때문에 산출한 결과임.

(창호기호)
1/WW(목재창), 1/AW(알루미늄창)

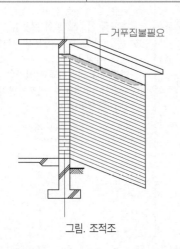

그림. 조적조

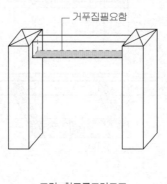

그림. 철근콘크리트조

:문제 3:

아래 평면및 A-A′ 단면도를 보고 벽돌조 건물에 대해 요구하는 재료량을 산출하시오. (단, 벽돌수량은 소숫점 아래 1자리에서, 그외는 소숫점 3자리에서 반올림함. 할증은 고려하지 않음) (15점)　　　[93년, 98년, 99년, 00년, 01년, 04년]

㉮ 벽돌량{외벽(1.0B 붉은벽돌), 내벽(0.5B 시멘트 벽돌), 벽돌크기(190×90×57mm), 줄눈나비(10mm)}

㉯ 모르타르량

㉰ 콘크리트량 (단, 버림 콘크리트는 제외)

㉱ 거푸집량 (단, 버림 콘크리트 부분은 제외)

㉲ 잡석량

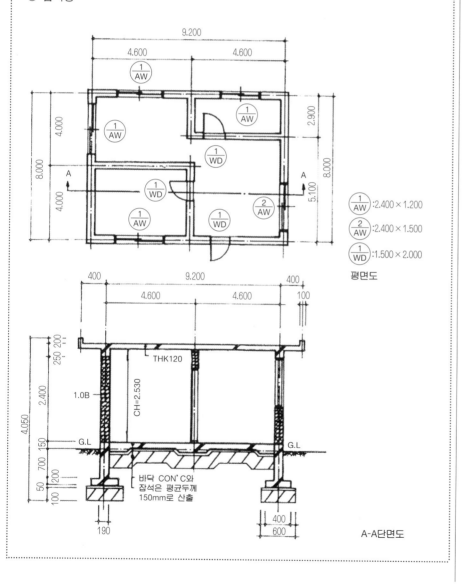

$\dfrac{1}{AW}$: 2.400 × 1.200

$\dfrac{2}{AW}$: 2.400 × 1.500

$\dfrac{1}{WD}$: 1.500 × 2.000

평면도

A-A단면도

구 분	산 출 근 거	
가. 벽돌량	① 외벽(1.0B) : {(9.2+8)×2×2.4-(2.4×1.2×4+2.4×1.5+1.5×2)}×149=9,601.5	답 : 9,602매
	② 내벽(0.5B) : {15.72×2.53-(1.5×2×2)}×75 = 2,532.8	답 : 2,533매
나.모르타르량	① 외벽(1.0B) : (9,601.5÷1000)×0.33= 3.168m³	
	② 내벽(0.5B) : (2,532.8÷1000)×0.25= 0.633m³	
	계 : 3.168+0.633 = 3.801	답 : 3.80m³
다. 콘크리트량	① 기초판 : 0.4×0.2×34.4 = 2.752m³	
	② 기초벽 : 0.19×0.85×34.4 = 5.555m³	
	③ 바닥 : (9.2-0.19)×(8-0.19)×0.15 = 10.555m³	
	④ 보 : 0.19×0.13×34.4 = 0.849m³	
	⑤ 슬라브 : 10.1×8.9×0.12 = 10.786m³	
	⑥ 난간 : 0.1×0.2×(10+8.8)×2 = 0.752m³	
	계 : 31.249	답 : 31.25m³
라. 거푸집량	① 기초판 : 0.2×2×34.4 = 13.76m²	
	② 기초벽 : 0.85×2×34.4 = 58.48m²	
	③ 보 : 0.13×2×34.4 = 8.944m²	
	④ 알미늄창 상단 : 2.4×0.19×5 = 2.28m²	
	⑤ 슬라브 : 10.1×8.9-0.19×34.4+0.12×(10.1+8.9)×2 = 87.914m²	
	⑥ 난간 : 0.2×2×(10+8.8)×2 = 15.04m²	
	계 : 186.418	답 : 186.42m²
마. 잡석량	① 기초 : 0.6×0.1×34.4 = 2.064m³	
	② 바닥 : (9.2-0.19)×(8-0.19)×0.15 = 10.555m³	
	계 : 12.619	답 : 12.62m³

참고도면

창문틀세우기 순서

[1] 알루미늄창호 ⓵/AW : 나중세우기(① 조적벽체시공 → ② 테두리보시공 → ③ 알루미늄창호시공)

[2] 목재창호 ⓵/WW : 먼저세우기(① 목재창호시공 → ② 조적벽체시공 → 테두리보시공)

∴ 따라서 나중세우기인 알루미늄창 상단의 거푸집면적은 산출해야 함.

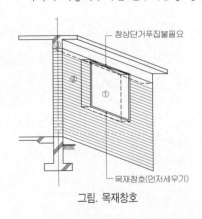

그림. 목재창호

그림. 알루미늄 창호

아래 평면 및 A-A단면도를 보고 벽돌조건물에 대해 요구하는 재료량을 산출하시오. (단, 벽돌수량은 산출은 벽체 중심선으로 하고 할증은 무시, 콘크리트량, 거푸집량은 정미량) (10점)
[98년, 99년, 00년, 03년]

㉮ 벽돌량{외벽(1.0B 붉은벽돌), 내벽(0.5B 시멘트 벽돌), 벽돌크기(190×90×57mm), 줄눈나비(10mm)}

㉯ 콘크리트량(단, 버림 콘크리트는 제외)

㉰ 거푸집량 (단, 버림 콘크리트 부분은 제외)

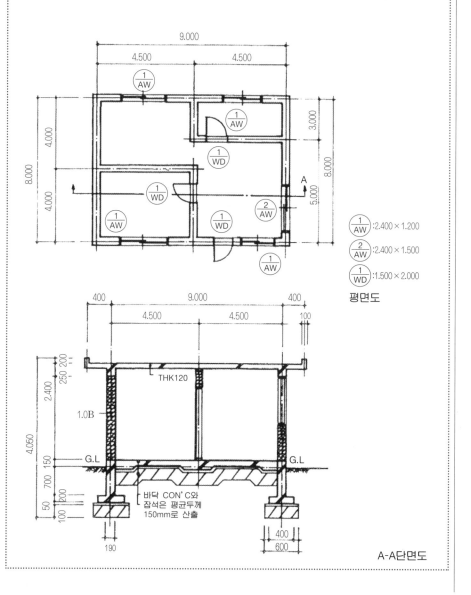

평면도

A-A단면도

$\dfrac{1}{AW}$: 2.400×1.200

$\dfrac{2}{AW}$: 2.400×1.500

$\dfrac{1}{WD}$: 1.500×2.000

구 분	산 출 근 거
가. 벽돌량 (벽돌크기 190 ×90×57mm)	① 외벽(1.0B) : {34×2.4-(2.4×1.2×4×2.4×1.5+1.5×2)}×149 = 9,458.5장 ② 내벽(0.5B) : {16×2.53-(1.5×2×2개)}×75 = 2,586장 계 : 9,458.5+2,586 = 12,044.5　　　　　　　　　　답 : 12,045장
나. 콘크리트량 (단, 버림콘크 리트제외)	① 기초판 : 0.2×0.4×34 = 2.72m³ ② 기초벽 : 0.19×0.85×34 = 5.491m³ ③ 바닥 : 8.81×7.81×0.15 = 10.32m³ ④ 보 : 0.19×0.13×34 = 0.839m³ ⑤ 슬라브 : 9.9×8.9×0.12 = 10.573m³ ⑥ 난간 : 0.1×0.2×(9.8+8.8)×2 = 0.744m³ 계 : 30.687　　　　　　　　　　답 : 30.69m³
다. 거푸집량	① 기초판 : 0.2×34×2 = 13.6m² ② 기초벽 : 0.85×34×2 = 57.8m² ③ 보 : 0.13×34×2 = 8.84m² ④ 알미늄창 상단 : (2.4×4+2.4)×0.19 = 2.28m² ⑤ 슬라브 : 9.9×8.9-0.19×34+0.12×(9.9+8.9)×2 = 86.162m² ⑥ 난간 : 0.2×2×(9.8+8.8)×2 = 14.88m² 계 : 183.562　　　　　　　　　　답 : 183.56m²

참고도면

창문틀세우기 순서

[1] 알루미늄창호 $\frac{1}{AW}$: 나중세우기(① 조적벽체시공 → ② 테두리보시공 →
　　　　　　　　　　　　③ 알루미늄창호시공)

[2] 목재창호 $\frac{1}{WW}$: 먼저세우기(① 목재창호시공 → ② 조적벽체시공 →
　　　　　　　　　　　테두리보시공)

∴ 따라서 나중세우기인 알루미늄창 상단의 거푸집면적은 산출해야 함.

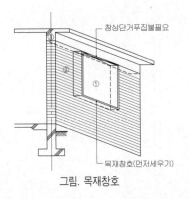

그림. 목재창호

그림. 알루미늄 창호

문제 5

다음 도면을 참조하여 아래 물음에 답하시오. (24점)　　　[90년, 02년, 05년]

(1) 배합비와 관계없이 전체 콘크리트량

(2) 거푸집량

(3) 벽돌량(① 시멘트 벽돌 ② 붉은 벽돌) : 벽돌은 표준형 벽돌로 할증을 고려하며 외벽은 중심선으로 산출하고, 칸막이벽은 정미량으로 한다.

(4) 숙직실 내부 미장에 필요한 시멘트, 모래량 (단, 모르타르 배합비는 1 : 3임)

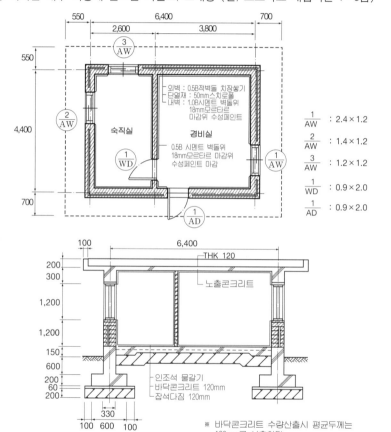

$$\frac{1}{AW} : 2.4 \times 1.2$$

$$\frac{2}{AW} : 1.4 \times 1.2$$

$$\frac{3}{AW} : 1.2 \times 1.2$$

$$\frac{1}{WD} : 0.9 \times 2.0$$

$$\frac{1}{AD} : 0.9 \times 2.0$$

※ 바닥콘크리트 수량산출시 평균두께는 130mm로 산출한다.

정답

구 분	수 량	수 량 산 출 근 거
콘크리트	19.18m³	① 버림콘크리트 : $0.06 \times 0.8 \times (6.4+4.4) \times 2 = 1.036\text{m}^3$ ② 기초판 : $0.2 \times 0.6 \times 21.6 = 2.592\text{m}^3$ ③ 기초벽 : $0.75 \times 0.33 \times 21.6 = 5.346\text{m}^3$ ④ 바닥콘크리트 : $0.13 \times (6.4-0.33) \times (4.4-0.33) = 3.211\text{m}^3$ ⑤ 테두리보 : $0.18 \times 0.33 \times 21.6 = 1.283\text{m}^3$ ⑥ 슬라브 : $0.12 \times (6.4+0.55+0.7) \times (4.4+0.55+0.7) = 5.186\text{m}^3$ ⑦ 파라펫 : $0.2 \times 0.1 \times (7.55+5.55) \times 2 = 0.524\text{m}^3$ ∴ 전체 콘크리트량 $= 19.178 \rightarrow 19.18\text{m}^3$

구 분	수 량	수 량 산 출 근 거
거푸집	100.23m²	① 기초판 및 벽 : 0.95×21.6×2=41.04m² ② 테두리보 : 0.18×21.6×2=7.776m² ③ 슬라브 : 7.65×5.65-(0.33×21.6)+(2.4+1.4+1.2) 　　　　　×0.33+0.12×(7.65+5.65)×2 =40.936m² ④ 파라펫 : 0.2×2×(7.55+5.55)×2 　　　　　=10.48m² 　∴ 전체 거푸집량 =100.232 → 100.23m²
벽 돌 량	시멘트 벽돌 7,332장	① 외부(1.0B 쌓기면적) : 2.4×[(6.4-0.33+0.19)+(4.4-0.33 　+0.19]×2-(2.4×1.2+1.4×1.2+1.2×1.2+0.9×2) 　=42.696m² • 벽돌량 = 42.696×149×1.05=6,679.7장 ② 내부(0.5B 쌓기면적) : 2.58×(4.4-0.33)-0.9×2=8.701m² • 벽돌량 =8.701×75=652.5장 　∴ 계 : 7,332.2 → 7,332장
	적벽돌 3,580장	① 외부(0.5B쌓기면적) : 2.4×[(6.4+0.33-0.09)+(4.4+0.33-0.09)] 　×2-(2.4×1.2+1.4×1.2+1.2×1.2+0.9×2) 　=46.344m² • 벽돌량 =46.344×75×1.03=3,580.0장 　∴ 계 =3,580장
미장공사	시멘트 252.95kg	① 내부미장면적 : 2.58×{(4.4 - 0.33)+(2.6 - $\frac{0.33}{2}$ - $\frac{0.09}{2}$)} 　×2-(1.4×1.2+1.2×1.2+0.9×2) = 28.414m² ② 모르타르량 : 28.414×0.018=0.511m³ ③ 시멘트량 : 0.511m³×495kg/m³=252.95kg ④ 모래량 : 0.33m³×3=0.99m³×0.511=0.51m³
	모래 0.51m³	

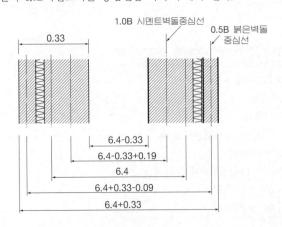

참고도면

벽돌벽 각각 중심거리 산정

벽돌량은 벽중심선 길이×벽높이(2.4m)-(개구부면적)으로 구하므로 아래처럼 0.5B 쌓기 적벽돌과 1.0B시멘트벽돌 중심선을 각각 구해야 한다.

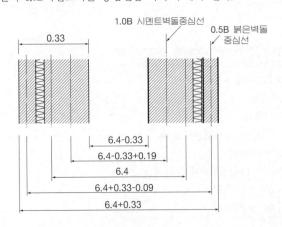

해설

■ 알루미늄 창상단 거푸집

① 알루미늄 창상단(2.4, 1.4, 1.2)만 산정해 주고 알루미늄 문상단인 (0.9)는 산정하지 않아도 되는 이유는

② 알루미늄문의 높이는 2.0m, 문이 설치되어야 하는 바닥부터 보밑 까지의 높이는 2.4m이므로 0.4m 높이차에 벽돌이 시공되어짐.

③ 따라서 알루미늄문 상단의 거푸 집면적은 산출하지 않아도 됨.

■ 미장공사

① 미장공사시 모르타르량을 구하 고 시멘트량과 모래량을 산출하 는 방법은

② 28.414×0.018=0.511m³에서 0.018 은 모르타르 미장바름두께 18mm (도면에 주어진 수치임)

③ 0.511m³×495kg=252.95kg에서 495kg/m³는 모르타르 1m³당 시 멘트 기준량이며, 495kg시멘트를 체적으로 환산하면 0.33m³임.

④ 모르타르 1m³당 시멘트량과 모 래량 산출방법 문제의 조건(모 르타르 배합비 m=1:3, 비빔감 소율 N=25%, 비빔감소율이 문 제의 조건에 주어지지 않았으므 로 적산기준 20-30%의 중간수치 25%을 적용해야 함)

⑤ 따라서 시멘트량 C=1/(1+m)(1-N) 에서 〈여기서 m은 배합비, N은 비빔 감소율〉 C=1/(1+3)(1-0.25)=0.33m³
0.33m³을 kg으로 환산하면 0.33×1500=495kg

⑥ 모래량 S=C×m에서 〈여기서 C는 시멘트량, m은 배합비〉
S=0.33×3=0.99×0.511=0.51m³

문제 6

아래 도면에 의거 다음공사의 소요물량을 산출하시오. [87년]

○ 설계개요
  1) 구조 : 조적조
  2) 기초 : 철근콘크리트 줄기초
  3) 외벽 : 1.5B 붉은벽돌
  4) 내벽 : 1.0B 시멘트벽돌
    (단, 도면치수의 단위는 mm이고, 벽돌은 표준형이다)

㉮ 수평보기(m²)

㉯ 동바리(공 m³)

㉰ 잡석다짐(m³)

㉱ 콘크리트(m³)
  ① 기초   ② 1층 슬래브   ③ 지붕슬래브 및 보

㉲ 거푸집(m²)
  ① 기초   ② 지붕슬래브 및 보(단, 보거푸집 면적산출시)
  ③ AL 창문틀 설치는 나중세우기로 가정하여 산출한다.

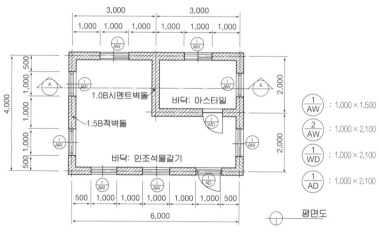

평면도

$\frac{1}{AW}$: 1,000 × 1,500

$\frac{2}{AW}$: 1,000 × 2,100

$\frac{1}{WD}$: 1,000 × 2,100

$\frac{1}{AD}$: 1,000 × 2,100

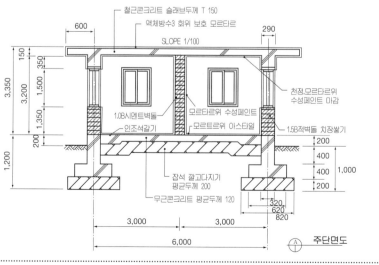

주단면도

정답

구 분	수 량	수 량 산 출 근 거
수평보기	24m²	$4 \times 6 = 24$m²
동 바 리	96.82공m³	$\{(5.2 \times 7.2) - (20 \times 0.29)\} \times 3.4 \times 0.9 = 96.818 \rightarrow 96.82$공m³
잡석다짐	7.46m³	기초 : $20 \times 0.2 \times 0.82 = 3.28$m³ 바닥 : $(4 - 0.32) \times (6 - 0.32) \times 0.2 = 4.18$m³
콘크리트	18.95m³	기초 : 기초판 : $0.4 \times 0.62 \times 20 = 4.96$m³ 　　　기초벽 : $0.32 \times 0.6 \times 20 = 3.84$m³ 1층바닥 : $(4 - 0.32) \times (6 - 0.32) \times 0.12$ 　　　　 $= 2.508$m³ 지붕슬래브 : $5.2 \times 7.2 \times 0.15$ 　　　　 $= 5.616$m³ 보 : $0.29 \times 0.35 \times 20 = 2.03$m³
거 푸 집	91.68m²	기초 : (기초판 + 기초벽) $1 \times 20 \times 2 = 40$m² 지붕슬래브및보 : 지붕슬래브 : 　　　　 $(5.2 \times 7.2) - (0.29 \times 20)$ 　　　　 $+ (1 \times 8 \times 0.29) + (5.2 + 7.2)$ 　　　　 $\times 2 \times 0.15 = 37.68$m² 보 : $0.35 \times 20 \times 2 = 14$m²

참고도면

도면

1. 수평보기 면적

   외부기둥(기둥이 없는 경우에는 외벽)의 중심선으로 둘러쌓인 내부면적을 수평보기면적
   으로 한다.

2. 동바리 소요량

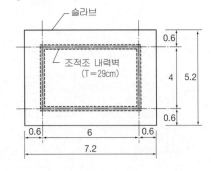

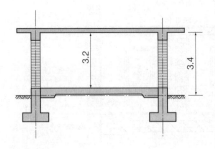

① 상층바닥판면적에서 조적조 내력벽
   은 공제부분이다.
   (상층바닥판면적 5.2×7.2)
   (공제부분·조적조내력벽 0.29×20)

② 층안목높이는 1층조적조이므로 G.L
   부터 슬라브밑까지이다.
   (G.L부터 슬라브밑 H=3.4m)

다음 도면을 참조하여 잡석다짐량(m³), 콘크리트량(m³), 거푸집(m²), 철근량(kg)은 정 미량, 벽돌량(매)은 할증을 고려한 소요량을 산출하시오. (25점) (단, D10 = 0.56kg/m 이고, 벽돌은 표준형 시멘트 벽돌임)

[91년]

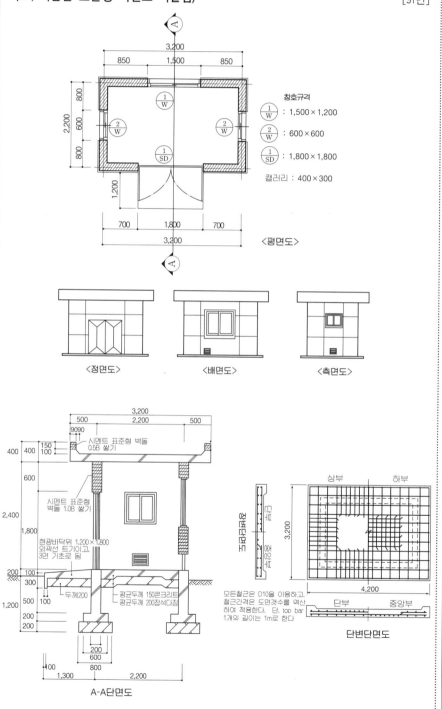

창호규격

$\frac{1}{W}$: 1,500 × 1,200

$\frac{2}{W}$: 600 × 600

$\frac{1}{SD}$: 1,800 × 1,800

캘러리 : 400 × 300

〈평면도〉

〈정면도〉　　〈배면도〉　　〈측면도〉

모든철근은 D10을 이용하고, 철근간격은 도면갯수를 역산 하여 적용한다. 단, top bar 1개의 길이는 1m로 한다

A-A단면도

단변단면도

구 분	수 량	수 량 산 출 근 거
잡 석	3.28m³	기 초 : $(3.2+2.2) \times 2 \times 0.8 \times 0.2 = 1.728m^3$ 바 닥 : $3 \times 2 \times 0.2 + 1.1 \times 1.6 \times 0.2 = 1.552m^3$
콘크리트	7.01m³	기 초 : $(3.2+2.2) \times 2 \times 0.6 \times 0.2 + (3.2+2.2) \times 2 \times 1 \times 0.2 = 3.456m^2$ 바 닥 : $3 \times 2 \times 0.15 + 1.2 \times 1.8 \times 0.15 + (1.7+1.15+1.15) \times 0.3 \times 0.1$ $= 1.344m^3$ 슬래브 : $4.2 \times 3.2 \times 0.15 + 0.09 \times 0.1 \times (3.11+4.11) \times 2 + (0.09 \times 0.1)$ $/2 \times \{(3.2-0.24)+(4.2-0.24)\} \times 2 = 2.208m^3$
거 푸 집	45.68m²	기 초 : $(3.2+2.2) \times 2 \times 1.2 \times 2 = 25.92m^2$ 바닥(현관) : $(1.6+1.1+1.1) \times 0.3 + (1.8+1.2+1.2) \times 0.4 = 2.82m^2$ 슬래브 : $3.2 \times 4.2 - (3.2+2.2) \times 2 \times 0.19 + (3.2+4.2) \times 2 \times 0.25$ $+(3.93+2.93) \times 2 \times 0.135 = 16.94m^2$
철 근	116.14kg	주근하단 : $14 \times 3.2 = 44.8m$ 상단 : $15 \times 3.2 = 48m$ top bar : $1 \times 6 \times 2 = 12m$ 부근하단 : $11 \times 4.2 = 46.2m$ 상단 : $12 \times 4.2 = 50.4m$ top bar : $3 \times 1 \times 2 = 6m$
벽 돌	3,268.28장	벽 : $(3.2+2.2) \times 2 \times 2.4 - \{1.8 \times 1.8 + (0.6 \times 0.6) \times 2 + 1.5 \times 1.2 + 0.4$ $\times 0.3 \times 3\} \times 149 \times 1.05 = 3097.71장$ 난 간 : $\{(4.11+3.11) \times 2 \times 0.15\} \times 75 \times 1.05 = 170.5725장$

참고도면

중심선 찾기

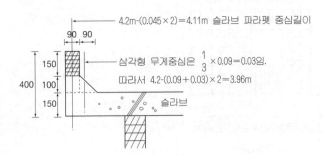

4.2m-(0.045×2)=4.11m 슬래브 파라펫 중심길이

90 90

삼각형 무게중심은 $\frac{1}{3} \times 0.09 = 0.03$임.

따라서 $4.2-(0.09+0.03) \times 2 = 3.96m$

슬라브

해설

■ 슬라브 철근량 산정

① 슬라브 철근량 산정시 산출식에 의해서 구하는 것이 아니라 도면에서 주어진 갯수로 우선하여 산정 하셔야 함. (즉, 도면에서 주어진 갯수가 있으면 주어진 갯수도 조건이기 때문임)

② 아래 철근의 갯수는 주어진 도면의 주어진 갯수로 슬라브 전개도와 장변단면도, 단변단면도를 참조하면,

③ 주근하단 14개 : 슬라브 전개도 (오른쪽)하부 7개×양쪽=14개

④ 주근상단 15개 : 슬라브 전개도 (왼쪽)상부주근단부4개×양쪽 =8개, 주근벤트3개×양쪽=6개, 중앙에1개, 총15개

⑤ 주근톱바 6개 : 슬라브 전개도 (왼쪽)상부3개×양쪽=6개

⑥ 부근하단 11개 : 슬라브 전개도 (오른쪽)하부 11개

⑦ 부근상단 12개 : 슬라브 전개도 (왼쪽)상부 부근단부4개×양쪽 =8개, 부근벤트4개, 총12개

⑧ 부근톱바 3개 : 슬라브 전개도 (왼쪽)상부3개

문제 8

다음 야외용 화장실 도면을 참고하여 아래에 요구하는 수량을 산출하시오. (18점)

[95년, 90년]

(1) 잡석량(m³)
   ① 부패조 밑 :
   ② 통로 및 소변소 :
   ③ 합계 :

(2) 버림 콘크리트량(m³)
   • 부패조 밑 :

(3) 구조체 콘크리트량(m³)
   ① 부패조 :
   ② 소변소 및 시선 차단벽 기초 :
   ③ 바닥 :
   ④ 지붕슬라브 :
   ⑤ 합계 :

(4) 거푸집량(m²)
   ① 부패조 :
   ② 소변소 및 시선 차단벽 기초 :
   ③ 슬라브 :
   ④ 합계 :

(5) 철근량(kg) (단, D13=0.995kg/m이고, 이음정착은 고려하지 않으며, 할증은 고려한다)
   ① 부패조 바닥 :
   ② 슬라브 :
   ③ 합계 :

(6) 벽돌량(매) (단, 표준형 벽돌로 할증을 고려한다. 모든 벽돌은 시멘트 벽돌임)
   • 부패조위 및 전체 :

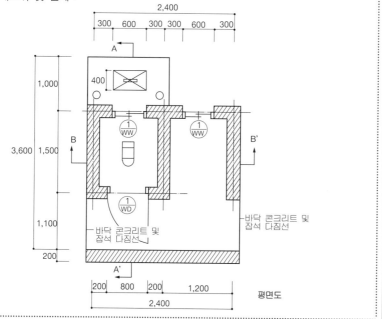

평면도

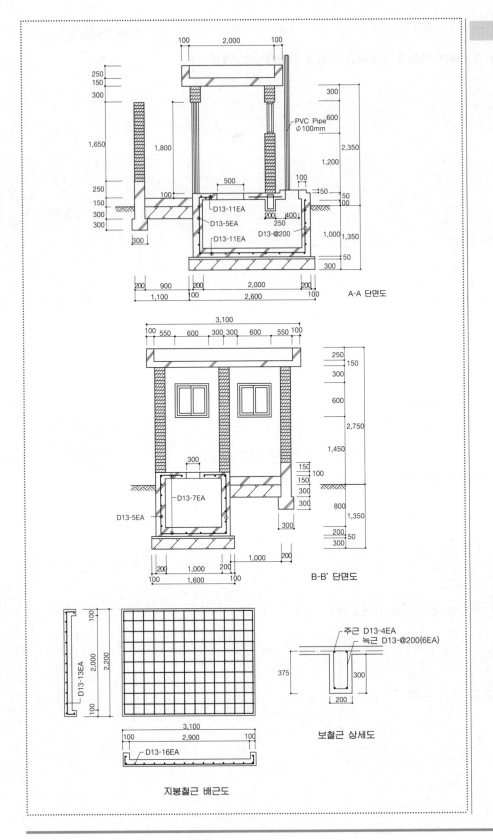

A-A 단면도

B-B' 단면도

지붕철근 배근도

보철근 상세도

정답

구 분	수 량	수 량 산 출 근 거
잡석량	2.48m³	부패조밑 : 2.6×1.6×0.3=1.248m³ 통로 및 소변소 : {(1×2.6)+(1×1.5)}×0.3=1.23m³ 합계 : 1.248+1.23=2.478m³
버림 콘크리트	0.21m³	부패조밑 : 2.6×1.6×0.05=0.208m³
구조체 콘크리트	5.52m³	부패조 : {2.4×1.4×0.2}+{(2.2+1.2)×2×0.9×0.2} + {2.4×1.4× 　　　　0.15}+{(0.5+0.7)×2×0.1×0.05}-{0.4×0.6×0.15}- 　　　　{0.5×0.3×0.15}-{$\frac{\pi×0.1^2}{4}$×2×0.15}+{0.2×0.3×1} 　　　　=2.411m³ 소변소 및 시선차단벽 기초 : {0.3×0.3×(1.1+1.6+2.6)}+{0.2×0.7 　　　　　　　　　　　　　　×(1.1+1.6+2.6)}=1.219m³ 바닥 : {(1×2.6×0.15)+(1×1.5×0.15)}=0.615m³ 지붕슬라브 : {2.2×3.1×0.15}+{(3.0+2.1)×2×0.25×0.1} 　　　　　　　=1.278m³ 합 계 : (2.411+1.219+0.615+1.278)=5.523m³
거푸집	41.94m²	부패조 : {1.25×(1.4+2.4)×2}+{0.9×(1+2)×2}+{1×2}+{0.3×1× 　　　　2}+{0.2×(0.4+0.6)×2}+{0.15×(0.5+0.3)×2}+{0.05× 　　　　(0.6+0.8)×2}+π×0.1×0.15×2}=18.374m² 소변소 및 시선차단 기초 : {1×(1.1+1.6+2.6)×2}+{(0.3×0.3) 　　　　　　　　　　　　+(0.2×0.7)×3}=11.29m² 입구바닥콘크리트마감 : 1×0.15×2=0.3m² 슬라브 : {(3.1×2.2)+0.4×(3.1+2.2)×2+0.25×(2.9+2)×2}-{0.19× 　　　　(1.5+1.2)×2+0.19×(1.1+1.6)}=11.971m² 합 계 : (18.374+11.29+11.971+0.3)=41.94m²
철근량	253.19kg	부패조 바닥 및 슬라브 : (11개×1.4+7×2.4)×2=64.4m 부패조벽 : 5개×(1.2+2.2)×2+{(1.2+2.2)×2÷0.2}×1.075 　　　　　=70.55m 보 : 4개×1.4+(0.2+0.45)×2×6개=13.4m 슬라브 : {13개×(3.1+0.8)+16개×(2.2+0.8)}=98.7m 합계 : (64.4+70.55+13.4+98.7)×0.995×1.03=253.19kg
벽돌량	2,931장	부패조위 및 전체 : {(1.5+1.2)×2×2.1+(1.1+1.6)×1.95+(1.65× 　　　　　　　　2.6)} - {(0.6×0.6×2)+(1.8×0.8)}×149×1.05 　　　　　　　　=2931.09장

① 부패조 슬라브

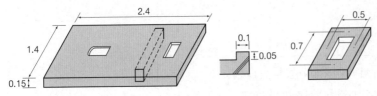

② 부패조 벽체

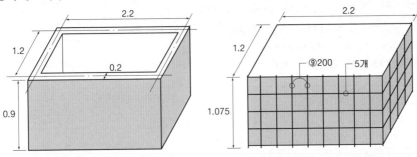

③ 부패조 바닥

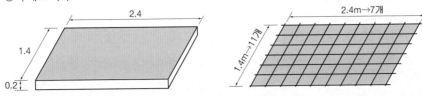

그림. 부패조 참고도면

다음과 같은 세차장 도면을 참고하여 잡석다짐량, 거푸집면적, 콘크리트량을 산출하시오. (15점)
(단, ① 할증율은 고려하지 않고 정미량으로 한다. ② 소수 2째자리까지 산출한다.)

[90년, 92년, 96년, 98년]

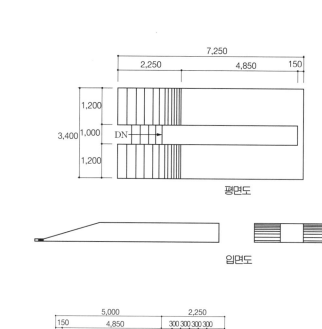

평면도

입면도

종단면도

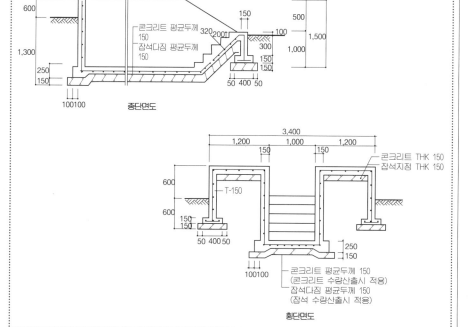

횡단면도

구 분	수 량	수 량 산 출 근 거
콘크리트량	10.14m³	① 외측벽 (기초판) : $0.4 \times 0.15 \times \{(7.1+3.25) \times 2 - 1.3\} = 1.164$m³ 　(기초벽) : $0.15 \times 0.9 \times \{(7.1+3.25) \times 2 - 1.3\} - (\dfrac{2.1 \mid 0.5}{2}$ 　　$\times 2 + 0.5 \times 3.25) \times 0.15 = 2.218$m³ ② 내측벽 (기초판) : $1.5 \times (0.25+4.85+0.45+ \sqrt{1.65^2+1^2}\ ) \times 0.15$ 　　$= 1.683$m³ 　(기초벽) : $0.15 \times 1.5 \times (1.15+7.025 \times 2) - (\dfrac{2.1 \times 0.5}{2} \times 2$ 　　$+ \dfrac{1.65 \times 1}{2} \times 2) \times 0.15 = 3.015$m³ ③ 상부바닥 : $\{(1.2-0.3) \times (4.85+ \sqrt{2.1^2+0.5^2}\ ) \times 0.15\} \times 2 = 1.89$m³ ④ 계단 : $0.085 \times 1 \times \sqrt{1.65^2+1^2} = 0.163$m³
거푸집량	80.47m²	① 외측벽 (기초판) : $0.15 \times 2 \times \{(7.1+3.25) \times 2 - 1.3\} = 5.82$m² 　(기초벽) : $0.9 \times 2 \times \{(7.1+3.25) \times 2 - 1.3\} - (\dfrac{2.1 \times 0.5}{2} \times 2$ 　　$+ 0.5 \times 3.25) \times 2 = 29.57$m² ② 내측벽 (바깥쪽) : $1.75 \times (1.3+7.1 \times 2) - (\dfrac{2.1 \times 0.5}{2} \times 2 + \dfrac{1.65 \times 1}{2}$ 　　$\times 2) = 24.425$m² 　(안 쪽) : $1.5 \times (1+6.95 \times 2) - (\dfrac{2.1 \times 0.5}{2} \times 2 + \dfrac{1.65 \times 1}{2}$ 　　$\times 2) = 19.65$m² ③ 계단챌판 : $0.2 \times 1 \times 5 = 1$m²
잡석량	5.28m³	① 외측벽기초 : $0.5 \times 0.15 \times \{(7.1+3.25) \times 2 - 1.3\} = 1.455$m³ ② 내측벽기초 : $1.7 \times 0.15 \times (0.35+4.85+0.45+ \sqrt{1.65^2+1^2}\ )$ 　　$= 1.933$m³ ③ 상부바닥 : $\{0.9 \times 0.15 \times (4.85+ \sqrt{2.1^2+0.5^2}\ )\} \times 2 = 1.892$m³

참고도면

① 외측벽기초벽

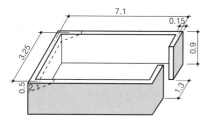

② 외측벽기초판

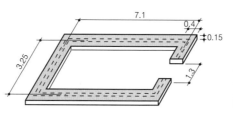

③ 상부바닥

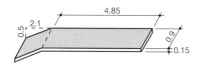

④ 내측벽기초벽

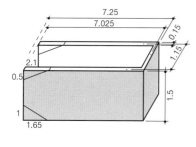

⑤ 내측벽기초벽

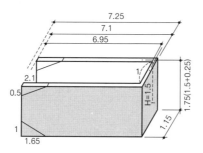

⑥ 내측벽기초판

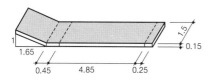

그림. 세차장 참고도면

문제 10

그림과 같은 직선 담장 20m를 공사하고자 한다. 담장공사에 필요한 각 재료량을 산출하시오.   [89년, 92년]

① 터파기량(m³ : 휴식각은 45° 이고, 토량환산계수 L = 1.2, C = 0.9)

② 되메우기량(m³)

③ 잔토처리량(m³)

④ 잡석량(m³)

⑤ 버림콘크리트량(m³)

⑥ 구조체콘크리트량(m³)

⑦ 철근량(kg : 단, D10 = 0.56kg/m이고, 철근 1개는 8m짜리를 이용하며, 이음길이는 40d로 한다.)

⑧ 거푸집량(m²)

⑨ 적벽돌량(표준형 벽돌, 할증고려함)

⑩ 시멘트 벽돌량(표준형 벽돌, 할증고려함)

⑪ 미장면적(m²)

⑫ 도장면적(m²)

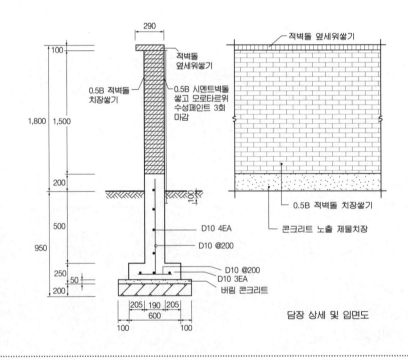

담장 상세 및 입면도

구 분	수 량	수 량 산 출 근 거
터 파 기	19m^3	$(0.4+0.6) \times 0.95 \times 20 = 19\text{m}^3$
되메우기	10.7m^3	$19 - \{(0.2 \times 0.8 + 0.05 \times 0.8 + 0.2 \times 0.6 + 0.19 \times 0.5) \times 20\}$ $= 10.7\text{m}^3$
잔토처리량	9.96m^3	$(19-10.7) \times 1.2 = 9.96\text{m}^3$
잡 석 량	3.2m^3	$0.2 \times 0.8 \times 20 = 3.2\text{m}^3$
버림콘크리트량	0.8m^3	$0.05 \times 0.8 \times 20 = 0.8\text{m}^3$
콘크리트	5.06m^3	기초판 : $0.2 \times 0.6 \times 20 = 2.4\text{m}^3$ 기초벽 : $0.19 \times 0.7 \times 20 = 2.66\text{m}^3$
철 근	183.34kg	기초판 : $\{0.6 \times (20 \div 0.2 + 1)\} + (3 \times 20) + (3 \times 40 \times 0.01 \times 2)$ $\qquad = 123\text{m}$ $\qquad 123\text{m} \times 0.56\text{kg/m} = 68.88\text{kg}$ 기초벽 : $(1.2 \times 101) + (4 \times 20) + (4 \times 40 \times 0.01 \times 2)$ $\qquad = 204.4\text{m}$ $\qquad 204.4\text{m} \times 0.56\text{kg/m} = 114.464\text{kg}$
거 푸 집	36.51m^2	$0.9 \times 2 \times 20 + (0.2 \times 0.6 + 0.19 \times 0.7) \times 2 = 36.506\text{m}^2$
적 벽 돌	2779개	$0.5\text{B} : 1.5 \times 20 \times 75 \times 1.03 = 2317.5$
		$1.5\text{B} : 0.1 \times 20 \times 224 \times 1.03 = 461.44$
시멘트벽돌	2363개	$0.5\text{B} : 1.5 \times 20 \times 75 \times 1.05 = 2362.5$
미 장	36.68m^2	$1.8 \times 20 + 0.19 \times 1.8 \times 2 = 36.684\text{m}^2$
도 장	36.68m^2	$1.8 \times 20 + 0.19 \times 1.8 \times 2 = 36.684\text{m}^2$

문제 11

다음 도면을 보고 아래의 요구하는 물량을 산출하시오. [89년, 98년]

① 철근량(kg)

② 거푸집량(m²) (버림 콘크리트부분은 제외)

③ 콘크리트량(m²) (버림 콘크리트 제외)

④ 흙파기시 흙의 되메우기량(m³)

[조건]

㉮ 계산은 소수세째자리에서 반올림하시오.

㉯ 철근의 Hook 길이는 10.3d로 하고, 이음 및 정착길이는 40d로 하고, 철근의 피복 두께는 고려하지 않는다.

㉰ 철근 단위중량 D10=0.56kg/m, D13=0.995kg/m, D16=1.56kg/m

㉱ 할증은 고려하지 않고 정미량으로 산출한다.

㉲ 흙의 휴식각은 $\phi = 45°$로 한다.

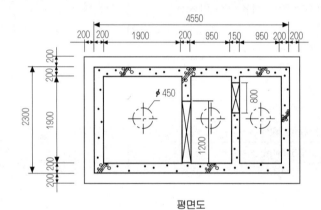

평면도

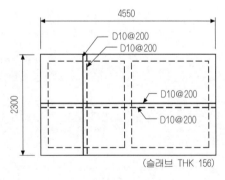

상부슬래브 배근도

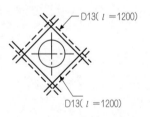

슬래브 개구부 보강근

(슬래브 THK 156)

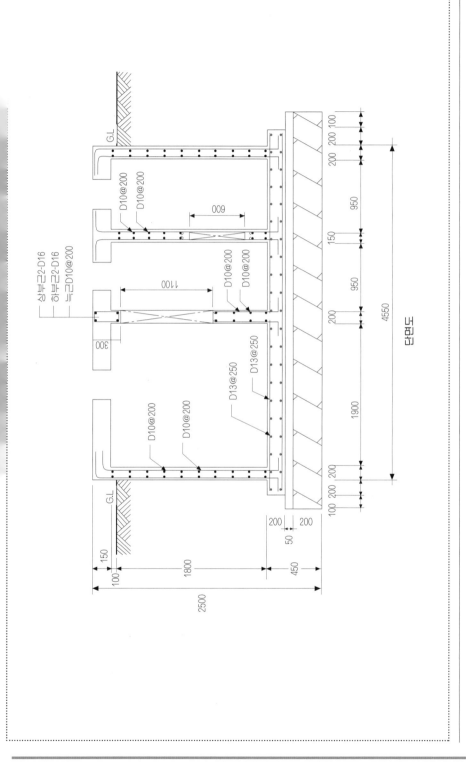

구 분	수 량	수 량 산 출 근 거
철 근	859.84kg	1) 기초슬래브 　• 장변방향(D13) ： 2.7÷0.25+1＝11.8→12개 　　12×4.95×2＝118.8m 　• 단면방향(D13) ： 4.95÷0.25+1＝20.8→21개 　　21×2.7×2＝113.4m 2) 외벽 　• 수직근(D10) ： (4.35+2.1)×2÷0.2＝64.5→65개 　　65×(1.9+40×0.01×2)×2＝351m 　• 수평근(D10) ：(1.9÷0.2+1)＝10.5→10개 (도면갯수) 　　10×{(2.1+4.35)×2+(40×0.01×2)}×2＝274m 3) 칸막이벽 　• 수직근(D10) ： 1.2÷0.2＝6개 　　6×{0.65+(40+10.3)×0.01}×2＝13.836m 　　　　0.7÷0.2＝3.5→4개 　　4×(1.75+40×0.01×2)×2＝20.4m 　　　　0.8÷0.2＝4개 　　4×{1.3+(40+10.3)×0.01×2}×2＝18.448m 　　　　1.1÷0.2＝5.5→6개 　　6×(1.9+40×0.01×2)×2＝32.4m 　• 수평근(D10) ： 1.1÷0.2＝5.5→6개 　　6×{0.7+(40+10.3)×0.01}×2＝14.436m 　　　　0.65÷0.2+1＝4.25→4개 　　4×{1.9+(40×0.01×2)}×2＝21.6m 　　　　0.6÷0.2＝3개 　　3×{1.1+(40+10.3)×0.01×2}×2＝12.636m 　　　　1.3÷0.2+1＝7.5→7개(도면갯수) 　　7×(1.9+40×0.01×2)×2＝37.8m 4) 보 　• 주근(D16) ： 4개×(1.9+40×0.016×2)＝12.72m 　• 늑근(D10) ： 1.9÷0.2+1＝10.5→11개 　　11×(0.3+0.2)×2＝11m 5) 상부슬래브 　• 장변방향(D10) ： 2.3÷0.2+1＝12.5→13개 　　13×4.55×2＝118.3m 　• 단면방향(D10) ： 4.55÷0.2+1＝23.75→24개 　　24×2.3×2＝110.4m 　• 개구부보강(D13) ： 1.2×4×2×3＝28.8m 6) 합계　• D10＝(351+274+13.836+20.4+18.448+32.4+14.436+ 　　21.6+12.636+37.8+11+118.3+110.4)×0.56＝580.30kg 　• D13＝(118.8+113.4+28.8)×0.995＝259.70kg 　• D16＝12.72×1.56＝19.84kg

구 분	수 량	수 량 산 출 근 거
거푸집	73.80m²	1) 기초슬래브 : $0.2 \times (2.7+4.95) \times 2 = 3.06m^2$ 2) 벽외부 : $2.05 \times (2.3+4.55) \times 2 = 28.085m^2$ 3) 벽내부 : $\{(1.9 \times 8 + 0.95 \times 4) \times 1.9\} - \{1.2 \times 1.1 \times 2\} + \{0.2 \times (1.1 + 1.2) \times 2\} + \{0.15 \times (0.6+0.8) \times 2\} = 34.8m^2$ 4) 상부슬래브 : $1.9 \times 1.9 + 0.95 \times 1.9 \times 2 + 0.45 \times \pi \times 0.15 \times 3$ 　　　　　　　　$= 7.856m^2$ 5) 합계 : $3.06 + 28.085 + 34.8 + 7.856 = 73.801$
콘크리트	10.00m³	1) 기초슬래브 : $2.7 \times 4.95 \times 0.2 = 2.673m^3$ 2) 외벽 : $(4.35+2.1) \times 2 \times 1.9 \times 0.2 = 4.902m^3$ 3) 칸막이벽 : $\{(1.9 \times 1.9 - 1.2 \times 1.1) \times 0.2\} + \{(1.9 \times 1.9 - 0.8 \times 0.6) \times 0.15\} = 0.93m^3$ 4) 상부슬래브 : $\{2.3 \times 4.55 - \pi \times (0.45/2)^2 \times 3\} \times 0.15 = 1.498m^3$ 5) 합계 : $2.673 + 4.902 + 0.93 + 1.498 = 10.003m^3$
흙되메우기량	24.29m³	1) 터파기량 : 터파기각도=휴식각×2로서 수직 터파기이며, 터파기여유는 2.25m 깊이로서 기초판 끝에서 양쪽으로 각각 +50cm한다. 　　$(4.95+1) \times (2.7+1) \times 2.25 = 49.53m^3$ 2) 구조체 체적 　· 잡석 : $2.9 \times 5.15 \times 0.2 = 2.987m^3$ 　· 버림콘크리트 : $2.9 \times 5.15 \times 0.05 = 0.746m^3$ 　· 기초슬래브 : $2.7 \times 4.95 \times 0.2 = 2.673m^3$ 　· 본체 : $4.55 \times 2.3 \times 1.8 = 18.837m^3$ 3) 되메우기량=터파기량-구조부 체적 　$49.53 - (2.987 + 2.673 + 18.837 + 0.746) = 24.287m^3$

문제 12

아래의 도면을 보고 철골조 기둥과 보에 소요되는 다음과 같은 부재의 전체 강재량(kg)을 산출하시오. [87년]

(단, ① 할증율 제외, ② 산출범위는 기둥2개소, 보1개소임)

① 앵글(ANGLE)

  ㉮ SIDE L.   ㉯ MAIN L.

② 플레이트(PLATE)

  ㉮ WING PL.   ㉯ WEB PL.   ㉰ FILL PL.

  ㉱ GUSS PL.   ㉲ COVER PL.   ㉳ BASE PL.

③ 플레트 바(FLAT BAR)

  ㉮ LATTICE (단, F.B-125×9는 제외)

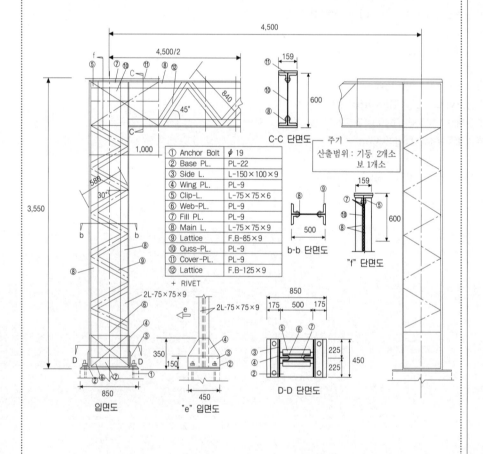

① Anchor Bolt	φ 19
② Base PL.	PL-22
③ Side L.	L-150×100×9
④ Wing PL.	PL-9
⑤ Clip-L.	L-75×75×6
⑥ Web-PL.	PL-9
⑦ Fill PL.	PL-9
⑧ Main L.	L-75×75×9
⑨ Lattice	F.B-85×9
⑩ Guss-PL.	PL-9
⑪ Cover-PL.	PL-9
⑫ Lattice	F.B-125×9

+ RIVET

C-C 단면도

주기
산출범위 : 기둥 2개소
보 1개소

b-b 단면도

"f" 단면도

D-D 단면도

입면도

"e" 입면도

구 분		단위중량	수 량 산 출 근 거
앵 글	SIDE L	17.1 kg/m	$0.45 \times 2 \times 2 \times 17.1 \text{kg/m} = 30.78 \text{kg}$
	MAIN L	9.96 kg/m	$\{(3.55 \times 4 \times 2) + (4 \times 4)\} \times 9.96 \text{kg/m} = 442.22 \text{kg}$
플레이트	WING PL	70.64 kg/m^2	$\{0.45 \times 0.15 + \left(\dfrac{0.45 + 0.159}{2}\right) \times 0.2\} \times 2 \times 2 \times$ $70.65 kg/m^2 = 36.29 kg$
	WEB PL	70.65 kg/m^2	$0.35 \times 0.5 \times 2 \times 70.65 \text{kg/m}^2 = 24.73 \text{kg}$
	FILL PL	70.65 kg/m^2	$0.075 \times 0.35 \times 4 \times 2 \times 70.65 \text{kg/m}^2 = 14.84 \text{kg}$
	GUSS PL	70.65 kg/m^2	$0.6 \times 1 \times 2 \times 70.65 \text{kg/m}^2 = 84.78 \text{kg}$
	COVER PL	70.65 kg/m^2	$0.159 \times 1 \times 2 \times 70.65 \text{kg/m}^2 = 22.47 \text{kg}$
	BASE PL	172.7 kg/m^2	$0.85 \times 0.45 \times 2 \times 172.7 \text{kg/m}^2 = 132.12 \text{kg}$
플래트바	LATTICE	6.01 kg/m	$0.58 \times 9 \times 2 \times 6.01 \text{kg/m} = 62.74 \text{kg}$

문제 13

다음 그림과 같은 독립기초가 10개소가 있다. 전체 기초파기량, 되메우기량, 잔토처리량을 산출하시오. (단, 토량환산계수는 L=1.2로 한다.)

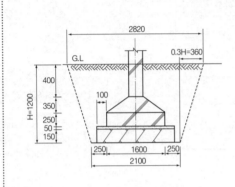

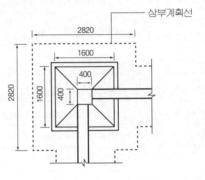

정답 1개의 기초파기량

$$V = \frac{h}{6}\{(2a + a')b + (2a' + a)b'\}$$

$$= \frac{1.2}{6}\{(2 \times 2.82 + 2.1) \times 2.82 + (2 \times 2.1 + 2.82) \times 2.1\}$$

$$= 7.313$$

① 전체(10개소) 기초파기량 : V = 7.313 × 10 = 73.13m³   답 : 73.13m³

② 되메우기량 : V = 기초파기량 - 기초 구조부 체적
   기초 구조부 체적 : V = 잡석량 + 밑창 콘크리트량 + 기초 콘크리트 량
   잡석량 = 0.15 × 1.8 × 1.8 × 10 = 4.86m³
   밑창콘크리트량 = 0.05 × 1.8 × 1.8 × 10 = 1.62m³
   콘크리트량 : $V_1 = 0.25 \times 1.6 \times 1.6 \times 10 = 6.4m^3$

   $$V_2 = \frac{h}{6}\{(2a + a')b + (2a' + a)b'\} \times 10$$

   $$= \frac{0.35}{6}\{(2 \times 1.6 + 0.4) \times 1.6 + (2 \times 0.4 + 1.6) \times 0.4\} \times 10$$

   $$= 0.392m^3 \times 10 = 3.92m^3$$

   $$V_3 = 0.4 \times 0.4 \times 0.4 \times 10 = 0.64m^3$$

   전체 콘크리트량 : V = V₁+V₂+V₃ = 6.4+3.92+0.64 = 10.96m³
   기초 구조부 체적 = 4.86+1.62+10.96 = 17.44m³
   ∴ 되메우기 량 : V = 73.13-17.44 = 55.69m³   답 : 55.69m³

③ 잔토처리량 : V = (기초파기량-되메우기량) × 토량환산계수
              = 17.44 × 1.2 = 20.928   답 : 20.93m³

다음의 조적조 기초도면을 보고 건축공사의 터파기량, 잡석다짐량, 버림콘크리트량, 콘크리트량, 철근량, 거푸집량, 되메우기량, 잔토처리량을 산출하시오. (18점) (단, D13=0.995kg/m이고, 이음길이는 고려하지 않는다. 흙의 휴식각은 30°이고 중복 및 누락되는 부분이 없이 정확한 양으로 산출한다. L=1.2로 가정한다.)

[91년]

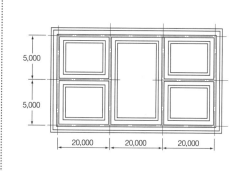
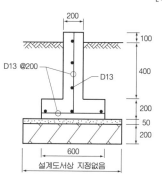

참 고 도 면

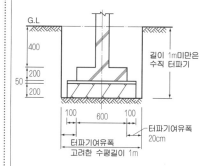

① 터파기량산정시
 • 문제의 조건에서 깊이가 1m미만 일때는 수직 터파기가 원칙이다.

정답

① 터파기량 : $V = 1 \times 0.85 \times (200 - 0.5 \times 8) = 166.6m^3$

답 : $166.6m^3$

② 잡석다짐량 : $0.8 \times 0.2 \times (200 - 0.4 \times 8) = 31.488$

답 : $31.49m$

③ 버림콘크리트량 : $0.8 \times 0.05 \times (200 - 0.4 \times 8) = 7.872$

답 : $7.87m^3$

④ 콘크리트량
 기초판 : $0.6 \times 0.2 \times (200 - 0.3 \times 8) = 23.712m^3$
 기초벽 : $0.2 \times 0.5 \times (200 - 0.1 \times 8) = 19.92m^3$
 ∴ $23.712 + 19.92 = 43.632$

답 : $43.63m^3$

⑤ 철근량
 기초판($D13$) : $\{200 \times 3 + 0.6 \times (200 \div 0.2)\} \times 0.995 = 1,194kg$
 기초벽($D13$) : $\{200 \times 3 + 1 \times (200 \div 0.2)\} \times 0.995 = 1,592kg$
 ∴ $1,194 + 1,592 = 2,786kg$

답 : $2,786kg$

⑥ 거푸집량
 기초판 : $0.2 \times 2 \times (200 - 0.3 \times 8) = 79.04m^2$
 기초벽 : $0.5 \times 2 \times (200 - 0.1 \times 8) = 199.2m^2$
 ∴ $79.04 + 199.2 = 278.24m^2$

답 : $278.24m^2$

⑦ 되메우기량
 $\{166.6 - (31.488 + 7.872 + 39.648)\} = 87.592$

답 : $87.59m^3$

⑧ 잔토처리량
 $(31.488 + 7.872 + 39.648) \times 1.2 = 94.809$

답 : $94.81m^3$

• 기초의 길이 : 아래와 같은 경우에 외벽은 중심간의 길이로 내벽은 안목간의 길이로 산정한다.
 - 터파기량
 - 잡석다짐량
 - 버림콘크리트량
 - 콘크리트량
 - 거푸집량

• 철근량산정시는 외벽, 내벽 구분 없이 전체길이 산정시는 중심간의 길이로 산정한다.

② 되메우기량 산정시
 • 기초의 구조체 체적은 G.L이하의 부분만 산정함을 유의한다.

문제 15

아래의 도면을 보고 다음에 요구하는 재료량을 산출하시오. (11점)
(단, D10=0.56kg/m, D13=0.995kg/m 이고, 이음길이와 피복은 고려하지 않는다.
또한 모든 수량은 정미량으로 하고, 토량환산계수 L=1.2 이다.)

[92년, 93년, 94년, 97년, 00년, 04년, 06년]

(1) 터파기(m³)　　　　　(2) 잡석다짐(m³)　　　　　(3) 버림콘크리트(m³)

(4) 거푸집(m²) : 버림콘크리트는 제외　　　　　(5) 콘크리트(m³)

(6) 철근 D10(kg), D13(kg), 합계(kg)　　　　　(7) 잔토처리(m³)

(8) 되메우기(m³)

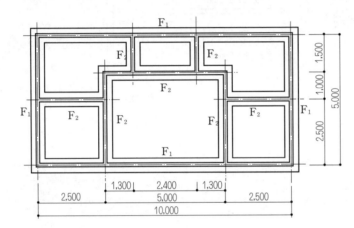

기초 보 복도

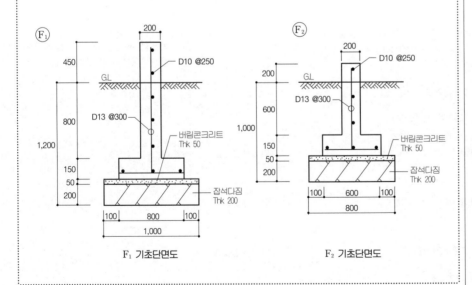

F₁ 기초단면도　　　　　F₂ 기초단면도

정답 ① 터 파 기(m^3) = F_1 : $(\dfrac{2.12+1.4}{2}) \times 1.2 \times 30 = 63.36m^3$

F_2 : $(\dfrac{1.6+1}{2}) \times 1 \times \{20-(0.88 \times 6 + 0.65 \times 4)\} = 15.756m^3$

∴ 합 계 $63.36 + 15.756 = 79.116$ 답 : $79.12m^3$

② 잡석다짐(m^3) = F_1 : $1 \times 0.2 \times 30 = 6m^3$

F_2 : $0.8 \times 0.15 \times \{20-(0.4 \times 6 + 0.4 \times 4)\} = 1.92m^3$

$0.8 \times 0.05 \times \{20-(0.5 \times 6 + 0.4 \times 4)\} = 0.616m^3$

∴ 합 계 $6 + 1.92 + 0.616 = 8.536$ 답 : $8.54m^3$

③ 버림콘크리트(m^3) = F_1 : $1 \times 0.05 \times 30 = 1.5m^3$

F_2 : $0.8 \times 0.05 \times \{20-(0.1 \times 6 + 0.4 \times 4)\} = 0.712m^3$

∴ 합 계 $1.5 + 0.712 = 2.212$ 답 : $2.21m^3$

④ 거푸집(m^2) = 버림콘크리트는 제외

F_1 : 기초판 $0.15 \times 30 \times 2 = 9m^2$

기초벽 $1.25 \times 30 \times 2 = 75m^2$

F_2 : 기초판 $0.15 \times 2 \times \{20-(0.1 \times 6 + 0.3 \times 4)\} = 5.46m^2$

기초벽 $0.8 \times 2 \times \{20-(0.1 \times 6 + 0.1 \times 4)\} = 30.4m^2$

∴ 합 계 $9 + 75 + 5.46 + 30.4 = 119.86m^2$ 답 : $119.86m^2$

⑤ 콘크리트(m^3) = F_1 : 기초판 $0.15 \times 0.8 \times 30 = 3.6m^3$

기초벽 $1.25 \times 0.2 \times 30 = 7.5m^3$

F_2 : 기초판 $0.15 \times 0.6 \times \{20-(0.1 \times 6 + 0.3 \times 4)\} = 1.638m^3$

기초벽 $0.8 \times 0.2 \times \{20-(0.1 \times 6 + 0.1 \times 4)\} = 3.04m^3$

∴ 합 계 $3.6 + 7.5 + 1.638 + 3.04 = 15.778m^3$ 답 : $15.78m^3$

⑥ 철근(kg) = F_1 : (D10) : $8개 \times 30 = 240m$

(D13) : $(0.8 + 1.4 + 0.4) \times (30 \div 0.3) = 260m$

F_2 : (D10) : $6개 \times 20 = 120m$

(D13) : $(0.6 + 0.95 + 0.3) \times (20 \div 0.3 = 66.6 \to 67개) = 123.95m$

(D10) : $(240 + 120) \times 0.56 = 201.6kg$

(D13) : $(260 + 123.95) \times 0.995 = 382.03kg$

∴ 합 계 $201.6 + 382.03 = 583.63kg$ 답 : $583.63kg$

⑦ 잔토처리(m^3) = 기초구조부체적 $\times L$

$\{(8.536 + 2.212 + 15.778) - (0.45 \times 0.2 \times 30 + 0.2 \times 0.2 \times 19)\} \times 1.2$

$= 27.679$ 답 : $27.68m^3$

⑧ 되메우기(m^3) = 터파기량 - 구조체 체적

$79.116 - 23.066 = 56.05m^3$ 답 : $56.05m^3$

학습 POINT

▼ **참 고 도 면**

① F_1, F_2 기초
본문제 풀이시는 F_1, F_2 기초의 깊이가 다르다는 것에 유의하고 아래 그림을 참조하여 풀이하면 된다.

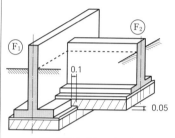

그림. 밑창콘크리트, 기초판, 기초벽의 겹침

② F_1, F_2 줄기초 중심길이
$F_1 = 2 \times (10+5) = 30m$
$F_2 = 2.5 \times 2 + 5 + 3.5 \times 2 + 1.5 \times 2 = 20m$

③ 중복부분개소
F_1과 F_2의 중복부위 : 6개소
F_2와 F_3의 중복부위 : 4개소

④ 터파기구획선

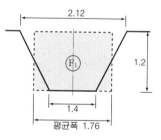

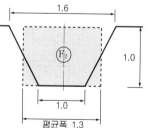

문제 16

아래의 기초도면을 보고 다음에 요구하는 재료량을 산출하시오. (16점)
(단, D10=0.56kg/m, D13=0.995kg/m 이고, 이음길이와 피복은 고려하지 않는다.
또한 모든 수량은 정미량으로 하고, 토량환산계수 L=1.2 이다.)   [00년]

(1) 터파기(m³)　　　　　　(2) 잡석다짐(m³)　　　　(3) 버림콘크리트(m³)

(4) 거푸집(m²) : 버림콘크리트는 제외　　　　(5) 콘크리트(m³)

(6) 철근 D10(kg), D13(kg), 합계(kg)　　　　(7) 잔토처리(m³)

(8) 되메우기(m³)

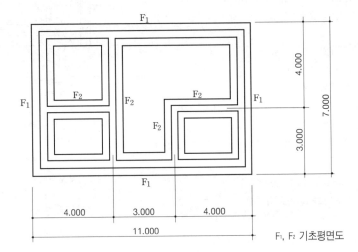

F₁, F₂ 기초평면도

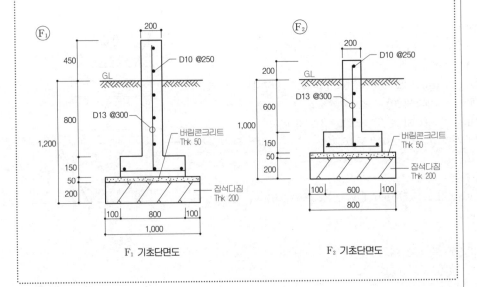

F₁ 기초단면도　　　　　　F₂ 기초단면도

정답 ① 터파기 $F_1 = (\dfrac{2.12+1.4}{2}) \times 1.2 \times 32.8 = 69.274\text{m}^3$

$F_2 = (\dfrac{1.6+1}{2}) \times 1 \times \{16-(0.88\times5+0.65\times1)\} = 14.235\text{m}^3$

∴ 계 $69.274+14.235 = 83.509$ 　　　　　　　　답 : 83.51m^3

② 잡석다짐 $F_1 = 1 \times 0.2 \times 32.8 = 6.56\text{m}^3$

$F_2 = 0.8 \times 0.15 \times \{16-(0.4\times5+0.4\times1)\} = 1.632\text{m}^3$

$= 0.8 \times 0.05 \times \{16-(0.5\times5+0.4\times1)\} = 0.524\text{m}^3$

∴ 계 $6.56+1.632+0.524 = 8.716$ 　　　　　답 : 8.72m^3

③ 버림콘크리트 $F_1 = 1 \times 0.05 \times 32.8 = 1.64\text{m}^3$

$F_2 = 0.8 \times 0.05 \times \{16-(0.1\times5+0.4\times1)\} = 0.604\text{m}^3$

∴ 계 $1.64+0.604 = 2.244$ 　　　　　　　답 : 2.24m^3

④ 거푸집(버림콘크리트는 제외)

F_1 = 기초판 : $0.15 \times 32.8 \times 2 = 9.84\text{m}^2$

기초벽 : $1.25 \times 32.8 \times 2 = 82\text{m}^2$

F_2 = 기초판 : $0.15 \times \{16-(0.1\times5+0.3\times1)\} \times 2 = 4.56\text{m}^2$

기초벽 : $0.8 \times \{16-(0.1\times5+0.1\times1)\} \times 2 = 24.64\text{m}^2$

∴ 계 $9.84+82+4.56+24.64 = 121.04\text{m}^2$ 　　답 : 121.04m^2

⑤ 콘크리트 F_1 = 기초판 : $0.8 \times 0.15 \times 32.8 = 3.936\text{m}^3$

기초벽 : $0.2 \times 1.25 \times 32.8 = 8.2\text{m}^3$

F_2 = 기초판 : $0.6 \times 0.15 \times \{16-(0.1\times5+0.3\times1)\} = 1.368\text{m}^3$

기초벽 : $0.2 \times 0.8 \times \{16-(0.1\times5+0.1\times1)\} = 2.464\text{m}^3$

∴ 계 $3.936+8.2+1.368+2.464 = 15.968$ 　　답 : 15.97m^3

⑥ 철근 D10 , D13 합계

F_1 = (D10) : $8개 \times 32.8 = 262.4\text{m}$

(D13) : $(0.8+1.4+0.4) \times (32.8\div0.3 = 109.3 \rightarrow 109개) = 283.4\text{m}$

F_2 = (D10) : $6개 \times 16 = 96\text{m}$

(D13) : $(0.6+0.95+0.3) \times (16\div0.3 = 53.3 \rightarrow 53개) = 98.05\text{m}$

계 (D10) : $(262.4+96) \times 0.56 = 200.704\text{kg}$

(D13) : $(283.4+98.05) \times 0.995 = 379.542$

∴ 합 계 $200.704+379.542 = 580.246$ 　　답 : 580.25kg

⑦ 잔토처리 = GL 이하 기초구조부체적×L

$=\{(8.716+2.244+15.968)-(0.2\times0.45\times32.8+0.2\times0.2\times15.4)\}\times1.2$

$= 28.032$ 　　　　　　　　　답 : 28.03m^3

⑧ 되메우기 = 터파기량 - GL 이하 기초구조부체적

$= 83.509-23.36 = 60.149$ 　　　　答 : 60.15m^3

학습 POINT

▶ 참 고 도 면

① 주어진 F_1, F_2 기초평면도는 터파기 구획선이 아님

② 기초평면도이므로 기초벽과 기초판을 표시한 도면임

③ 기초평면에서 기초의 길이를 기초판 외주 길이로 주어졌으므로 중심길이로 옮긴 후 계산하는 것이 편리하다.

④ F_1 중심길이는 32.8m이고, F_2중심 길이는 16m이다.

⑤ 중심치수

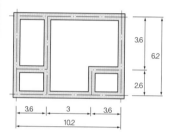

⑥ 밑창콘크리트, 기초판, 기초벽의 겹침

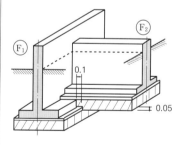

⑦ 중복부분개소
　F_1과 F_1의 중복부위 : 5개소
　F_2와 F_1의 중복부위 : 1개소

⑧ 터파기 구획선은 문제6번과 동일함

문제 17

다음과 같은 철근콘크리트 기초 및 기둥 시공에 필요한 각 철근량을 산출하시오. (10점) (단, 대근은 제외한다.)　　　　　　　　　[90년]

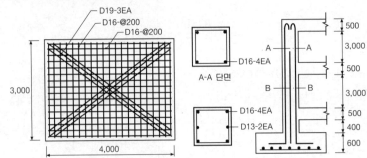

■ 기둥철근의 길이산정도

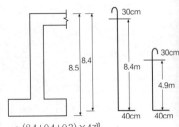

- $(8.4+0.4+0.3) \times 4$개
- $(4.9+0.4+0.3) \times 2$개

■ 기초판 배근도

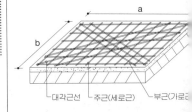

(조건)　(1) $D_{13} = 0.995kg/m$,　$D_{16} = 1.56kg/m$,　$D_{19} = 2.25kg/m$
　　　　(2) 기초의 피복두께는 6cm 이다.
　　　　(3) 기초의 정착길이는 기초판 두께에서 10cm를 공제하고, 여장은 40cm로 한다.
　　　　(4) 기둥 최상부의 철근의 여장은 30cm로 한다.
　　　　(5) 중간층 부위에서 철근 정착 여장은 상층 바닥판 위에서 30cm를 가산한다.

정답　① 기초판(D16) : $3m \times (3880 \div 200 + 1 = 20.4$개$\rightarrow 21$개, 도면갯수$) = 63m$
　　　　　(D16) : $4m \times (2880 \div 200 + 1 = 15.4$개$\rightarrow 16$개, 도면갯수$) = 64m$
　　　　　(D19) : $6 \times \sqrt{3^2 + 4^2} = 30m$

　　② 기　둥(D16) : $(8.4 + 0.4 + 0.3) \times 4 = 36.4m$
　　　　　(D13) : $(4.9 + 0.4 + 0.3) \times 2 = 11.2m$
　　　　계 (D13) : $11.2m \times 0.995 = 11.144kg$　　(D16) : $(63 + 64 + 36.4) \times 1.56 = 254.904kg$
　　　　　(D19) : $30m \times 2.25 = 67.5kg$
　　∴ 총중량 : $11.144 + 254.904 + 67.5 = 333.548$

답 : 333.55kg

문제 18

그림과 같은 철근콘크리트보의 주근 철근량을 구하시오. (6점) [89년, 90년, 07년]
(단, D22=3.04kg/m, 정착길이는 인장철근의 경우 40d 압축철근의 경우는 25d로 하고 후크(hook)의 길이는 10.3d로 한다.)

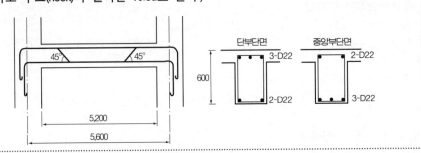

정답　① 상부철근 (D22) : $\{5.2 + (40 + 10.3) \times 0.022 \times 2\} \times 2$개 $= 14.83m$
　　② 하부철근 (D22) : $\{5.2 + (25 + 10.3) \times 0.022 \times 2\} \times 2$개 $= 13.51m$
　　③ 벤트철근 (D22) : $\{5.2 + (40 + 10.3) \times 0.022 \times 2\} + \{(\sqrt{2} \, 0.5 - 0.5) \times 2\} = 7.83m$
　　∴ 계 (D22) : $\{14.8 + 13.51 + 7.83\} \times 3.04 = 109.865$

답 : 109.87kg

문제 19

주어진 도면을 보고 철근량을 산출하시오. (단, 정미량으로 하고 D16=1.56kg/m, D10=0.56kg/m이며 소수 3째 자리에서 반올림한다.)　　　　　　　[84년, 88년]

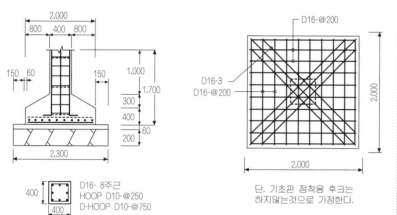

D16- 8주근
HOOP D10-@250
D-HOOP D10-@750

단, 기초판 정착용 후크는
하지않는것으로 가정한다.

정답 ① 기초판 ($D16$) : 10개 × 2m = 20m

　　　　　($D16$) : 10개 × 2m = 20m

　　　　　(대각선근 $D16$) : $\sqrt{2^2 + 2^2}$ × 6개 = 16.97m

　　② 기　둥 (주근 $D16$) : (1.7 + 0.4) × 8개 = 16.8m

　　　　　(대근 $D10$) : (0.4 + 0.4) × 2 × 7개 = 11.2m

　　　　　(보조대근 $D10$) : (0.4 + 0.4) × 2 × 3개 = 4.8m

　　　　　($D16$) : (20 + 20 + 16.97 + 16.8) × 1.56 = 115.081kg

　　　　　($D10$) : (11.2 + 4.8) × 0.56 = 8.96kg

　　　∴ 총중량 : 115.081 + 8.96 = 124.041　　　　　　　답 : 124.04kg

해설 기초판주근 산정시

　　산출식에 의해 산정된 갯수는 11개이나, 도면에 주어진 갯수는 10개이므로 주어진 갯수 10개로 산정해야 함.

■ 독립기초 철근량 산출방법

구　분	산　출　방　법
배력근 (장변철근)	• 1개의 길이 : A(장변길이) • 갯수 : $\dfrac{\text{기초판길이B}}{\text{철근간격 ⓐ}} + 1$
주근 (단변철근)	• 1개의 길이 : B(단변길이) • 갯수 : $\dfrac{\text{기초판길이A}}{\text{철근간격 ⓐ}} + 1$
대각선근 (빗철근)	• 1개의 길이 : $\sqrt{A^2 + B^2}$ • 갯수 : 도면에 표기된 　　갯수로 산정

문제 20

주어진 도면의 Slab철근 수량을 산출하시오. (단, D13=0.995 kg/m, D10=0.56 kg/m, 사용철근길이 9m, 철근이음은 없는 것으로 하고, 슬라브 상부 Top Bar 내민길이는 15cm임) (10점)

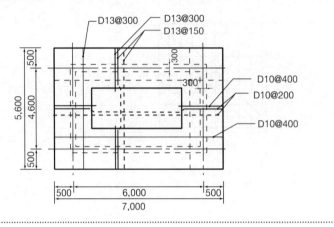

정답 ① 상부근

- 주근단부 $(D13)$: $(1.725 \div 0.3 = 5.75 \rightarrow 6개 \times 2 + 1) \times 5.6 = 72.8m$

- 주근톱바 $(D13)$: $(3.55 \div 0.3) \times (1.725 + 0.15) \times 2 = 45m$

- 부근단부 $(D10)$: $(1.725 \div 0.4 = 4.3 \rightarrow 4개 \times 2 + 1) \times 7 = 63m$

- 부근톱바 $(D10)$: $(2.15 \div 0.4) \times (1.725 + 0.15) \times 2 = 18.75m$

② 하부근

- 주   근 $(D13)$: $\{(7 \div 0.3) + 1\} \times 5.6 = 134.4m$

- 주근벤트 $(D13)$: $(3.55 \div 0.3) \times 5.6 = 67.2m$

- 부   근 $(D10)$: $\{(5.6 \div 0.4) + 1\} \times 7 = 105m$

- 부근벤트 $(D10)$: $(2.15 \div 0.4) \times 7 = 35m$

계 $(D10)$: $221.75 \times 0.56 = 124.18kg$ $(D13)$: $319.4 \times 0.995 = 317.803kg$

∴총 수량 : $124.18 + 317.803 = 441.983$ 답 : 441.98kg

상부배근

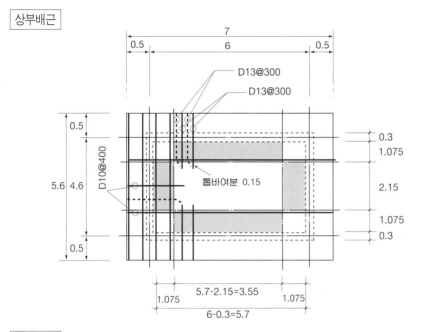

하부배근

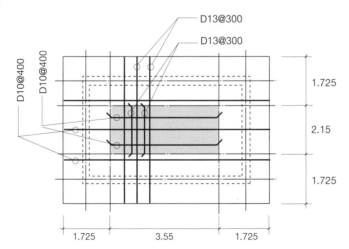

학습 POINT

해설

$L\frac{X}{4}$

· 4.6-0.3=4.3
· 4.3÷4=1.075

1. 상부근
  ① 주근단부(D13)
  ② 부근단부(D10)
  ③ 주근톱바(D13)
  ④ 부근톱바(D10)

2. 하부근
  ① 주근(D13)
  ② 부근(D10)
  ③ 주근벤트(D13)
  ④ 부근벤트(D10)

주어진 도면의 보 및 슬랩의 철근량을 산출하시오. (16점) [93년, 94년, 95년, 97년]

단, ① 보 철근의 정착길이는 인장측 40d, 압축측 25d로 한다.

② 이음길이는 계산치 않는다.

③ 철근의 hook는 보 철근의 정착부분(G_1, G_2, B_1)에만 계산하며, Hook의 길이는 10.3d로 한다.

④ 할증율은 3%이다.

⑤ d는 철근의 공칭직경이며, 철근의 규격은 다음과 같다.

구 분	D10	D13	D16	D22
공칭직경(mm)	9.53	12.7	15.9	22.2
단위중량(kg/m)	0.56	0.995	1.56	3.04

(2층 바닥, 보, 복도)

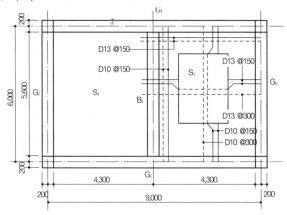

종류	G_1		G_2		B_1	
	단부	중앙	단부	중앙	단부	중앙
단면	700	400	700	400	600	300
상부근	7-D22	3-D22	5-D22	3-D22	7-D16	4-D16
하부근	3-D22	7-D22	3-D22	5-D22	4-D16	7-D16
늑 근	D10@150	D10@300	D10@150	D10@300	D10@150	D10@300

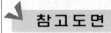
참고도면

① G_1참고도면

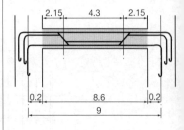

② G_2참고도면

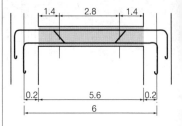

③ B_1참고도면

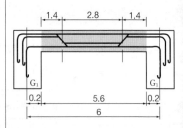

정답 ① (G₁)보2개 철근량

  1. 상부근 (D22) : {8.6+(40+10.3)×0.022×2}×3×2개=64.879m

  2. 하부근 (D22) : {8.6+(25+10.3)×0.022×2}×3×2개=60.919m

  3. 벤트근 (D22) : [{8.6+(40+10.3)×0.022×2}×4+($\sqrt{2}$×0.6−0.6)×8]×2개=90.482m

  4. 늑 근 (D10) : $\left\{2.2 \times \left(\dfrac{4.3}{0.15}+\dfrac{4.3}{0.3}+1\right)\right\}$×2=193.59m

② (G₂)보2개 철근량

  1. 상부근 (D22) : {5.6+(40+10.3)×0.022×2}3×2개=46.879m

  2. 하부근 (D22) : {5.6+(25+10.3)×0.022×2}3×2개=42.919m

  3. 벤트근 (D22) : [{5.6+(40+10.3)×0.022×2}×2+($\sqrt{2}$×0.6−0.6)×4]×2개=33.24m

  4. 늑 근 (D10) : $\left\{2.2 \times \left(\dfrac{2.8}{0.15}+\dfrac{2.8}{0.3}+1\right)\right\}$×2=127.6m

③ (B₁)보1개 철근량

  1. 상부근 (D16) : {5.6+(40+10.3)×0.016×2}×4=28.838m

  2. 하부근 (D16) : {5.6+(25+10.3)×0.016×2}×4=26.918m

  3. 벤트근 (D16) : [{5.6+(40+10.3)×0.016×2}×3+($\sqrt{2}$×0.5−0.5)×6]=22.872m

  4. 늑 근 (D10) : 1.8×$\left(\dfrac{2.8}{0.3}+\dfrac{2.8}{0.15}+1\right)$=52.2m

∴보철근 소계(D22) : (64.879+60.919+90.482+46.879+42.919+33.24)×3.04kg=1,031.526kg

∴보철근 소계(D16) : (28.838+26.918+22.872)×1.56kg=122.659kg

∴보철근 소계(D10) : (193.59+127.6+52.2)×0.56kg=209.098kg

④ 슬라브(S1) 1개 철근량

  (상부근)

  1. 주근단부 (D13) : 4.5×(1.0375÷0.3=3.4→3개×2+1)=31.5m

  2. 주근톱바 (D13) : {(1.0375+0.2)×(3.525÷03=11.75→12개)}×2=29.7m

  3. 부근단부 (D10) : 6×(1.0375÷0.3=3.4 → 3개×2+1)=42m

  4. 부근톱바 (D10) : {(1.0375+0.2)×(2.075÷0.3=6.9 → 7개)}×2=17.325m

  (하부근)

  1. 주근 (D13) : 4.5×(5.6÷0.3=18.6→19개+1)=90m

  2. 주근벤트 (D13) : 4.5×(3.525÷0.3=11.7→12개)=54m

  3. 부근 (D10) : 6×(4.15÷0.3=13.8 → 14개+1)=90m

  4. 부근벤트 (D10) : 6×(2.075÷0.3=6.9 → 7개)=42m

∴슬라브철근소계(2개)

  (D13) : (205.2m×0.995kg)×2개=408.348kg

  (D10) : (191.325×0.56kg)×2개=214.284kg

∴총 중량(보+슬라브) : (1,031.526+122.659+209.098+408.348+214.284)×1.03

        =2,045.492   답 : 2,045.49kg

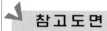

학습 POINT

참고도면

④ S₁참고도면

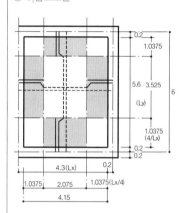

문제 22

아래와 같은 반T형 옹벽 12m를 공사하는데 필요한 소요량을 산출하시오.

[87년]

가. 철근량 (단, 정미량으로 산출하고 Hook와 정착길이는 무시한다.

D10＝0.56kg/m, D13＝0.995kg/m)

나. 거푸집량(정미량)

다. 콘크리트량(m³)

라. 콘크리트량에 의한 각 재료량

① 시멘트(포수) ② 물량(l) ③ 모래량(m³) ④ 자갈량(m³)

(단, 배합비는 1 : 2 : 4, 시멘트 1포는 40kg, W/C＝60%, 시멘트의 단위중량은 1,500kg/m³로 한다.)

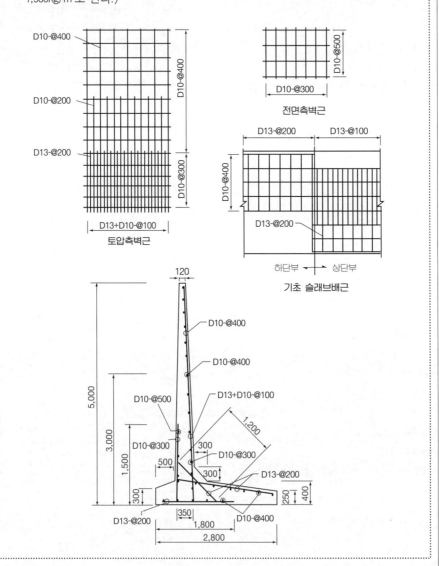

정답

구 분	단위	수 량	수 량 산 출 근 거
철근	kg	D10 = 379.96 D13 = 506.75	D10 : (기초판하부) 5EA × 12m = 60m (기초판상부) 7EA × 12m = 84m (전면가로근) 4EA × 12m = 48m (전면세로근) (12÷0.3+1)EA × 1.5m = 61.5m (뒷면가로근) 15EA × 12m = 180m (뒷면세로근) {(12÷0.4+1)EA × 5m} + {(12÷0.4)EA × 3m} = 245m ∴ 60 + 84 + 48 + 61.5 + 180 + 245 = 678.5m × 0.56kg/m ∴ = 379.96kg D13 : (기초판하부) (12÷0.2+1)EA × 1.8m = 109.8m (기초판상부) (12÷0.2+1)EA × 2.3m = 140.3m (기초판상부보강근) (12÷0.2) × 1.6m = 96m (정착철근) (12÷0.2+1)EA × 1.2m = 73.2m (뒷면세로근) (12÷0.2)EA × 1.5m = 90m ∴ {109.8 + 140.3 + 96 + 73.2 + 90m} × 0.995kg/m ∴ = 506.753 → 506.75kg
거푸집	m²	122.54	$\left(0.3 + 4.6 + 0.25 + 4.3 + \sqrt{0.3^2 + 0.3^2}\right) \times 12 +$ $\left\{\left(\frac{0.4 + 0.3}{2} \times 0.5\right) + \left(\frac{0.4 + 0.25}{2} \times 1.95\right) + \left(\frac{0.3 \times 0.3}{2}\right) + \left(\frac{0.35 + 0.12}{2} \times 5\right)\right\}$ $\times 2 = 122.544 \to 122.54m^2$
콘크리트량	m³	24.34	$\left\{\left(\frac{0.35 + 0.12}{2} \times 5\right) + \left(\frac{0.4 + 0.3}{2} \times 0.5\right) + \left(\frac{0.4 + 0.25}{2} \times 1.95\right) + \left(\frac{0.3 \times 0.3}{2}\right)\right\}$ $\times 12 = 24.336 \to 24.34m^3$
각재료량 시멘트	포	195	24.35 × 320 = 7,792 ÷ 40 = 194.8 ≒ 195포
물	l	4,672.51	320 × 0.6 = 192 × 24.336 = 4,672.512 → 4,672.51kg(l)
모 래	m³	10.95	24.336m³ × 0.45 = 10.951 → 10.95m³
자 갈	m³	21.90	24.336 × 0.9 = 21.902 → 21.90m³

해설

① 철근량 산출방법
   ㉠ 철근종류를 구분한다(D13, D10)
   ㉡ 위치별로 구분한다.
   ㉢ 가로근
      길이 12m로써 도면에서 철근종류(D13, D10)를 구분하고 위치별로 세어서 갯수(EA)를 계산한다.
   ㉣ 세로근
      간격(@200, @300, @400)으로 12m를 나누어 갯수를 구한다.

② 콘크리트량 계산순서

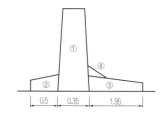

③ 거푸집량 계산순서
   ㉠ 먼저 12m폭의 앞뒷면 수직부를 구하고
   ㉡ 양 Side를 대는 순서로 한다.

문제 23

다음 그림과 같은 마루틀 평면도를 참조하여 전체 마루시공에 필요한 목재 소요량을 정미량으로 산출하시오. (12점)　　　　　　　　　　　　　[91년]
(단, 동바리의 규격은 105×105로 하고 1개의 높이는 50cm로 한다.)

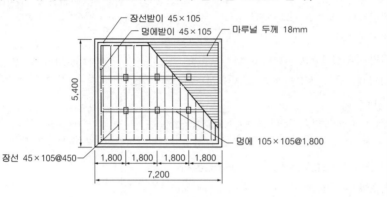

장선받이 45×105
멍에받이 45×105
마루널 두께 18mm
5,400
장선 45×105@450
멍에 105×105@1,800
1,800　1,800　1,800　1,800
7,200

학습 POINT

해설

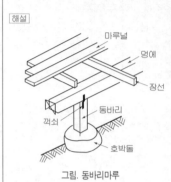

그림. 동바리마루

정답 ① 동바리 : $\dfrac{3.5치 \times 3.5치 \times 1.67자}{12} \times 6개 = 10.228才$

② 멍 에 : $\dfrac{3.5치 \times 3.5치 \times 24자}{12} \times 2개 = 49才$

③ 장 선 : $\dfrac{1.5치 \times 3.5치 \times 18자}{12} \times (\dfrac{7.2}{0.45} + 1) = 133.875才$

④ 마루널 : $\dfrac{0.6치 \times 180치 \times 24자}{12} = 216才$

⑤ 멍에받이 : $\dfrac{1.5치 \times 3.5치 \times 18자}{12} \times 2개 = 15.75才$

⑥ 장선받이 : $\dfrac{1.5치 \times 3.5치 \times 24자}{12} \times 2개 = 21才$

∴ 목재량 : $10.228 + 49 + 133.875 + 216 + 15.75 + 21$
　　　　　$= 445.85$

답 : 446才

해설

① 목재의 취급단위
 • 1才(사이) = 1치×1치×12자
 • 1치 = 3cm
 • 1자 = 30cm

② 목재량(m³)산출시
 동바리 : $0.105 \times 0.105 \times 0.5 \times 6$
 　　　　$= 0.033 m^3$
 멍에받이 : $0.045 \times 0.105 \times 5.4 \times 2$
 　　　　$= 0.051 m^3$
 멍에 : $0.105 \times 0.105 \times 7.2 \times 2$
 　　　$= 0.158 m^3$
 장선받이 : $0.045 \times 0.105 \times 7.2 \times 2$
 　　　　$= 0.068 m^3$
 장선 : $0.045 \times 0.105 \times 5.4 \times (\dfrac{7.2}{0.45} + 1)$
 　　　$= 0.433 m^3$

마루널 : $7.2 \times 5.4 \times 0.018 = 0.699 m^3$
계 : $1.442 \times 300才$
　　$= 432.6 \doteqdot 433才$

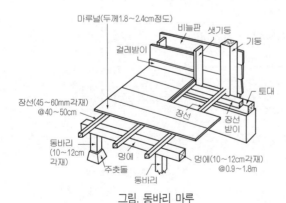

마루널(두께1.8~2.4cm정도)
비늘판
샛기둥
걸레받이
기둥
장선(45~60mm각재)
@40~50cm
장선
토대
장선받이
동바리
(10~12cm각재)
멍에
주춧돌
동바리
멍에(10~12cm각재)
@0.9~1.8m

그림. 동바리 마루

다음 목재창호의 재적을 m³로 소수 5위까지 산출하시오. (5점) (단, 1면 대패질 마감일때, 손실치수는 1.5mm이다.)

[90년]

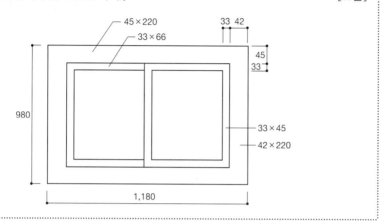

정답
① $0.223 \times 0.0465 \times 1.18 \times 2개 = 0.02447m^3$

② $0.223 \times 0.0435 \times 0.98 \times 2개 = 0.01901m^3$

③ $0.036 \times 0.048 \times 0.89 \times 4개 = 0.00615m^3$

④ $\{0.036 \times 0.069 \times (1.096 + 0.033)\} \times 2개 = 0.00561m^3$

∴ 목재량 : $0.02447 + 0.01901 + 0.00615 + 0.00561 = 0.05524m^3$

답 : $0.05524m^3$

참 고 도 면

① 문틀

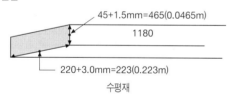

수평재

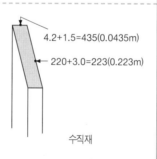

수직재

② 창문틀

문틀이 두 개인데 가운데가 겹쳐있는 부분을 주의해야 한다.

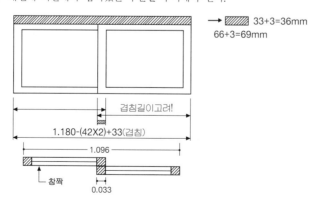

학습 POINT

해설
① 구조재는 도면 치수를 재재치수의 정미수량 계산치수를 적용한다.
② 수장재, 창호재, 가구재는 도면치수가 마무리 치수이므로 정미수량 치수는 도면 치수에 대패질 치수를 더한 치수를 적용한다.
③ 미서기 창

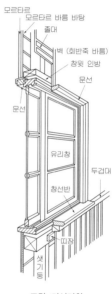

그림. 미서기창

문제 25

다음 그림과 같은 목조 건축물의 점선부분에 소요되는 목재량을 산출하시오.
(단, 정미량으로 하고 규격 구별없이 전체 사이수로 한다.)　　　　[85년]

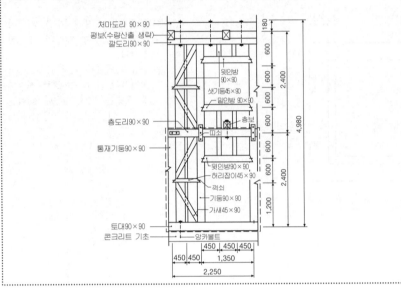

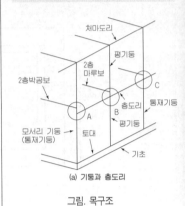

그림. 목구조

 정답 ① 토대, 통재기둥, 중도리, 평기둥 : $\dfrac{3치 \times 3치 \times (7.5자 \times 2 + 8자 \times 3)}{12} = 29.25$사이

② 윗인방 : $\dfrac{3치 \times 3치 \times 4.5자}{12} = 3.375$사이

③ 허리잡이, 샛기둥, 가새 : $\dfrac{1.5치 \times 3치 \times (3자 + 8자 + 4자 + 5자 \times 2)}{12} = 9.375$사이

∴ 목재량 → $29.25 + 3.375 + 9.375 = 42$사이

참고

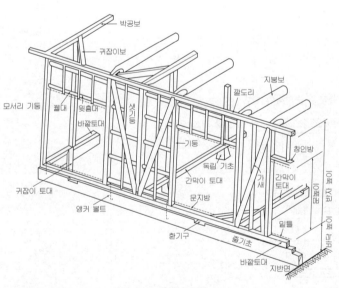

그림. 목조 벽재의 구성

해설

① 목재량(m^3)산출시

• 토대 : $(0.09 \times 0.09 \times 2.25) = 0.02m^3$

• 기둥 : $(0.09 \times 0.09 \times 2.4) \times 3$
　　　　$= 0.06m^3$

• 샛기둥 : $(0.045 \times 0.09 \times 2.4) + (0.045 \times 0.09 \times 0.6) \times 2 = 0.015$

• 허리잡기 : $(0.045 \times 0.09 \times 0.9)$
　　　　　　$= 0.004$

• 가새 : $(0.045 \times 0.09 \times 1.5) \times 2$
　　　　$= 0.012$

• 윗인방 : $(0.09 \times 0.09 \times 1.35) = 0.011$

• 중도리 : $(0.09 \times 0.09 \times 2.25)$
　　　　　$= 0.02m^3$

∴ 목재량
$(0.02 + 0.06 + 0.015 + 0.004 + 0.012$
$+ 0.011 + 0.02) \times 300 = 42.6才$

핵심 18

출제기준 변경에 따른 예상문제

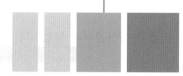

1 총론 예상문제

문제 1

적산과 견적에 대하여 설명하시오.　(2점)

(1) 적산 : _____

(2) 견적 : _____

해설

적 산 (積 算)	견 적 (見 積)
공사에 필요한 재료 및 품의 수량 즉, 공사량 (工事量)을 산출하는 기술 활동이다.	공사량에 단가 (單價)를 곱하여 공사비를 산출하는 기술 활동이다.

문제 2

견적은 그 목적과 조건에 따라 그 정밀도를 달리 하지만 다음과 같이 대별할 수 있다. 아래 내용에 대한 답안을 쓰시오.　(4점)

(1) 과거 유사한 건물의 통계실적을 토대로 하여 개략적으로 공사비를 산출하며, 설계도서가 불완전시, 또는 정밀산출시 시간이 없을 때 한다.

　　: _____

(2) 완비된 설계도서·현장설명·질의 응답 또는 계약조건 등에 의거하여 면밀히 적산·견적을 하여 공사비를 산출하는 것이다.

　　: _____

해설　견적의 종류

개산견적	과거 유사한 건물의 통계실적을 토대로 하여 개략적으로 공사비를 산출하며, 설계도서가 불완전시, 또는 정밀산출시 시간이 없을 때 한다.
명세견적	명세견적은 완비된 설계도서·현장설명·질의 응답 또는 계약조건 등에 의거하여 면밀히 적산·견적을 하여 공사비를 산출하는 것이다.

학습 POINT

정답 1

① 적산 : 공사에 필요한 재료 및 품의 수량

② 견적 : 공사량에 단가를 곱하여 공사비를 산출하는 기술활동

정답 2

① 개산견적

② 명세견적

다음은 개산견적의 방법이다 알맞는 방법의 답안을 쓰시오. (4점)

(1) 우선적으로 기준요소에 대한 비용이 산출되면 다른 요소에 대한 비용은 각 요소의 계수와 기준요소의 비용을 곱하여 산정한다.

　　: _____

(2) 프로젝트의 전체 비용은 프로젝트를 구성하는 모든 시스템들의 비용을 합하여 구해진다. : _____

정답 3
① 계수견적법
② 변수견적법

해설 개산견적의 종류

1) 단위기준에 의한 견적
　① 단위기준에 의한 견적 (호텔: 1개실당 통계가격 × 객실수 = 총공사비)
　② 단위면적에 의한 견적 (m^2 당 . 평당 : 비교적 정확도 높음)
　③ 단위 체적에 의한 견적 (m^3 당 . 층고가 높거나, 특수건물인 경우)

2) 비례기준에 의한 견적
　① 가격비율에 의한 견적
　② 수량비율에 의한 견적

3) 기타의 방법

종 류	방 법
비용지수법	기준이 되는 시간과 장소에서의 비용지수값과 다른 시간과 장소에서의 비용지수값에 대한 비율에 근거한다.(건설장비와 같은 특정한 자산의 대체비용을 견적하기 위하여 사용함.)
비용용량법	비용용량법은 어떤 프로세스의 생산출력과 그에 필요한 자원 간의 관계에 근거한다. (새로운 건설산업에 대한 개략적인 비용 검토에 사용함)
계수견적법	우선적으로 기준요소에 대한 비용이 산출되면 다른 요소에 대한 비용은 각 요소의 계수와 기준요소의 비용을 곱하여 산정한다.(신뢰할 만한 견적을 제공함)
변수견적법	프로젝트의 전체 비용은 프로젝트를 구성하는 모든 시스템들의 비용을 합하여 구해진다.(여러대안 중 적합한 것을 선택할 수 있도록 각 대안들의 비용을 견적하는데 이용함)
기본단가법	기본단가법은 각 건설공사의 기본단위에 대한 비용자료, 예를 들어 건물바닥의 단위면적, 건물의 단위체적 등에 근거하여 비용을 산출하는 것이다.

문제 4

다음은 공사비의 분류이다. (   )안에 채우시오. (4점)　　　　　[88년]

```
총공사비  ┬ 공사원가 ┬ 순공사비 ┬ 직접공사비
(견적가격) ┤　( ① )　┤　( ③ )　┤　( ④ )
　　　　　└ ( ② )
```

학습 POINT

정답 4

① 부가이윤
② 일반관리비 부담금
③ 현장경비
④ 간접 공사비

예제 5

공사비의 구성 중 직접공사비의 산출항목 종류는 (   ), (   ), (   ) 경비로 구성 된다. (3점)　　　　　[88년]

정답 5

① 재료비
② 노무비
③ 외주비

해설　공사원가의 구성

* 주:(1) 재료비, 노무비, 외주비에 따른 직접경비이다.
　　(2) 대지조성비, 공통가설비등 공통경비를 의미
　　(3) 직접계상경비, 승율계상경비로 나눈다.

총공사비 (견적가격)	부가이윤				
	총원가	일반관리비 부담금			
		공사원가	(3) 현장경비		
			순공사비	(2) 간접공사비 (공통경비)	
					재료비
				직접공사비	노무비
					외주비
					(1)경비

※ 공사원가: 공사시공 과정에서 발생하는 재료비, 노무비, 경비 합계액을 말한다.

문제 6

실시설계도서가 완성되고 공사물량산출 등 견적업무가 끝나면 공사예정가격 작성을 위한 원가계산을 하게 된다. 원가계산기준 중 아래 내용에 대한 답안을 쓰시오.　　　　　(3점)

(1) 공사시공과정에서 발생하는 재료비, 노무비, 경비의 합계액 : ＿＿＿＿＿＿

(2) 기업의 유지를 위한 관리활동부문에서 발생하는 제비용 : ＿＿＿＿＿＿

(3) 공사계약목적물을 완성하기 위하여 직접 작업에 종사하는 종업원 및 기능공에 제공되는 노동력의 댓가 : ＿＿＿＿＿＿

정답 6

① 공사원가
② 일반관리비
③ 직접노무비

문제 7

다음 아래 보기의 자료에 의한 공사원가와 총공사비를 산출하시오. (4점)

─ 〔보기〕 ─
① 자재비 : 5,000,000원
② 노무비 : 3,000,000원
③ 현장경비 : 500,000원
④ 간접공사비 : 2,000,000원
⑤ 일반관리비 부담금 : 500,000원
⑥ 이윤 : 500,000원

(1) 공사원가

계산식 : _____

정 답 : _____

(2) 총공사비

계산식 : _____

정 답 : _____

해설 공사원가의 구성

* 주:(1) 재료비, 노무비, 외주비에 따른 직접경비이다.
  (2) 대지조성비, 공통가설비 등 공통경비를 의미
  (3) 직접계상경비, 승율계상경비로 나눈다.

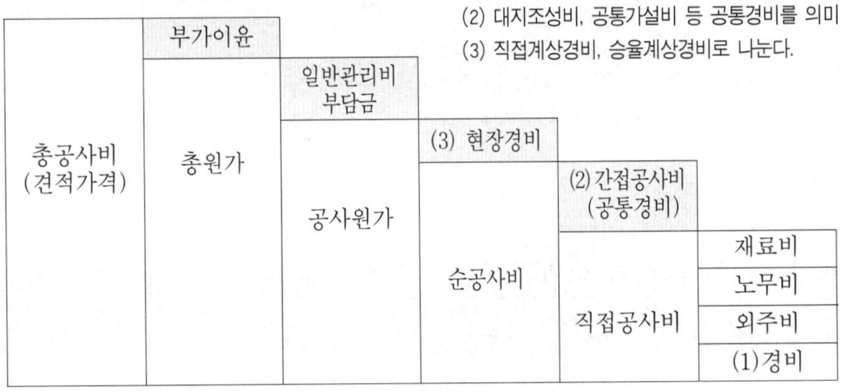

총공사비 (견적가격)	부가이윤			
	총원가	일반관리비 부담금		
		공사원가	(3) 현장경비	
			순공사비	(2) 간접공사비 (공통경비)
				직접공사비

	재료비
	노무비
직접공사비	외주비
	(1)경비

※ 공사원가 : 공사시공과정에서 발생하는 재료비, 노무비, 경비 합계액을 말한다.

실시설계도서가 완성되고 공사물량산출 등 견적업무가 끝나면 공사예정가격 작성을 위한 원가계산을 하게 된다. 원가계산기준 중 아래 내용에 대한 답안 쓰시오. (3점)

(1) 실체는 형성하지 않으나 보조적으로 소모되는 물품 (공구, 비품 등) 비용

: _____

(2) 보조작업에 종사하는 노무자, 종업원과 현장감독자 등의 노동력 댓가

: _____

(3) 소요, 소비량 측정이 가능한 경비 (가설비, 전력, 운반, 시험, 검사, 임차료, 보험료, 보관비, 안전관리비 등) : _____

학습 POINT

정답 8
① 간접재료비
② 간접노무비
③ 직접계상경비

해설 (1) 공사비용의 내역

비 목	비목의 내용
1. 재료비	① 직접재료비: 공사목적물의 실체를 형성하는 재료(부품,의장재 외주품 등) ② 간접재료비: 실체는 형성하지 않으나 보조적으로 소모되는 물품 (공구, 비품 등) ③ 운임·보험료·보관비 : 부대비용 ④ 작업설(作業屑)·부산물: 그 매각액 또는 이용가치를 추산하여 재료비에서 공제
2. 노무비	① 직접노무비 : 직접작업에 종사하는 노무자 및 종업원에게 제공되는 노동력의 댓가 (기본금, 제수당, 상여금, 퇴직급여 충당금) ※ 노무소요량 ×시중노임단가로 산정한다. ② 간접노무비 : 보조작업에 종사하는 노무자, 종업원과 현장감독자 등의 노동력 댓가 ※ 간접노무비 = 직접노무비 ×간접노무비율 (직접노무비의 13% ~17% 정도)
3. 외주비	하청에 의해 제작공사의 일부를 따로 위탁, 제작하여 반입하는 재료비와 노무비
4. 경비	① 직접계상경비 : 소요, 소비량 측정이 가능한 경비 (가설비, 전력, 운반, 시험, 검사, 임차료, 보험료, 보관비, 안전관리비 등) ② 승율계상경비: 소요, 소비량 측정이 곤란하여서 유사원가자료를 활용 하여 비율산정이 불가피한 경우 (연구개발, 소모품비, 복리후생비 등)
5. 일반관리비	·기업유지를 위한 관리 활동부분의 발생제비용 (임원급료, 본사직원 급료 등) ※ 일반관리비 = 공사원가 (재료비+노무비+경비) ×요율 (5~6% 적용)
6. 이 윤	·기업의 이익을 말하며, 시설공사의 이윤은 공사원가 중 노무비, 경비, 일반관리비의 합계액 (이 경우 기술료, 외주가공비 제외)에 이윤 15%를 초과하여 계상할 수 없다. ※ 이윤 = (노무비+경비+일반관리비) × 이윤율 (%)

(2) 예정가격의 계산방법

① 재료비 = 재료량 × 단위당가격
② 노무비 = 노무량 × 단위당가격
③ 경비 = 소요량 × 단위당가격
④ 이윤 = (노무비 + 경비 + 일반관리비) × 이윤율(%)
※ 이윤은 15% 초과 계상금지

문제 9

원가관리 계획 및 예산편성에서 실행예산은 건설공사를 수행하는데 동원되어야 할 자원의 종류에 따라 노무예산, (   ), 장비예산 (   ) 및 (   )으로 구분한다.   (3점)

해설 원가관리 계획 및 예산 편성

① 입찰결과 낙찰자로 선정되어 계약이 체결되면 입찰할 때 준비했던 원가자료를 참고하여 계약서의 업무범위에 따라 비용계정별로 실행예산을 편성한다.

② 실행예산은 건설공사를 수행하는데 동원되어야 할 자원의 종류에 따라 노무예산, 자재예산, 장비예산, 외주비예산 및 경비예산으로 구분한다.

문제 10

다음은 각종 원가에 대한 설명이다. 아래 내용에 대한 답안을 쓰시오. (4점)

(1) 원가를 계산하는 시점을 기준으로 발생할 것이라고 예상되는 사전원가

：_____

(2) 실적자료에 대한 과학적이고 통계적인 조사를 기초로 하여 계산한 원가

：_____

해설 각종 공사원가의 비교

(1) 예정원가의 실제원가

구 분	설 명
예정원가	원가를 계산하는 시점을 기준으로 발생할 것이라고 예상되는 사전원가를 예정원가라고 한다.
실제원가	이미 발생한 사후원가를 실제원가라고 한다.

(2) 견적원가와 표준원가

구 분	설 명
견적원가	공사발주를 위한 의사결정에 참고할 수 있도록 제시하거나 설계나 공법의 경제성을 검토하기 위해서 과거의 실적을 참고하여 추정한 원가이다.
표준원가	견적원가와는 달리 실적자료에 대한 과학적이고 통계적인 조사를 기초로 하여 계산한 원가이며, 일반제조업에서와 같이 일정한 공정으로 연속해서 대량생산하는 경우에 설정할 수 있다.

(3) 실행예산원가

실행예산원가는 도급공사를 수주할 때 제시한 견적원가를 수주후에 세밀하게 검토된 시공계획과 조사된 실적자료를 기초로 하여 원가계산방법으로 재편성한 예정원가이다.

문제 11

공사목적물을 계약된 공기내에 완성하기 위하여, 공사손익을 사전에 예지하고 이익계획을 명확히 하여, 합리적이고 경제적인 현장운영 및 공사수행을 도모하도록 사전에 작성되는 예산을 무엇이라고 하는가? (2점)   [99년]

: _____

해설 실행예산

(1) 실행예산 편성기준

① 실행예산이란 공사목적물을 계약된 공기내에 완성하기 위하여, 공사손익을 사전에 예지하고 이익계획을 명확히 하여, 합리적이고 경제적인 현장운영 및 공사수행을 도모하도록 사전에 작성되는 예산이다.

② 실행예산은 건설업의 특성인 불확실성을 최소화하고 최소의 비용으로 정확하고 안전하게 시공이 되도록 작성되어야 한다.

(2) 실행예산서의 의미

① 실행예산액은 각각의 공사금액 집계가 아니고 그 공사의 실행금액의 목표이며 그의 내역은 예산의 분배를 의미한다.

② 이 실행예산액은 각 공사의 상세 시공계획을 단가와 수량으로 표시하고 그 공사의 목표 이외의 것이 아니면 안된다.

(3) 실행예산의 작성

① 수주공사의 실시면에 내재해 있는 공사적 요소를 계상하고, 이윤의 목표를 설정한 후 시공을 위해서 예산계획을 세워야 한다.

② 실행예산은 시공을 효율적이고, 순서에 알맞게 실시하기 위해서 금전면에서의 관리 수단임으로 작성시기가 매우 중요하다.

③ 설계변경공사에는 별도 항목의 실행예산서를 작성하는 방법이 좋고, 많은 추가공사를 위한 설계변경공사는 손익을 크게 좌우하는 경우가 있다.

④ 추가공사를 착공하기 전에 발주자, 감리자부터 서면에 의한 지시를 정식으로 수령하는 일이 필요하고 중요한 것이다.

문제 12

다음 재료의 할증율이 작은것부터 큰 순서대로 보기에서 골라 번호로 쓰시오. (3점)

[보기] ① 시멘트   ② 이형철근   ③ 일반볼트   ④ 대형형강   ⑤ 강판

해설 할증율

① 시멘트 : 2%   ② 이형철근 : 3%   ③ 원형철근 : 5%

④ 일반볼트 : 5%   ⑤ 고력 Bolt : 3%   ⑥ 대형철강 : 7%

⑦ 강판 : 10%   ⑧ 기타철골재 : 5%

문제 13

다음 도면과 같은 콘크리트 건축물에서 쌍줄비계 면적을 구하시오.　　　　(3점)

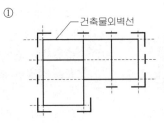

5m

10m

(평면도)

1m

9m

10m

(단면도)

정답　$A = \{0.9 \times 8 + (10+5) \times 2\} \times 10 = 372m^2$

해설 13

① 외부쌍줄비계 면적 산출식
 　(건물길이+7.2)×높이(H)
② 건물길이 = (10+5)×2 = 30m
③ 면적 = (30m+7.2)×10m
 　　　= 372(m²)
※ 높이는 건물의 최고부높이
 　기준

문제 14

다음 그림과 같은 조적조 건물을 신축함에 있어 귀규준틀, 평규준틀, 수평보기, 먹메김 및 외부강관비계의 수량을 산출하시오. (8점)　　　[90년]

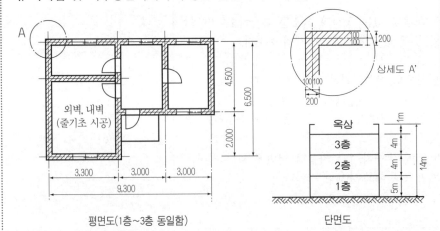

외벽, 내벽
(줄기초 시공)

A

4.500

6.500

2.000

3.300　3.000　3.000

9.300

평면도(1층~3층 동일함)

상세도 A'

100　200
100

100　100
200

옥상
3층
2층
1층

1m
4m
4m
5m
14m

단면도

정답　① 규준틀 개소
 　　· 귀규준틀 : 5개소
 　　· 평균준틀 : 6개소
 　② 수평보기 면적 : $(3.3 \times 6.5) + (6 \times 4.5) = 48.45m^2$
 　③ 먹메김 면적: $48.45 \times 3층 = 145.35m^2$
 　④ 외부강관비계 면적: $\{1 \times 8 + (9.5 + 6.7) \times 2\} \times 14 = 565.6m^2$

해설 14

①

건축물외벽선

· 귀규준틀(외벽코너凸부분):5개소
· 평규준틀 (내벽간막이벽의 양끝) : 6개소

② 수평보기 면적
 · 외부기둥 (기둥이 없는 경우에는
 외벽)의 중심선으로 둘러쌓인 내
 부면적을 수평보기의 면적으로
 한다.

③ 먹메김면적
 · 수평보기면적의 각층의 합계
 의 면적으로 한다.

문제 15

그림과 같은 건물 벽체가 설치되는 경우 귀규준틀 및 평규준틀 설치개소를 구하시오. (4점)

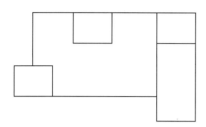

해설 15

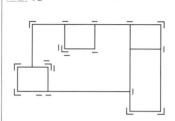

① ┌ : 귀규준틀 : 6개소
② — : 평규준틀 : 12개소

정답 귀규준틀 6개소, 평규준틀 12개소

③ 토·기초공사 예상문제

문제 16

도면과 같은 터파기(기초파기)에서 흙의 부피증가를 10%로 가정한 경우 흙의 체적을 산출하시오. (3점)

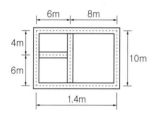
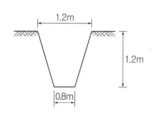

해설 16

※ 줄기초 길이는 중심간 길이로 산정하되 겹치는 부분은 공제해야 한다.

정답
$$V = \left(\frac{1.2 + 0.8}{2}\right) \times 1.2 \times \{14 \times 2 + 10 \times 2 + (10 - 1) + (6 - 1)\}$$
$$= 74.4 \times 1.1(할증) = 81.84m^3$$

문제 17

도면과 같은 모래질 흙의 줄기초 파기에서 파낸 흙을 8톤 트럭으로 운반할 때의 운반회수을 산출하시오. (단, 토량환산계수 L=1.25, 모래의 단위 용적중량은 1.8ton/m³로 함) (3점)

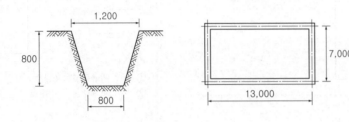

정답 운반회수 $= \left\{ \left(\dfrac{1.2 + 0.8}{2} \right) \times 0.8 \times (13 + 7) \times 2 \times 1.8t / m^3 \times 1.25(할증) \right\} \div 8t = 9회$

문제 18

토공사에서 흐트러진 상태의 토량이 250m³인 경우 자연상태 및 다져진 후의 토량을 구하시오. (단, 토량환산계수 L=1.25, C=0.85임) (3점)

정답 ① $250m^3 \times \dfrac{1}{1.25} = 200m^3$ (자연상태 토량)

② $200m^3 \times 0.85 = 170m^3$ (다져진상태 토량)

해설 18
잔토처리량의 계산

① 흙메우고 흙돋우기 할 때 :
   잔토처리량={흙파기체적-(되메우기체적+돋우기체적)}×토량환산계수
② 흙되메우기만 할 때
③ 전부 잔토처리할 때 : 잔토처리량=흙파기체적×토량환산계수

문제 19

토량 700㎥를 불도저 2대로 작업하려 한다. data에 의하여 작업을 완료할 수 있는 시간을 구하시오. (4점)

data: $q:0.7,\ f:1.2,\ E:0.9,\ Cm:3$ 분

정답 ① 불도져시간당 작업량 : $Q = \dfrac{60 \times q \times k \times f \times E}{Cm}$

$= \dfrac{60 \times 0.7 \times 1.2 \times 0.9}{3} = 15.12 m^3 / h$

② 불도져 2대의 작업시간

$700 \div (15.12 \times 2대) = 23.15시간$

문제 20

사무소 5층 건물, 콘크리트 말뚝 지지력이 15t/개일 때 건축면적 1m²당 말뚝 개수는? (단, 각층 바닥의 하중은 개산하여 약 900kg/m²이고, 구조체·외벽·기초 등의 자중을 가산하여 2배로 한다.) (2점)

해설 20
900kg/m²×1,800kg/m³가 된다. 그러므로 전체 건물하중을 산정하고 이것을 말뚝내력으로 나누면 건축면적 1m²당 말뚝개수가 개산된다.

정답 ① 건축면적 1m²당 전하중 : 1,800kg/m²×5층=9,000kg/m²

∴ 건축면적 1m²당 말뚝개수 : n=9,000/15,000=0.6개

문제 21

그림과 같은 독립기초에서 기둥 중심간의 거리가 7m이고, 지중보의 크기가 400×500일 때 지중보 터파기 토량을 산출하시오.

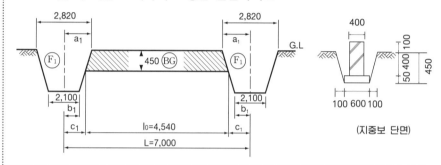

정답 $a_1 = a_2 = \frac{2.82}{2} = 1.41m$ $b_1 = b_2 = \frac{2.1}{2} = 1.05m$ $c_1 = c_2 = \frac{1.41+1.05}{2} = 1.23m$

G.L 하부 지중보 터파기 길이 : $l_0 = 7m - 1.23 \times 2 = 4.54m$

∴ 지중보 터파기량 : $V = A \times l_0 = \frac{0.8+0.6}{2} \times 0.45 \times 4.54 = 1.430$ 답 : 1.43m³

4 철근콘크리트 예상문제

문제 22

도면과 같은 독립기초와 기둥의 거푸집 면적을 산출하시오. (단, 할증은 무시) (3점)

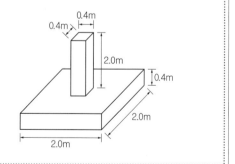

정답 거푸집 면적산출
① 기초옆면 : 0.4m×2m×4면=3.2m²
② 기초벽 : 0.4m×4면×2.0m=3.2m²
①+②=3.2m²+3.2m²=6.4m²

문제 23

아래 도면과 같은 기둥이 20개 있는 건물에서 기둥의 거푸집 면적을 산출하시오. (3점)

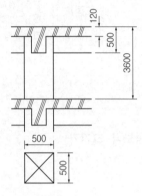

정답 기둥거푸집 면적 A(m²)
A = {0.5×4×(3.6−0.12)}×20개 = 139.2m²

문제 24

도면과 같은 보(G1)의 콘크리트량을 산출하시오. (2점)

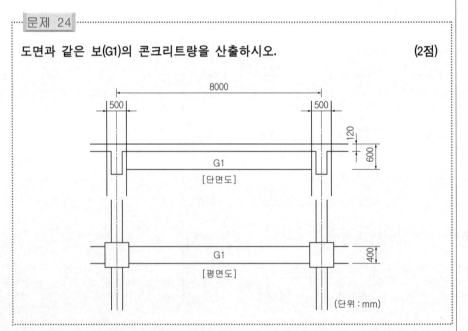

정답 보의 콘크리트량 산정
보의 너비×보의춤×기둥 안목거리
∴ 0.4m×0.6m×7.5m = 1.8m³

해설 24
보의 콘크리트량만 구하는 단일문제에서는 보의 나비에 슬라브 두께를 빼지 않은 전체춤을 곱하여 산출한다.

문제 25

다음 그림에서 한층분의 콘크리트량을 계산하시오. (단위 : mm)

기둥크기 : 400×400

보크기 : $G_1 = 400 \times 800$, $G_2 = 400 \times 700$, $B_1 = 400 \times 600$,

슬라브 두께 : 120

층고(H) = 3,600

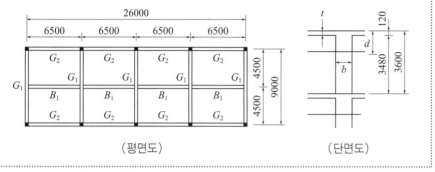

(평면도)　　　　(단면도)

정답 ① 기둥 콘크리트 : V_1

$V_1 = 0.4 \times 0.4 \times 3.48 \times 10 = 5.568 m^3$

② 보 콘크리트

$V_2 \left(G_1 보 \right) = 0.4 \times 0.68 \times 8.6 \times 5 = 11.696 m^3$

$V_3 \left(G_2 보 \right) = 0.4 \times 0.58 \times 6.1 \times 8 = 11.321 m^3$

$V_4 \left(B_1 보 \right) = 0.4 \times 0.48 \times 6.1 \times 4 = 4.684 m^3$

③ 슬라브 : V_5

$V_5 = \left(9 + \dfrac{0.4}{2} + \dfrac{0.4}{2} \right) \times \left(26 + \dfrac{0.4}{2} + \dfrac{0.4}{2} \right) \times 0.12 = 29.779 m^3$

∴ 한층분의 콘크리트 $\left(V m^3 \right)$

$V = V_1 + V_2 + V_3 + V_4 + V_5$

$= 5.568 + 11.696 + 11.321 + 4.684 + 29.779$

$= 63.048 m^3 (63.05 m^3)$

⑤ 기타공사 예상문제

문제 26

다음 그림과 같은 철골 형강류 H - 400×200×9×19 인 형강재 1m당 중량을 계산하시오. (2점)

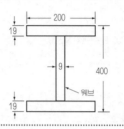

정답 ① 철골중량
- 플랜지 : $(0.019 \times 0.2 \times 1 \times 7,850) \times 2$개 $= 59.66$kg/m
- 웨브 : $0.009 \times (0.4 - 0.019 \times 2) \times 1 \times 7,850 = 25.575$kg/m
  ∴ 계 : 85.235 kg/m → 85.24kg/m

문제 27

블록길이 150m, 벽높이 2.4m를 쌓는데 필요한 블록장수를 산출하시오. 또 블록쌓기에 필요한 모르타르량을 산출하시오. (다만, 블록은 기본형 150× 190×390mm로 쌓는다.) (2점)

정답 ① 블록장수 $= 150 \times 2.4 \times 13$매 $= 360$m³$\times 13$매 $= 4,680$매
② 모르타르량(1:3) $=$ 벽면적$\times 1$m²당 수량
  $= 360 \times 0.009$m³ $= 3.24$m³

해설 27

블록쌓기 재료 및 품
(m² 당)

치수 \ 구 분	블록 (매)	쌓기모르타르 (m³)	시멘트 (kg)	모래 (m³)	블록공 (인)	인부 (인)
기본형 210×190×390	13	0.015	5.36	0.012	0.20	0.10
기본형 190×190×390	13	0.01	5.10	0.011	0.20	0.10
기본형 150×190×390	13	0.009	4.59	0.01	0.17	0.08
기본형 100×190×390	13	0.006	3.06	0.007	0.15	0.07
장려형 190×190×290	17	0.012	6.12	0.0132	0.23	0.12
장려형 150×190×290	17	0.01	5.10	0.011	0.20	0.10
장려형 100×190×290	17	0.007	3.57	0.008	0.17	0.08

문제 28

다음 도면과 같은 목조 구조물에 소요되는 목재의 수량을 재(才)로 산출하시오. (3점)

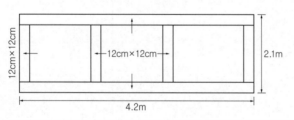

정답 목재의 수량
① $4.2 \times 2 = 8.4$m
② $2.1 \times 4 = 8.4$m
①+② $= 16.8$m $\div 0.3 = 56$자
∴ $\dfrac{4\text{치} \times 4\text{치} \times 56\text{자}}{1\text{치} \times 1\text{치} \times 12\text{자}} = 74.7$(재)

문제 29

마루바닥의 크기가 3.6m×3.6m인 곳에 두께 24mm 마루널을 깔았을 때 마루널 판재의 재(才) 수로 산출하시오. (2점)

정답 1재＝1치×1치×12자 이므로

$$\frac{0.8치 \times 120치 \times 12자}{12} = 96재$$

문제 30

그림에서와 같은 박공지붕 잇기에서 시멘트 기와의 최대 소요량을 산출하시오 (2점)

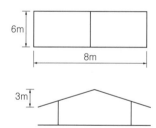

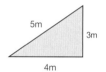

정답 지붕면적 산출 : (6m×5m)×2＝60m³

1m²당 정미량은 14매, 할증율 : 5%

∴ 소요량은 60×14×1.05＝885매

문제 31

다음 도면을 보고 옥상방수면적(m²), 누름콘크리트량(m³), 보호벽돌량(매)를 구하시오. (6점)

(단, 벽돌의 규격은 190×90×57 이며 할증율은 5%임)

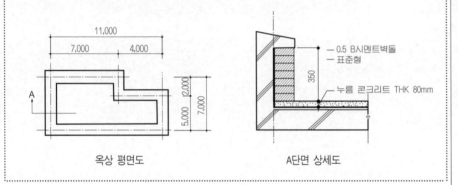

옥상 평면도 | A단면 상세도

정답 ① 옥상방수 면적 : $(7×7)+(4×5)+\{(11+7)×2×0.43\} = 84.48m^2$

② 누름콘크리트량 : $\{(7×7)+(4×5)\} ×0.08 = 5.52m^3$

③ 보호벽돌 소요량: $\{(11-0.09)+(7-0.09)\} ×2×0.35×75매×1.05 = 982.3 →982매$

문제 32

도면과 같은 옥상 슬라브에 시멘트 액체방수 2차를 시공할 때 방수면적을 산출하시오. (5점)

(단, 파라펫의 방수 치켜올림 높이는 30cm 이다.)

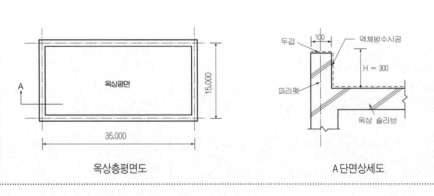

옥상층평면도 | A단면상세도

정답 ① 시멘트 액체방수 면적

· 옥상바닥방수면적 : $(35-0.1)×(15-0.1) = 520.01m^2$

· 파라펫방수면적 : $\{(34.9+14.9)×2×0.3+(35+15)×2×0.1\} = 39.88m^2$

∴ 계 : $520.01 + 39.88 = 559.89m^2$

문제 33

도면과 같은 욕실에 시멘트 액체방수2차를 시공할 때 바닥과 벽의 방수시공 면적을 산출하시오. (5점)

(단, 벽 방수한계선은 F.L+1.2m이고, 창호는 높이 F.L+1.5m에 창하부를 설치하며, 벽체 두께는 1.0B이며, 표준형 벽돌임)

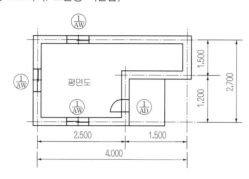

$\frac{1}{AW}$: 1200×1200

$\frac{1}{AD}$: 900×2100

정답 ① 시멘트 액체방수 면적

· 바닥 : $\{(2.5-0.19)\times(2.7-0.19)\}$ + $\{1.5\times(1.5-0.19)\}$ = 7.763 m²
· 벽 : $\{(3.81+2.51)\times2-0.9\}\times1.2$ = 14.088 m²
   계 : 7.763+14.088=21.851 m² → 21.85 m²

문제 34

다음 아래와 같은 건축물에서 내부바닥과 벽은 타일마감이고, 내부천장은 수성페인트칠 3회로 마감할 때 다음 수량을 산출하시오. (6점)

(단, 벽두께는 1.0B이고, 표준형임. 내벽의 높이 : 2,700, 외벽의 높이 : 3,000)

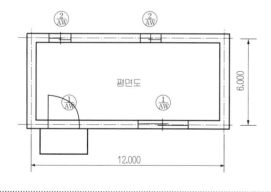

$\frac{1}{AW}$: 1500×1500

$\frac{2}{AW}$: 1200×1200

$\frac{1}{AD}$: 900×2100

① 내부타일면적(바닥,벽) (m²)
② 내부천장도장 면적 (m²)

정답 ① 내부타일면적

· 바닥 : $(12-0.19)\times(6-0.19)$ = 68.616 m²
· 내벽 : $\{(11.81+5.81)\times2\}\times2.7$ - $(1.5\times1.5+1.2\times1.2\times2+0.9\times2.1)$ = 88.128 m²
   계 : 68.616 + 88.128 = 156.744 m² → 156.74 m²

② 천장도장면적

∴ $(12-0.19)\times(6-0.19)$ = 68.616 m² → 68.62 m²

문제 35

다음 도면과 같은 평면도에 대한 실내마감이 다음과 같은 조건일 때 수장공사에 필요한 각 재료량을 산출하시오. (10점)

(단, 벽두께 외벽은 1.5B, 내벽은 1.0B이고 표준형 벽돌임. 반자높이 : 2,400 실내마감은 아래와 같다.)

$\dfrac{1}{AD}$: 1,500×2,100

$\dfrac{1}{WD}$: 900×2,100

$\dfrac{1}{AW}$: 1,500×1,500

$\dfrac{2}{AW}$: 1,200×1,200

평면도

① 바닥(사무실1) 카펫깔기 면적(m²)

② 바닥(사무실2) 리노륨타일 붙임 면적 (m²)

③ 내벽(사무실1,2) 벽지바른 면적 (m²)

④ 천장 반자지 바름면적 (사무실1,2) (m²)

⑤ 비닐제 걸레받이 붙임길이 (사무실1,2) (m)

실	마 감
바닥(사무실1)	리놀륨 깔기 위 카펫 깔기
바닥(사무실2)	리놀륨타일 붙임
내 벽	석고판붙임위 벽지 바름
천 장	합판 붙임 위 반자지 바름
걸레받이	비닐제 걸레받이 붙임 (H:160mm)

정답 ① 바닥(사무실1) 카펫깔기면적

$: \left(5 - \dfrac{0.29}{2} - \dfrac{0.19}{2}\right) \times (7 - 0.29) = 31.939m^2 \rightarrow 31.94m^2$

② 바닥(사무실2) 리놀륨타일 붙임면적

$: \left(9 - \dfrac{0.29}{2} - \dfrac{0.19}{2}\right) \times (7 - 0.29) = 58.779m^2 \; ¤A \; 58.78m^2$

③ 내벽 벽지바름 면적

· 사무실1 : $\{(4.76+6.71)\times2\} \times 2.4 - (0.9\times2.1+1.2\times1.2) = 51.726m^2$

· 사무실2 : $\{(8.76+6.71)\times2\} \times 2.4 - (1.5\times2.1+0.9\times2.1+1.5\times1.5+1.2\times1.2) = 65.526m^2$

계: $51.726 + 65.526 = 117.252m^2 \rightarrow 117.25m^2$

④ 천장지 바름 면적(사무실1,2)

$: 31.939 + 58.779 = 90.718m^2 \rightarrow 90.72m^2$

⑤ 비닐제 걸레받이 붙임길이

· 사무실1 : $\{(4.76+6.71) \times 2 - 0.9\} = 22.04m$

· 사무실2 : $\{(8.76+6.71) \times 2 - (1.5+0.9)\} = 28.54m$

계: $22.04 + 28.54 = 50.58m$

문제 36

다음도면과 같이 건물바닥면적 (6m × 5.1m)과 슬라브 면적 (6m × 4.8m)의 크기가 있다. 바닥에 활동줄눈대 길이(m)와 슬라브에 인서트(Insert)의 갯수를 정미량으로 산출하시오. (6점)

조건 : ① 바닥은 인조석 물갈기로 황동줄 눈대 간격은 90cm × 90cm이며, 외벽에서 30cm 떨어져 설치된다.
② 슬라브에 인서트 (Insert)설치시 간격은 60cm × 60cm 이다.

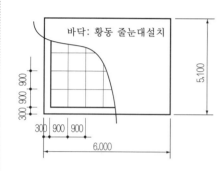

바닥평면도

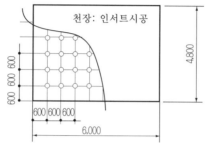

천장평면도

(1) 황동줄눈대길이 (m)

(2) 인서트 (Insert)갯수

정답 ① 황동줄눈대길이

・x방향길이 : $(6-0.6) \times (\frac{5.1-0.6}{0.9}+1 \rightarrow 6개) = 32.4m$

・y방향길이 : $(5.1-0.6) \times (\frac{6-0.6}{0.9}+1 \rightarrow 7개) = 31.5m$

∴ 계 : 32.4 + 31.5 = 63.9 m

② 인서트 (Insert)갯수

・x방향갯수 : $\left(\frac{6}{0.6}-1\right) = 9개$

・y방향갯수 : $\left(\frac{4.8}{0.6}-1\right) = 7개$

∴ 계 : 9개 × 7개 = 63 개

제3편

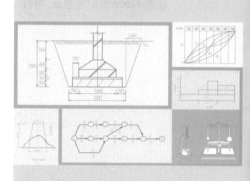

공 정 관 리

핵심 1

PERT&CPM에 의한 Network 공정표

1 Network 공정표 작성 기본요소

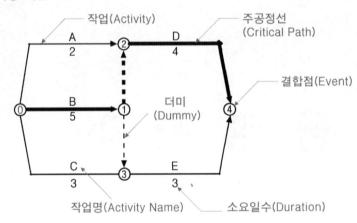

요소	표현	주의사항
작업 (Activity) →	작업의 이름 ────→ 소요일수	① 실선의 화살표 위에 작업의 이름, 화살표 아래에 작업의 소요일수가 기입되어야 한다. ② 화살표의 머리는 좌향이 될 수 없고 항상 수직 내지는 우향이 되어야 한다.
결합점 (Event) ○	⓪ 작업의 이름 ────→ ① 소요일수	① 작업의 시작과 끝은 반드시 결합점으로 처리되어야 한다. ② 결합점에는 반드시 숫자가 기입되어야 하는데, 최초는 0 또는 1번부터 시작하여 왼쪽에서 오른쪽으로 큰 번호를 기입하되, 번호가 중복되어서는 안된다. ③ 문제의 조건에서 공정관계가 제시될 경우 문제조건을 최우선으로 한다.
더미 (Dummy) - - - →	⓪- - - - - - →①	① 작업 상호간의 선후(先後) 관계를 표시하는 점선의 화살표이며, 작업의 이름과 작업의 소요일수가 기입되어서는 안된다. ② 더미의 종류 4가지 Numbering Dummy, Logical Dummy, Time-Lag Dummy, Connection Dummy 4개가 있는데 실질적으로 필요한 것은 작업간의 중복을 피하기 위한 Numbering Dummy와 선행작업의 이름만을 필요로 할 때의 Logical Dummy이다.

2 Network 공정표의 작성

1 PERT & CPM에 의한 일정계산, 여유계산

CPM(Critical Path Method)	PERT(Program Evaluation & Review Technic)

(1)	EST(Earliest Starting Time) ➡ 가장 빠른 개시시간 EFT(Earliest Finishing Time) ➡ 가장 빠른 종료시간	① 최초작업의 EST는 0이며, EST+소요일수=EFT가 된다. ② 작업의 흐름에 따라 좌에서 우로 전진하여 덧셈의 일정계산을 하는데, 결합점에서 여러 개의 숫자가 있을 경우 가장 큰값으로 선정한다.
(2)	LST(Latest Starting Time) ➡ 가장 늦은 개시시간 LFT(Latest Finishing Time) ➡ 가장 늦은 개시시간	① 최종결합점의 LFT는 전진일정에 의해 계산된 공기와 같고, LFT-소요일수=LST가 된다. ② 작업의 흐름에 역진하여 우에서 좌로 뺄셈의 일정계산을 하는데, 결합점에서 여러 개의 숫자가 있을 경우 가장 작은값으로 선정한다.
(3)	계산공기	공정표 상에서 전진일정계산에 의해 정상공기로 구한 일정으로 CP(Critical Path, 주공정선)가 여기에 해당된다.
	지정공기	건설회사에서 공기단축을 통해 바라고자 하는 최소의 일정을 말하며, 별도로 정한 지정공기가 없다면 계산공기가 곧 지정공기가 된다.
(4)	CP(Critical Path, 주공정선)	개시결합점에서 종료결합점에 이르는 가장 긴 경로(Path) ➡ 공정표 상에서 소요일수가 가장 긴 경로
(5)	여유(Float) ➡ 작업이 갖는 여유시간 ➡ TF(Total Float, 전체여유) FF(Free Float, 자유여유) DF(Dependent Float, 후속여유)	① TF(Total Float, 전체여유) ➡ 어떤 작업이 전체 공사의 최종 완료일에 영향을 주지 않고 지연될 수 있는 최대한의 여유시간 ② FF(Free Float, 자유여유) ➡ 일련의 공정에 있어서 모든 후속작업이 가능한 한 빨리 개시될 때 어떤 작업이 이용 가능한 여유시간 ③ DF(Dependent Float, 후속여유) ➡ 후속작업의 TF(전체여유)에 영향을 미치는 어떤 작업이 갖는 여유시간 ④ TF=LFT-EFT, FF=후속작업EST-해당작업EFT ➡ 공정표상에서 직접적으로 계산된다. ⑤ TF=FF+DF의 관계를 통해서, DF=TF-FF로 구하게 된다.

2 Network 공정표 작성 5단계 순서

■□□□□ STEP I DATA 분류	①	선행작업이 없는 작업까지 1묶음으로 구분 짓는다.
	②	1묶음으로 구분지어진 이후의 작업들 중에서 선행 작업으로 요구되는 작업이 앞서의 묶음 내에 포함된 곳까지 구분 짓는다.
	③	②의 과정을 반복하여 문제의 조건에서 제시된 DATA를 전체 구분 짓는다.
■■□□□ STEP II 좌우대칭, 상하대칭을 연상하면서 공정표를 작성	④	최초 결합점을 하나 그린 후, STEP I 의 1묶음으로 구분지어진 곳의 선행작업의 개수가 없는 만큼 실선의 작업화살선을 그린다.
	⑤	②의 과정을 통한 묶음 내에서 작업의 개수가 적은 것부터 그려나간다. 만약, 작업의 개수가 같을 때는 공통의 작업을 가운데 위치시키고 공통의 작업을 종료시킨다.
	⑥	⑤의 과정을 반복하여 최종 결합점을 하나 그린 다음 모든 화살선이 최종 결합점에 모이도록 공정표를 그린다.
■■■□□ STEP III 결합점 넘버링 (Event Numbering)	⑦	문제의 조건에서 공정관계를 제시할 경우 공정관계를 그대로 따라준다.
	⑧	공정관계를 제시하지 않을 때는 최초 결합점에 0번을 기입하고 좌에서 우로 순차적으로 1,2,3……의 숫자를 기입한다.
■■■■□ STEP IV 전진일정계산 및 주공정선(CP) 표시	⑨	최초작업의 EST는 0이며, EST+소요일수=EFT을 이용하여 공정표상에 전진일정계산을 해나간다.
	⑩	최종 결합점에서의 숫자가 나오는 경로가 주공정선이므로 이것을 관찰하여 굵은 선으로 표시한다. 주공정선은 하나가 될 수도 있고, 두 개 이상일 수도 있다.
■■■■■ STEP V 역진일정계산 및 여유시간계산	⑪	주공정선은 여유가 없는 경로이므로, 주공정선을 지나가는 결합점들은 전진일정계산값과 역진일정계산값이 같다는 것을 이용하여 같은 숫자를 기입한다.
	⑫	계산이 안 된 결합점들에서 LFT−소요일수=LST를 이용하여 역진일정계산을 한다.
	⑬	주공정선의 작업들은 TF=0, FF=0, DF=0 이다.
	⑭	해당 작업의 뒤쪽에 있는 결합점 위의 세모 안의 숫자에서, 해당 작업의 앞쪽에 있는 결합점 위의 네모안의 숫자와 해당 작업의 소요일수를 더한 수를 빼면 TF가 된다.
	⑮	해당 작업의 뒤쪽에 있는 결합점 위의 세모 옆의 숫자에서, 해당 작업의 앞쪽에 있는 결합점 위의 네모안의 숫자와 해당 작업의 소요일수를 더한 수를 빼면 FF가 된다.

다음 데이터를 네트워크공정표로 작성하고, 각 작업의 여유시간을 구하시오.

작업명	작업일수	선행작업	비고
A	5	없음	(1) 결합점에서는 다음과 같이 표시한다.
B	2	없음	
C	4	없음	
D	4	A, B, C	
E	3	A, B, C	(2) 주공정선은 굵은선으로 표시한다.
F	2	A, B, C	

■□□□□ STEP Ⅰ : 문제의 조건에서 제시된 DATA를 구분 짓기

작업명	작업일수	선행작업	비고
A	5	없음	(1) 결합점에서는 다음과 같이 표시한다.
B	2	없음	
C	4	없음	
D	4	A, B, C	
E	3	A, B, C	(2) 주공정선은 굵은선으로 표시한다.
F	2	A, B, C	

이 문제는 A,B,C가 1묶음이고 D,E,F가 1묶음이 되어 2묶음의 DATA로 구분 지을 수 있다.

■■□□□ STEP Ⅱ : 좌우대칭, 상하대칭을 연상하면서 공정표를 작성

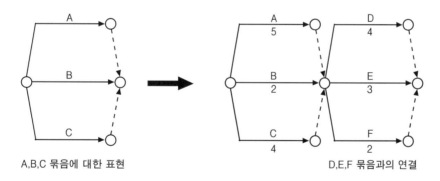

A,B,C 묶음에 대한 표현   D,E,F 묶음과의 연결

결합점과 결합점 사이에는 오직 단 하나의 실선화살표만 존재해야 한다는 공정표 작성의 기본원칙을 기억하도록 한다. 최초결합점에서 선행작업이 없는 개수가 3개이므로 3개의 실선이 출발한다.

A,B,C가 만나서 D,E,F 3개의 실선이 다시 출발하는 형태인데, A,B,C의 종료결합점에서는 하나의 실선과 두 개의 더미로 들어와야 한다는 것과 D,E,F의 종료결합점에서도 하나의 실선과 두 개의 더미로 들어와야 한다는 것만 이해할 수 있다면 공정표작성은 전혀 어려움이 없게 된다.

■■■□□ STEPⅢ: 결합점 넘버링(Event Numbering)

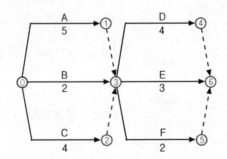

최초 결합점은 문제의 조건에서 지정을 하면 그대로 따르는 것이 최우선이며, 지금처럼 문제의 조건이 없을 경우는 0번 또는 1번 둘 중의 하나로 시작한다. 본 교재에서는 0번으로 일괄통일하도록 한다.
좌에서 우로 화살선의 흐름에 따라 정수의 숫자를 기입해 나간다.

■■■■□ STEPⅣ: 전진일정계산 및 주공정선 표시

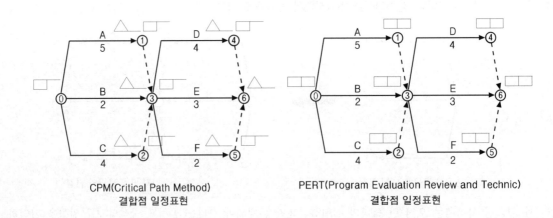

CPM(Critical Path Method)   PERT(Program Evaluation Review and Technic)
결합점 일정표현   결합점 일정표현

전진일정계산 단계에서 문제의 요구조건에서 결합점 표현을 어떻게 할 것이냐를 비고란을 통해 확인한다. CPM과
PERT 두가지 기법이 대표적인 Network공정표 기법인데, 문제의 요구조건에 맞게 결합점을 일괄적으로 표현하고
전진일정계산을 준비한다.

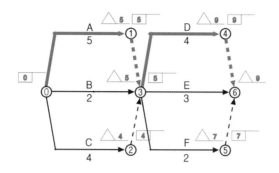

CPM(Critical Path Method)
전진일정계산 & 주공정선 표시

(1) CPM기법에 의한 전진일정계산 및 주공정선 표시

❶ 최초의 EST는 항상 0이다.

❷ 결합점①에 들어가는 화살표는 A작업 하나밖에 없으므로 0+5=5가 되는데, 5일은 결합점①의 EFT가 되면서 또한 결합점①에서 가장 빠른 EST가 되므로 결국, 5라는 숫자를 가운데 두 번 적는다고 생각하면 편리하다.

❸ 결합점②에 들어가는 화살표는 C작업 하나밖에 없으므로 0+4=4가 되는데, 4일은 결합점②의 EFT가 되면서 결합점②에서 가장 빠른 EST가 되므로 결국, 4라는 숫자를 가운데 두 번 적는다고 생각하면 편리하다.

❹ 결합점③에 들어가는 화살표는 세 개가 있다. ⓪→③은 0+2=2, ①→③은 5+0=5, ②→③은 4+0=4가 되며 2,5,4 중에서 가장 큰값인 5라는 숫자를 가운데 두 번 적는다.

❺ 결합점④에 들어가는 화살표는 D작업 하나밖에 없으므로 5+4=9라는 숫자를 가운데 두 번 적는다.

❻ 결합점⑤에 들어가는 화살표는 F작업 하나밖에 없으므로 5+2=7이라는 숫자를 가운데 두 번 적는다.

❼ 결합점⑥에 들어가는 화살표는 세 개가 있다. ③→⑥은 5+3=8, ④→⑥은 9+0=9, ⑤→⑥은 7+0=7이 되며 8,9,7 중에서 가장 큰 값인 9라는 숫자를 세모 옆에 적는다.

❽ 전진일정계산에 의해 공정표 전체의 가장 긴 경로는 9일이 되며, 이것을 계산공기라고 한다. 계산공기 9일이 나오는 경로(Path)는 A-D경로가 되는데, 이것을 주공정선(CP, Critical Path)라고 하며, 문제의 요구조건에 맞게 굵은 선으로 표현한다.

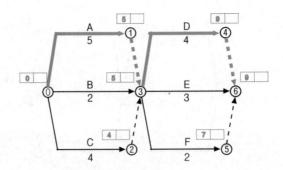

PERT(Program Evaluation Review and Technic)
전진일정계산 & 주공정선 표시

(2) PERT기법에 의한 전진일정계산 및 주공정선 표시

❶ 최초의 ET는 항상 0이다.

❷ 결합점①에 들어가는 화살표는 A작업 하나밖에 없으므로 0+5=5가 되는데, 5일은 결합점①의 ET가 되며 앞의 네모에 한 번 적는다.

❸ 결합점②에 들어가는 화살표는 C작업 하나밖에 없으므로 0+4=4가 되는데, 4일은 5일은 결합점②의 ET가 되며 앞의 네모에 한 번 적는다.

❹ 결합점③에 들어가는 화살표는 세 개가 있다. ⓪→③은 0+2=2, ①→③은 5+0=5, ②→③은 4+0=4가 되며 2,5,4 중에서 가장 큰값인 5라는 숫자를 앞의 네모에 한 번 적는다.

❺ 결합점④에 들어가는 화살표는 D작업 하나밖에 없으므로 5+4=9라는 숫자를 앞의 네모에 한 번 적는다.

❻ 결합점⑤에 들어가는 화살표는 F작업 하나밖에 없으므로 5+2=7이라는 숫자를 앞의 네모에 한 번 적는다.

❼ 결합점⑥에 들어가는 화살표는 세 개가 있다. ③→⑥은 5+3=8, ④→⑥은 9+0=9, ⑤→⑥은 7+0=7이 되며 8,9,7 중에서 가장 큰 값인 9라는 숫자를 앞의 네모에 한 번 적는다.

❽ 전진일정계산에 의해 공정표 전체의 가장 긴 경로는 9일이 되며, 이것을 계산공기라고 한다. 계산공기 9일이 나오는 경로(Path)는 A-D경로가 되는데, 이것을 주공정선(CP, Critical Path)라고 하며, 문제의 요구조건에 맞게 굵은 선으로 표현한다.

➡ CPM기법은 결합점 일정시간을 EST, EFT, LST, LFT 4개의 시간으로 표현하는 반면, PERT기법은 ET, LT 2개의 시간으로 표현하는 방법이다. 결국, CPM기법이나 PERT기법은 결합점에서의 표현방법만 다르고, 계산과정은 동일하다는 것을 이해하고 있어야 한다.

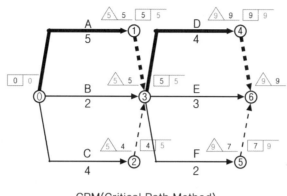

CPM(Critical Path Method)
역진일정계산

(1) CPM기법에 의한 역진일정계산 및 여유시간 계산

❶ 최종의 LFT는 항상 계산공기와 같으므로 세모에 9를 적는다.

❷ 주공정선상의 A-D 경로를 지나는 ⓪→①→③→④→⑥은 전진일정계산에 의해 표현된 숫자와 동일한 숫자를 맨앞, 맨뒤에 두 번 적는다. 주공정선은 여유(Float)가 없는 특징을 활용한 고급 테크닉이라고 볼 수 있다.

❸ 결합점⑤에서 출발하는 화살표는 ⑥번으로 하나밖에 없다. 따라서, ⑥번의 세모안의 숫자 9에서 소요일수 0일을 빼면 9가 되는데, 이것을 ⑤번 결합점의 맨앞, 맨뒤에 두 번 적는다.

❹ 결합점②에서 출발하는 화살표는 ③번으로 하나밖에 없다. 따라서, ③번의 세모안의 숫자 5에서 소요일수 0일을 빼면 5가 되는데, 이것을 ②번 결합점의 맨앞, 맨뒤에 두 번 적는다.

❺ 주공정선상의 작업 A와 D는 전체여유 TF=0, 자유여유 FF=0, 후속여유 DF=0이다.

❻ B작업의 EST=0이고 소요일수 2를 더하면 2가 되는데, 이것을 ③번의 세모안의 숫자 5에서 빼면 5-(0+2)=3일이 되며 B작업의 TF가 된다. 또한, ③번의 세모옆의 숫자 5에서 빼면 5-(0+2)=3일이 되며 B작업의 FF가 된다. TF=FF+DF의 관계에서 DF=TF-FF=3-3=0이 B작업의 DF가 된다. B작업은 종료시점 ③번에서 하나 이상의 주공정선이 있으므로 절대로 후속여유 DF라는 것이 발생할 수 없다는 것을 의미한다.

❼ C작업은 결합점②에서 여유시간을 계산하는 것이 아니라 결합점③에서 계산한다는 것을 반드시 기억하고 있어야 한다. 결합점②는 단지 B작업과의 중복을 피하기 위해 발생한 넘버링더미(Numbering Dummy)에 의한 결합점일 뿐이며, 이러한 결합점에서는 여유시간을 계산하면 안된다는 것을 항상 조심하도록 한다.

C작업의 EST=0이고 소요일수 4를 더하면 4가 되는데, 이것을 ②번이 아닌 ③번의 세모안의 숫자 5에서 빼면 5-(0+4)=1일이 되며 C작업의 TF가 된다. 또한, ③번의 세모옆의 숫자 5에서 빼면 5-(0+4)=1일이 되며 C작업의 FF가 된다. TF=FF+DF의 관계에서 DF=TF-FF=1-1=0이 C작업의 DF가 된다. C작업은 종료시점 ③번에서 하나 이상의 주공정선이 있으므로 절대로 후속여유 DF라는 것이 발생할 수 없다는 것을 의미한다.

❽ E작업의 EST=5이고 소요일수 3을 더하면 8이 되는데, 이것을 ⑥번의 세모안의 숫자 9에서 빼면 9-(5+3)=1일이 되며 E작업의 TF가 된다. 또한, ⑥번의 세모옆의 숫자 9에서 빼면 9-(5+3)=1일이 되며 E작업의 FF가 된다. TF=FF+DF의 관계에서 DF=TF-FF=1-1=0이 E작업의 DF가 된다. 결합점⑥번은 전체 공정표의 종료시점이므로 E작업은 후속작업에게 물려줄 수 있는 후속여유 DF라는 것이 발생할 수 없다는 것을 의미한다.

❾ F작업은 결합점⑤에서 여유시간을 계산하는 것이 아니라 결합점⑥에서 계산한다는 것을 반드시 기억하고 있어야 한다. 결합점⑤는 단지 E작업과의 중복을 피하기 위해 발생한 넘버링더미(Numbering Dummy)에 의한 결합점일 뿐이며, 이러한 결합점에서는 여유시간을 계산하면 안된다는 것을 항상 조심하도록 한다.

F작업의 EST=5이고 소요일수 2를 더하면 7이 되는데, 이것을 ⑤번이 아닌 ⑥번의 세모안의 숫자 9에서 빼면 9-(5+2)=2일이 되며 F작업의 TF가 된다. 또한, ⑥번의 세모옆의 숫자 9에서 빼면 9-(5+2)=2일이 되며 F작업의 FF가 된다. TF=FF+DF의 관계에서 DF=TF-FF=2-2=0이 C작업의 DF가 된다.

결합점⑥번은 전체 공정표의 종료시점이므로 F작업은 후속작업에게 물려줄 수 있는 후속여유 DF라는 것이 발생할 수 없다는 것을 의미한다.

❿ 지금까지의 과정을 하나의 표로 나타내면 다음과 같으며, 시험문제에서는 빈칸으로 제시되어 있는 곳을 위의 계산과정을 통해 빈칸을 채워나가는 형태라고 생각하면 된다.

작업명	TF	FF	DF	CP
A	0	0	0	※
B	3	3	0	
C	1	1	0	
D	0	0	0	※
E	1	1	0	
F	2	2	0	

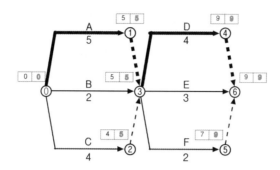

PERT(Program Evaluation Review and Technic)
역진일정계산

(2) PERT기법에 의한 역진일정계산 및 여유시간 계산

❶ 최종의 LT는 항상 계산공기와 같으므로 뒤의 네모에 9를 적는다.

❷ 주공정선상의 A-D 경로를 지나는 ⓪→①→③→④→⑥은 전진일정계산에 의해 표현된 숫자와 동일한 숫자를 뒤의 네모에 적는다. 주공정선은 여유(Float)가 없는 특징을 활용한 고급 테크닉이라고 볼 수 있다.

❸ 결합점⑤에서 출발하는 화살표는 ⑥번으로 하나밖에 없다. 따라서, ⑥번의 뒤의 네모안의 숫자 9에서 소요일수 0일을 빼면 9가 되는데, 이것을 ⑤번 결합점의 뒤의 네모에 적는다.

❹ 결합점②에서 출발하는 화살표는 ③번으로 하나밖에 없다. 따라서, ③번의 뒤의 네모 안의 숫자 5에서 소요일수 0일을 빼면 5가 되는데, 이것을 ②번 결합점의 뒤의 네모에 적는다.

❺ 주공정선상의 작업 A와 D는 전체여유 TF=0, 자유여유 FF=0, 후속여유 DF=0이다.

❻ B작업의 ET=0이고 소요일수 2를 더하면 2가 되는데, 이것을 ③번의 뒤의 네모 안의 숫자 5에서 빼면 5-(0+2)=3일이 되며 B작업의 TF가 된다. 또한, ③번의 앞의 네모 안의 숫자 5에서 빼면 5-(0+2)=3일이 되며 B작업의 FF가 된다. TF=FF+DF의 관계에서 DF=TF-FF=3-3=0이 B작업의 DF가 된다. B작업은 종료시점 ③번에서 하나 이상의 주공정선이 있으므로 절대로 후속여유 DF라는 것이 발생할 수 없다는 것을 의미한다.

❼ C작업은 결합점②에서 여유시간을 계산하는 것이 아니라 결합점③에서 계산한다는 것을 반드시 기억하고 있어야 한다. 결합점②는 단지 B작업과의 중복을 피하기 위해 발생한 넘버링더미(Numbering Dummy)에 의한 결합점일 뿐이며, 이러한 결합점에서는 여유시간을 계산하면 안된다는 것을 항상 조심하도록 한다.

C작업의 EST=0이고 소요일수 4를 더하면 4가 되는데, 이것을 ②번이 아닌 ③번의 세모안의 숫자 5에서 빼면 5-(0+4)=1일이 되며 C작업의 TF가 된다. 또한, ③번의 세모옆의 숫자 5에서 빼면 5-(0+4)=1일이 되며 C작업의 FF가 된다. TF=FF+DF의 관계에서 DF=TF-FF=1-1=0이 C작업의 DF가 된다. C작업은 종료시점 ③번에서 하나 이상의 주공정선이 있으므로 절대로 후속여유 DF라는 것이 발생할 수 없다는 것을 의미한다.

❽ E작업의 ET=5이고 소요일수 3을 더하면 8이 되는데, 이것을 ⑥번의 뒤의 네모 안의 숫자 9에서 빼면 9-(5+3)=1일이 되며 E작업의 TF가 된다. 또한, ⑥번의 앞의 네모 안의 숫자 9에서 빼면 9-(5+3)=1일이 되며 E작업의 FF가 된다. TF=FF+DF의 관계에서 DF=TF-FF=1-1=0이 E작업의 DF가 된다. 결합점⑥번은 전체 공정표의 종료시점이므로 E작업은 후속작업에게 물려줄 수 있는 후속여유 DF라는 것이 발생할 수 없다는 것을 의미한다.

❾ F작업은 결합점⑤에서 여유시간을 계산하는 것이 아니라 결합점⑥에서 계산한다는 것을 반드시 기억하고 있어야 한다. 결합점⑤는 단지 E작업과의 중복을 피하기 위해 발생한 넘버링더미(Numbering Dummy)에 의한 결합점일 뿐이며, 이러한 결합점에서는 여유시간을 계산하면 안된다는 것을 항상 조심하도록 한다.

F작업의 ET=5이고 소요일수 2를 더하면 7이 되는데, 이것을 ⑤번이 아닌 ⑥번의 뒤의 네모 안의 숫자 9에서 빼면 9-(5+2)=2일이 되며 F작업의 TF가 된다. 또한, ⑥번의 앞의 네모 안의 숫자 9에서 빼면 9-(5+2)=2일이 되며 F작업의 FF가 된다. TF=FF+DF의 관계에서 DF=TF-FF=2-2=0이 C작업의 DF가 된다. 결합점⑥번은 전체 공정표의 종료시점이므로 F작업은 후속작업에게 물려줄 수 있는 후속여유 DF라는 것이 발생할 수 없다는 것을 의미한다.

❿ 지금까지의 과정을 하나의 표로 나타내면 다음과 같으며, 시험문제에서는 빈칸으로 제시되어 있는 곳을 위의 계산과정을 통해 빈칸을 채워나가는 형태라고 생각하면 된다.

작업명	TF	FF	DF	CP
A	0	0	0	※
B	3	3	0	
C	1	1	0	
D	0	0	0	※
E	1	1	0	
F	2	2	0	

➡ 결국, CPM기법이나 PERT기법이나 결합점에서의 일정표현만 다를 뿐 동일한 공정표가 작성되고, 동일한 주공정선을 가지며, 주공정선을 지나지 않는 작업들의 여유시간을 계산하면 동일한 결과가 나온다는 것을 알 수 있으며, PERT기법이 2개의 시간으로 표현하므로 간단명료한 일정계산과 표현방법을 제공한다.

1 다음 데이터를 네트워크공정표로 작성하시오. (6점)

작업명	작업일수	선행작업	비고
A	5	없음	(1) 결합점에서는 다음과 같이 표시한다.
B	4	A	
C	2	없음	
D	4	없음	
E	3	C, D	(2) 주공정선은 굵은선으로 표시한다.

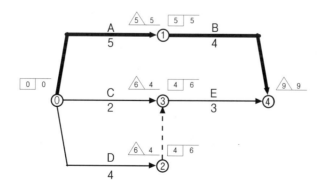

2 다음 데이터를 네트워크공정표로 작성하시오. (8점)

작업명	작업일수	선행작업	비고
A	2	없음	
B	3	없음	(1) 결합점에서는 다음과 같이 표시한다.
C	5	A	
D	5	A, B	
E	2	A, B	
F	3	C, D, E	(2) 주공정선은 굵은선으로 표시한다.
G	5	E	

EST LST 작업명 LFT EFT
① ————————→ ①
         소요일수

정답 2

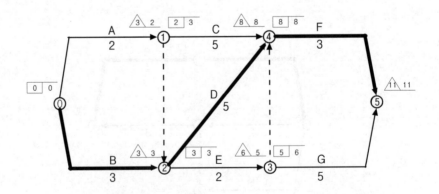

3 다음 데이터를 네트워크공정표로 작성하시오. (8점)

작업명	작업일수	선행작업	비고
A	4	없음	
B	8	없음	(1) 결합점에서는 다음과 같이 표시한다.
C	6	A	
D	11	A	EST LST 작업명 LFT EFT
E	14	A	ⓘ ————→ ⓙ
F	7	B, C	소요일수
G	5	B, C	
H	2	D	
I	8	D, F	(2) 주공정선은 굵은선으로 표시한다.
J	9	E, H, G, I	

정답 3

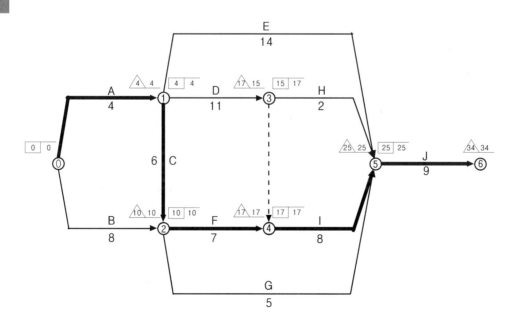

4 다음 Network 공정표를 보고 물음에 답하시오. (6점)

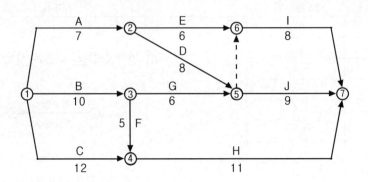

(1) Network 공정표상에 주공정선을 굵은선으로 표시하고 각 작업의 EST, EFT, LST, LFT를 기입하시오.

(2) D작업의 TF와 DF를 구하시오.

(1)

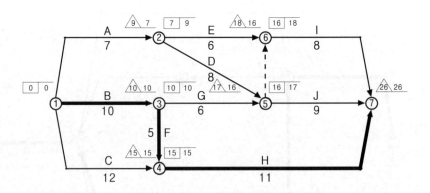

(2) TF=17-15=2일

　　DF=TF-FF=2-(16-15)=1일

5 다음 데이터를 네트워크공정표로 작성하고, 각 작업의 여유시간을 구하시오. (10점)

작업명	작업일수	선행작업	비고
A	2	없음	(1) 결합점에서는 다음과 같이 표시한다.
B	5	없음	
C	3	없음	
D	4	A, B	(2) 주공정선은 굵은선으로 표시한다.
E	3	B, C	

(1) 결합점에서는 다음과 같이 표시한다.

$$\overset{\text{EST}\ \text{LST}}{\underset{i}{\bigcirc}} \xrightarrow[\text{소요일수}]{\text{작업명}} \overset{\text{LFT}\ \text{EFT}}{\underset{j}{\bigcirc}}$$

(2) 주공정선은 굵은선으로 표시한다.

작업명	TF	FF	DF	CP
A				
B				
C				
D				
E				

정답 5

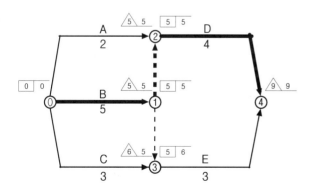

작업명	TF	FF	DF	CP
A	3	3	0	
B	0	0	0	※
C	3	2	1	
D	0	0	0	※
E	1	1	0	

6 다음 데이터를 네트워크공정표로 작성하고, 각 작업의 여유시간을 구하시오. (10점)

작업명	작업일수	선행작업	비고
A	6	없음	(1) 결합점에서는 다음과 같이 표시한다.
B	4	없음	
C	3	없음	
D	3	B	
E	6	A, B	
F	5	A, C	(2) 주공정선은 굵은선으로 표시한다.

작업명	TF	FF	DF	CP
A				
B				
C				
D				
E				
F				

정답 6

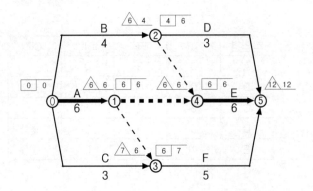

작업명	TF	FF	DF	CP
A	0	0	0	※
B	2	0	2	
C	4	3	1	
D	5	5	0	
E	0	0	0	※
F	1	1	0	

7 다음 데이터를 네트워크공정표로 작성하고, 각 작업의 여유시간을 구하시오. (10점)

작업명	작업일수	선행작업	비고
A	5	없음	(1) 결합점에서는 다음과 같이 표시한다.
B	3	없음	
C	2	없음	EST LST 작업명 LFT EFT
D	2	A, B	ⓘ ──────── ⓙ
E	5	A, B, C	소요일수
F	4	A, C	(2) 주공정선은 굵은선으로 표시한다.

작업명	TF	FF	DF	CP
A				
B				
C				
D				
E				
F				

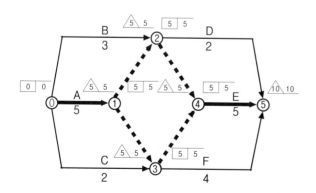

작업명	TF	FF	DF	CP
A	0	0	0	※
B	2	2	0	
C	3	3	0	
D	3	3	0	
E	0	0	0	※
F	1	1	0	

8 다음 데이터를 네트워크공정표로 작성하고, 각 작업의 여유시간을 구하시오. (10점)

작업명	작업일수	선행작업	비고
A	2	없음	(1) 결합점에서는 다음과 같이 표시한다.
B	3	없음	
C	5	없음	
D	4	없음	
E	7	A, B, C	(2) 주공정선은 굵은선으로 표시한다.
F	4	B, C, D	

작업명	TF	FF	DF	CP
A				
B				
C				
D				
E				
F				

정답 8

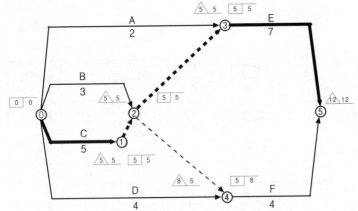

작업명	TF	FF	DF	CP
A	3	3	0	
B	2	2	0	
C	0	0	0	※
D	4	1	3	
E	0	0	0	※
F	3	3	0	

9 다음 데이터를 네트워크공정표로 작성하고, 각 작업의 여유시간을 구하시오. (10점)

작업명	작업일수	선행작업	비고
A	3	없음	(1) 결합점에서는 다음과 같이 표시한다.
B	2	없음	
C	4	없음	
D	5	C	
E	2	B	
F	3	A	
G	3	A, C, E	(2) 주공정선은 굵은선으로 표시한다.
H	4	D, F, G	

작업명	TF	FF	DF	CP
A				
B				
C				
D				
E				
F				
H				

정답 9

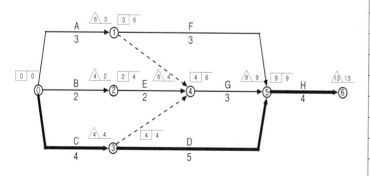

작업명	TF	FF	DF	CP
A	3	0	3	
B	2	0	2	
C	0	0	0	※
D	0	0	0	※
E	2	0	2	
F	3	3	0	
G	2	2	0	
H	0	0	0	※

10 다음 데이터를 네트워크공정표로 작성하고, 각 작업의 여유시간을 구하시오. (10점)

작업명	작업일수	선행작업	비고
A	5	없음	
B	6	없음	(1) 결합점에서는 다음과 같이 표시한다.
C	5	A	
D	2	A, B	
E	3	A	
F	4	C, E	
G	2	D	(2) 주공정선은 굵은선으로 표시한다.
H	3	F, G	

작업명	TF	FF	DF	CP
A				
B				
C				
D				
E				
F				
H				

정답 10

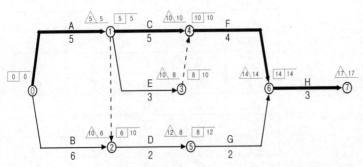

작업명	TF	FF	DF	CP
A	0	0	0	※
B	4	0	4	
C	0	0	0	※
D	4	0	4	
E	2	2	0	
F	0	0	0	※
G	4	4	0	
H	0	0	0	※

11 다음 데이터를 네트워크공정표로 작성하고, 각 작업의 여유시간을 구하시오. (10점)

작업명	작업일수	선행작업	비고
A	3	없음	
B	4	없음	(1) 결합점에서는 다음과 같이 표시한다.
C	5	없음	
D	6	A, B	
E	7	B	
F	4	D	
G	5	D, E	(2) 주공정선은 굵은선으로 표시한다.
H	6	C, F, G	
I	7	F, G	

작업명	TF	FF	DF	CP
A				
B				
C				
D				
E				
F				
H				
I				

정답 11

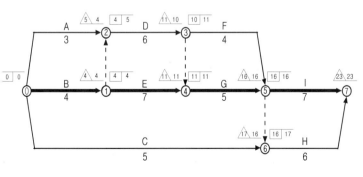

작업명	TF	FF	DF	CP
A	2	1	1	
B	0	0	0	※
C	12	11	1	
D	1	0	1	
E	0	0	0	※
F	2	2	0	
G	0	0	0	※
H	1	1	0	
I	0	0	0	※

12 다음 데이터를 네트워크공정표로 작성하고, 각 작업의 여유시간을 구하시오. (10점)

작업명	작업일수	선행작업	비고
A	5	없음	
B	6	A	
C	5	A	
D	4	A	(1) 결합점에서는 다음과 같이 표시한다.
E	3	B	
F	7	B, C, D	
G	8	D	
H	6	E	
I	5	E, F	(2) 주공정선은 굵은선으로 표시한다.
J	8	E, F, G	
K	7	H, I, J	

작업명	TF	FF	DF	CP
A				
B				
C				
D				
E				
F				
H				
I				
J				
K				

정답 12

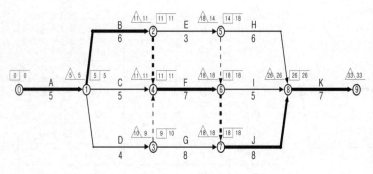

작업명	TF	FF	DF	CP
A	0	0	0	※
B	0	0	0	※
C	1	1	0	
D	1	0	1	
E	4	0	4	
F	0	0	0	※
G	1	1	0	
H	6	6	0	
I	3	3	0	
J	0	0	0	※
K	0	0	0	※

13 다음 데이터를 네트워크공정표로 작성하고, 각 작업의 여유시간을 구하시오. (10점)

작업명	작업일수	선행작업	비고
A	5	없음	
B	8	A	
C	4	A	(1) 결합점에서는 다음과 같이 표시한다.
D	6	A	
E	7	B	EST LST 작업명 LFT EFT
F	8	B, C, D	ⓘ ────────▶ ⓙ
G	4	D	소요일수
H	6	E	
I	4	E, F	(2) 주공정선은 굵은선으로 표시한다.
J	8	E, F, G	
K	4	H, I, J	

작업명	TF	FF	DF	CP
A				
B				
C				
D				
E				
F				
H				
I				
J				
K				

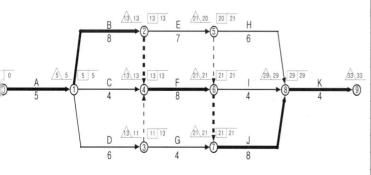

작업명	TF	FF	DF	CP
A	0	0	0	※
B	0	0	0	※
C	4	4	0	
D	2	0	2	
E	1	0	1	
F	0	0	0	※
G	6	6	0	
H	3	3	0	
I	4	4	0	
J	0	0	0	※
K	0	0	0	※

14 다음 데이터를 네트워크공정표로 작성하고, 각 작업의 여유시간을 구하시오. (10점)

작업명	작업일수	선행작업	비고
A	5	없음	
B	6	없음	(1) 결합점에서는 다음과 같이 표시한다.
C	5	A, B	
D	7	A, B	
E	3	B	
F	4	B	
G	2	C, E	(2) 주공정선은 굵은선으로 표시한다.
H	4	C, D, E, F	

작업명	TF	FF	DF	CP
A				
B				
C				
D				
E				
F				
H				

정답 14

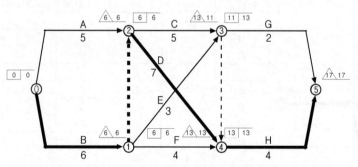

작업명	TF	FF	DF	CP
A	1	1	0	
B	0	0	0	※
C	2	0	2	
D	0	0	0	※
E	4	2	2	
F	3	3	0	
G	4	4	0	
H	0	0	0	※

15 다음 데이터를 네트워크공정표로 작성하시오. (10점)

작업명	작업일수	선행작업	비고
A	5	없음	(1) 결합점에서는 다음과 같이 표시한다. ![ET LT] ─작업명─→ ![ET LT] 소요일수 (2) 주공정선은 굵은선으로 표시한다.
B	2	없음	
C	4	없음	
D	5	A, B, C	
E	3	A, B, C	
F	2	A, B, C	
G	2	D, E	
H	5	D, E, F	
I	4	D, F	

정답 15

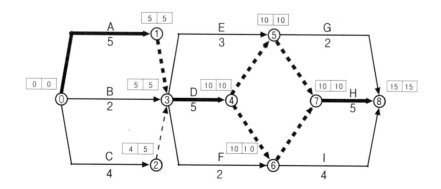

16 다음 데이터를 네트워크공정표로 작성하시오. (10점)

작업명	작업일수	선행작업	비고
A	4	없음	
B	2	없음	(1) 공정표의 표현은 다음과 같이 한다.
C	4	없음	
D	2	없음	
E	7	C, D	
F	8	A, B, C, D	
G	10	A, B, C, D	(2) 주공정선은 굵은선으로 표시하며,
H	5	E, F	결합점 번호는 작성원칙에 따라 부여한다.

비고란 그림:

ET LT — 작업명 — ET LT
ⓘ 소요일수 (TF) FF ⓙ
(DF)

정답 16

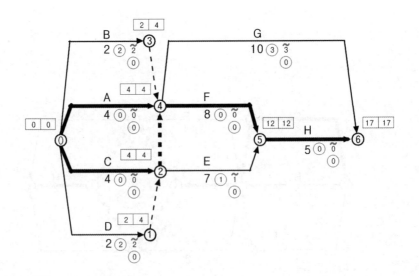

17 다음 데이터를 네트워크공정표로 작성하고, 각 작업의 여유시간을 구하시오. (10점)

작업명	작업일수	선행작업	비고
A	5	없음	(1) 결합점에서는 다음과 같이 표시한다.
B	2	없음	
C	4	없음	EST LST 작업명 LFT EFT
D	4	A, B, C	ⓘ ────────── ⓙ
E	3	A, B, C	소요일수
F	2	A, B, C	(2) 주공정선은 굵은선으로 표시한다.

작업명	EST	EFT	LST	LFT	TF	FF	DF	CP
A								
B								
C								
D								
E								
F								

정답 17

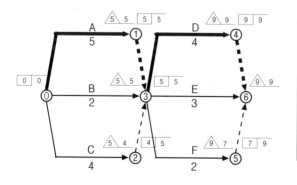

작업명	EST	EFT	LST	LFT	TF	FF	DF	CP
A	0	5	0	5	0	0	0	※
B	0	2	3	5	3	3	0	
C	0	4	1	5	1	1	0	
D	5	9	5	9	0	0	0	※
E	5	8	6	9	1	1	0	
F	5	7	7	9	2	2	0	

해설 17 【일정 및 여유계산 LIST 답안작성 순서】

(1) TF, FF, DF, CP를 먼저 채운다.

작업명	EST	EFT	LST	LFT	TF	FF	DF	CP
A					0	0	0	※
B					3	3	0	
C					1	1	0	
D					0	0	0	※
E					1	1	0	
F					2	2	0	

(2) 각 작업명 옆에 소요일수를 연필로 기입한다.

작업명	EST	EFT	LST	LFT	TF	FF	DF	CP
A 5					0	0	0	※
B 2					3	3	0	
C 4					1	1	0	
D 4					0	0	0	※
E 3					1	1	0	
F 2					2	2	0	

(3) 공정표를 보고 해당 작업의 앞쪽에 있는 결합점의 네모칸의 숫자를 기입한 것이 EST이며, 이것을 종축으로 전체 기입해 나간다.

작업명	EST	EFT	LST	LFT	TF	FF	DF	CP
A 5	0				0	0	0	※
B 2	0				3	3	0	
C 4	0				1	1	0	
D 4	5				0	0	0	※
E 3	5				1	1	0	
F 2	5				2	2	0	

(4) 공정표를 보고 해당 작업의 뒷쪽에 있는 결합점의 세모칸의 숫자를 기입한 것이 LFT이며, 이것을 종축으로 전체 기입해 나간다.

작업명	EST	EFT	LST	LFT	TF	FF	DF	CP
A 5	0	5		5	0	0	0	※
B 2	0	2		5	3	3	0	
C 4	0	4		5	1	1	0	
D 4	5	9		9	0	0	0	※
E 3	5	8		9	1	1	0	
F 2	5	7		9	2	2	0	

(5) 각 작업의 소요일수에 EST를 더한 값이 EFT이며, 이것을 종축으로 전체 기입해 나간다.

작업명	EST	EFT	LST	LFT	TF	FF	DF	CP
A 5	0	5			0	0	0	※
B 2	0	2			3	3	0	
C 4	0	4			1	1	0	
D 4	5	9			0	0	0	※
E 3	5	8			1	1	0	
F 2	5	7			2	2	0	

(6) 각 작업의 LFT에서 소요일수를 뺀 값이 LST이며, 이것을 종축으로 전체 기입해 나간다.

작업명	EST	EFT	LST	LFT	TF	FF	DF	CP
A 5	0	5	0	5	0	0	0	※
B 2	0	2	3	5	3	3	0	
C 4	0	4	1	5	1	1	0	
D 4	5	9	5	9	0	0	0	※
E 3	5	8	6	9	1	1	0	
F 2	5	7	7	9	2	2	0	

(7) 각 작업명 옆에 소요일수를 지우개로 깨끗이 지운다.

작업명	EST	EFT	LST	LFT	TF	FF	DF	CP
A	0	5	0	5	0	0	0	※
B	0	2	3	5	3	3	0	
C	0	4	1	5	1	1	0	
D	5	9	5	9	0	0	0	※
E	5	8	6	9	1	1	0	
F	5	7	7	9	2	2	0	

18 다음에 제시된 화살표형 네트워크 공정표를 통해 일정계산 및 여유시간, 주공정선(CP)과 관련된 빈칸을 모두 채우시오.
(단, CP에 해당하는 작업은 ※ 표시를 하시오.)

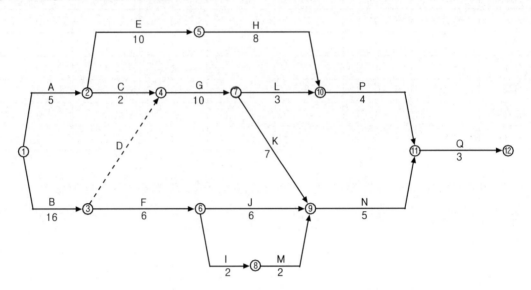

작업명	EST	EFT	LST	LFT	TF	FF	DF	CP
A								
B								
C								
D								
E								
F								
G								
H								
I								
J								
K								
L								
M								
N								
P								
Q								

정답 18

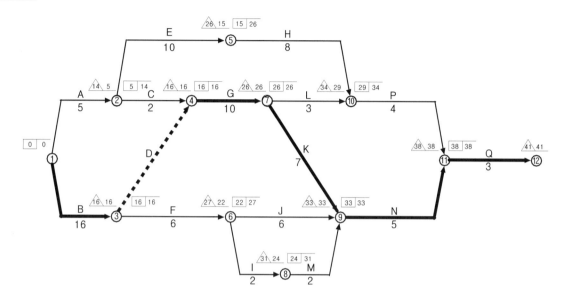

작업명	EST	EFT	LST	LFT	TF	FF	DF	CP
A	0	5	9	14	9	0	9	
B	0	16	0	16	0	0	0	※
C	5	7	14	16	9	9	0	
D	16	16	16	16	0	0	0	※
E	5	15	16	26	11	0	11	
F	16	22	21	27	5	0	5	
G	16	26	16	26	0	0	0	※
H	15	23	26	34	11	6	5	
I	22	24	29	31	7	0	7	
J	22	28	27	33	5	5	0	
K	26	33	26	33	0	0	0	※
L	26	29	31	34	5	0	5	
M	24	26	31	33	7	7	0	
N	33	38	33	38	0	0	0	※
P	29	33	34	38	5	5	0	
Q	38	41	38	41	0	0	0	※

핵심 2

최소비용에 의한 공기단축

1 비용경사(Cost Slope, 비용구배)

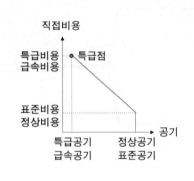

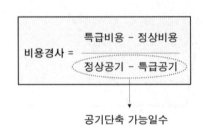

$$비용경사 = \frac{특급비용 - 정상비용}{정상공기 - 특급공기}$$

공기단축 가능일수

➡ 비용경사(Cost Slope): 작업을 1일 단축할 때 추가되는 직접비용

예제

다음 Data를 이용하여 각 작업별 비용경사(Cost Slope)를 구해보자.

작업명	정상계획		급속계획	
	공기(일)	비용(원)	공기(일)	비용(원)
A	4	6,000	2	9,000
B	15	14,000	14	16,000
C	7	5,000	4	8,000
D	5	12,000	5	12,000

해설

(1) $A = \dfrac{9,000 - 6,000}{4 - 2} = 1,500원/일$

(2) $B = \dfrac{16,000 - 14,000}{15 - 14} = 2,000원/일$

(3) $C = \dfrac{8,000 - 5,000}{7 - 4} = 1,000원/일$

(4) D작업은 정상공기와 특급공기가 같으므로 공기단축이 불가능한 작업이다.

2 MCX(Minimum Cost eXpediting) 공기단축 기법의 순서

■ □ □ □ □ STEP I		Network 공정표를 작성하고 전진일정계산을 통해 계산공기와 주공정선을 파악한다.
■ ■ □ □ □ STEP II		각 작업의 단축가능한 일수를 확인하고, 비용경사를 계산한다.
■ ■ ■ □ □ STEP III	①	주공정선(최초CP) 상의 작업을 선택하되, 단축가능한 작업이어야 한다.
	②	비용경사가 최소인 작업을 단축한계까지 단축한다.
	③	보조주공정선(보조CP)의 발생을 확인한 후, 보조주공정선의 동시단축 경로를 고려한다.
	④	②, ③의 과정을 반복 시행한다.

예제

다음 데이터를 이용하여 정상공기를 산출한 결과 지정공기보다 3일이 지연되는 결과이었다. 공기를 조정하여 3일의 공기를 단축한 네트워크공정표를 작성하고 아울러 총공사금액을 산출하시오.

작업명	선행작업	정상(Normal)		특급(Crash)		비 고
		공기(일)	공비(원)	공기(일)	공비(원)	
A	없음	3	7,000	3	7,000	
B	A	5	5,000	3	7,000	
C	A	6	9,000	4	12,000	
D	A	7	6,000	4	15,000	단축된 공정표에서 CP는 굵은 선으로 표시하고, 결합점에서는 다음과 같이 표시한다.
E	B	4	8,000	3	8,500	
F	B	10	15,000	6	19,000	
G	C, E	8	6,000	5	12,000	
H	D	9	10,000	7	18,000	
I	F, G, H	2	3,000	2	3,000	

EST│LST ── 작업명 ── LFT│EFT
ⓘ ── 소요일수 ── ⓙ

■□□□□ STEP I, STEP II: 공기단축을 위한 준비과정

① Network 공정표를 작성한 후 전진일정계산을 하여 주공정선(CP) 및 계산공기를 파악한다.

② 1일씩 공기단축을 할 때 단축작업 대상과 추가되는 직접비에 대한 간단한 표를 작성한다.

③ 각 작업의 공기단축가능일수와 비용경사를 파악하여 공정표상에 연필로 기입한다.

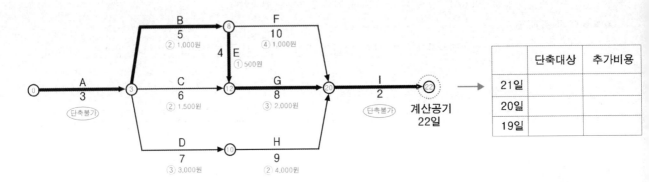

	단축대상	추가비용
21일		
20일		
19일		

■■□□□ STEP III-1: 22일에서 21일로의 공기단축

22일에서 21일로 단축 시 고려되어야 할 CP는 A-B-E-G-I 경로이며, 이 중에서 최소의 비용을 갖는 E작업을 1일 단축하게 되면 추가비용이 500원이 산정되고, 공정표상의 나머지 경로를 모두 살펴보면 A-D-H-I 경로도 보조CP가 된다.

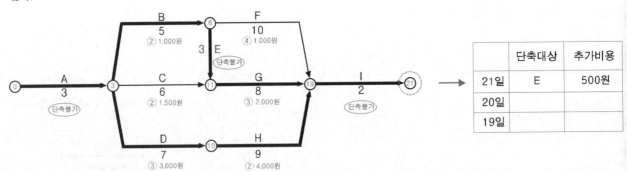

	단축대상	추가비용
21일	E	500원
20일		
19일		

21일에서 20일로 단축 시 고려되어야 할 CP: A̶-̶B̶-̶E̶-̶G̶-̶I̶

A̶-̶D̶-̶H̶-̶I̶

STEPⅢ-2: 21일에서 20일로의 공기단축

21일에서 20일로 단축 시 고려되어야 할 CP는 A-B-E-G-I, A-D-H-I 2개의 경로이며, 이 중에서 최소의 비용을 갖는 조합 B+D 작업을 1일 단축하게 되면 추가비용이 4,000원이 산정되고, 공정표상의 나머지 경로를 모두 살펴보면 보조CP가 없음이 확인된다.

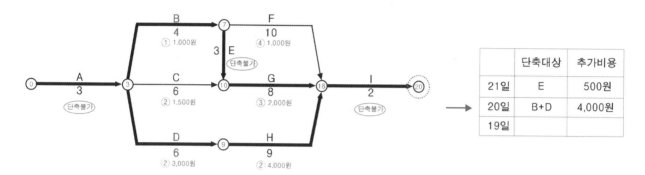

	단축대상	추가비용
21일	E	500원
20일	B+D	4,000원
19일		

20일에서 19일로 단축 시 고려되어야 할 CP: ╳-B-╳-G-╳

╳-D-H-╳

STEPⅢ-3: 20일에서 19일로의 공기단축

20일에서 21일로 단축 시 고려되어야 할 CP는 A-B-E-G-I, A-D-H-I 2개의 경로이며, 이 중에서 최소의 비용을 갖는 조합 B+D 작업을 1일 단축하게 되면 추가비용이 4,000원이 산정되고, 최종적으로 모든 경로를 살펴보면 A-C-G-I의 경로도 보조CP가 되는 것이 확인된다.

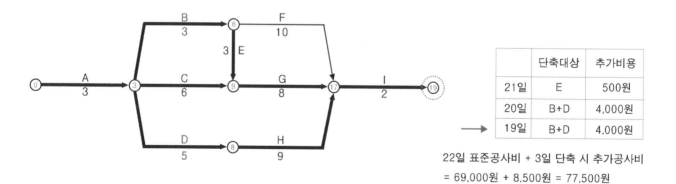

	단축대상	추가비용
21일	E	500원
20일	B+D	4,000원
19일	B+D	4,000원

22일 표준공사비 + 3일 단축 시 추가공사비
= 69,000원 + 8,500원 = 77,500원

3일의 공기를 단축한 공정표

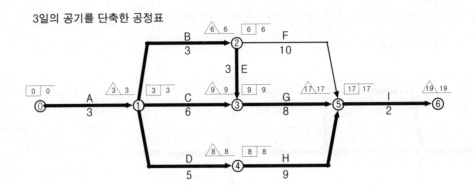

3일의 공기를 단축한 총공사금액

	단축대상	추가비용
21일	E	500원
20일	B+D	4,000원
19일	B+D	4,000원

22일 표준공사비 + 3일 단축 시 추가공사비
= 69,000원 + 8,500원 = 77,500원

1 공기단축 MCX이론에서 최소의 비용으로 공기단축을 하기 위해서 비용경사(Cost Slope)를 계산하게 된다. 비용경사는 공기 1일을 단축하는데 추가되는 비용을 말한다. 비용경사를 식으로 나타내시오. (3점)

정답 1 비용경사 $= \dfrac{\text{특급비용} - \text{정상비용}}{\text{정상시간} - \text{특급시간}}$

2 다음과 같은 작업 Data에서 비용경사(Cost Slope)가 가장 작은 작업부터 순서대로 작업명을 쓰시오. (3점)

작업명	정상계획		급속계획	
	공기(일)	비용(원)	공기(일)	비용(원)
A	4	6,000	2	9,000
B	15	14,000	14	16,000
C	7	5,000	4	8,000

정답 2

$A = \dfrac{9,000 - 6,000}{4 - 2} = 1,500$원/일, $B = \dfrac{16,000 - 14,000}{15 - 14} = 2,000$원/일, $C = \dfrac{8,000 - 5,000}{7 - 4} = 1,000$원/일 ∴ C ➡ A ➡ B

3 공기단축 기법에서 MCX(Minimum Cost Expediting) 기법의 순서를 보기에서 골라 번호로 쓰시오. (4점)

보기

① 비용경사가 최소인 작업을 단축한다.　　② 보조주공정선의 발생을 확인한다.
③ 단축한계까지 단축한다.　　④ 단축가능한 작업이어야 한다.
⑤ 주공정선상의 작업을 선택한다.　　⑥ 보조주공정선의 동시단축 경로를 고려한다.
⑦ 앞의 순서를 반복 시행한다.

정답 3

⑤ ➡ ④ ➡ ① ➡ ③ ➡ ② ➡ ⑥ ➡ ⑦

4 다음 데이터를 이용하여 3일 공기단축한 네트워크 공정표를 작성하고 공기단축된 상태의 총공사비용을 산출하시오. (8점)

작업명	선행작업	작업일수	비용구배(원)	비고
A	없음	3	5,000	(1) 단축된 공정표에서 CP는 굵은선으로 표시하고, 결합점에서는 다음과 같이 표시한다.
B	없음	2	1,000	
C	없음	1	1,000	
D	A, B, C	4	4,000	(2) 공기단축은 작업일수의 1/2을 초과할 수 없다.
E	B, C	6	3,000	
F	C	5	5,000	(3) 표준공기 시 총공사비는 2,500,000원이다.

비고란 그림:
$\text{EST} | \text{LST}$ ── 작업명 / 소요일수 ──▶ $\text{LFT} | \text{EFT}$

해설 4

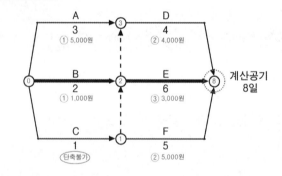

고려되어야 할 CP 및 보조CP		단축대상	추가비용
8일 ☞ 7일	B-E	B	1,000
7일 ☞ 6일	~~B-E~~ A-D ~~C-E~~	D+E	7,000
6일 ☞ 5일	~~B-E~~ A-D ~~C-E~~ C-F	D+E+F	12,000

정답 4

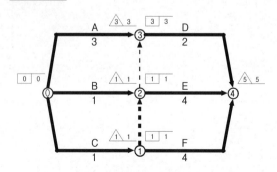

	단축대상	추가비용
7일	B	1,000
6일	D+E	7,000
5일	D+E+F	12,000

8일 표준공사비 + 3일 단축 시 추가공사비
= 2,500,000 + 20,000 = 2,520,000원

5 다음 데이터를 이용하여 물음에 답하시오. (12점)

작업명	선행작업	작업일수	비용구배(원)	비고
A	없음	5	10,000	(1) 결합점에서의 일정은 다음과 같이 표시하고, 주공정선은 굵은선으로 표시한다.
B	없음	8	15,000	
C	없음	15	9,000	
D	A	3	공기단축불가	
E	A	6	25,000	
F	B, D	7	30,000	(2) 공기단축은
G	B, D	9	21,000	Activity I 에서 2일,
H	C, E	10	8,500	Activity H에서 3일,
I	H, F	4	9,500	Activity C에서 5일
J	G	3	공기단축불가	
K	I, J	2	공기단축불가	(3) 표준공기 시 총공사비는 1,000,000원이다.

비고란 그림 설명:

$$\boxed{EST \mid LST} \quad \overset{\text{작업명}}{\underset{\text{소요일수}}{\longrightarrow}} \quad \boxed{LFT \mid EFT}$$
$$\overset{i}{\bigcirc} \qquad\qquad \overset{j}{\bigcirc}$$

(1) 표준(Normal) Network를 작성하시오.

(2) 공기를 10일 단축한 Network를 작성하시오.

(3) 공기단축된 총공사비를 산출하시오.

해설 5

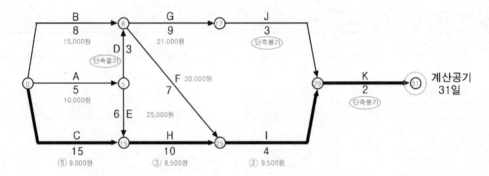

고려되어야 할 CP 및 보조CP	단축대상	추가비용
31일 ☞ 30일 C–H–I–K̶	H	8,500
30일 ☞ 29일 C–H–I–K̶	H	8,500
29일 ☞ 28일 C–H–I–K̶	H	8,500
28일 ☞ 27일 C–H̶–I–K̶	C	9,000
27일 ☞ 26일 C–H̶–I–K̶	C	9,000
26일 ☞ 25일 C–H̶–I–K̶	C	9,000
25일 ☞ 24일 C–H̶–I–K̶	C	9,000
24일 ☞ 23일 C–H̶–I–K̶ A–E–H̶–I–K̶	I	9,500
23일 ☞ 22일 C–H̶–I–K̶ A–E–H̶–I–K̶	I	9,500
22일 ☞ 21일 C–H̶–I̶–K̶ A–E–H̶–I̶–K̶ A–D̶–G–J̶–K̶ B–G–J̶–K̶	A+B+C	34,000

정답 5

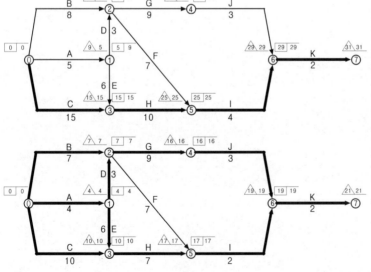

	단축대상	추가비용
30일	H	8,500
29일	H	8,500
28일	H	8,500
27일	C	9,000
26일	C	9,000
25일	C	9,000
24일	C	9,000
23일	I	9,500
22일	I	9,500
21일	A+B+C	34,000

31일 표준공사비 + 10일 단축 시 추가공사비
= 1,000,000 + 114,500 = 1,114,500원

6 주어진 자료(DATA)에 의하여 다음 물음에 답하시오. (10점)

작업명	선행작업	표준(Normal)		급속(Crash)		비고
		공기(일)	공비(원)	공기(일)	공비(원)	
A	없음	5	170,000	4	210,000	결합점에서의 일정은 다음과 같이 표시하고, 주공정선은 굵은 선으로 표시한다.
B	없음	18	300,000	13	450,000	
C	없음	16	320,000	12	480,000	
D	A	8	200,000	6	260,000	
E	A	7	110,000	6	140,000	
F	A	6	120,000	4	200,000	
G	D, E, F	7	150,000	5	220,000	

(1) 표준(Normal) Network를 작성하시오.

(2) 표준공기 시 총공사비를 산출하시오.

(3) 4일 공기단축된 총공사비를 산출하시오.

해설 6

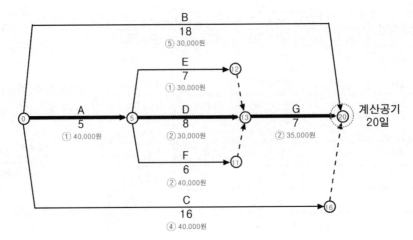

고려되어야 할 CP 및 보조CP			단축대상	추가비용
20일 ☞ 19일	A-D-G		D	30,000
19일 ☞ 18일	A-D-G A-E-G		G	35,000
18일 ☞ 17일	A-D-G A-E-G B		B+G	65,000
17일 ☞ 16일	A-D-G̶ A-E-G̶ B		A+B	70,000

정답 6

(1)

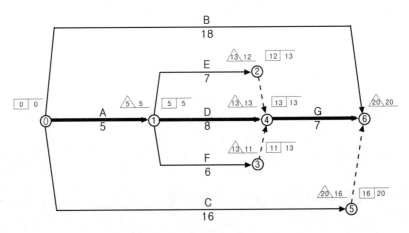

(2) 170,000 + 300,000 + 320,000 + 200,000 + 110,000 + 120,000 + 150,000 = 1,370,000원

(3) 20일 표준공사비 + 4일 단축 시 추가공사비
    = 1,370,000 + 200,000 = 1,570,000원

	단축대상	추가비용
19일	D	30,000
18일	G	35,000
17일	B+G	65,000
16일	A+B	70,000

7 다음 데이터를 네트워크 공정표로 작성하고, 4일의 공기를 단축한 최종상태의 공사비를 산출하시오. (10점)

작업명	선행작업	표준(Normal)		급속(Crash)		비고
		공기(일)	공비(원)	공기(일)	공비(원)	
A	없음	3	70,000	2	130,000	(1) 최종 작성 공정표에서 CP는 굵은 선으로 표시한다. 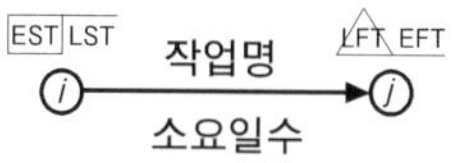
B	없음	4	60,000	2	80,000	
C	A	4	50,000	3	90,000	
D	A	6	90,000	3	120,000	(2) 결합점에서는 다음과 같이 표시한다.
E	A	5	70,000	3	140,000	
F	B, C, D	3	80,000	2	120,000	

(1) 표준(Normal) Network 공정표

(2) 4일 공기단축된 총공사비

해설 7

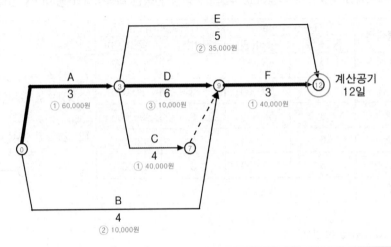

고려되어야 할 CP 및 보조CP		단축대상	추가비용
12일 ☞ 11일	A-D-F	D	10,000
11일 ☞ 10일	A-D-F	D	10,000
10일 ☞ 9일	A-D-F　A-C-F	F	40,000
9일 ☞ 8일	A-D-F̶　A-C-F̶	C+D	50,000

정답 7

(1)

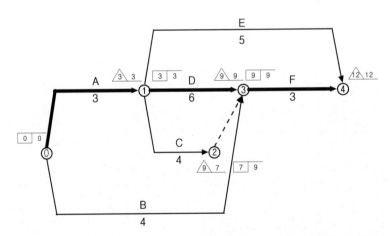

(2) 12일 표준공사비 + 4일 단축 시 추가공사비

= 420,000 + 110,000 = 530,000원

	단축대상	추가비용
11일	D	10,000
10일	D	10,000
9일	F	40,000
8일	C+D	50,000

8 다음 데이터를 이용하여 정상공기를 산출한 결과 지정공기보다 3일이 지연되는 결과이었다. 공기를 조정하여 3일의 공기를 단축한 네트워크공정표를 작성하고 아울러 총공사금액을 산출하시오. (10점)

작업명	선행작업	정상(Normal)		특급(Crash)		비고
		공기(일)	공비(원)	공기(일)	공비(원)	
A	없음	3	7,000	3	7,000	(1) 단축된 공정표에서 CP는 굵은선으로 표시하고, 결합점에서는 다음과 같이 표시한다.
B	A	5	5,000	3	7,000	
C	A	6	9,000	4	12,000	
D	A	7	6,000	4	15,000	
E	B	4	8,000	3	8,500	
F	B	10	15,000	6	19,000	
G	C, E	8	6,000	5	12,000	(2) 정상공기는 답지에 표기하지 않고 시험지 여백을 이용할 것
H	D	9	10,000	7	18,000	
I	F, G, H	2	3,000	2	3,000	

(1) 3일 공기단축한 Network 공정표

(2) 3일 공기단축된 총공사비

해설 8

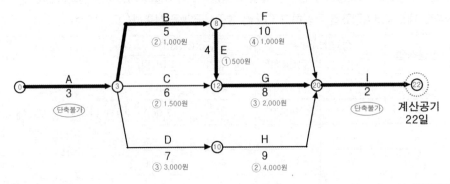

	고려되어야 할 CP 및 보조CP		단축대상	추가비용
22일 ☞ 21일	A̶-B-E-G̶-I̶		E	500
21일 ☞ 20일	A̶-B-E̶-G̶-I̶	A̶-D-H̶-I̶	B+D	4,000
20일 ☞ 19일	A̶-B-E̶-G̶-I̶	A̶-D-H̶-I̶	B+D	4,000

정답 8

(1)

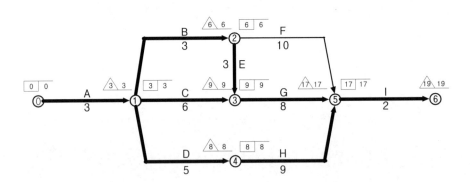

(2) 22일 표준공사비 + 3일 단축 시 추가공사비
    = 69,000 + 8,500 = 77,500원

	단축대상	추가비용
21일	E	500
20일	B+D	4,000
19일	B+D	4,000

9 다음 데이터를 이용하여 정상공기를 산출한 결과 지정공기보다 6일이 지연되는 결과이었다. 공기를 조정하여 6일의 공기를 단축한 네트워크공정표를 작성하고 아울러 총공사금액을 산출하시오. (10점)

작업명	선행작업	정상(Normal)		특급(Crash)		비고
		공기(일)	공비(원)	공기(일)	공비(원)	
A	없음	3	3,000	3	3,000	(1) 단축된 공정표에서 CP는 굵은선으로 표시하고, 결합점에서는 다음과 같이 표시한다.
B	A	5	5,000	3	7,000	
C	A	6	9,000	4	12,000	
D	A	7	6,000	4	15,000	
E	B	4	8,000	3	8,500	
F	B	10	15,000	6	19,000	
G	C, E	8	6,000	5	12,000	(2) 정상공기는 답지에 표기하지 않고 시험지 여백을 이용할 것
H	D	9	10,000	7	18,000	
I	F, G, H	2	3,000	2	3,000	

(1) 단축된 공정표에서 CP는 굵은선으로 표시하고, 결합점에서는 다음과 같이 표시한다.

$\boxed{EST | LST}$ 작업명 → $\boxed{LFT | EFT}$
소요일수

(2) 정상공기는 답지에 표기하지 않고 시험지 여백을 이용할 것

(1) 6일 공기단축한 Network 공정표

(2) 6일 공기단축된 총공사비

해설 9

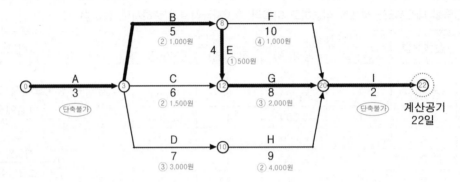

고려되어야 할 CP 및 보조CP				단축대상	추가비용
22일 ☞ 21일	A̶-B-E-G̶-I̶			E	500
21일 ☞ 20일	A̶-B-E̶-G̶-I̶	A̶-D-H̶-I̶		B+D	4,000
20일 ☞ 19일	A̶-B-E̶-G̶-I̶	A̶-D-H̶-I̶		B+D	4,000
19일 ☞ 18일	A̶-B̶-E̶-G-I̶	A̶-D-H̶-I̶	A̶-C-G̶-I̶	D+G	5,000
18일 ☞ 17일	A̶-B̶-E̶-G̶-I̶	A̶-D̶-H̶-I̶	A̶-C-G̶-I̶ A̶-B-F̶-I̶	F+G+H	7,000
17일 ☞ 16일	A̶-B̶-E̶-G̶-I̶	A̶-D̶-H̶-I̶	A̶-C-G̶-I̶ A̶-B-F̶-I̶	F+G+H	7,000

정답 9

(1)

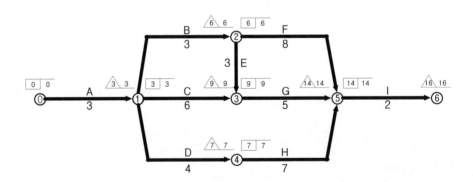

(2) 22일 표준공사비 + 6일 단축 시 추가공사비
= 65,000 + 27,500 = 92,500원

	단축대상	추가비용
21일	E	500
20일	B+D	4,000
19일	B+D	4,000
18일	D+G	5,000
17일	F+G+H	7,000
16일	F+G+H	7,000

10 다음 데이터를 이용하여 Normal Time 네트워크 공정표를 작성하고, 아울러 3일 공기단축한 네트워크 공정표 및 총공사금액을 산출하시오. (10점)

Activity	Normal		Crash		비고
	Time	Cost(원)	Time	Cost(원)	
A(0→1)	3	20,000	2	26,000	
B(0→2)	7	40,000	5	50,000	표준 공정표에서의 일정은 다음과 같이 표시하고, 주공정선은 굵은선으로 표시한다.
C(1→2)	5	45,000	3	59,000	
D(1→4)	8	50,000	7	60,000	
E(2→3)	5	35,000	4	44,000	
F(2→4)	4	15,000	3	20,000	
G(3→5)	3	15,000	3	15,000	
H(4→5)	7	60,000	7	60,000	

(1) 표준(Normal) Network를 작성하시오. (결합점에서 EST, LST, LFT, EFT를 표시할 것)

(2) 공기를 3일 단축한 Network를 작성하시오. (결합점에서 EST, LST, LFT, EFT 표시하지 않을 것)

(3) 3일 공기단축된 총공사비를 산출하시오.

해설 10

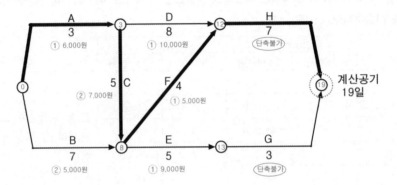

고려되어야 할 CP 및 보조CP		단축대상	추가비용
19일 ☞ 18일	A–C–F–H	F	5,000
18일 ☞ 17일	A–C–F–H, A–D–H	A	6,000
17일 ☞ 16일	A–C–F–H, A–D–H, B–F–H	B+C+D	22,000

정답 10

(1)

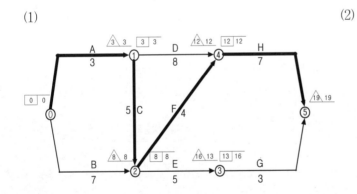

(2)

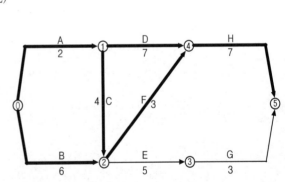

(3) 19일 표준공사비 + 3일 단축 시 추가공사비

= 280,000 + 33,000 = 313,000원

	단축대상	추가비용
18일	F	5,000
17일	A	6,000
16일	B+C+D	22,000

11 다음 데이터를 이용하여 표준네트워크 공정표를 작성하고, 7일 공기단축한 상태의 네트워크 공정표를 작성하시오. (10점)

작업명	작업일수	선행작업	비용구배(천원)	비고
A(①→②)	2	없음	50	(1) 결합점에서는 다음과 같이 표시한다. 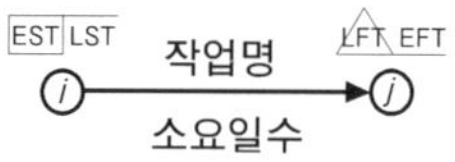
B(①→③)	3	없음	40	
C(①→④)	4	없음	30	
D(②→⑤)	5	A, B, C	20	
E(②→⑥)	6	A, B, C	10	
F(③→⑤)	4	B, C	15	(2) 공기단축은 작업일수의 1/2을 초과할
G(④→⑥)	3	C	23	수 없다.
H(⑤→⑦)	6	D, F	37	
I(⑥→⑦)	7	E, G	45	

비고란 그림:
EST|LST 작업명 LFT|EFT
ⓘ————→ⓙ
소요일수

(1) 표준 Network 공정표

(2) 7일 공기단축한 Network 공정표

해설 11

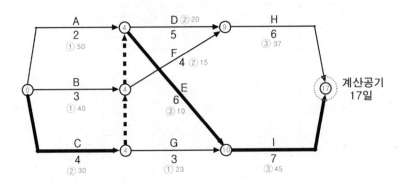

	고려되어야 할 CP 및 보조CP	단축대상	추가비용
17일 ☞ 16일	C-E-I	E	10
16일 ☞ 15일	C-E-I	E	10
15일 ☞ 14일	C-E-I C-D-H	C	30
14일 ☞ 13일	C-E-I C-D-H B-E-I B-D-H	D+E	30
13일 ☞ 12일	C-E̶-I C-D-H B̶-E̶-I B-D-H B-F-H C-G-I C-F-H	B+C	70
12일 ☞ 11일	C̶-E̶-I C̶-D-H B̶-E̶-I B̶-D-H B̶-F-H C̶-G-I C̶-F-H A-D-H A-E̶-I	D+F+I	80
11일 ☞ 10일	C̶-E̶-I C̶-D̶-H B̶-E̶-I B̶-D̶-H B̶-F-H C̶-G-I C̶-F-H A-D̶-H A-E̶-I	H+I	82

정답 11

(1)
(2)

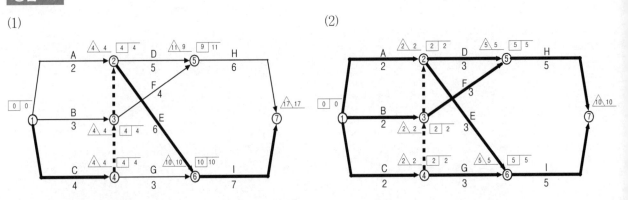

MEMO

핵심 3

자원배당, 공정관리 용어

1 공정관리 관련 용어(Ⅰ)

(1)	Network 분류	①	공기단축을 위해 작업시간을 3점추정하는 PERT(Program Evaluation & Review Technic) 공정표와 CPM(Critical Path Method) 공정표가 있다.		
		②	CPM공정표는 작업중심의 ADM(Arrow Diagram Method), 결합점 중심의 PDM(Procedence Diagram Method) 공정표가 있다.		
(2)	PERT 3점추정식	$T_e = \dfrac{t_o + 4t_m + t_p}{6}$		• T_e: 기대시간 • t_m: 정상시간	• t_o: 낙관시간 • t_p: 비관시간
(3)	더미(Dummy)	네트워크 작업의 상호관계를 나타내는 점선 화살선		• Numbering Dummy • Logical Dummy • Time-Lag Dummy • Connection Dummy	
(4)	패스(Path)	네트워크 중의 둘 이상의 작업이 연결된 작업의 경로			
	최장패스 (Longest Path)	임의의 두 결합점간의 경로 중 소요일수가 가장 긴 경로			
	주공정선 (Critical Path)	최초결합점에서 최종결합점에 이르는 가장 긴 경로			
(5)	플로우트(Float)	작업의 여유시간	TF (Total Float, 전체 여유)	임의작업의 EST에 소요일수를 더한 것을 해당작업의 LFT에서 뺀 것	
			FF (Free Float, 자유 여유)	임의작업의 EST에 소요일수를 더한 것을 후속작업의 EST에서 뺀 것	
(6)	비용경사(Cost Slope)	작업을 1일 단축할 때 추가되는 직접비용			
	특급점(Crash Point)	직접비 곡선에서 더 이상 공기를 단축시킬 수 없는 한계점			
	MCX(Minimum Cost eXpediting)	최소의 비용으로 최적의 공기를 찾는 공기조정 기법			
	공기조정	네트워크 공정표에서 지정공기와 계산공기를 일치시키는 과정			
(7)	리드 타임(Lead Time)	건설공사 계약체결 후 현장 공사착수까지의 준비기간			

2 공정관리 관련 용어(Ⅱ)

(1)	자원배당의 대상	인력(Man Power)	기계(Machine)	자재(Material)	자금(Money)
		내구성 자원(Carried Forward Resource)		소모성 자원(Used-by-Job Resource)	
(2)	자원평준화의 목적	자원의 효율화	자원변동의 최소화		시간낭비 제거
(3)	Crew Balance Method	건설현장에서 몇 개의 작업팀을 구성하여 각 공구의 작업을 균형있게 배당하는 방식으로 연속적인 반복작업에 효과적인 방식이다.			
(4)	진도관리곡선	공사 일정의 예정과 실시상태를 비교하여 공정진도를 파악하는 것으로서 S-Curve, 바나나 곡선(Banana Curve)이라고도 한다.			

(5) 횡선식 공정표 (Bar Chart)

작업\일수	1	2	3	4	5	6	7	8	9	10	11	12	13	14	15	16	17	비고
A																		
B																		
C																		
D																		
E																		
F																		
G																		
H																		

➡ 횡축에 공기, 종축에 작업명을 열거하는 간단한 막대형 공정표이다.

장점(Merit Point)	단점(Weak Point)
공종별 공사와 전체의 공정이 일목요연하다.	주공정선 파악이 어려우므로 관리가 어렵다.
공종별 공사의 착수일 및 완료일이 명시되어 판단이 용이해진다.	작업상호간의 관계가 불분명하다.
공정표가 단순하여 경험이 적은 사람도 이해하기 쉽다.	작업상황의 변동 시 탄력성이 없다.

(6) 통합공정관리 (EVMS: Earned Value Management System)

① WBS(Work Breakdown Structure): 프로젝트의 모든 작업내용을 계층적으로 분류한 것

② CA(Control Account): 공정·공사비 통합 성과측정 분석의 기본단위

③ BCWS(Budgeted Cost for Work Scheduled): 성과측정시점까지 투입예정된 공사비

④ ACWP(Actual Cost for Work Performed): 성과측정시점까지 실제로 투입된 금액

⑤ SV(Schedule Variance): 성과측정시점까지 지불된 공사비(BCWP)에서 성과측정시점까지 투입예정된 공사비를 제외한 비용

⑥ CV(Cost Variance): 성과측정시점까지 지불된 공사비(BCWP)에서 성과측정시점까지 실제로 투입된 금액을 제외한 비용

다음 네트워크공정표를 근거로 EST산적도, LST산적도를 작성하고 가장 적합한 계획에 의해 인원배당을 할 경우 1일 최대 소요인원을 산정해보자. (단, ( )속의 숫자는 1일당 소요인원이고, 지정공기는 계산공기와 같다.)

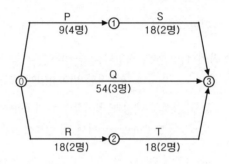

해설

(1) 일정계산을 통해 주공정선(CP)을 표시하고, 나머지 경로들의 전체여유(TF)를 파악한다.

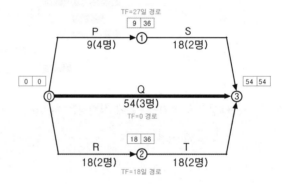

(2) 전체여유(TF)가 적은 것부터 아래에서 위로 블록을 쌓듯이 순차적으로 쌓아올린다.

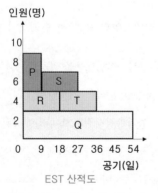

EST 산적도

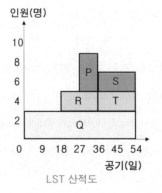

LST 산적도

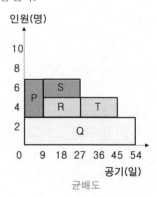

균배도

➡ 각 작업을 EST에 따라 실시할 경우의 1일 최대 소요인원: 0~9일까지 9명

➡ 각 작업을 LST에 따라 실시할 경우의 1일 최대 소요인원: 27~36일까지 9명

➡ 가장 적합한 계획에 의해 인원배당을 할 경우의 1일 최대 소요인원: 0~27일까지 7명

1 다음 ( )안에 들어갈 알맞은 용어를 쓰시오. (3점)

> Network 공정표는 공기단축을 위해 작업시간을 3점추정하는 (①)공정표와 CPM공정표가 있다.
> CPM공정표는 작업중심의 (②), 결합점 중심의 (③) 공정표가 있다.

① _____ ② _____ ③ _____

정답 1 ① PERT ② ADM ③ PDM

2 PERT에 사용되는 3가지 시간견적치를 쓰고 기대값(T_e)을 구하는 식을 쓰시오. (4점)

정답 2 t_o: 낙관시간, t_m: 정상시간, t_p: 비관시간 ➡ 기대시간 $T_e = \dfrac{t_o + 4t_m + t_p}{6}$

3 PERT에 의한 공정관리 방법에서 낙관시간이 4일, 정상시간이 5일, 비관시간이 6일 일 때, 공정상의 기대시간(T_e)을 구하시오. (3점)

정답 3 $T_e = \dfrac{4 + 4 \times 5 + 6}{6} = 5일$

4 PERT 기법에 의한 기대시간(Expected Time)을 구하시오. (4점)

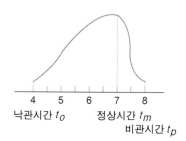

낙관시간 t_o 정상시간 t_m 비관시간 t_p

정답 4 $T_e = \dfrac{4 + 4 \times 7 + 8}{6} = 6.67$

5 Network 공정관리기법 중 서로 관계있는 항목을 연결하시오. (3점)

보기			
① 계산공기	② 패스(Path)	③ 더미(Dummy)	④ 플로우트(Float)

㉮ 네트워크 중의 둘 이상의 작업이 연결된 작업의 경로

㉯ 네트워크 시간 산식에 의해 의하여 얻은 기간

㉰ 작업의 여유시간

㉱ 네트워크 작업의 상호관계를 나타내는 점선 화살선

① _____ ② _____ ③ _____ ④ _____

정답 5 ① ㉯   ② ㉮   ③ ㉱   ④ ㉰

6 Network 공정관리 기법에 사용되는 용어를 설명하시오 (6점)

(1) 최장패스(Longest Path):

(2) 주공정선(Critical Path):

(3) 급속(특급)비용:

정답 6

(1) 임의의 두 결합점간의 경로 중 소요일수가 가장 긴 경로

(2) 최초결합점에서 최종결합점에 이르는 가장 긴 경로

(3) 공기를 최대한 단축할 때 발생되는 직접비용

7 Network 공정표에서 작업상호간의 연관 관계만을 나타내는 명목상의 작업인 더미(Dummy)의 종류를 3가지 쓰시오. (3점)

① _____ ② _____ ③ _____

정답 7 ① Numbering Dummy   ② Logical Dummy   ③ Time-Lag Dummy

8 Network 공정표에 사용되는 다음 용어에 대해 설명하시오. (4점)

(1) TF(전체여유):

(2) FF(자유여유):

정답 8

(1) 임의작업의 EST에 소요일수를 더한 것을 해당작업의 LFT에서 뺀 것
(2) 임의작업의 EST에 소요일수를 더한 것을 후속작업의 EST에서 뺀 것

9 다음 공정관리의 용어를 간단히 설명하시오. (4점)

(1) MCX(Minimum Cost eXpediting):

(2) 특급점(Crash Point):

정답 9

(1) 최소의 비용으로 최적의 공기를 찾는 공기조정 기법
(2) 직접비 곡선에서 더 이상 공기를 단축시킬 수 없는 한계점

10 다음 내용이 설명하는 적당한 용어를 쓰시오. (4점)

(1) 건설공사 계약체결 후 현장 공사착수까지의 준비기간:

(2) 네트워크 공정표에서 지정공기와 계산공기를 일치시키는 과정:

(3) 작업을 1일 단축할 때 추가되는 직접비용:

정답 10 (1) 리드 타임(Lead Time) (2) 공기조정 (3) 비용경사

11 네트워크 공정표에서 자원배당의 대상을 3가지만 쓰시오. (3점)

①_____   ②_____   ③_____

정답 11 ① 인력 ② 기계 ③ 자재

12 공사관리를 실시하는 데에는 자원에 대한 배당이 매우 중요하다 할 수 있다. 이때 소요되는 자원을 아래와 같이 특성상으로 분류하면 그 대상은 어떤 것인지 기입하시오. (4점)

(1) 내구성 자원(Carried Forward Resource): ①_____   ②_____

(2) 소모성 자원(Used-by-Job Resource):   ③_____   ④_____

정답 12 ① 인력 ② 기계 ③ 자재 ④ 자금

13 공정관리에 있어서 자원평준화 작업의 목적을 3가지 쓰시오. (3점)

①_____   ②_____   ③_____

정답 13 ① 자원의 효율화 ② 자원변동의 최소화 ③ 시간낭비 제거

14 공정관리에서 자원평준화 중 Crew Balance Method에 관하여 기술하시오. (4점)

정답 14

건설현장에서 몇 개의 작업팀을 구성하여 각 공구의 작업을 균형있게 배당하는 방식으로 연속적인 반복작업에 효과적인 방식

15 다음 네트워크 공정표를 근거로 물음에 답하시오. (단, ( )속의 숫자는 1일당 소요인원이고, 지정공기는 계산공기와 같다.) (3점)

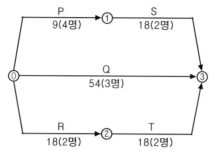

(1) 각 작업을 EST에 따라 실시할 경우의 1일 최대 소요인원 :

(2) 각 작업을 LST에 따라 실시할 경우의 1일 최대 소요인원 :

(3) 가장 적합한 계획에 의해 인원배당을 할 경우의 1일 최대 소요인원 :

(1)	(2)	(3)

해설 15

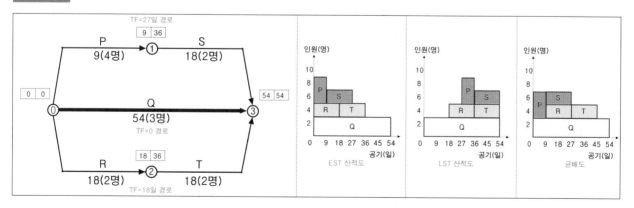

정답 15 (1) 0~9일까지 9명 (2) 27~36일까지 9명 (3) 0~27일까지 7명

16 공정관리 중 진도관리에 사용되는 S-Curve(바나나 곡선)는 주로 무엇을 표시하는데 활용되는지를 설명하시오. (4점)

정답 16

공사 일정의 예정과 실시상태를 비교하여 공정 진도를 파악하기 위한 기법

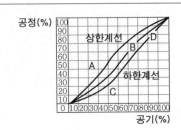

17 LOB(Line Of Balance)에 대하여 간단히 설명하시오. (4점)

정답 17

고층건축물 공사의 반복작업에서 각 작업조(組의) 생산성을 기울기로 하는 직선으로 각 반복작업의 진행을 표시하여 전체공사를 도식화하는 기법

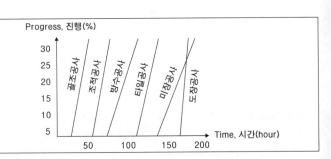

18 횡선식 공정표의 단점 3가지를 쓰시오. (3점)

① _____ ② _____

③ _____

정답 18 ① 주공정선 파악이 어려우므로 관리가 어렵다. ② 작업상호간의 관계가 불분명하다.
③ 작업상황의 변동 시 탄력성이 없다.

19 공사내용의 분류방법에서 목적에 따른 Breakdown Structure의 3가지 종류를 쓰시오. (3점)

① _____ ② _____ ③ _____

정답 19

BS (Breakdown Structure)	• WBS (Work Breakdown Structure)	작업분류체계	공사내용을 작업의 공종별로 분류한 것
	• OBS (Organization Breakdown Structure)	조직분류체계	공사내용을 관리조직에 따라 분류한 것
	• CBS (Cost Breakdown Structure)	원가분류체계	공사내용을 원가발생요소의 관점에서 분류한 것

20 WBS(Work Breakdown Structure)의 용어를 간단하게 기술하시오. (3점)

정답 20 프로젝트의 모든 작업내용을 계층적으로 분류한 작업분류체계

21 통합공정관리(EVMS: Earned Value Management System) 용어를 설명한 것 중 맞는 것을 보기에서 선택하여 번호로 쓰시오. (6점)

보기

① 프로젝트의 모든 작업내용을 계층적으로 분류한 것으로 가계도와 유사한 형성을 나타낸다.
② 성과측정시점까지 투입예정된 공사비
③ 공사착수일로부터 추정준공일까지의 실투입비에 대한 추정치
④ 성과측정시점까지 지불된 공사비(BCWP)에서 성과측정시점까지 투입예정된 공사비를 제외한 비용
⑤ 성과측정시점까지 실제로 투입된 금액
⑥ 성과측정시점까지 지불된 공사비(BCWP)에서 성과측정시점까지 실제로 투입된 금액을 제외한 비용
⑦ 공정·공사비 통합 성과측정 분석의 기본단위

(1) CA(Control Account): (2) CV(Cost Variance):
(3) ACWP(Actual Cost for Work Performed): (4) WBS(Work Breakdown Structure):
(5) SV(Schedule Variance): (6) BCWS(Budgeted Cost for Work Scheduled):

정답 21 (1) ⑦ (2) ⑥ (3) ⑤ (4) ① (5) ④ (6) ②

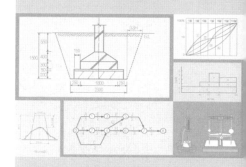

품질관리 및 재료시험

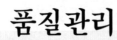

품질관리

1 품질관리(Quality Control) PDCA Cycle

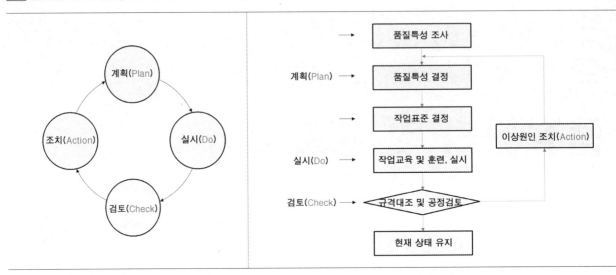

Check 1

품질관리의 4싸이클 순서인 PDCA명을 쓰시오. (4점)

해설 ① Plan(계획)　　② Do(실시)　　③ Check(검토)　　④ Action(조치)

Check 2

일반적인 품질관리 순서를 보기에서 골라 번호로 쓰시오 (4점)

① 이상의 판정 및 수정조치　　　　　② 관리도의 작성

③ 품질의 검사　　　　　　　　　　④ 품질 및 작업표준의 교육훈련 및 작업실시

⑤ 작업표준 설정　　　　　　　　　⑥ 품질표준 설정

⑦ 관리항목 선정

해설 ⑦ → ⑥ → ⑤ → ④ → ③ → ① → ②

---

2 SQC(Statistical Quality Control) : 통계적 품질관리

표본산술평균	$\bar{x} = \dfrac{\sum x_i}{n}$	범위	$R = x_{max} - x_{min}$
변동	$S = \sum (x_i - \bar{x})^2$	표본분산	$s^2 = \dfrac{S}{n-1}$
표본표준편차	$s = \sqrt{\dfrac{S}{n-1}}$	변동계수	$CV = \dfrac{s}{x} \times 100(\%)$

Check 3

다음 DATA는 일정한 산지에서 계속 반입되고 있는 잔골재의 단위체적질량을 매 차량마다 1회씩 10대를 측정한 자료이다. 이 데이터를 이용하여 다음 물음에 답하시오. (4점)

【DATA 】

1760,   1740,   1750,   1730,   1760,   1770,   1740,   1760,   1740,   1750 (산술평균 : $\bar{x} = 1750 \mathrm{kg/m^3}$)

(1) 편차제곱합

(2) 표본분산

(3) 표본표준편차

(4) 변동계수

해설

(1) $S = \sum (x_i - \bar{x})^2 = (1760-1750)^2 + (1740-1750)^2 + (1750-1750)^2 + (1730-1750)^2 + (1760-1750)^2 + (1770-1750)^2$
$+ (1740-1750)^2 + (1760-1750)^2 + (1740-1750)^2 + (1750-1750)^2 = 1400$

(2) $s^2 = \dfrac{S}{n-1} = \dfrac{1400}{10-1} = 155.56$

(3) $s = \sqrt{\dfrac{S}{n-1}} = \sqrt{\dfrac{1400}{10-1}} = 12.47$

(4) $CV = \dfrac{s}{x} \times 100(\%) = \dfrac{12.47}{1750} \times 100(\%) = 0.71\%$

3 TQC(Total Quality Control) : 종합적 품질관리

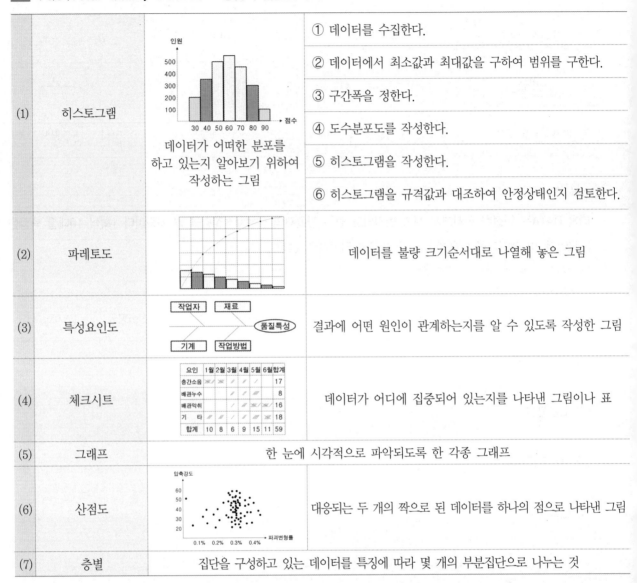

(1)	히스토그램	데이터가 어떠한 분포를 하고 있는지 알아보기 위하여 작성하는 그림	① 데이터를 수집한다.
			② 데이터에서 최소값과 최대값을 구하여 범위를 구한다.
			③ 구간폭을 정한다.
			④ 도수분포도를 작성한다.
			⑤ 히스토그램을 작성한다.
			⑥ 히스토그램을 규격값과 대조하여 안정상태인지 검토한다.
(2)	파레토도		데이터를 불량 크기순서대로 나열해 놓은 그림
(3)	특성요인도		결과에 어떤 원인이 관계하는지를 알 수 있도록 작성한 그림
(4)	체크시트		데이터가 어디에 집중되어 있는지를 나타낸 그림이나 표
(5)	그래프		한 눈에 시각적으로 파악되도록 한 각종 그래프
(6)	산점도		대응되는 두 개의 짝으로 된 데이터를 하나의 점으로 나타낸 그림
(7)	층별		집단을 구성하고 있는 데이터를 특징에 따라 몇 개의 부분집단으로 나누는 것

Check 4

다음 설명과 관계되는 TQC 도구를 쓰시오. (4점)

(1) 슈미트해머와 반발경도 사이의 상관관계를 파악:

(2) 건물 누수의 원인을 분류항목별로 구분하여 크기 순서대로 나열:

해설 (1) 산점도　　　(2) 파레토도

1 품질관리의 4싸이클 순서인 PDCA명을 쓰시오. (4점)

①_____ ②_____ ③_____ ④_____

정답 1 ① Plan(계획) ② Do(실시) ③ Check(검토) ④ Action(조치)

2 일반적인 품질관리 순서를 보기에서 골라 번호로 쓰시오 (4점)

보기		
① 이상의 판정 및 수정조치	② 관리도의 작성	③ 품질의 검사
④ 품질 및 작업표준의 교육훈련 및 작업실시	⑤ 작업표준 설정	⑥ 품질표준 설정 ⑦ 관리항목 선정

정답 2 ⑦ ➡ ⑥ ➡ ⑤ ➡ ④ ➡ ③ ➡ ① ➡ ②

3 철근의 인장강도(N/mm^2) 실험결과 DATA를 이용하여 다음이 요구하는 통계수치를 구하시오. (5점)

【DATA】	460,	540,	450,	490,	470,	500,	530,	480,	490

(1) 표본 산술평균

(2) 변동

(3) 표본분산

(4) 표본표준편차

(5) 변동계수

정답 3

(1) $\overline{x} = \dfrac{\sum x_i}{n} = \dfrac{4,410}{9} = 490$

(2) $S = \sum (x_i - \overline{x})^2 = (460-490)^2 + (540-490)^2 + (450-490)^2 + (490-490)^2 + (470-490)^2 + (500-490)^2$
$\qquad + (530-490)^2 + (480-490)^2 + (490-490)^2 = 7,200$

(3) $s^2 = \dfrac{S}{n-1} = \dfrac{7,200}{9-1} = 900$
(4) $s = \sqrt{\dfrac{S}{n-1}} = \sqrt{\dfrac{7,200}{9-1}} = 30$

(5) $CV = \dfrac{s}{x} \times 100(\%) = \dfrac{30}{490} \times 100(\%) = 6.12\%$

4 다음 DATA는 일정한 산지에서 계속 반입되고 있는 잔골재의 단위체적질량을 매 차량마다 1회씩 10대를 측정한 자료이다. 이 데이터를 이용하여 다음 물음에 답하시오. (4점)

【DATA】

| 1760, | 1740, | 1750, | 1730, | 1760, | 1770, | 1740, | 1760, | 1740, | 1750 | (산술평균 : $\overline{x} = 1750\text{kg/m}^3$) |

(1) 편차제곱합

(2) 표본분산

(3) 표본표준편차

(4) 변동계수

정답 4

(1) $S = \sum (x_i - \overline{x})^2 = (1760-1750)^2 + (1740-1750)^2 + (1750-1750)^2 + (1730-1750)^2 + (1760-1750)^2 + (1770-1750)^2$
$\qquad + (1740-1750)^2 + (1760-1750)^2 + (1740-1750)^2 + (1750-1750)^2 = 1400$

(2) $s^2 = \dfrac{S}{n-1} = \dfrac{1400}{10-1} = 155.56$
(3) $s = \sqrt{\dfrac{S}{n-1}} = \sqrt{\dfrac{1400}{10-1}} = 12.47$

(4) $CV = \dfrac{s}{x} \times 100(\%) = \dfrac{12.47}{1750} \times 100(\%) = 0.71\%$

5 TQC를 위한 7가지 통계수법을 쓰시오. (3점)

①_____ ②_____ ③_____ ④_____

⑤_____ ⑥_____ ⑦_____

정답 5 ① 히스토그램 ② 파레토도 ③ 특성요인도 ④ 체크시트 ⑤ 그래프 ⑥ 산점도 ⑦ 층별

6 다음 설명과 관계되는 TQC 도구를 쓰시오. (4점)

(1) 슈미트해머와 반발경도 사이의 상관관계를 파악:

(2) 건물 누수의 원인을 분류항목별로 구분하여 크기 순서대로 나열:

정답 6 (1) 산점도 (2) 파레토도

7 TQC의 7도구에 대한 설명이다. 해당되는 도구명을 쓰시오. (3점)

(1) 계량치의 데이터가 어떠한 분포를 하고 있는지 알아보기 위하여 작성하는 그림:

(2) 불량 등 발생건수를 분류항목별로 나누어 크기 순서대로 나열해 놓은 그림:

(3) 결과에 원인이 어떻게 관계하고 있는가를 한 눈에 알 수 있도록 작성한 그림:

정답 7 (1) 히스토그램 (2) 파레토도 (3) 특성요인도

8 품질관리 도구 중 특성요인도(Characteristics Diagram)에 대해 설명하시오. (3점)

정답 8 결과에 어떤 원인이 관계하는지를 알 수 있도록 작성한 그림

9 TQC에 이용되는 다음 도구를 설명하시오. (4점)

(1) 특성요인도 :

(2) 산점도 :

정답 9

(1) 결과에 어떤 원인이 관계하는지를 알 수 있도록 작성한 그림
(2) 대응되는 두 개의 짝으로 된 데이터를 하나의 점으로 나타낸 그림

10 TQC에 이용되는 다음 도구를 설명하시오. (4점)

(1) 파레토도 :

(2) 특성요인도 :

(3) 층별 :

(4) 산점도 :

정답 10

(1) 데이터를 불량 크기 순서대로 나열해 놓은 그림
(2) 결과에 어떤 원인이 관계하는지를 알 수 있도록 작성한 그림
(3) 집단을 구성하고 있는 데이터를 특징에 따라 몇 개의 부분집단으로 나누는 것
(4) 대응되는 두 개의 짝으로 된 데이터를 하나의 점으로 나타낸 그림

11 히스토그램(Histogram)의 작성순서를 보기에서 골라 번호 순서대로 쓰시오. (3점)

보기

① 히스토그램을 규격값과 대조하여 안정상태인지 검토한다.　② 히스토그램을 작성한다.
③ 도수분포도를 작성한다.　④ 데이터에서 최소값과 최대값을 구하여 범위를 구한다.
⑤ 구간폭을 정한다.　⑥ 데이터를 수집한다.

정답 11　⑥ ➡ ④ ➡ ⑤ ➡ ③ ➡ ② ➡ ①

MEMO

핵심 2

재료시험

1 시멘트(Cement)시험

<table>
<tr>
<td rowspan="2">(1)</td>
<td rowspan="2">포틀랜드시멘트
(Portland Cement)</td>
<td colspan="2">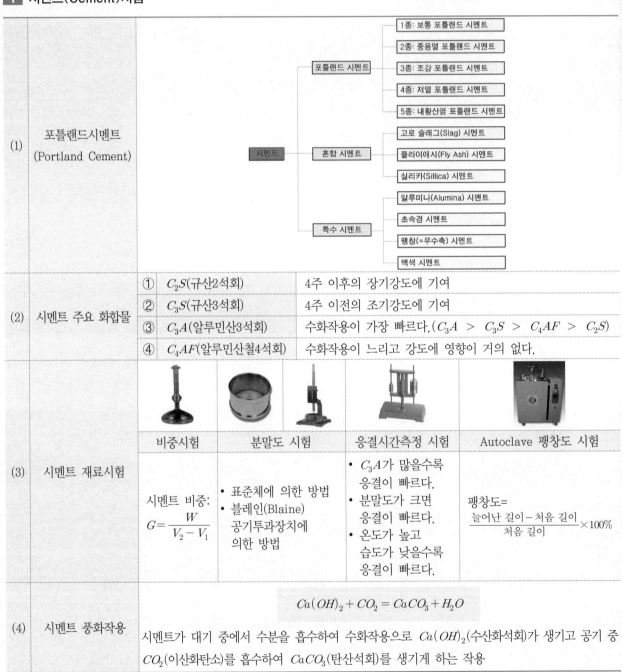</td>
</tr>
<tr>
<td colspan="2">
시멘트

포틀랜드 시멘트
- 1종: 보통 포틀랜드 시멘트
- 2종: 중용열 포틀랜드 시멘트
- 3종: 조강 포틀랜드 시멘트
- 4종: 저열 포틀랜드 시멘트
- 5종: 내황산염 포틀랜드 시멘트

혼합 시멘트
- 고로 슬래그(Slag) 시멘트
- 플라이애시(Fly Ash) 시멘트
- 실리카(Sillica) 시멘트

특수 시멘트
- 알루미나(Alumina) 시멘트
- 초속경 시멘트
- 팽창(=무수축) 시멘트
- 백색 시멘트
</td>
</tr>
<tr>
<td rowspan="4">(2)</td>
<td rowspan="4">시멘트 주요 화합물</td>
<td>① C_2S(규산2석회)</td>
<td>4주 이후의 장기강도에 기여</td>
</tr>
<tr>
<td>② C_3S(규산3석회)</td>
<td>4주 이전의 조기강도에 기여</td>
</tr>
<tr>
<td>③ C_3A(알루민산3석회)</td>
<td>수화작용이 가장 빠르다.($C_3A > C_3S > C_4AF > C_2S$)</td>
</tr>
<tr>
<td>④ C_4AF(알루민산철4석회)</td>
<td>수화작용이 느리고 강도에 영향이 거의 없다.</td>
</tr>
<tr>
<td rowspan="2">(3)</td>
<td rowspan="2">시멘트 재료시험</td>
<td colspan="2">
<table>
<tr><td>비중시험</td><td>분말도 시험</td><td>응결시간측정 시험</td><td>Autoclave 팽창도 시험</td></tr>
<tr>
<td>시멘트 비중:
$G = \dfrac{W}{V_2 - V_1}$</td>
<td>• 표준체에 의한 방법
• 블레인(Blaine) 공기투과장치에 의한 방법</td>
<td>• C_3A가 많을수록 응결이 빠르다.
• 분말도가 크면 응결이 빠르다.
• 온도가 높고 습도가 낮을수록 응결이 빠르다.</td>
<td>팽창도=
$\dfrac{늘어난 길이 - 처음 길이}{처음 길이} \times 100\%$</td>
</tr>
</table>
</td>
</tr>
<tr>
<td>(4)</td>
<td>시멘트 풍화작용</td>
<td colspan="2">
$$Ca(OH)_2 + CO_2 = CaCO_3 + H_2O$$
시멘트가 대기 중에서 수분을 흡수하여 수화작용으로 $Ca(OH)_2$(수산화석회)가 생기고 공기 중 CO_2(이산화탄소)를 흡수하여 $CaCO_3$(탄산석회)를 생기게 하는 작용
</td>
</tr>
</table>

KS L 5201에서 규정하는 포틀랜드시멘트(Portland Cement)의 종류 5가지를 쓰시오. (5점)

①   ②   ③   ④   ⑤

해설 ① 보통포틀랜드시멘트   ② 중용열 포틀랜드시멘트   ③ 조강포틀랜드시멘트
④ 저열포틀랜드시멘트   ⑤ 내황산염포틀랜드시멘트

다음 설명에 해당하는 시멘트 종류를 고르시오. (4점)

조강 시멘트, 실리카 시멘트, 내황산염 시멘트, 백색 시멘트, 중용열 시멘트, 콜로이드 시멘트, 고로슬래그 시멘트

(1) 조기강도가 크고 수화열이 많으며 저온에서 강도의 저하율이 낮다. 긴급공사, 한중공사에 쓰임 :

(2) 석탄 대신 중유를 원료로 쓰며, 제조 시 산화철분이 섞이지 않도록 주의한다. 미장재, 인조석 원료에 쓰임 :

(3) 내식성이 좋으며 발열량 및 수축률이 작다. 대단면 구조재, 방사성 차단물에 쓰임 :

해설 (1) 비중 : $G = \dfrac{100}{32.2-0.5} = 3.15$ (2) 판정 : $3.15 \geq 3.10$이므로 합격

시멘트 주요 화합물을 4가지 쓰고, 그 중 28일 이후 장기강도에 관여하는 화합물을 쓰시오.

(1) 주요 화합물 : ①   ②   ③   ④

(2) 콘크리트 28일 이후의 장기강도에 관여하는 화합물 :

해설 (1) ① C_2S(규산2석회)   ② C_3S(규산3석회)   ③ C_3A(알루민산3석회)   ④ C_4AF(알루민산철4석회)
(2) C_2S(규산2석회)

Check 4

시멘트의 응결시간에 영향을 미치는 요소를 3가지 설명하시오. (4점)

(1)

(2)

(3)

[해설] (1) C_3A가 많을수록 응결이 빠르다.

(2) 시멘트 분말도가 크면 응결이 빠르다.

(3) 온도가 높고 습도가 낮을수록 응결이 빠르다.

Check 5

KS 규격상 시멘트의 오토클레이브 팽창도는 0.8% 이하로 규정되어 있다. 반입된 시멘트의 안정성 시험결과가 다음과 같다고 할 때 팽창도 및 합격여부를 판정하시오

(단, 시험전 시험체의 유효표점 길이는 254mm, 오토클레이브 시험후 시험체의 길이는 255.78mm 였다.) (4점)

(1) 팽창도 :   (2) 판정 :

[해설] (1) 팽창도: $\dfrac{255.78 - 254}{254} \times 100 = 0.7\%$ (2) 판정: $0.7\% \leq 0.8\%$이므로 합격

Check 6

다음은 시멘트의 풍화작용에 대한 설명이다. (   ) 안에 알맞은 말을 각각 써넣으시오. (4점)

시멘트가 대기 중에서 수분을 흡수하여 수화작용으로 (   )가 생기고 공기 중 (   )를 흡수하여
(   )를 생기게 하는 작용

[해설] $Ca(OH)_2$(수산화석회), CO_2(이산화탄소), $CaCO_3$(탄산석회)

2 골재시험

| (1) | 골재의 요구조건 | | • 표면이 거칠고 둥근 모양일 것 | • 견고하고 강도가 클 것 |
| | | | • 입도가 적당하고 좋을 것 | • 실적률이 클 것 |

$$실적률(\%) = \frac{단위용적질량}{절건밀도} \times 100 \implies 공극률(\%) = 100 - 실적률$$

| (2) | 골재의 함수상태, 비중 및 흡수율 | |
| | | |

$$A : 절건질량, \quad B : 표면건조내부포수질량, \quad C : 수중질량$$

• 절건비중:	• 표건비중:	• 겉보기비중:	• 흡수율:
$\dfrac{A}{B-C}$	$\dfrac{B}{B-C}$	$\dfrac{A}{A-C}$	$\dfrac{B-A}{A} \times 100\%$

| (3) | 조립률(FM) | | $FM = \dfrac{10개 \ 체에 \ 남은 \ 양의 \ 누적백분율의 \ 합}{100}$ |
| | | | ➡ 굵은골재의 최대치수, 골재의 입도 판정 |

| (4) | 잔골재율(S/a) | 골재의 절대용적의 합에 대한 잔골재의 절대용적의 백분율 |

(5)	알칼리골재반응	①	정의	시멘트의 알칼리 성분과 골재의 실리카(Silica) 성분이 반응하여 수분을 지속적으로 흡수팽창하는 현상
		②	대책	• 알칼리 함량 0.6% 이하의 시멘트 사용
				• 알칼리골재반응에 무해한 골재 사용
				• 양질의 혼화재(고로 Slag, Fly Ash 등) 사용

콘크리트 골재가 가져야 하는 요구품질 사항을 4가지 쓰시오. (4점)

① _____ ② _____

③ _____ ④ _____

해설 ① 표면이 거칠고 둥근 모양일 것   ② 견고하고 강도가 클 것   ③ 실적률이 클 것   ④ 입도가 적당하고 좋을 것

밀도 2.65g/cm^3, 단위용적질량이 $1,600\text{kg/m}^3$인 골재가 있다. 이 골재의 공극률(%)을 구하시오. (3점)

해설 $100 - \left(\dfrac{1.6}{2.65} \times 100 \right) = 39.62\%$

어떤 골재의 비중이 2.65, 단위체적질량 $1,800\text{kg/m}^3$ 이라면 이 골재의 실적률을 구하시오. (3점)

해설 $\dfrac{1.8}{2.65} \times 100 = 67.92\%$

콘크리트 유효흡수량에 대해 기술하시오. (3점)

해설 표면건조내부포수상태의 콘크리트에서 기본건조상태의 물의 양을 뺀 것

Check 11

굵은골재의 최대치수 25mm, 4kg을 물속에서 채취하여 표면건조내부포수상태의 질량이 3.95kg, 절대건조질량이 3.60kg, 수중에서의 질량이 2.45kg일 때 흡수율과 비중을 구하시오. (4점)

(1) 흡수율 :

(2) 표건비중 :

(3) 절건비중 :

(4) 겉보기비중 :

해설 (1) $\dfrac{3.95-3.60}{3.60} \times 100 = 9.72\%$　　(2) $\dfrac{3.95}{3.95-2.45} = 2.63$　　(3) $\dfrac{3.60}{3.95-2.45} = 2.40$　　(4) $\dfrac{3.60}{3.60-2.45} = 3.13$

Check 12

다음 용어를 간단히 설명하시오. (4점)

(1) 잔골재율(S/a):

(2) 조립률(FM):

해설 (1) 골재의 절대용적의 합에 대한 잔골재의 절대용적의 백분율

(2) 10개 체에 남은 양의 누적백분율의 합을 100으로 나눈 지표

Check 13

알칼리골재반응의 정의를 설명하고 방지대책을 3가지 적으시오. (5점)

(1) 정의 :

(2) 방지대책

①

②

③

해설 (1) 시멘트의 알칼리 성분과 골재의 실리카성분이 반응하여 수분을 지속적으로 흡수 팽창하는 현상

(2) ① 알칼리 함량 0.6% 이하의 시멘트 사용　　② 알칼리골재반응에 무해한 골재 사용

③ 양질의 혼화재(고로 Slag, Fly Ash 등) 사용

3 기타 재료시험

(1)	블록(Block)	높이 두께 길이	KS F 4002	390(길이)×190(높이)×100(두께)
				390(길이)×190(높이)×150(두께)
				390(길이)×190(높이)×190(두께)

블록의 압축강도($f_c = \dfrac{P}{A}$ [N/mm², MPa]) 시험에 적용되는 면적은 길이와 두께이다.

| (2) | 철근(Steel Bar) | | 현장에서 반입된 철근의 대표적 재료시험:
인장강도 시험($f_t = \dfrac{P}{A} = \dfrac{P}{\dfrac{\pi D^2}{4}}$ [N/mm², MPa]), 휨강도 시험 |

Check 14

블록 압축강도시험에 대한 다음 물음에 답하시오. (4점)

(1) 390×190×150mm 속빈 콘크리트 블록의 압축강도시험에서 블록에 대한 가압면적(mm²) :

(2) 압축강도 10MPa인 블록이 하중속도를 매초 0.2MPa로 할 때의 붕괴시간(sec) :

해설 (1) $A = 390 \times 150 = 58,500\text{mm}^2$ (2) 붕괴시간 = 10 ÷ 0.2 = 50초(sec)

Check 15

철근의 인장강도가 240MPa 이상으로 규정되어 있다고 할 때, 현장에 반입된 철근(중앙부 지름 14mm,
표점거리 50mm)의 인장강도를 시험 파괴하중이 37.20kN, 40.57kN, 38.15kN 이었다. 평균인장강도를 구하고
합격여부를 판정하시오. (4점)

(1) 평균인장강도

(2) 판정

해설 (1) $f_t = \dfrac{\dfrac{P_1}{A} + \dfrac{P_2}{A} + \dfrac{P_3}{A}}{3} = \dfrac{\dfrac{37.20 \times 10^3 + 40.57 \times 10^3 + 38.15 \times 10^3}{\dfrac{\pi \times 14^2}{4}}}{3} = 251.01\text{MPa}$ (2) 251.01MPa ≥ 240MPa이므로 합격

1 KS L 5201에서 규정하는 포틀랜드시멘트(Portland Cement)의 종류 5가지를 쓰시오. (5점)

①_____ ②_____ ③_____ ④_____ ⑤_____

정답 1 ① 보통포틀랜드시멘트　② 중용열 포틀랜드시멘트　③ 조강포틀랜드시멘트
　　　　④ 저열포틀랜드시멘트　⑤ 내황산염포틀랜드시멘트

2 혼합시멘트의 종류에 대한 명칭 3가지를 쓰시오. (3점)

①_____ ②_____ ③_____

정답 2 ① 고로슬래그시멘트　② 플라이애시시멘트　③ 실리카시멘트

3 다음 설명에 해당하는 시멘트 종류를 고르시오. (3점)

> **보기**
>
> 조강 시멘트,　실리카 시멘트,　내황산염 시멘트,　백색 시멘트,　중용열 시멘트,　콜로이드 시멘트,　고로슬래그 시멘트

(1) 조기강도가 크고 수화열이 많으며 저온에서 강도의 저하율이 낮다. 긴급공사, 한중공사에 쓰임 :

(2) 석탄 대신 중유를 원료로 쓰며, 제조 시 산화철분이 섞이지 않도록 주의한다. 미장재, 인조석 원료에 쓰임 :

(3) 내식성이 좋으며 발열량 및 수축률이 작다. 대단면 구조재, 방사성 차단물에 쓰임 :

정답 3 (1) 조강시멘트　　(2) 백색시멘트　　(3) 중용열시멘트

4 시멘트 주요 화합물을 4가지 쓰고, 그 중 28일 이후 장기강도에 관여하는 화합물을 쓰시오. (5점)

(1) 주요 화합물 : ① _____ ② _____ ③ _____ ④ _____

(2) 콘크리트 28일 이후의 장기강도에 관여하는 화합물 : _____

정답 4

(1) ① C_2S(규산2석회) ② C_3S(규산3석회) ③ C_3A(알루민산3석회) ④ C_4AF(알루민산철4석회)

(2) C_2S(규산2석회)

5 시멘트 성능을 파악하기 위한 재료시험 방법의 종류를 4가지 쓰시오. (4점)

① _____ ② _____ ③ _____ ④ _____

정답 5 ① 비중시험   ② 분말도 시험   ③ 응결시간측정 시험   ④ Autoclave 팽창도 시험

6 건설공사 현장에 시멘트가 반입되었다. 특기시방서에 시멘트 비중이 3.10 이상으로 규정되어 있다고 할 때, 루샤델리 비중병을 이용하여 KS 규격에 의거 시멘트 비중을 시험한 결과에 대해 시멘트의 비중을 구하고, 자재품질 관리상 합격 여부를 판정하시오 (단, 시험결과 비중병에 광유를 채웠을 때 최초 눈금은 0.5cc, 실험에 사용한 시멘트량은 100g, 광유에 시멘트를 넣은 후의 눈금은 32.2cc였다.) (4점)

(1) 비중 :   (2) 판정 :

정답 6 (1) 비중: $G = \dfrac{100}{32.2 - 0.5} = 3.15$ (2) 판정: 3.15 ≥ 3.10이므로 합격

7 건설공사 현장에 시멘트가 반입되었다. 특기시방서에 시멘트 비중이 3.10 이상으로 규정되어 있다고 할 때, 루샤델리 비중병을 이용하여 KS 규격에 의거 시멘트 비중을 시험한 결과에 대해 시멘트의 비중을 구하고, 자재품질 관리상 합격 여부를 판정하시오 (단, 시험결과 비중병에 광유를 채웠을 때 최초 눈금은 0.5cc, 실험에 사용한 시멘트량은 64g, 광유에 시멘트를 넣은 후의 눈금은 20.8cc였다.) (4점)

(1) 비중: (2) 판정:

정답 7 (1) 비중: $G = \dfrac{64}{20.8 - 0.5} = 3.15$ (2) 판정: 3.15 ≥ 3.10이므로 합격

8 시멘트 분말도 시험법을 2가지 쓰시오. (4점)

① _____ ② _____

정답 8 ① 표준체에 의한 방법

② 블레인 공기투과장치에 의한 방법

9 시멘트의 응결시간에 영향을 미치는 요소를 3가지 설명하시오. (3점)

① _____ ② _____

③ _____

정답 9 ① C_3A가 많을수록 응결이 빠르다.

② 시멘트 분말도가 크면 응결이 빠르다.

③ 온도가 높고 습도가 낮을수록 응결이 빠르다.

10 KS 규격상 시멘트의 오토클레이브 팽창도는 0.8% 이하로 규정되어 있다. 반입된 시멘트의 안정성 시험결과가 다음과 같다고 할 때 팽창도 및 합격여부를 판정하시오.

(단, 시험전 시험체의 유효표점 길이는 254mm, 오토클레이브 시험후 시험체의 길이는 255.78mm 였다.) (4점)

(1) 팽창도 :

(2) 판정 :

정답 10 (1) 팽창도: $\dfrac{255.78 - 254}{254} \times 100 = 0.7\%$

(2) 판정: $0.7\% \leq 0.8\%$이므로 합격

11 다음 주어진 내용과 보기 중 상호연결성이 높은 것을 찾아 기호로 쓰시오. (4점)

> **보기**
>
> ① 오토클레이브   ② 길모어   ③ 슈미트해머   ④ 르샤틀리에   ⑤ 표준체

(1) 응결 시험: (   )   (2) 안정성 시험: (   )   (3) 강도 시험: (   )   (4) 비중시험: (   )   (5) 분말도 시험: (   )

정답 11 (1) ②   (2) ①   (3) ③   (4) ④   (5) ⑤

12 다음은 시멘트의 풍화작용에 대한 설명이다. ( )안에 알맞은 말을 각각 써넣으시오. 3점)

> 시멘트가 대기 중에서 수분을 흡수하여 수화작용으로 (   )가 생기고 공기 중 (   )를 흡수하여
> (   )를 생기게 하는 작용

정답 12 $Ca(OH)_2$(수산화석회), CO_2(이산화탄소), $CaCO_3$(탄산석회)

13 콘크리트 골재가 가져야 하는 요구품질 사항을 4가지 쓰시오. (4점)

①_____   ②_____

③_____   ④_____

정답 13 ① 표면이 거칠고 둥근 모양일 것
         ② 견고하고 강도가 클 것
         ③ 실적률이 클 것
         ④ 입도가 적당하고 좋을 것

14 비중 2.65, 단위체적질량 $1,600\text{kg/m}^3$ 이라면 골재의 공극률을 구하시오. (3점)

정답 14 $100 - \left(\dfrac{1.6}{2.65} \times 100 \right) = 39.62\%$

15 밀도 2.65g/cm^3, 단위용적질량이 $1,600\text{kg/m}^3$인 골재가 있다. 이 골재의 공극률(%)을 구하시오. (3점)

정답 15 $100 - \left(\dfrac{1.6}{2.65} \times 100 \right) = 39.62\%$

16 어떤 골재의 비중이 2.65, 단위체적질량 $1,800\text{kg/m}^3$ 이라면 이 골재의 실적률을 구하시오. (3점)

정답 16 $\dfrac{1.8}{2.65} \times 100 = 67.92\%$

17 골재의 함수상태를 설명한 것이다. 알맞은 용어를 쓰시오. (5점)

보기
(1) 골재를 100~110℃의 온도에서 질량변화가 없어질 때까지(24시간 이상) 건조한 상태
(2) 골재를 공기 중에 건조하여 내부는 수분을 포함하고 있는 상태
(3) 골재의 내부는 이미 포화상태이고, 표면에도 물이 묻어 있는 상태
(4) 표면건조내부포수상태의 골재에 포함된 수량
(5) 습윤상태의 골재표면의 수량

(1)_____ (2)_____ (3)_____ (4)_____ (5)_____

정답 17   (1) 절대건조상태   (2) 기본건조상태   (3) 습윤상태   (4) 흡수량   (5) 표면수량

18 골재 수량에 관련된 설명 중 서로 연관되는 것을 골라 기호로 쓰시오. (5점)

보기

① 골재 내부에 약간의 수분이 있는 대기 중의 건조상태

② 골재의 표면에 묻어 있는 수량으로, 표면건조 포화상태에 대한 시료 중량의 백분율

③ 골재 입자의 내부에 물이 채워져 있고, 표면에도 물이 부착되어 있는 상태

④ 표면건조 내부포화상태의 골재 중에 포함되는 물의 양

⑤ 110℃ 정도에서 24시간 이상 골재를 건조시킨 상태

(1) 습윤상태: (2) 흡수량: (3) 절건상태: (4) 기건상태: (5) 표면수량:

정답 18 (1) ③   (2) ④   (3) ⑤   (4) ①   (5) ②

19 골재의 흡수량과 함수량의 용어에 대해 기술하시오. (4점)

(1) 흡수량:
(2) 함수량:

정답 19

(1) 표면건조내부포수상태의 골재 중에 포함되는 물의 양
(2) 습윤상태의 골재 내외부에 함유된 전체 물의 양

20 콘크리트 유효흡수량에 대해 기술하시오. (4점)

정답 20 표면건조내부포수상태의 콘크리트에서 기본건조상태의 물의 양을 뺀 것

21 수중에 있는 골재의 중량이 1,300g이고, 표면건조내부포화상태의 중량은 2,000g, 이 시료를 완전히 건조시켰을 때의 중량이 1,992g일 때 흡수율(%)을 구하시오 (4점)

정답 21 $\dfrac{2,000-1,992}{1,992} \times 100 = 0.40\%$

22 굵은골재의 최대치수 25mm, 4kg을 물속에서 채취하여 표면건조내부포수상태의 질량이 3.95kg, 절대건조질량이 3.60kg, 수중에서의 질량이 2.45kg일 때 흡수율과 비중을 구하시오. (4점)

(1) 흡수율 :

(2) 표건비중 :

(3) 절건비중 :

(4) 겉보기비중 :

정답 22 (1) $\dfrac{3.95-3.60}{3.60} \times 100 = 9.72\%$

(2) $\dfrac{3.95}{3.95-2.45} = 2.633$

(3) $\dfrac{3.60}{3.95-2.45} = 2.40$

(4) $\dfrac{3.60}{3.60-2.45} = 3.13$

23 다음 용어를 간단히 설명하시오. (4점)

(1) 잔골재율(S/a) :

(2) 조립률(FM) :

정답 23 (1) 골재의 절대용적의 합에 대한 잔골재의 절대용적의 백분율

(2) 10개 체에 남은 양의 누적백분률의 합을 100으로 나눈 지표

24 3.2의 조립률과 7의 조립률을 1:2의 비율로 섞었을 때 혼합조립률을 계산하시오. (3점)

정답 24 $FM = \left(\dfrac{1}{1+2}\right) \times 3.2 + \left(\dfrac{2}{1+2}\right) \times 7 = 5.73$

25 알칼리골재반응의 정의를 설명하고 방지대책을 3가지 적으시오. (4점)

(1) 정의 :

(2) 방지대책 :

① _____   ② _____

③ _____

정답 25 (1) 시멘트의 알칼리 성분과 골재의 실리카 성분이 반응하여 수분을 지속적으로 흡수 팽창하는 현상

(2) ① 알칼리 함량 0.6% 이하의 시멘트 사용   ② 알칼리골재반응에 무해한 골재 사용

③ 양질의 혼화재(고로 Slag, Fly Ash 등) 사용

26 한국산업규격(KS)에 명시된 속빈블록의 치수를 3가지 쓰시오. (3점)

① _____   ② _____   ③ _____

정답 26 ① 390(길이)×190(높이)×100(두께)   ② 390(길이)×190(높이)×150(두께)   ③ 390(길이)×190(높이)×190(두께)

27 블록 압축강도시험에 대한 다음 물음에 답하시오. (4점)

(1) 390×190×150mm 속빈 콘크리트 블록의 압축강도시험에서 블록에 대한 가압면적(mm^2) :

(2) 압축강도 10MPa인 블록이 하중속도를 매초 0.2MPa로 할 때의 붕괴시간(sec) :

정답 27 (1) $A = 390 \times 150 = 58,500 mm^2$

(2) 붕괴시간=10÷0.2=50초(sec)

28 콘크리트 블록의 압축강도가 8N/mm² 이상으로 규정되어 있다. 390×190×190mm 블록의 압축강도를 시험한 결과 600,000N, 500,000N, 550,000N에서 파괴되었을 때 합격 및 불합격 여부를 판정하시오. (4점)

정답 28 (1) $f_1 = \dfrac{600,000}{390 \times 190} = 8.097,$ $f_2 = \dfrac{500,000}{390 \times 190} = 6.747,$ $f_3 = \dfrac{550,000}{390 \times 190} = 7.422$

(2) $f = \dfrac{8.097 + 6.747 + 7.422}{3} = 7.42 \text{N/mm}^2 \; < \; 8.0 \text{N/mm}^2$ 이므로 불합격

29 콘크리트 블록의 압축강도가 6N/mm² 이상으로 규정되어 있다. 390×190×190mm 블록의 압축강도를 시험한 결과 600,000N, 500,000N, 550,000N에서 파괴되었을 때 합격 및 불합격 여부를 판정하시오. (4점)

정답 29 (1) $f_1 = \dfrac{600,000}{390 \times 190} = 8.097,$ $f_2 = \dfrac{500,000}{390 \times 190} = 6.747,$ $f_3 = \dfrac{550,000}{390 \times 190} = 7.422$

(2) $f = \dfrac{8.097 + 6.747 + 7.422}{3} = 7.42 \text{N/mm}^2 \; \geq \; 6.0 \text{N/mm}^2$ 이므로 합격

30 현장에서 반입된 철근은 시험편을 채취한 후 시험을 하여야 하는데, 그 시험의 종류를 2가지 쓰시오. (2점)

①_____   ②_____

정답 30 ① 인장강도 시험   ② 휨강도 시험

31 철근의 인장강도가 240MPa 이상으로 규정되어 있다고 할 때, 현장에 반입된 철근(중앙부 지름 14mm, 표점거리 50mm)의 인장강도를 시험 파괴하중이 37.20kN, 40.57kN, 38.15kN 이었다. 평균인장강도를 구하고 합격여부를 판정하시오. (4점)

(1) 평균인장강도 :

(2) 판정 :

정답 31
(1) $f_t = \dfrac{\dfrac{P_1}{A} + \dfrac{P_2}{A} + \dfrac{P_3}{A}}{3} = \dfrac{\dfrac{37.20 \times 10^3 + 40.57 \times 10^3 + 38.15 \times 10^3}{\dfrac{\pi \times 14^2}{4}}}{3} = 251.01\text{MPa}$

(2) $251.01\text{MPa} \geq 240\text{MPa}$이므로 합격

건축구조

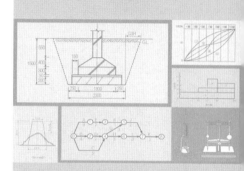

RC 구조

핵심 1

RC 구조 (1)

1 콘크리트(Concrete) 강도시험

(1)	압축강도 시험 	$f_c = \dfrac{P}{A} = \dfrac{P}{\dfrac{\pi D^2}{4}}$ (MPa) • 고강도콘크리트: 취성파괴 • 저강도콘크리트: 연성파괴 • 일반 콘크리트: 탄성파괴
(2)	인장강도 시험 	$f_{sp} = \dfrac{P}{A} = \dfrac{2P}{\pi DL}$ (MPa)
(3)	3등분점 휨강도 시험 	$f_r = \dfrac{PL}{bh^2}$ (MPa) P : 최대하중(N) L : 경간(mm) b : 단면의 폭(mm) h : 단면의 높이(mm)

Check 1

재령 28일 콘크리트 표준공시체(ϕ150mm × 300mm)에 대한 압축강도시험 결과 파괴하중이 450kN일 때 압축강도 f_c(MPa)를 구하시오. (3점)

해설 $f_c = \dfrac{P}{A} = \dfrac{P}{\dfrac{\pi D^2}{4}} = \dfrac{(450 \times 10^3)}{\dfrac{\pi (150)^2}{4}} = 25.464\text{N/mm}^2 = 25.464\text{MPa}$

Check 2

콘크리트 압축강도 시험에서 파괴양상에 대해 쓰시오. (3점)

(1) 고강도콘크리트: _____

(2) 저강도콘크리트: _____

(3) 일반 콘크리트: _____

해설 (1) 취성파괴　　　　(2) 연성파괴　　　　(3) 탄성파괴

학습 POINT

■설계기준(압축)강도(f_{ck})

(1) 콘크리트 부재를 설계할 때 기준이 되는 압축강도

(2) 건축구조기준에 의한 f_{ck}

① 경량콘크리트: $f_{ck} \geq 15\text{MPa}$,

　　고강도 경량콘크리트: $f_{ck} \geq 27\text{MPa}$

② 보통콘크리트: $f_{ck} \geq 18\text{MPa}$,

　　고강도 보통콘크리트: $f_{ck} \geq 40\text{MPa}$

■폭렬(Explosive Fracture)

고강도콘크리트 부재가 화재로 가열되어 표면부가 소리를 내며 급격히 파열되는 현상

Check 3

다음 설명이 뜻하는 콘크리트의 명칭을 쓰시오. (2점)

콘크리트 설계기준강도가 일반콘크리트 40MPa 이상, 경량콘크리트 27MPa 이상인 콘크리트 : _____

해설 고강도 콘크리트

Check 4

고강도 콘크리트의 폭렬현상에 대하여 설명하시오. (3점)

해설 고강도콘크리트 부재가 화재로 가열되어 표면부가 소리를 내며 급격히 파열되는 현상

Check 5

지름 300mm, 길이 500mm의 콘크리트 시험체의 쪼갬인장강도 시험에서 최대 하중이 100kN으로 나타났다면 이 시험체의 인장강도를 구하시오. (3점)

해설 $f_{sp} = \dfrac{2(100 \times 10^3)}{\pi(300)(500)} = 0.424 \text{N/mm}^2 = 0.424 \text{MPa}$

Check 6

그림과 같은 $150\text{mm} \times 150\text{mm}$ 단면을 갖는 무근콘크리트 보가 경간길이 450mm로 단순지지되어 있다. 3등분점에서 2점 재하 하였을 때 하중 $P = 12\text{kN}$에서 균열이 발생함과 동시에 파괴되었다. 이때 무근콘크리트의 휨균열강도(휨파괴계수)를 구하시오.
(4점)

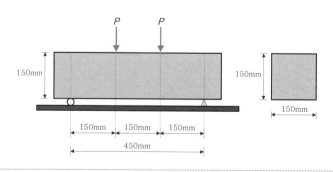

해설 $f_r = \dfrac{PL}{bh^2} = \dfrac{(12 \times 10^3)(450)}{(150)(150)^2} = 1.6 \text{N/mm}^2 = 1.6 \text{MPa}$

2 탄성계수(E , Modulus of Elasticity)

(1) 콘크리트 탄성계수

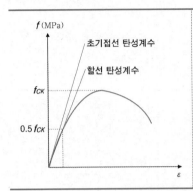

$$E_c = 0.077 m_c^{1.5} \cdot \sqrt[3]{f_{cm}} \ (\text{MPa})$$

보통골재를 사용할 경우 $m_c = 2,300\text{kg}/\text{m}^3$

$$E_c = 0.077(2,300)^{1.5} \cdot \sqrt[3]{f_{cm}}$$
$$= 8,493.4 \cdot \sqrt[3]{f_{cm}}$$

$$E_c = 8,500 \cdot \sqrt[3]{f_{cm}} \ (\text{MPa})$$

■ f_{cm} : 콘크리트 평균압축강도 $f_{cm} = f_{ck} + \Delta f(\text{MPa})$
크리프 변형 및 처짐 등을 예측하는 경우보다 실제 값에 가까운 값을
구하기 위한 재령 28일에서의 평균압축강도

①	$f_{ck} \leq 40\text{MPa}$	$\Delta f = 4\text{MPa}$
②	$f_{ck} \geq 60\text{MPa}$	$\Delta f = 6\text{MPa}$
③	$40\text{MPa} < f_{ck} < 60\text{MPa}$	$\Delta f =$ 직선 보간

(2) 철근의 탄성계수

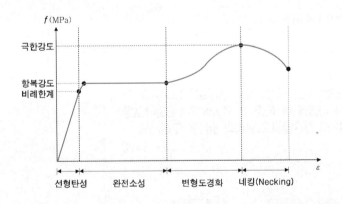

■ 응력변형률 곡선의 주요 Point

• Proportional Limit Point 비례한계점
• Elastic Limit Point 탄성한계점
• Upper Yielding Point 상항복점
• Lower Yieding Point 하항복점
• Strain Hardening Point 변형도경화점
• Ultimate Strength Point 극한강도점
• Failure Point 파괴점
[항복비 : 강재가 항복에서 파단에 이르기
까지를 나타내는 기계적 성질의 지표로서,
인장강도에 대한 항복강도의 비]

① 철근의 탄성계수(E_s)	$E_s = 200,000 \ (\text{MPa})$
② 탄성계수비	$n = \dfrac{E_s}{E_c} = \dfrac{200,000}{8,500 \cdot \sqrt[3]{f_{cm}}} = \dfrac{200,000}{8,500 \cdot \sqrt[3]{f_{ck} + \Delta f}}$

Check 7

철근의 응력-변형률 곡선에서 해당하는 4개의 주요 영역과 5개의 주요 포인트에 관련된 용어를 쓰시오. (3점)

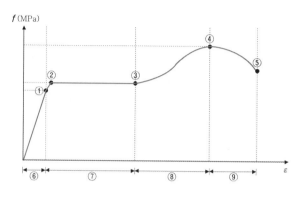

해설

① 비례한계점
② 항복(강도)점
③ 변형도경화(개시)점
④ 극한강도점 또는 최고강도점
⑤ 파단점 또는 파괴점
⑥ 탄성영역
⑦ 소성영역
⑧ 변형도경화영역
⑨ 네킹영역 또는 파괴영역

Check 8

보통골재를 사용한 콘크리트 설계기준강도(f_{ck})가 24MPa, 철근의 탄성계수 $E_s = 200,000\text{MPa}$일 때 콘크리트의 탄성계수와 탄성계수비를 구하시오. (4점)

해설

(1) $f_{ck} \leq 40\text{MPa}: \Delta f = 4\text{MPa}$

(2) $E_c = 8,500 \cdot \sqrt[3]{f_{cm}} = 8,500 \cdot \sqrt[3]{(24)+(4)} = 25,811\text{MPa}$

(3) $n = \dfrac{E_s}{E_c} = \dfrac{(200,000)}{(25,811)} = 7.75$

3 콘크리트 소성변형 : 크리프(Creep)와 건조수축(Drying Shrinkage)

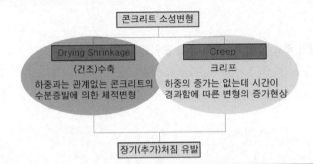

```
콘크리트 소성변형
```

Drying Shrinkage	Creep
(건조)수축	크리프
하중과는 관계없는 콘크리트의 수분증발에 의한 체적변형	하중의 증가는 없는데 시간이 경과함에 따른 변형의 증기현상

```
장기(추가)처짐 유발
```

학습 POINT

■ 크리프에 영향을 미치는 요인

① 물시멘트비: 클수록 크리프 증가
② 단위시멘트량: 많을수록 크리프 증가
③ 온도: 높을수록 크리프 증가
④ 상대습도: 높을수록 크리프 감소
⑤ 응력: 클수록 크리프 증가
⑥ 재하 시 재령이 짧을수록 크리프 증가
⑦ 부재치수가 클수록 크리프 감소

■ 압축철근비: $\rho' = \dfrac{A_s'}{bd}$

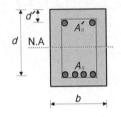

■ 탄성처짐 = 순간처짐 = 즉시처짐

(1) 장기처짐
= 지속하중에 의한 탄성처짐 × λ_Δ

$$\lambda_\Delta = \frac{\xi}{1+50\rho'}$$

[Branson 식(1971)]

• $\rho' = \dfrac{A_s'}{bd}$: 압축철근비

• ξ : 시간경과계수

구 분	ξ
3개월	1.0
6개월	1.2
12개월	1.4
5년 이상	2.0

(2) 총처짐량 = 탄성처짐 + 장기처짐 = 탄성처짐 + 탄성처짐 × $\dfrac{\xi}{1+50\rho'}$

Check 9

콘크리트 크리프(Creep) 현상에 대하여 설명하시오. (3점)

해설 일정한 하중이 작용한 후 하중의 증가 없이도 시간과 더불어 변형이 증가하는
콘크리트의 소성변형 현상

Check 10

경화된 콘크리트의 크리프(Creep) 현상에 대한 설명이다. 맞으면 O, 틀리면 X
표시를 하시오. (5점)

① 재하기간 중의 대기습도가 클수록 크리프는 증가한다.　( )
② 재하 시 재령이 짧을수록 크리프는 증가한다.　( )
③ 재하 시 응력이 클수록 크리프는 증가한다.　( )
④ 시멘트 페이스트량이 적을수록 크리프는 증가한다.　( )
⑤ 부재치수가 작을수록 크리프는 증가한다.　( )

해설 ① (X)　② (O)　③ (O)　④ (X)　⑤ (O)

Check 11

인장철근만 배근된 철근콘크리트 직사각형 단순보에 하중이 작용하여 순간처짐이 5mm 발생하였다. 5년 이상 지속하중이 작용할 경우 총처짐량(순간처짐+장기처짐)을 구하시오. (단, 장기처짐계수 $\lambda_\Delta = \dfrac{\xi}{1+50\rho'}$ 을 적용하며 시간경과계수는 2.0으로 한다. (4점)

해설

총처짐량=순간처짐+장기처짐=$(5) + (5) \times \dfrac{(2.0)}{1+50(0)} = 15\text{mm}$

Check 12

인장철근비 $\rho = 0.025$, 압축철근비 $\rho' = 0.016$의 철근콘크리트 직사각형 단면의 보에 하중이 작용하여 순간처짐이 20mm 발생하였다. 3년의 지속하중이 작용할 경우 총처짐량(순간처짐+장기처짐)을 구하시오. (단, 시간경과계수 ξ는 다음의 표를 참조한다.) (4점)

기간(월)	1	3	6	12	18	24	36	48	60 이상
ξ	0.5	1.0	1.2	1.4	1.6	1.7	1.8	1.9	2.0

해설

총처짐량=순간처짐+장기처짐=$(20) + (20) \times \dfrac{(1.8)}{1+50(0.016)} = 40\text{mm}$

Check 13

다음과 같은 조건을 갖는 철근콘크리트 보의 총처짐(mm)을 구하시오. (3점)

- 즉시처짐: 20mm
- 지속하중에 따른 시간경과계수: $\xi = 2.0$
- 단면: $b \times d = 400\text{mm} \times 500\text{mm}$
- 압축철근량: $A_s' = 1,000\text{mm}^2$

해설

총처짐량=즉시처짐+장기처짐=$(20) + (20) \times \dfrac{(2.0)}{1+50\left(\dfrac{1,000}{400 \times 500}\right)} = 52\text{mm}$

4 피복두께(Cover Thickness)

(1) 피복두께의 정의 :
콘크리트 표면에서 가장 근접한 철근표면까지 거리

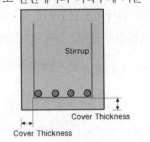

■보 단면에서의 피복두께 기준

Stirrup

Cover Thickness

Cover Thickness

(2) 피복의 목적 :
내구성(철근의 방청), 내화성, 부착력 확보

(3) 현장치기 콘크리트의 최소피복 두께

종　　류			피복 두께
• 수중에서 치는 콘크리트			100mm
• 흙에 접하여 콘크리트를 친 후 영구히 흙에 묻혀 있는 콘크리트			75mm
• 흙에 접하거나 옥외의 공기에 직접 노출되는 콘크리트		D19 이상의 철근	50mm
		D16 이하의 철근, 지름 16mm 이하의 철선	40mm
• 옥외의 공기나 흙에 직접 접하지 않는 콘크리트	슬래브, 벽체, 장선	D35 초과하는 철근	40mm
		D35 이하인 철근	20mm
	보, 기둥		40mm
	$f_{ck} \geq$ 40MPa 일 때 10mm 저감시킬 수 있다.		
	쉘, 절판 부재		20mm

Check 14

피복두께의 정의와 유지목적을 3가지 적으시오. (4점)

(1) 정의: _____

(2) 유지목적:

① _____　② _____　③ _____

[해설]

(1) 정의: 콘크리트 표면에서 단면 내 가장 근접한 철근 표면까지의 거리

(2) 유지목적: ① 소요 내구성 확보　② 소요 내화성 확보　③ 소요 부착성 확보

---

5 철근의 간격제한

(1) 간격제한 목적: 콘크리트 유동성 확보, 재료분리 방지, 소요의 강도 유지 및 확보

(2) 주철근의 순간격: 보, 기둥

보		기 둥
① 25mm 이상 ② 주철근 직경×1.0 이상 ③ $\frac{4}{3}$×자갈 이상	①,②,③ 중 최대값	① 40mm 이상 ② 주철근 직경×1.5 이상 ③ $\frac{4}{3}$×자갈 이상

(3) 휨균열 제어를 위한 인장철근의 중심간격 산정:
    콘크리트 인장연단에 가장 가까이에 배치되는 철근의 중심간격(s)은 다음 두 값 중 작은 값 이하로 결정한다.

$$s = 375\left(\frac{\kappa_{cr}}{f_s}\right) - 2.5C_c$$

$$s = 300\left(\frac{\kappa_{cr}}{f_s}\right)$$

- $\kappa_{cr} = 280$: 건조환경에 노출되는 경우
- $\kappa_{cr} = 210$: 그 외의 경우
- C_c : 인장철근 표면과 콘크리트 표면 사이의 최소두께
- f_s : 사용하중 상태에서 인장연단에서 가장 가까이에
  위치한 철근의 응력 (근사값 : $f_s = \frac{2}{3}f_y$)

Check 15

철근콘크리트 공사를 하면서 철근간격을 일정하게 유지하는 이유를 3가지 쓰시오 (3점)

(1) _____ (2) _____ (3) _____

해설 (1) 콘크리트의 유동성 확보 (2) 재료분리 방지 (3) 소요의 강도 유지 및 확보

Check 16

철근콘크리트 구조에서 보의 주근으로 4-D25를 1단 배열 시 보폭의 최소값을 구하시오. (4점)

> 【조건】 피복두께 40mm, 굵은골재 최대치수 18mm, 스터럽 D13

해설

(1) 철근의 순간격: 25mm 이상, 1.0×25=25mm 이상, 4/3×18=24mm 이상
(2) b = 40×2 + 13×2 + 25×4 + 25×3 = 281mm

Check 17

그림과 같은 보의 단면에서 휨균열을 제어하기 위한 인장철근의 간격을 구하고

적합여부를 판단하시오. (단, $f_y = 400\text{MPa}$ 이며 사용철근의 응력은 $f_s = \dfrac{2}{3}f_y$

근사식을 적용한다.) (4점)

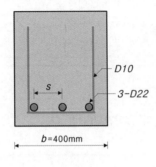

해설

(1) 순피복두께: $C_c = 40 + 10 = 50\text{mm}$

(2) $f_s = \dfrac{2}{3}f_y = \dfrac{2}{3}(400) = 267\text{MPa}$

(3) 건축구조기준에 의한 중심간격: ①, ② 중 작은 값

① $s = 375\left(\dfrac{210}{(267)}\right) - 2.5(50) = 170\text{mm}$

② $s = 300\left(\dfrac{210}{(267)}\right) = 236\text{mm}$

∴ $s_{max} = 170\text{mm}$

(4) 주어진 간격 $= \dfrac{1}{2}\left[400 - 2\left(40 + 10 + \dfrac{22}{2}\right)\right] = 139\text{mm} < s_{max}$

(5) 균열이 발생되지 않음

■ 문제의 조건에서 주어진 간격이
건축구조기준에 의한 중심간격보다
작으면 균열이 발생되지 않고,
크면 균열이 발생되는 것으로
판단한다.

■■■ RC구조 (1)

1 재령 28일 콘크리트 표준공시체(ϕ150mm × 300mm)에 대한 압축강도시험 결과 파괴하중이 400kN일 때 압축강도 f_c(MPa)를 구하시오. (3점)

해설 **1** 22.64MPa

$$f_c = \frac{P}{A} = \frac{P}{\frac{\pi D^2}{4}} = \frac{(400 \times 10^3)}{\frac{\pi (150)^2}{4}}$$

$$= 22.635 \text{N/mm}^2 = 22.635 \text{MPa}$$

2 재령 28일 콘크리트 표준공시체(ϕ150mm × 300mm)에 대한 압축강도시험 결과 파괴하중이 450kN일 때 압축강도 f_c(MPa)를 구하시오. (3점)

해설 **2** 25.46MPa

$$f_c = \frac{P}{A} = \frac{P}{\frac{\pi D^2}{4}} = \frac{(450 \times 10^3)}{\frac{\pi (150)^2}{4}}$$

$$= 25.464 \text{N/mm}^2 = 25.464 \text{MPa}$$

3 특기시방서상 레미콘의 압축강도가 18MPa 이상으로 규정되어 있다고 할 때, 납품된 레미콘으로부터 임의의 3개 공시체(ϕ150mm × 300mm)를 제작하여 압축강도를 시험한 결과 최대하중 300kN, 310kN, 320kN에서 파괴되었다. 평균압축강도를 구하고 규정을 상회하고 있는지 여부에 따라 합격 및 불합격을 판정하시오. (4점)

해설 **3** 17.54MPa, 불합격

(1) $f_1 = \frac{(300 \times 10^3)}{\frac{\pi (150)^2}{4}} = 16.976$

$f_2 = \frac{(310 \times 10^3)}{\frac{\pi (150)^2}{4}} = 17.542$

$f_3 = \frac{(320 \times 10^3)}{\frac{\pi (150)^2}{4}} = 18.108$

(2) $f_c = \frac{(16.976) + (17.542) + (18.108)}{3}$

$= 17.542$

4 콘크리트의 강도시험에서 하중속도는 압축강도에 크게 영향을 미치고 있으므로 매초 0.2~0.3N/mm²의 규정에 맞는 하중속도를 정하고자 한다. ϕ100mm × 200mm 시험체를 일정한 유압이 걸리도록 된 시험기에 걸고 1분 경과 시 하중계의 값이 몇 kN과 몇 kN 범위에 들면 되는지 하중값을 산출하시오. (3점)

해설 **4** 94.25kN ~ 141.37kN

(1) 초당 0.2N/mm² 일 때:

$$\frac{\pi (100)^2}{4} \times 0.2 \times 60 = 94,247 \text{N}$$

(2) 초당 0.3N/mm² 일 때:

$$\frac{\pi (100)^2}{4} \times 0.3 \times 60 = 141,372 \text{N}$$

5 콘크리트 압축강도 시험에서 파괴양상에 대해 쓰시오. (3점)

(1) 고강도콘크리트:

(2) 저강도콘크리트:

(3) 일반콘크리트:

6 다음 설명이 뜻하는 콘크리트의 명칭을 쓰시오. (2점)

> 콘크리트 설계기준강도가 일반콘크리트 40MPa 이상, 경량콘크리트 27MPa 이상인
> 콘크리트 : _____

7 고강도 콘크리트의 폭렬현상에 대하여 설명하시오. (3점)

8 콘크리트 구조물의 화재 시 급격한 고열현상에 의하여 발생하는 폭렬(Exclosive Fracture) 현상 방지대책을 2가지 쓰시오. (4점)

① _____

② _____

9 지름 300mm, 길이 500mm의 콘크리트 시험체의 쪼갬인장강도 시험에서 최대하중이 100kN으로 나타났다면 이 시험체의 인장강도를 구하시오. (3점)

10 특기시방서방 콘크리트의 휨강도가 5MPa 이상으로 규정되어 있다. 150×150×530mm 공시체를 경간(Span) 450mm인 중앙점 하중법으로 휨강도시험을 실시한 결과 45kN, 53kN, 35kN의 하중으로 파괴되었다면 평균휨강도를 구하고, 평균치가 규정을 상회하고 있는지 여부에 따라 합격여부를 판정하시오. (4점)

해설 **5**

(1) 취성파괴

(2) 연성파괴

(3) 탄성파괴

해설 **6**

고강도콘크리트

해설 **7**

고강도콘크리트 부재가 화재로 가열되어 표면부가 소리를 내며 급격히 파열되는 현상

해설 **8**

① 내화피복을 실시하여 열의 침입을 차단한다.

② 흡수율이 작고 내화성이 있는 골재를 사용한다.

해설 **9** 0.42MPa

$$f_{sp} = \frac{P}{A} = \frac{2P}{\pi DL} = \frac{2(100 \times 10^3)}{\pi (300)(500)}$$
$$= 0.424 \text{N/mm}^2 = 0.424 \text{MPa}$$

해설 **10** 8.87MPa, 합격

(1) $f_1 = \dfrac{\dfrac{(45 \times 10^3)(450)}{4}}{\dfrac{(150)(150)^2}{6}} = 9$

(2) $f_2 = \dfrac{\dfrac{(53 \times 10^3)(450)}{4}}{\dfrac{(150)(150)^2}{6}} = 10.6$

(3) $f_3 = \dfrac{\dfrac{(35 \times 10^3)(450)}{4}}{\dfrac{(150)(150)^2}{6}} = 7$

(4) $f_b = \dfrac{(9) + (10.6) + (7)}{3}$

$$= 8.866 \text{MPa} \geq 5 \text{MPa}$$이므로 합격

11 그림과 같은 $150\text{mm} \times 150\text{mm}$ 단면을 갖는 무근콘크리트 보가 경간길이 450mm로 단순지지되어 있다. 3등분점에서 2점 재하 하였을 때 하중 $P = 12\text{kN}$에서 균열이 발생함과 동시에 파괴되었다. 이때 무근콘크리트의 휨균열강도(휨파괴계수)를 구하시오. (4점)

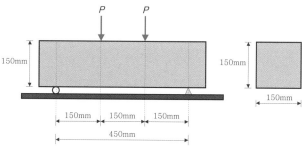

해설 11

$$f_r = \frac{PL}{bh^2} = \frac{(12 \times 10^3)(450)}{(150)(150)^2}$$
$$= 1.6\text{N/mm}^2 = 1.6\text{MPa}$$

12 다음 ( )안에 알맞은 내용을 쓰시오. (4점)

KDS(Korea Design Standard)에서는 재령 28일의 보통중량골재를 사용한 콘크리트의 탄성계수를 $E_c = 8{,}500 \cdot \sqrt[3]{f_{cm}}$ [MPa]로 제시하고 있는데 여기서, $f_{cm} = f_{ck} + \Delta f$이고, Δf는 f_{ck}가 40MPa 이하이면 (①), 60MPa 이상이면 (②) 이고, 그 사이는 직선보간으로 구한다.

해설 12
① 4MPa
② 6MPa

13 보통골재를 사용한 $f_{ck} = 30\text{MPa}$인 콘크리트의 탄성계수를 구하시오. (3점)

해설 13 27,537MPa
(1) $f_{ck} \leq 40\text{MPa}$: $\Delta f = 4\text{MPa}$
(2) $E_c = 8{,}500 \cdot \sqrt[3]{f_{ck} + \Delta f}$
$\quad = 8500 \cdot \sqrt[3]{(30) + (4)}$
$\quad = 27{,}536.7\text{MPa}$

14 보통골재를 사용한 콘크리트 설계기준강도 $f_{ck} = 24\text{MPa}$, 철근의 탄성계수 $E_s = 200{,}000\text{MPa}$일 때 콘크리트 탄성계수 및 탄성계수비를 구하시오. (4점)

해설 14 $E_c = 25{,}811\text{MPa}$, $n = 7.75$

(1) $f_{ck} \leq 40\text{MPa}$: $\Delta f = 4\text{MPa}$

(2) $E_c = 8{,}500 \cdot \sqrt[3]{f_{ck} + \Delta f}$

$\quad = 8{,}500 \cdot \sqrt[3]{(24) + (4)} = 25{,}811$

(3) $n = \dfrac{E_s}{E_c} = \dfrac{(200{,}000)}{(25{,}811)} = 7.74863$

15 철근의 응력-변형률 곡선에서 해당하는 4개의 주요 영역과 5개의 주요 포인트에 관련된 용어를 쓰시오. (3점)

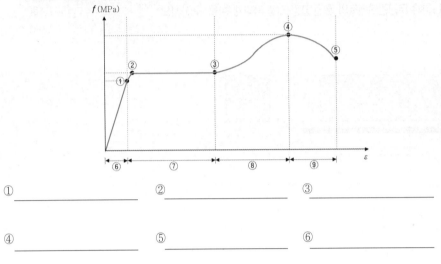

① _____ ② _____ ③ _____

④ _____ ⑤ _____ ⑥ _____

⑦ _____ ⑧ _____ ⑨ _____

16 철근의 응력-변형도 곡선과 관련하여 각각이 의미하는 용어를 보기에서 골라 번호로 쓰시오. (3점)

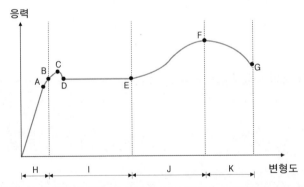

【보기】 ① 네킹영역   ② 하위항복점   ③ 극한강도점
　　　　④ 변형도경화점   ⑤ 소성영역   ⑥ 비례한계점
　　　　⑦ 상위항복점   ⑧ 탄성한계점   ⑨ 파괴점
　　　　⑩ 탄성영역   ⑪ 변형도경화영역

A : _____   B : _____   C : _____   D : _____

E : _____   F : _____   G : _____   H : _____

I : _____   J : _____   K : _____

17 강재의 항복비(Yield Strength Ratio)를 설명하시오. (2점)

해설 **17**

강재가 항복에서 파단에 이르기까지를 나타내는 기계적 성질의 지표로서, 인장강도에 대한 항복강도의 비

18 콘크리트 크리프(Creep) 현상에 대하여 설명하시오. (3점)

해설 **18**

일정한 하중이 작용한 후 하중의 증가 없이도 시간과 더불어 변형이 증가하는 콘크리트의 소성변형현상

19 다음은 경화된 콘크리트의 크리프(Creep) 현상에 대한 설명이다. 맞으면 O, 틀리면 X 표시를 하시오. (5점)

① 재하기간 중의 대기습도가 클수록 크리프는 증가한다. (_____)
② 재하 시 재령이 짧을수록 크리프는 증가한다. (_____)
③ 재하 시 응력이 클수록 크리프는 증가한다. (_____)
④ 시멘트 페이스트량이 적을수록 크리프는 증가한다. (_____)
⑤ 부재치수가 작을수록 크리프는 증가한다. (_____)

해설 **19**
① X   ② O
③ O   ④ X
⑤ O

20 인장철근만 배근된 철근콘크리트 직사각형 단순보에 하중이 작용하여 순간처짐이 5mm 발생하였다. 5년 이상 지속하중이 작용할 경우 총처짐량(순간처짐+장기처짐)을 구하시오. (단, 장기처짐계수 $\lambda_\Delta = \dfrac{\xi}{1+50\rho'}$ 을 적용하며 시간경과계수는 2.0으로 한다. (4점)

해설 **20**

(1) $\lambda_\Delta = \dfrac{\xi}{1+50\rho'} = \dfrac{(2.0)}{1+50(0)} = 2$

(2) 장기처짐 = 탄성처짐 × λ_Δ
$\quad\quad\quad = (5)(2) = 10\text{mm}$

(3) 총처짐량 = 순간처짐 + 장기처짐
$\quad\quad\quad = (5)+(10) = 15\text{mm}$

21 인장철근비 $\rho = 0.025$, 압축철근비 $\rho' = 0.016$의 철근콘크리트 직사각형 단면의 보에 하중이 작용하여 순간처짐이 20mm 발생하였다. 3년의 지속하중이 작용할 경우 총처짐량(순간처짐+장기처짐)을 구하시오. (단, 시간경과계수 ξ는 다음의 표를 참조한다.) (4점)

기간(월)	1	3	6	12	18	24	36	48	60 이상
ξ	0.5	1.0	1.2	1.4	1.6	1.7	1.8	1.9	2.0

해설 **21**

(1) $\lambda_\Delta = \dfrac{(1.8)}{1+50(0.016)} = 1$

(2) 장기처짐 = 탄성처짐 × λ_Δ
$\quad\quad\quad = (20)(1) = 20\text{mm}$

(3) 총처짐 = 순간처짐 + 장기처짐
$\quad\quad\quad = (20)+(20) = 40\text{mm}$

22 다음과 같은 조건을 갖는 철근콘크리트 보의 총처짐(mm)을 구하시오. (3점)

- 즉시처짐: 20mm
- 지속하중에 따른 시간경과계수: $\xi = 2.0$
- 단면: $b \times d = 400\text{mm} \times 500\text{mm}$
- 압축철근량: $A_s' = 1,000\text{mm}^2$

23 큰 처짐에 의하여 손상되기 쉬운 칸막이벽이나 기타 구조물을 지지 또는 부착하지 않은 부재의 경우, 다음 표에서 정한 최소두께를 적용하여야 한다. 표의 ( )안에 알맞은 숫자를 써 넣으시오. (단, 표의 값은 보통중량콘크리트와 설계기준항복강도 400MPa 철근을 사용한 부재에 대한 값임) (3점)

【처짐을 계산하지 않는 보 또는 1방향 슬래브의 최소 두께기준】

단순지지된 1방향 슬래브	L / (　　　)
1단연속된 보	L / (　　　)
양단연속된 리브가 있는 1방향 슬래브	L / (　　　)

l: 경간(Span) 길이	처짐을 계산하지 않는 경우 보 또는 1방향 슬래브의 최소두께 (h_{min})			
	단순지지	1단연속	양단연속	캔틸레버
보 및 리브가 있는 1방향 슬래브	$\dfrac{l}{16}$	$\dfrac{l}{18.5}$	$\dfrac{l}{21}$	$\dfrac{l}{8}$
1방향 슬래브	$\dfrac{l}{20}$	$\dfrac{l}{24}$	$\dfrac{l}{28}$	$\dfrac{l}{10}$

l : 경간 길이(mm), $f_y = 400\text{MPa}$ 기준

24 피복두께의 정의와 유지목적을 3가지 적으시오. (5점)

(1) 정의: _____

(2) 유지목적:

① _____　② _____　③ _____

25 수중콘크리트 타설 시 콘크리트 피복두께를 얼마 이상으로 하여야 하는가? (2점)

해설 22

(1) $\lambda_\Delta = \dfrac{(2.0)}{1 + 50\left(\dfrac{1,000}{400 \times 500}\right)} = 1.6$

(2) 장기처짐＝탄성처짐×λ_Δ
　　　＝(20)(1.6)＝32mm

(3) 총처짐＝(20)+(32)＝52mm

해설 23
　20, 18.5, 21

해설 24
(1) 정의: 콘크리트 표면에서 단면 내 가장 근접한 철근 표면까지의 거리
(2) 유지목적:
　① 소요 내구성 확보
　② 소요 내화성 확보
　③ 소요 부착성 확보

해설 25
　100mm

26 철근콘크리트 공사를 하면서 철근간격을 일정하게 유지하는 이유를 3가지 쓰시오. (3점)

(1) _____ (2) _____ (3) _____

해설 **26**
(1) 콘크리트의 유동성 확보
(2) 재료분리 방지
(3) 소요의 강도 유지 및 확보

27 철근콘크리트 구조에서 보의 주근으로 4-D25를 1단 배열 시 보폭의 최소값을 구하시오.(4점)

【조건】 피복두께 40mm, 굵은골재 최대치수 18mm, 스터럽 D13

해설 **27**
(1) 주철근 순간격: ①,②,③ 중 큰값
 ① 25mm
 ② 1.0×25=25mm
 ③ $\frac{4}{3}$×18=24mm
(2) b = 40×2+13×2+25×4+25×3
　　 = 281mm

28 다음 그림과 같은 철근콘크리트 T형보에서 하부의 주철근이 1단으로 배근될 때 배근 가능한 개수를 구하시오. (단, 보의 피복두께는 40mm, Stirrup은 D13@200, 주철근은 D22, 콘크리트 굵은골재의 최대치수는 18mm, 이음정착은 고려하지 않는 것으로 한다.) (3점)

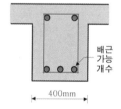

해설 **28**
(1) 주철근 순간격: ①, ②, ③ 중 큰값
 ① 25mm
 ② 22×1.0=22mm
 ③ $\frac{4}{3}$×18=24mm
(2) $400 = 2 \times 40 + 2 \times 13$
　　　　 $+ n \times 22 + (n-1) \times 25$
∴ $n = 6.787 \rightarrow 6$개

29 그림과 같은 보의 단면에서 휨균열을 제어하기 위한 인장철근의 간격을 구하고 적합여부를 판단하시오. (단, $f_y = 400$MPa 이며 사용철근의 응력은 $f_s = \frac{2}{3}f_y$ 근사식을 적용한다.) (4점)

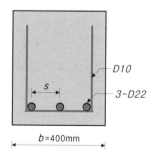

해설 **29** $s = 139$mm,
　　　　 균열이 발생되지 않음
(1) 순피복두께: $C_c = 40 + 10 = 50$mm
(2) $f_s = \frac{2}{3}f_y = \frac{2}{3}(400) = 267$MPa
(3) ① $s = 375\left(\frac{210}{(267)}\right) - 2.5(50)$
　　　　 $= 170$mm
　　② $s = 300\left(\frac{210}{(267)}\right) = 236$mm
∴ ①, ② 중 작은 값이므로
　　 $s_{max} = 170$mm
(4) 간격 $= \frac{1}{2}\left[400 - 2\left(40 + 10 + \frac{22}{2}\right)\right]$
　　　 $= 139$mm $< s_{max}$
(5) 균열이 발생되지 않음

핵심 2

RC 구조 (2)

1 RC 극한강도설계법(USD, Ultimate Strength Design)

(1)	기본 관계식	하중계수 × 사용하중 ≤ 강도감소계수 × 공칭강도	
		↓	
		소요강도　　　　　 ≤ 　　　　 설계강도	
(2)	소요강도	① 전단력	$V_u = 1.2V_D + 1.6V_L \geq 1.4V_D$
		② 휨모멘트	$M_u = 1.2M_D + 1.6M_L \geq 1.4M_D$

학습 POINT

■ 공칭강도(Nominal Strength)

하중에 대한 구조체나 구조부재 또는 단면의 저항능력을 말하며 강도감소계수 또는 설계저항계수를 적용하지 않은 강도

■ 설계강도(Design Strength)

단면 또는 부재의 공칭강도에 강도감소계수 또는 설계저항계수를 곱한 강도

■ D : Dead Load 고정하중

　L : Live Load 활하중

Check 1

철근콘크리트 부재의 구조계산을 수행한 결과이다. 공칭휨강도와 공칭전단강도를 구하시오.

(1) 하중조건:
　① 고정하중: $M = 150\text{kN} \cdot \text{m}$, $V = 120\text{kN}$
　② 활하중: $M = 130\text{kN} \cdot \text{m}$, $V = 110\text{kN}$
(2) 강도감소계수:
　① 휨에 대한 강도감소계수: $\phi = 0.85$ 적용
　② 전단에 대한 강도감소계수: $\phi = 0.75$ 적용

해설

(1) 공칭휨강도: $M_u = 1.2(150) + 1.6(130) = 388 \geq 1.4M_D = 1.4(150) = 210$

$$M_u \leq \phi M_n \text{ 에서 } M_n \geq \frac{(388)}{(0.85)} = 456.471\text{kN} \cdot \text{m}$$

(2) 공칭전단강도: $V_u = 1.2(120) + 1.6(110) = 320 \geq 1.4V_D = 1.4(120) = 168$

$$V_u \leq \phi V_n \text{ 에서 } V_n \geq \frac{(320)}{(0.75)} = 426.667\text{kN}$$

Check 2

그림과 같은 철근콘크리트 8m 단순보 중앙에
집중고정하중 20kN, 집중활하중 30kN이 작용할 때
보의 자중을 무시한 최대 계수휨모멘트를 구하시오.
(4점)

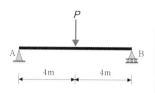

해설

(1) $P_u = 1.2P_D + 1.6P_L = 1.2(20) + 1.6(30) = 72\text{kN} \geq 1.4P_D = 1.4(20) = 28\text{kN}$

(2) $M_u = \dfrac{PL}{4} = \dfrac{(72)(8)}{4} = 144\text{kN} \cdot \text{m}$

중앙점 집중하중 작용	전단력도(SFD)	휨모멘트도(BMD)

Check 3

그림과 같은 철근콘크리트 8m 단순보 전체에
등분포고정하중 20kN/m, 활하중에 의한 등분포하중
30kN/m가 작용할 때 최대 계수휨모멘트를 구하시오.

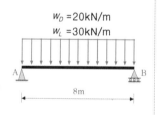

해설

(1) $w_u = 1.2w_D + 1.6w_L = 1.2(20) + 1.6(30) = 72\text{kN/m} \geq 1.4w_D = 1.4(20) = 28\text{kN/m}$

(2) $M_u = \dfrac{wL^2}{8} = \dfrac{(72)(8)^2}{8} = 576\text{kN} \cdot \text{m}$

등분포하중 만재 시	전단력도(SFD)	휨모멘트도(BMD)

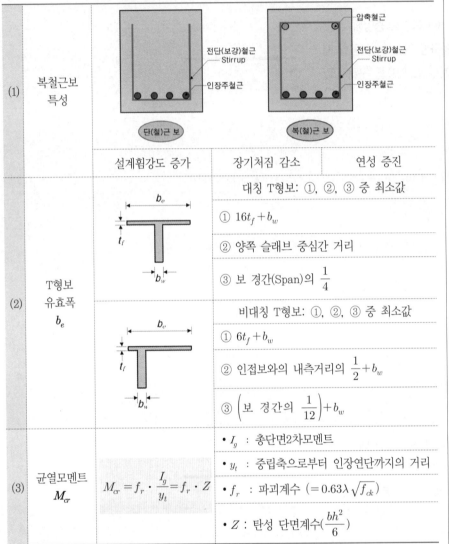

(1)	복철근보 특성	
		설계휨강도 증가 / 장기처짐 감소 / 연성 증진

■연성(Ductility)

구조물 또는 부재에 큰 하중이 작용하면 항복한 이후에도 일정 내력을 상실하지 않고 소성변형을 계속하는 성질

(2) T형보 유효폭 b_e

대칭 T형보: ①, ②, ③ 중 최소값
① $16t_f + b_w$
② 양쪽 슬래브 중심간 거리
③ 보 경간(Span)의 $\dfrac{1}{4}$

비대칭 T형보: ①, ②, ③ 중 최소값
① $6t_f + b_w$
② 인접보와의 내측거리의 $\dfrac{1}{2} + b_w$
③ $\left(\text{보 경간의 } \dfrac{1}{12}\right) + b_w$

(3) 균열모멘트 M_{cr}

$$M_{cr} = f_r \cdot \dfrac{I_g}{y_t} = f_r \cdot Z$$

- I_g : 총단면2차모멘트
- y_t : 중립축으로부터 인장연단까지의 거리
- f_r : 파괴계수 $(= 0.63\lambda\sqrt{f_{ck}})$
- Z : 탄성 단면계수$\left(\dfrac{bh^2}{6}\right)$

■ 경량콘크리트계수(λ)

(1) f_{sp} 값이 규정되어 있는 경우:

$$\lambda = \dfrac{f_{sp}}{0.56\sqrt{f_{ck}}} \leq 1.0$$

(2) f_{sp} 값이 규정되지 않은 경우:

보통중량콘크리트	$\lambda = 1.0$
모래경량콘크리트	$\lambda = 0.85$
전경량콘크리트	$\lambda = 0.75$

Check 4

철근콘크리트구조 휨부재에서 압축철근의 역할과 특징을 3가지 쓰시오 (3점)

(1) _____ (2) _____ (3) _____

해설

(1) 설계휨강도 증가   (2) 장기처짐 감소   (3) 연성 증진

Check 5

철근콘크리트 T형보에서 압축을 받는 플랜지 부분의 유효폭을 결정할 때 세 가지 조건에 의하여 산출된 값 중 가장 작은 값으로 유효폭을 결정하는데, 유효폭을 결정하는 세가지 기준을 쓰시오. (3점)

(1) _____ (2) _____ (3) _____

해설

(1) $16t_f + b_w$　　　　(2) 양쪽 슬래브의 중심간 거리　　　(3) 보 경간의 $\dfrac{1}{4}$

Check 6

다음 그림을 보고 물음에 답하시오. (4점)

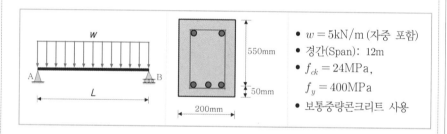

- $w = 5\text{kN/m}$ (자중 포함)
- 경간(Span): 12m
- $f_{ck} = 24\text{MPa}$,
  $f_y = 400\text{MPa}$
- 보통중량콘크리트 사용

(1) 최대휨모멘트를 구하시오.

(2) 균열모멘트를 구하고 균열발생 여부를 판정하시오.

해설

(1) $M_{\max} = \dfrac{wL^2}{8} = \dfrac{(5)(12)^2}{8} = 90\text{kN} \cdot \text{m}$

(2) $M_{cr} = 0.63\lambda\sqrt{f_{ck}} \cdot \dfrac{bh^2}{6} = 0.63(1.0)\sqrt{(24)} \cdot \dfrac{(200)(600)^2}{6}$

　　　　$= 37{,}036{,}284\text{N} \cdot \text{mm} = 37.036\text{kN} \cdot \text{m}$

$\therefore M_{\max} > M_{cr}$ 이므로 균열이 발생됨

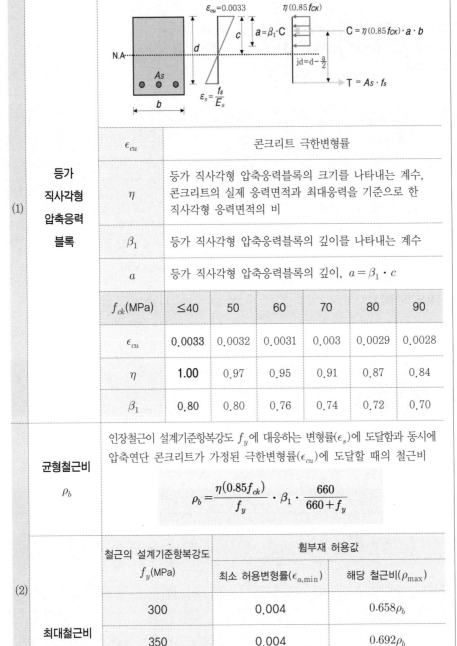

(1)	등가 직사각형 압축응력 블록	ϵ_{cu}	콘크리트 극한변형률
		η	등가 직사각형 압축응력블록의 크기를 나타내는 계수, 콘크리트의 실제 응력면적과 최대응력을 기준으로 한 직사각형 응력면적의 비
		β_1	등가 직사각형 압축응력블록의 깊이를 나타내는 계수
		a	등가 직사각형 압축응력블록의 깊이, $a = \beta_1 \cdot c$

f_{ck}(MPa)	≤40	50	60	70	80	90
ϵ_{cu}	0.0033	0.0032	0.0031	0.003	0.0029	0.0028
η	1.00	0.97	0.95	0.91	0.87	0.84
β_1	0.80	0.80	0.76	0.74	0.72	0.70

(2)	균형철근비 ρ_b	인장철근이 설계기준항복강도 f_y 에 대응하는 변형률(ϵ_s)에 도달함과 동시에 압축연단 콘크리트가 가정된 극한변형률(ϵ_{cu})에 도달할 때의 철근비 $$\rho_b = \frac{\eta(0.85f_{ck})}{f_y} \cdot \beta_1 \cdot \frac{660}{660+f_y}$$

■철근비(ρ, Steel Ratio)

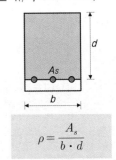

$$\rho = \frac{A_s}{b \cdot d}$$

철근의 설계기준항복강도 f_y(MPa)	휨부재 허용값	
	최소 허용변형률($\epsilon_{a,\min}$)	해당 철근비($\rho_{\max}$)
300	0.004	$0.658\rho_b$
350	0.004	$0.692\rho_b$
400	0.004	$0.726\rho_b$
500	0.005 ($2\epsilon_y$)	$0.699\rho_b$
600	0.006 ($2\epsilon_y$)	$0.677\rho_b$

(좌측 표 첫 열: 최대철근비 $\rho_{\max}$)

철근콘크리트 휨부재의 거동은 철근과 콘크리트의 상대적인 강도에 영향을 크게 받기 때문에 구조설계에서는 이를 반영하기 위하여 철근비를 사용하여 구조물의 파괴형태를 유추할 수 있게 된다. 철근비는 소수 5자리의 유효숫자를 적용하는 것이 일반적이다.

Check 7

콘크리트 설계기준압축강도 $f_{ck}=30\text{MPa}$일 때 압축응력등가블록의 깊이계수 β_1을 구하시오. (3점)

해설

$f_{ck} \leq 40\text{MPa} \Rightarrow \beta_1 = 0.80$

Check 8

RC 강도설계법에서 균형철근비의 정의를 쓰시오. (2점)

해설

인장철근이 설계기준항복강도 f_y에 대응하는 변형률(ϵ_s)에 도달함과 동시에 압축연단 콘크리트가 가정된 극한변형률(ϵ_{cu})에 도달할 때의 철근비

Check 9

폭 $b=500\text{mm}$, 유효깊이 $d=750\text{mm}$인 철근콘크리트 단철근 직사각형 보의 균형철근비 및 최대철근량을 계산하시오. (단, $f_{ck}=27\text{MPa}$, $f_y=300\text{MPa}$) (4점)

해설

(1) $f_{ck} \leq 40\text{MPa} \Rightarrow \eta = 1.00,\ \beta_1 = 0.80$

(2) $\rho_b = \dfrac{\eta(0.85f_{ck})}{f_y} \cdot \beta_1 \cdot \dfrac{\epsilon_{cu}}{\epsilon_{cu}+\epsilon_y} = \dfrac{(1.00)(0.85 \times 27)}{(300)} \cdot (0.80) \cdot \dfrac{(660)}{(660)+(300)}$
$= 0.04207$

(3) $\rho_{\max} = 0.658\rho_b = 0.658(0.04207) = 0.02768$

(4) $A_{s,\max} = \rho_{\max} \cdot b \cdot d = (0.02768)(500)(750) = 10{,}380\text{mm}^2$

4 RC 단철근 직사각형 보의 설계휨강도

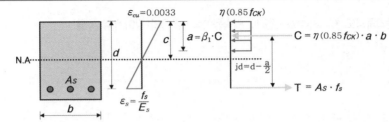

(1)	압축응력 등가블록 깊이 a	① 단철근보: $a = \dfrac{A_s \cdot f_y}{\eta(0.85 f_{ck}) \cdot b}$		② T형보: $a = \dfrac{A_s \cdot f_y}{\eta(0.85 f_{ck}) \cdot b_e}$
(2)	중립축거리 $c = \dfrac{a}{\beta_1}$	A_s	휨부재의 인장철근량, $\mathrm{mm^2}$	
		f_y	철근의 설계기준항복강도, MPa	
		f_{ck}	콘크리트의 설계기준압축강도, MPa	
		b	단철근보의 압축면의 유효폭, mm	
		b_e	T형보의 유효폭, mm	
		η	콘크리트 등가 직사각형 압축응력블록의 크기를 나타내는 계수 $f_{ck} \le 40\mathrm{MPa} \implies \eta = 1.00$	
		β_1	콘크리트 등가 직사각형 압축응력블록의 깊이를 나타내는 계수 $f_{ck} \le 40\mathrm{MPa} \implies \beta_1 = 0.80$	

(3)	최외단 인장철근의 순인장변형률 $\epsilon_t = \dfrac{d_t - c}{c} \cdot \epsilon_{cu}$ $\downarrow$ 지배단면의 구분 $\downarrow$ 강도감소계수(ϕ)의 결정	$\epsilon_t \ge 0.005$	$0.002 < \epsilon_t < 0.005$	$\epsilon_t \le 0.002$
		$\downarrow$	$\downarrow$	$\downarrow$
		인장지배단면	변화구간단면	압축지배단면
		$\downarrow$	$\downarrow$	$\downarrow$
		$\phi = 0.85$	$\phi = 0.65 + (\epsilon_t - 0.002) \times \dfrac{200}{3}$	$\phi = 0.65$

(4)	설계휨강도	$$\phi M_n = \phi A_s \cdot f_y \cdot \left(d - \dfrac{a}{2}\right)$$

Check 10

다음 그림과 같은 보의 압축연단으로부터
중립축까지의 거리 c 를 구하시오.
(단, $f_{ck}=35\text{MPa}$, $f_y=400\text{MPa}$,
$A_s=2,028\text{mm}^2$) (4점)

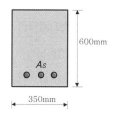

해설

(1) $f_{ck} \leq 40\text{MPa}$ ➡ $\eta=1.00$, $\beta_1=0.80$

(2) $a=\dfrac{A_s \cdot f_y}{\eta \cdot 0.85 f_{ck} \cdot b}=\dfrac{(2,028)(400)}{(1.00)0.85(35)(350)}=77.91\text{mm}$

$c=\dfrac{a}{\beta_1}=\dfrac{(77.91)}{(0.80)}=97.39\text{mm}$

Check 11

그림과 같은 철근콘크리트 보의 강도감소계수를
산정하시오. (단, $f_{ck}=30\text{MPa}$, $f_y=400\text{MPa}$,
$A_s=2,820\text{mm}^2$) (3점)

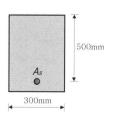

해설

(1) $f_{ck} \leq 40\text{MPa}$ ➡ $\eta=1.00$, $\beta_1=0.80$

$a=\dfrac{A_s \cdot f_y}{\eta(0.85 f_{ck}) \cdot b}=\dfrac{(2,820)(400)}{(1.00)(0.85\times30)(300)}=147.45\text{mm}$

$c=\dfrac{a}{\beta_1}=\dfrac{(147.45)}{(0.80)}=184.31\text{mm}$

(2) $\epsilon_t=\dfrac{d_t-c}{c} \cdot \epsilon_{cu}=\dfrac{(500)-(184.31)}{(184.31)} \cdot (0.0033)=0.00565 \geq 0.005$

∴ 인장지배단면 부재이며 $\phi=0.85$

Check 12

그림과 같은 RC보에서 최외단 인장철근의 순인장변형률 (ϵ_t)을 산정하고, 지배단면(인장지배단면, 압축지배단면, 변화구간단면)을 구분하시오. (단, $A_s = 1,927\text{mm}^2$, $f_{ck} = 24\text{MPa}$, $f_y = 400\text{MPa}$, $E_s = 200,000\text{MPa}$) (4점)

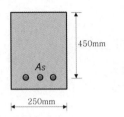

450mm

A_s

250mm

해설

(1) $a = \dfrac{A_s \cdot f_y}{\eta \cdot 0.85 f_{ck} \cdot b} = \dfrac{(1,927)(400)}{(1.00)0.85(24)(250)} = 151.13\text{mm}$

(2) $f_{ck} \leq 40\text{MPa}$ ➡ $\beta_1 = 0.80$, $c = \dfrac{a}{\beta_1} = \dfrac{(151.13)}{(0.80)} = 188.91\text{mm}$

(3) $\epsilon_t = \dfrac{d_t - c}{c} \cdot \epsilon_c = \dfrac{(450) - (188.91)}{(188.91)} \cdot (0.0033) = 0.00456$

(4) $0.0020 < \epsilon_t\ (= 0.00456) < 0.005$ 이므로 변화구간단면의 부재이다.

Check 13

그림과 같은 철근콘크리트 단순보에서 계수집중하중(P_u)의 최댓값(kN)을 구하시오. (단, 보통중량콘크리트 $f_{ck} = 28\text{MPa}$, $f_y = 400\text{MPa}$, 인장철근 단면적 $A_s = 1,500\text{mm}^2$, 휨에 대한 강도감소계수 $\phi = 0.85$를 적용한다.) (4점)

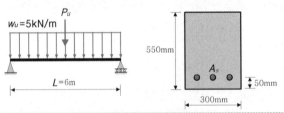

P_u

$w_u = 5\text{kN/m}$

$L = 6\text{m}$

550mm

A_s

50mm

300mm

해설

(1) $f_{ck} \leq 40\text{MPa}$ ➡ $\eta = 1.00,\ \beta_1 = 0.80$

$a = \dfrac{A_s \cdot f_y}{\eta(0.85 f_{ck}) \cdot b} = \dfrac{(1,500)(400)}{(1.00)(0.85 \times 28)(300)} = 84.03\text{mm}$

(2) $\phi M_n = \phi A_s \cdot f_y \cdot \left(d - \dfrac{a}{2}\right)$

$\quad = (0.85)(1,500)(400)\left((500) - \dfrac{(84.03)}{2}\right) = 233,572,350\text{N} \cdot \text{mm} = 233.572\text{kN} \cdot \text{m}$

(3) $M_u = \dfrac{P_u \cdot L}{4} + \dfrac{w_u \cdot L^2}{8} = \dfrac{P_u(6)}{4} + \dfrac{(5)(6)^2}{8}$

(4) $M_u \leq \phi M_n$ 으로부터 $\dfrac{P_u(6)}{4} + \dfrac{(5)(6)^2}{8} \leq 233.572$ ➡ $P_u \leq 140.715\text{kN}$

■■■ RC구조 (2)

1 다음 용어를 설명하시오. (4점)

(1) 공칭강도(Nominal Strength):

(2) 설계강도(Design Strength):

---

2 철근콘크리트 부재의 구조계산을 수행한 결과이다. 공칭휨강도와 공칭전단강도를 구하시오. (4점)

(1) 하중조건 :	(2) 강도감소계수 :
① 고정하중 : $M=150\text{kN}\cdot\text{m}$, $V=120\text{kN}$	① 휨에 대한 강도감소계수 : $\phi=0.85$ 적용
② 활하중 : $M=130\text{kN}\cdot\text{m}$, $V=110\text{kN}$	② 전단에 대한 강도감소계수 : $\phi=0.75$ 적용

(1) 공칭휨강도:

(2) 공칭전단강도:

---

3 그림과 같은 철근콘크리트 8m 단순보 중앙에 집중고정하중 20kN, 집중활하중 30kN이 작용할 때 보의 자중을 무시한 최대 계수휨모멘트를 구하시오 (4점)

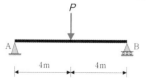

해설 **1**
(1) 하중에 대한 구조체나 구조부재 또는 단면의 저항능력을 말하며 강도감소계수 또는 설계저항계수를 적용하지 않은 강도
(2) 단면 또는 부재의 공칭강도에 강도감소계수 또는 설계저항계수를 곱한 강도

해설 **2**
(1) $M_u = 1.2M_D + 1.6M_L$
$\quad = 1.2(150) + 1.6(130)$
$\quad = 388\text{kN}\cdot\text{m}$

$M_u = \phi M_n$ 에서 $M_n = \dfrac{M_u}{\phi}$

$M_n = \dfrac{(388)}{(0.85)} = 456.471\text{kN}\cdot\text{m}$

(2) $V_u = 1.2V_D + 1.6V_L$
$\quad = 1.2(120) + 1.6(110) = 320\text{kN}$

$V_u = \phi V_n$ 에서 $V_n = \dfrac{V_u}{\phi}$

$V_n = \dfrac{(320)}{(0.75)} = 426.667\text{kN}$

해설 **3**
(1) $P_u = 1.2P_D + 1.6P_L$
$\quad = 1.2(20) + 1.6(30) = 72\text{kN}$
$\quad \geq 1.4P_D = 1.4(20) = 28\text{kN}$

(2) $M_u = \dfrac{PL}{4}$
$\quad = \dfrac{(72)(8)}{4} = 144\text{kN}\cdot\text{m}$

4 철근콘크리트구조 휨부재에서 압축철근의 역할과 특징을 3가지 쓰시오. (3점)

(1) _____ (2) _____ (3) _____

해설 **4**
(1) 설계휨강도 증가
(2) 장기처짐 감소
(3) 연성 증진

5 철근콘크리트 T형보에서 압축을 받는 플랜지 부분의 유효폭을 결정할 때 세 가지 조건에 의하여 산출된 값 중 가장 작은값으로 유효폭을 결정하는데, 유효폭을 결정하는 세 가지 기준을 쓰시오. (3점)

(1) _____ (2) _____ (3) _____

해설 **5**
(1) $16t_f + b_w$
(2) 양쪽 슬래브의 중심간 거리
(3) 보 경간의 $\frac{1}{4}$

6 다음과 같은 연속 대칭 T형보의 유효폭(b_e)을 구하시오.
(단, 보 경간(Span) : 6,000mm, 복부폭(b_w): 300mm) (4점)

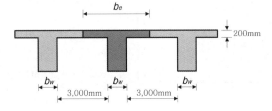

해설 **6**
① $16t_f + b_w = 16(200) + 300$
$\qquad = 3,500mm$
② 양쪽 슬래브 중심간 거리
$= \dfrac{\left(\dfrac{300}{2} + 3,000 + \dfrac{300}{2}\right)}{2} +$
$+ \dfrac{\left(\dfrac{300}{2} + 3,000 + \dfrac{300}{2}\right)}{2} = 3,300mm$
③ 보 경간(Span)의 $\frac{1}{4}$
$= 6,000 \times \frac{1}{4} = 1,500mm$ ◀ 지배

7 그림과 같은 철근콘크리트 비대칭 T형보의 유효폭(b_e)을 구하시오.
(단, 보 경간(Span)은 6m) (4점)

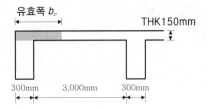

해설 **7**
(1) $b_e = 6t_f + b_w$
$\qquad = 6(150) + (300) = 1,200mm$
(2) $b_e =$
$\left(\text{인접 보와의 내측거리의 } \frac{1}{2}\right) + b_w$
$= (3,000) \times \frac{1}{2} + (300) = 1,800mm$
(3) $b_e = \frac{1}{12} \times (\text{보 Span}) + b_w$
$\qquad = (6,000) \times \frac{1}{12} + (300)$
$\qquad = 800mm$
$\therefore b_e = 800mm$

8 콘크리트 설계기준압축강도 $f_{ck} = 21\text{MPa}$ 인 모래경량콘크리트의 휨파괴계수 f_r 을 구하시오. (3점)

해설 **8**
$$f_r = 0.63\lambda\sqrt{f_{ck}}$$
$$= 0.63(0.85)\sqrt{(21)} = 2.45\text{MPa}$$

9 그림과 같이 배근된 보에서 외력에 의해 휨균열을 일으키는 균열모멘트(M_{cr})를 구하시오. (단, 보통중량콘크리트 $f_{ck} = 24\text{MPa}$, $f_y = 400\text{MPa}$) (4점)

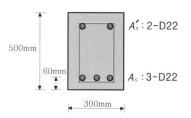

$A_s' : 2\text{-D22}$

500mm

60mm

$A_s : 3\text{-D22}$

300mm

해설 **9**

(1) 보통중량콘크리트: $\lambda = 1.0$

(2) $M_{cr} = 0.63\lambda\sqrt{f_{ck}} \cdot \dfrac{bh^2}{6}$

$\quad = 0.63(1.0)\sqrt{(24)} \cdot \dfrac{(300)(500)^2}{6}$

$\quad = 38,579,463\text{N} \cdot \text{mm}$

$\quad = 38.579\text{kN} \cdot \text{m}$

10 다음과 같은 조건의 외력에 대한 휨균열모멘트강도(M_{cr})를 구하시오. (4점)

【조건】
- 단면 크기: $b \times h = 300\text{mm} \times 600\text{mm}$
- 보통중량콘크리트 설계기준 압축강도 $f_{ck} = 30\text{MPa}$, 철근의 항복강도 $f_y = 400\text{MPa}$

해설 **10**

$M_{cr} = 0.63\lambda\sqrt{f_{ck}} \cdot \dfrac{bh^2}{6}$

$\quad = 0.63(1.0)\sqrt{(30)} \cdot \dfrac{(300)(600)^2}{6}$

$\quad = 62,111,738\text{N} \cdot \text{mm}$

$\quad = 62.111\text{kN} \cdot \text{m}$

11 다음 그림을 보고 물음에 답하시오. (4점)

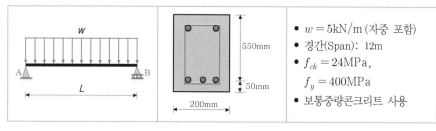

- $w = 5\text{kN/m}$ (자중 포함)
- 경간(Span): 12m
- $f_{ck} = 24\text{MPa}$, $f_y = 400\text{MPa}$
- 보통중량콘크리트 사용

550mm

50mm

200mm

(1) 최대휨모멘트를 구하시오.

(2) 균열모멘트를 구하고 균열발생 여부를 판정하시오.

해설 **11**

(1) $M_{\max} = \dfrac{wL^2}{8} = \dfrac{(5)(12)^2}{8}$

$\quad = 90\text{kN} \cdot \text{m}$

(2) $M_{cr} = 0.63\lambda\sqrt{f_{ck}} \cdot \dfrac{bh^2}{6}$

$\quad = 0.63(1.0)\sqrt{(24)} \cdot \dfrac{(200)(600)^2}{6}$

$\quad = 37,036,284\text{N} \cdot \text{mm}$

$\quad = 37.036\text{kN} \cdot \text{m}$

$\therefore M_{\max} > M_{cr}$ 이므로 균열이 발생됨.

12 콘크리트 설계기준압축강도 $f_{ck} = 30\text{MPa}$일 때 압축응력등가블록의 깊이계수 β_1을 구하시오. (3점)

해설 **12** $f_{ck} \leq 40\text{MPa} \implies \beta_1 = 0.80$

	$f_{ck}(\text{MPa})$	≤ 40	50	60	70	80	90
등가직사각형 응력분포 변수 값	ϵ_{cu}	0.0033	0.0032	0.0031	0.0030	0.0029	0.0028
	η	1.00	0.97	0.95	0.91	0.87	0.84
	β_1	0.80	0.80	0.76	0.74	0.72	0.70

13 철근콘크리트구조에서 최대철근비 규정은 철근의 항복강도 f_y를 기준으로 두 가지로 구분된다. 다음 표의 빈칸을 최외단 인장철근의 순인장변형률 ϵ_t, 항복변형률 ϵ_y로 표현하시오. (2점)

$f_y \leq 400\text{MPa}$	$f_y > 400\text{MPa}$

해설 **13**

$f_y \leq 400\text{MPa}$	$f_y > 400\text{MPa}$
$\epsilon_t = 0.004$	$\epsilon_t = 2 \cdot \epsilon_y$

14 폭 $b = 500\text{mm}$, 유효깊이 $d = 750\text{mm}$인 철근콘크리트 단철근 직사각형 보의 균형철근비 및 최대철근량을 계산하시오. (단, $f_{ck} = 27\text{MPa}$, $f_y = 300\text{MPa}$) (4점)

해설 **14**

(1) $f_{ck} \leq 40\text{MPa} \implies \eta = 1.00, \ \beta_1 = 0.80$

(2) $\rho_b = \dfrac{\eta(0.85 f_{ck})}{f_y} \cdot \beta_1 \cdot \dfrac{\epsilon_{cu}}{\epsilon_{cu} + \epsilon_y} = \dfrac{(1.00)(0.85 \times 27)}{(300)} \cdot (0.80) \cdot \dfrac{(660)}{(660) + (300)} = 0.04207$

(3) $\rho_{\max} = 0.658 \rho_b = 0.658(0.04207) = 0.02768$

(4) $A_{s,\max} = \rho_{\max} \cdot b \cdot d = (0.02768)(500)(750) = 10{,}380\text{mm}^2$

15 폭 $b = 500\text{mm}$, 유효깊이 $d = 750\text{mm}$인 철근콘크리트 단철근 직사각형 보의
균형철근비 및 최대철근량을 계산하시오. (단, $f_{ck} = 27\text{MPa}$, $f_y = 400\text{MPa}$) (4점)

해설 15

(1) $f_{ck} \leq 40\text{MPa}$ ➡ $\eta = 1.00$, $\beta_1 = 0.80$

(2) $\rho_b = \dfrac{\eta(0.85 f_{ck})}{f_y} \cdot \beta_1 \cdot \dfrac{\epsilon_{cu}}{\epsilon_{cu} + \epsilon_y} = \dfrac{(1.00)(0.85 \times 27)}{(400)} \cdot (0.80) \cdot \dfrac{(660)}{(660) + (400)} = 0.02857$

(3) $\rho_{\max} = 0.726 \rho_b = 0.726(0.02857) = 0.02074$

(4) $A_{s,\max} = \rho_{\max} \cdot b \cdot d = (0.02074)(500)(750) = 7,777.5\text{mm}^2$

16 다음 그림과 같은 보의 압축연단으로부터 중립축까지의 거리 c를 구하시오.
(단, $f_{ck} = 35\text{MPa}$, $f_y = 400\text{MPa}$, $A_s = 2,028\text{mm}^2$) (4점)

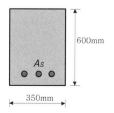

해설 16

(1) $f_{ck} \leq 40\text{MPa}$ ➡ $\eta = 1.00$, $\beta_1 = 0.80$

(2) $a = \dfrac{A_s \cdot f_y}{\eta \cdot 0.85 f_{ck} \cdot b} = \dfrac{(2,028)(400)}{(1.00)0.85(35)(350)} = 77.91\text{mm}$

$c = \dfrac{a}{\beta_1} = \dfrac{(77.91)}{(0.80)} = 97.39\text{mm}$

17 그림과 같은 T형보의 중립축위치(c)를 구하시오. (단, 보통중량콘크리트 $f_{ck} = 30MPa$, $f_y = 400MPa$, 인장철근 단면적 $A_s = 2,000mm^2$) (4점)

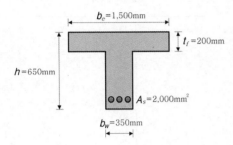

해설 **17**

(1) $f_{ck} \leq 40MPa$ ➡ $\eta = 1.00$, $\beta_1 = 0.80$

(2) $a = \dfrac{A_s \cdot f_y}{\eta(0.85f_{ck}) \cdot b} = \dfrac{(2,000)(400)}{(1.00)(0.85 \times 30)(1,500)} = 20.92mm$

$c = \dfrac{a}{\beta_1} = \dfrac{(20.92)}{(0.80)} = 26.15mm$

18 다음이 설명하는 용어를 쓰시오. (2점)

> 압축연단 콘크리트가 가정된 극한변형률인 0.0033에 도달할 때 최외단 인장 철근의 순인장변형률 ϵ_t가 0.005 이상인 단면: _____

해설 **18**
인장지배단면

19 휨부재의 공칭강도에서 최외단 인장철근의 순인장변형률 $\epsilon_t = 0.004$일 경우 강도감소계수 ϕ를 구하시오. (4점)

해설 **19**

$\phi = 0.65 + (\epsilon_t - 0.002) \times \dfrac{200}{3} = 0.65 + [(0.004) - 0.002] \times \dfrac{200}{3} = 0.783$

20

그림과 같은 철근콘크리트 보의 강도감소계수를 산정하시오. (단, $f_{ck} = 30\text{MPa}$, $f_y = 400\text{MPa}$, $A_s = 2,820\text{mm}^2$) (3점)

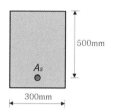

500mm

A_s

300mm

해설 20

(1) $f_{ck} \leq 40\text{MPa}$ ➡ $\eta = 1.00, \ \beta_1 = 0.80$

$$a = \frac{A_s \cdot f_y}{\eta(0.85f_{ck}) \cdot b} = \frac{(2,820)(400)}{(1.00)(0.85 \times 30)(300)} = 147.45\text{mm}$$

$$c = \frac{a}{\beta_1} = \frac{(147.45)}{(0.80)} = 184.31\text{mm}$$

(2) $\epsilon_t = \dfrac{d_t - c}{c} \cdot \epsilon_{cu} = \dfrac{(500) - (184.31)}{(184.31)} \cdot (0.0033) = 0.00565 \geq 0.005$

∴ 인장지배단면 부재이며 $\phi = 0.85$

21

그림과 같은 철근콘크리트 보가 $f_{ck} = 21\text{MPa}$, $f_y = 400\text{MPa}$, D22(단면적 387mm²) 일 때 강도감소계수 $\phi = 0.85$를 적용함이 적합한지 부적합한지를 판정하시오. (4점)

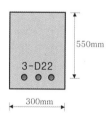

550mm

3-D22

300mm

해설 21

(1) $f_{ck} \leq 40\text{MPa}$ ➡ $\eta = 1.00, \ \beta_1 = 0.80$

(2) $a = \dfrac{A_s \cdot f_y}{\eta \cdot 0.85f_{ck} \cdot b} = \dfrac{(3 \times 387)(400)}{(1.00)0.85(21)(300)} = 86.72\text{mm}$

$$c = \frac{a}{\beta_1} = \frac{(86.72)}{(0.80)} = 108.4\text{mm}$$

(3) $\epsilon_t = \dfrac{d_t - c}{c} \cdot \epsilon_{cu} = \dfrac{(550) - (108.4)}{(108.4)} \cdot (0.0033) = 0.01344 > 0.005$

(4) 인장지배단면 부재이며 $\phi = 0.85$를 적용함이 적합

22 그림과 같은 RC보에서 최외단 인장철근의 순인장변형률(ϵ_t)를 산정하고, 지배단면 (인장지배단면, 압축지배단면, 변화구간단면)을 구분하시오. (단, $A_s = 1,927\text{mm}^2$, $f_{ck} = 24\text{MPa}$, $f_y = 400\text{MPa}$, $E_s = 200,000\text{MPa}$) (4점)

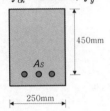

450mm

A_s

250mm

해설 **22**

(1) $f_{ck} \leq 40\text{MPa}$ ➡ $\eta = 1.00$, $\beta_1 = 0.80$

(2) $a = \dfrac{A_s \cdot f_y}{\eta \cdot 0.85 f_{ck} \cdot b} = \dfrac{(1,927)(400)}{(1.00)0.85(24)(250)} = 151.13\text{mm}$

$c = \dfrac{a}{\beta_1} = \dfrac{(151.13)}{(0.80)} = 188.91\text{mm}$

(3) $\epsilon_t = \dfrac{d_t - c}{c} \cdot \epsilon_{cu} = \dfrac{(450) - (188.91)}{(188.91)} \cdot (0.0033) = 0.00456$

(4) $0.0020 < \epsilon_t (= 0.00456) < 0.005$ 이므로 변화구간단면의 부재이다.

23 그림과 같이 단순지지된 철근콘크리트 보의 중앙에 집중하중이 작용할 때 이 보에서의 휨에 대한 강도감소계수를 구하시오. (단, $E_s = 200,000\text{MPa}$, $f_{ck} = 24\text{MPa}$, $f_y = 400\text{MPa}$, $A_s = 2,100\text{mm}^2$) (4점)

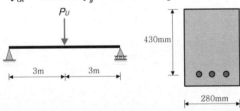

P_U

3m　3m

430mm

280mm

해설 **23**

(1) $f_{ck} \leq 40\text{MPa}$ ➡ $\eta = 1.00$, $\beta_1 = 0.80$

(2) $a = \dfrac{A_s \cdot f_y}{\eta(0.85 f_{ck}) \cdot b} = \dfrac{(2,100)(400)}{(1.00)(0.85 \times 24)(280)} = 147.05\text{mm}$

$c = \dfrac{a}{\beta_1} = \dfrac{(147.05)}{(0.80)} = 183.81\text{mm}$

(3) $\epsilon_t = \dfrac{d_t - c}{c} \cdot \epsilon_{cu} = \dfrac{(430) - (183.81)}{(183.81)} \cdot (0.0033) = 0.00442$ ➡ 변화구간단면의 부재

(4) $\phi = 0.65 + (\epsilon_t - 0.002) \times \dfrac{200}{3} = 0.65 + [(0.00442) - 0.002] \times \dfrac{200}{3} = 0.811$

24 그림과 같은 철근콘크리트 보에서 중립축거리(c)가 250mm일 때 강도감소계수 ϕ를 산정하시오. (단, ϕ의 계산값은 소수셋째자리에서 반올림하여 소수 둘째자리까지 표현하시오.) (4점)

550mm

3-D22

300mm

해설 **24**

(1) $f_{ck} \leq 40\text{MPa} \implies \epsilon_{cu} = 0.0033$

(2) $\epsilon_t = \dfrac{(550) - (250)}{(250)} \cdot (0.0033) = 0.00396$

　$0.002 < \epsilon_t(= 0.00396) < 0.005$ 이므로 변화구간 단면의 부재이다.

(3) $\phi = 0.65 + [(0.00396) - 0.002] \times \dfrac{200}{3} = 0.78$

25 그림과 같은 철근콘크리트 단순보에서 계수집중하중(P_u)의 최대값(kN)을 구하시오. (단, 인장철근 단면적 $A_s = 1,500\text{mm}^2$, 보통중량콘크리트 $f_{ck} = 28\text{MPa}$, $f_y = 400\text{MPa}$, 휨에 대한 강도감소계수 $\phi = 0.85$를 적용한다.) (4점)

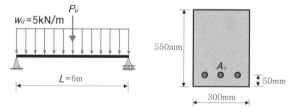

$w_u = 5\text{kN/m}$　P_u

$L = 6\text{m}$

550mm　　A_s　　50mm

300mm

해설 **25**

(1) $f_{ck} \leq 40\text{MPa} \implies \eta = 1.00, \ \beta_1 = 0.80$

(2) $a = \dfrac{A_s \cdot f_y}{\eta(0.85 f_{ck}) \cdot b} = \dfrac{(1,500)(400)}{(1.00)(0.85 \times 28)(300)} = 84.03\text{mm}$

(3) $\phi M_n = \phi A_s \cdot f_y \cdot \left(d - \dfrac{a}{2}\right)$

　　$= (0.85)(1,500)(400)\left((500) - \dfrac{(84.03)}{2}\right) = 233,572,350\text{N} \cdot \text{mm} = 233.572\text{kN} \cdot \text{m}$

(4) $M_u = \dfrac{P_u \cdot L}{4} + \dfrac{w_u \cdot L^2}{8} = \dfrac{P_u(6)}{4} + \dfrac{(5)(6)^2}{8}$

(5) $M_u \leq \phi M_n$ 으로부터 $\dfrac{P_u(6)}{4} + \dfrac{(5)(6)^2}{8} \leq 233.572 \implies P_u \leq 140.715\text{kN}$

RC 구조 (3)

1 RC 기둥

(1)	띠철근	① 역할	• 주철근의 좌굴방지	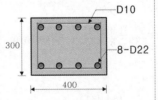
			• 수평력에 대한 전단보강	직사각형 띠 기 둥 / 원 형 띠 기 둥
		② 수직간격	• 주철근의 16배 이하 • 띠철근 지름의 48배 이하 • 기둥 단면 최소치수의 1/2 이하	최솟값 (단, 200mm 보다 좁을 필요는 없다.)
(2)	설계축하중 [N]		$\phi P_n = (0.65)(0.80)[0.85 f_{ck} \cdot (A_g - A_{st}) + f_y \cdot A_{st}]$	

학습 POINT

■ RC 압축재 철근비

비합성 압축부재의 축방향주철근 단면적은 전체단면적 A_g의 0.01배 이상, 0.08배 이하로 하여야 한다. 축방향주철근이 겹침이음되는 경우의 철근비는 0.04를 초과하지 않도록 하여야 한다.

Check 1

철근콘크리트구조의 기둥에서 띠철근의 역할을 2가지 쓰시오. (2점)

(1) _____ (2) _____

해설 (1) 주근의 좌굴 방지 　　(2) 수평력에 대한 전단보강

Check 2

그림과 같이 8-D22로 배근된 철근콘크리트 기둥에서 띠철근의 최대 수직간격을 구하시오. (3점)

D10 → / 300 / 8-D22 / 400

해설
① 주철근 직경의 16배: 22mm × 16 = 352mm
② 띠철근 직경의 48배: 10mm × 48 = 480mm
③ 기둥의 최소폭 300mm × 1/2 = 150mm
④ 200mm ← 지배

Check 3

중심축하중을 받는 단주의 최대 설계축하중을
구하시오. (단, $f_{ck} = 27$MPa, $f_y = 400$MPa,
$A_{st} = 3,096$mm^2) (3점)

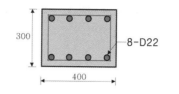

300

8-D22

400

해설

$$\phi P_n = \phi(0.80)[0.85 f_{ck} \cdot (A_g - A_{st}) + f_y \cdot A_{st}]$$
$$= (0.65)(0.80)[0.85(27) \cdot (300 \times 400 - 3,096) + (400)(3,096)]$$
$$= 2,039,100\text{N} = 2,039.1\text{kN}$$

2 RC 전단설계

		소요전단강도(V_u) ≤ 설계전단강도(ϕV_n)	
(1)	전단강도 설계식	① 전단에 대한 강도감소계수: $\phi = 0.75$	
		② 공칭전단강도: $V_n = V_c + V_s$	
		$V_c = \dfrac{1}{6}\lambda\sqrt{f_{ck}} \cdot b_w \cdot d$	$V_s = \dfrac{A_v \cdot f_{yt} \cdot d}{s}$
(2)	등분포하중이 작용하는 보의 전단력도에서 전단보강철근의 요구조건		

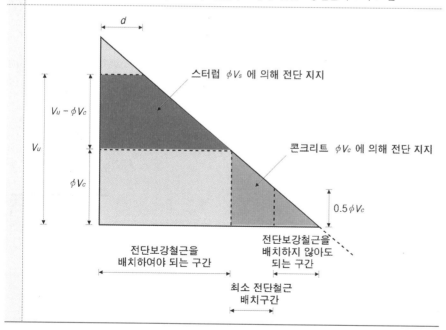

■ 경량콘크리트계수(λ)

(1) f_{sp} 값이 규정되어 있는 경우:

$$\lambda = \frac{f_{sp}}{0.56\sqrt{f_{ck}}} \leq 1.0$$

(2) f_{sp} 값이 규정되지 않은 경우:

보통중량콘크리트	$\lambda = 1.0$
모래경량콘크리트	$\lambda = 0.85$
전경량콘크리트	$\lambda = 0.75$

■ 전단철근의 전단강도 V_s

• A_v: Stirrup 2개의 단면적(mm^2), Stirrup 1개 조(組)의 단면적으로 산정
• f_{yt}: Stirrup 항복강도(MPa)
• s: Stirrup 간격(mm)

■ 전단위험단면:

받침부에서 거리 d 위치

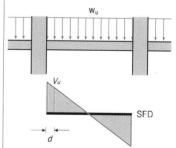

Check 4

강도설계법으로 설계된 보에서 스터럽이 부담하는 전단력 $V_s = 265\text{kN}$일 경우 수직스터럽의 간격을 구하시오. (단, $f_{yt} = 350\text{MPa}$) (3점)

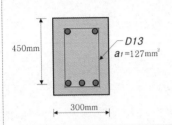

450mm

D13
$a_t = 127\text{mm}^2$

300mm

해설 $V_s = \dfrac{A_v \cdot f_{yt} \cdot d}{s}$ 에서 $s = \dfrac{A_v \cdot f_{yt} \cdot d}{V_s} = \dfrac{(2 \times 127)(350)(450)}{(265 \times 10^3)} = 150.962\text{mm}$

Check 5

그림과 같은 철근콘크리트보를 보고 물음에 답하시오. (5점)

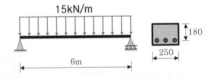

15kN/m

180

250

6m

(1) 전단위험단면 위치에서의 계수전단력을 구하시오.

(2) 전단설계를 하고자 할 때, 경간길이 내에서 스터럽 배치가 필요하지 않은 구간의 길이를 산정하시오. (단, 지점 외부로 내민 부재길이는 무시, 보통중량콘크리트 $f_{ck} = 21\text{MPa}$)

(1) $\dfrac{V_u}{45} = \dfrac{2.82}{3}$ 으로부터

$V_u = 45 \times \dfrac{2.82}{3} = 42.3\text{kN}$

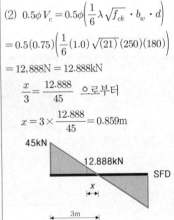

45kN V_u

SFD

$d = 0.18\text{m}$

2.82m

3m

(2) $0.5\phi V_c = 0.5\phi\left(\dfrac{1}{6}\lambda\sqrt{f_{ck}} \cdot b_w \cdot d\right)$

$= 0.5(0.75)\left(\dfrac{1}{6}(1.0)\sqrt{(21)}(250)(180)\right)$

$= 12,888\text{N} = 12.888\text{kN}$

$\dfrac{x}{3} = \dfrac{12.888}{45}$ 으로부터

$x = 3 \times \dfrac{12.888}{45} = 0.859\text{m}$

45kN

12.888kN

SFD

x

3m

3 RC 기본정착길이, 변장비, 플랫슬래브

		인장이형철근	압축이형철근
(1)	기본정착길이	$l_{db} = \dfrac{0.6 d_b \cdot f_y}{\lambda \sqrt{f_{ck}}}$	$l_{db} = \dfrac{0.25 d_b \cdot f_y}{\lambda \sqrt{f_{ck}}} \geq 0.043 d_b \cdot f_y$

(2)	슬래브 변장비		1방향 슬래브(1-Way Slab) 변장비 $= \dfrac{장변\ 경간}{단변\ 경간} > 2$ 2방향 슬래브(2-Way Slab) 변장비 $= \dfrac{장변\ 경간}{단변\ 경간} \leq 2$

■ 인장이형철근의 (소요)정착길이
　정밀식:

$$l_d = \dfrac{0.9 d_b \cdot f_y}{\lambda \sqrt{f_{ck}}} \cdot \dfrac{\alpha \cdot \beta \cdot \gamma}{\left(\dfrac{c + K_{tr}}{d_b} \right)}$$

① α : 철근배치 위치계수
② β : 철근 도막계수
③ γ : 철근 또는 철선의 크기 계수
④ λ : 경량콘크리트계수

수축온도철근 (Shrinkage and Temperature Reinforcement)
건조수축 또는 온도변화에 의하여 콘크리트에 발생하는 균열을 방지하기 위한 목적으로 배치되는 철근

(3) 플랫 슬래브(Flat Slab)

① 정의: 슬래브 외부 보를 제외하고 내부는 보 없이 바닥판으로 구성하여 하중을 직접 기둥에 전달하는 구조

② 2방향 전단(Punching Shear, 뚫림 전단) 방지를 위한 지판의 규정

기둥면에서 $\dfrac{d}{2}$ 위치에서 발생

• 지판(Drop Panel) 두께: 슬래브 두께의 $\dfrac{1}{4}$ 이상

• 각 방향 받침부 중심간 경간의 $\dfrac{1}{6}$ 이상을 각 방향으로 연장

③ 2방향 전단 보강방법

• 슬래브의 두께를 크게 한다.
• 지판 또는 기둥머리를 사용하여 위험단면의 면적을 증가시킨다.
• 기둥을 중심으로 양 방향 기둥열 철근을 스터럽으로 보강한다.
• 기둥에 얹히는 슬래브를 C형강이나 H형강으로 전단머리 보강한다.

Check 6

$f_{ck} = 30\text{MPa}$, $f_y = 400\text{MPa}$, D22(공칭지름 22.2mm) 인장이형철근의 기본정착길이를 구하시오.(단, 경량콘크리트계수 $\lambda = 1.0$) (3점)

해설

$$l_{db} = \frac{0.6d_b \cdot f_y}{\lambda \sqrt{f_{ck}}} = \frac{0.6(22.2)(400)}{(1.0)\sqrt{(30)}} = 972.755\text{mm}$$

Check 7

철근콘크리트로 설계된 보에서 압축을 받는 D22 철근의 기본정착길이를 구하시오.
(단, 보통중량콘크리트 $f_{ck} = 24\text{MPa}$, $f_y = 400\text{MPa}$) (3점)

해설

① $l_{db} = \dfrac{0.25d_b \cdot f_y}{\lambda \sqrt{f_{ck}}} = \dfrac{0.25(22)(400)}{(1.0)\sqrt{(24)}} = 449.07\text{mm}$

② $l_{db} = 0.043d_b \cdot f_y = 0.043(22)(400) = 378.40\text{mm}$

∴ ①,② 중 큰값인 449.07mm

Check 8

철근콘크리트 구조의 1방향 슬래브와 2방향 슬래브를 구분하는 기준에 대해 설명하시오. (3점)

해설

(1) 1방향 슬래브(1-Way Slab): 변장비 $= \dfrac{\text{장변 경간}}{\text{단변 경간}} > 2$

(2) 2방향 슬래브(2-Way Slab): 변장비 $= \dfrac{\text{장변 경간}}{\text{단변 경간}} \leq 2$

Check 9

수축온도철근(Shrinkage and Temperature Reinforcement)을 간단히 설명하시오. (3점)

해설

건조수축 또는 온도변화에 의하여 콘크리트에 발생하는 균열을 방지하기 위한 철근

Check 10

다음 그림과 같은 설계조건에서 플랫슬래브 지판 (Drop Panel, 드롭 패널)의 최소 크기와 두께를 산정하시오. (단, 슬래브 두께 t_f는 200mm이다.) (4점)

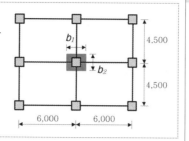

해설 (1) $b_1 = \dfrac{(6,000)}{6} + \dfrac{(6,000)}{6} = 2,000\text{mm}$, $b_2 = \dfrac{(4,500)}{6} + \dfrac{(4,500)}{6} = 1,500\text{mm}$

∴ $b_1 \times b_2 = 2,000\text{mm} \times 1,500\text{mm}$

(2) $h_{\min} = \dfrac{t_f}{4} = \dfrac{(200)}{4} = 50\text{mm}$

Check 11

그림과 같은 독립기초의 2방향 뚫림전단(Punching Shear) 응력산정을 위한 저항면적(cm^2)을 구하시오 (3점)

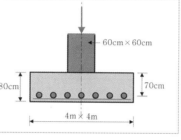

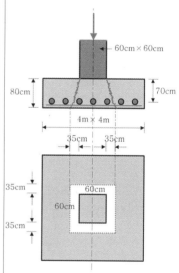

해설 (1) 위험단면의 둘레길이: $b_o = [(35+60+35) \times 2] \times 2 = 520\text{cm}$

(2) 저항면적: $A = b_o \cdot d = (520)(70) = 36,400\text{cm}^2$

Check 12

플랫슬래브(플레이트)구조에서 2방향 전단에 대한 보강방법을 4가지 쓰시오. (4점)

(1) _____

(2) _____

(3) _____

(4) _____

해설
(1) 슬래브의 두께를 크게 한다.
(2) 지판 또는 기둥머리를 사용하여 위험단면의 면적을 증가시킨다.
(3) 기둥을 중심으로 양 방향 기둥열 철근을 스터럽으로 보강한다.
(4) 기둥에 얹히는 슬래브를 C형강이나 H형강으로 전단머리 보강한다.

		지 반	장기	단기
(1)	허용지내력 [kN/m², kPa]	경암반 화성암 및 굳은 역암 등	4,000	장기값의 1.5배
		연암반 판암, 편암 등의 수성암	2,000	
		혈암, 토단반 등의 암반	1,000	
		자갈	300	
		자갈과 모래의 혼합물	200	
		모래섞인 점토 또는 롬토	150	
		모래, 점토	100	

(2) 2방향 기초판 휨철근의 배치

A_{sL} : 단변방향의 전체철근량

A_{s2} ⟷ A_{s1} ⟷ A_{s2}

A_{sB}

B

B (유효폭): 기초판 단변길이의 폭 $\beta = \dfrac{L}{B}$

L

단변방향 유효폭 내에 배근되는 철근량: $A_{s1} = A_{sL} \times \dfrac{2}{\beta+1}$

(3) 기초판 총토압 [kN/m², kPa]

$$총토압 = \frac{(기초판\ 무게 + 기둥의\ 무게) + (흙의\ 무게) + (D+L)}{기초판\ 면적}$$

① 총토압(Gross Soil Pressure) : 기초판 바닥 위에 작용하는 모든 하중에 의해서 흙에 발생하는 응력
② 총토압 계산시 사용하중($1.0D+1.0L$)을 적용함에 주의한다.

■ 사용하중($1.0D+1.0L$)의 적용

상부구조의 부재설계에서는 하중계수와 강도감소계수 등 안전에 관련된 계수들이 개별적으로 적용되고 있는데 비하여 허용지내력에 적용되는 안전율은 구조 전반에 걸쳐 고려된 값이기 때문에 기초설계에서 기초판 크기를 결정할 때 사용하중을 적용함에 주의한다.

Check 13

지반의 허용응력도와 관련하여 다음 괄호 안을 채우시오. (5점)

(1) 장기허용지내력도

  ① 경암반: (   )kN/m²   ② 연암반: (   )kN/m²

  ③ 자갈과 모래와의 혼합물: (   )kN/m²   ④ 모래: (   )kN/m²

(2) 단기허용지내력도 = 장기허용지내력도 × (   )

해설 ① 4,000   ② 1,000~2,000   ③ 200   ④ 100   ⑤ 1.5

Check 14

철근콘크리트 기초판 크기가 2m×4m일 때 단변방향으로의 소요전체철근량이 2,400mm²이다. 유효폭 내에 배근하여야 할 철근량을 구하시오. (3점)

해설

$$A_{s1} = A_{sL} \times \frac{2}{\beta+1} = (2,400) \cdot \frac{2}{\left(\frac{4}{2}\right)+1} = 1,600 \mathrm{mm}^2$$

Check 15

그림과 같은 한변의 길이가 1.8m인 정사각형 철근콘크리트 기초판 바닥에 작용하는 총토압(kPa)을 계산하시오. (단, 흙의 단위질량 $\rho_s' = 2,082\mathrm{kg/m}^3$, 철근콘크리트의 단위질량 $\rho_s = 2,400\mathrm{kg/m}^3$) (5점)

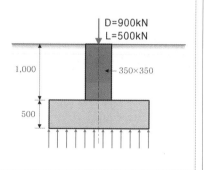

해설

(1) 기초의 고정하중: $(1.8\mathrm{m} \times 1.8\mathrm{m} \times 0.5\mathrm{m})(23,520\mathrm{N/m}^3) = 38,102.4\mathrm{N} = 38.10\mathrm{kN}$

(2) 기둥의 고정하중: $(0.35\mathrm{m} \times 0.35\mathrm{m} \times 1\mathrm{m})(23,520\mathrm{N/m}^3) = 2,881.2\mathrm{N} = 2.88\mathrm{kN}$

(3) 흙의 무게: $(1\mathrm{m})(1.8^2\mathrm{m}^2 - 0.35^2\mathrm{m}^2)(20,404\mathrm{N/m}^3) = 63,609.47\mathrm{N} = 63.61\mathrm{kN}$

(4) 사용하중: $900\mathrm{kN} + 500\mathrm{kN} = 1,400\mathrm{kN}$

(5) 총 하중: $1,504.59\mathrm{kN}$

(6) 총 토압 계산: $q_{gr} = \dfrac{P}{A} = \dfrac{(1,504.59)}{(1.8 \times 1.8)} = 464.38\mathrm{kN/m}^2 = 464.38\mathrm{kPa}$

■ 단위무게 계산

(1) 흙의 단위무게:
  $2,082\mathrm{kg/m}^3 \times 9.8\mathrm{m/sec}^2$
  $= 20,404 \ \mathrm{N/m}^3$

(2) 철근콘크리트의 단위무게:
  $2,400\mathrm{kg/m}^3 \times 9.8\mathrm{m/sec}^2$
  $= 23,520\mathrm{N/m}^3$

■■■ RC 기둥

1 철근콘크리트구조 압축부재의 철근량 제한에 관한 내용이다. 괄호 안에 적절한 수치를 기입하시오. (3점)

> 비합성 압축부재의 축방향주철근 단면적은 전체단면적 A_g의 (   )배 이상, (   )배 이하로 하여야 한다. 축방향주철근이 겹침이음되는 경우의 철근비는 (   )를 초과하지 않도록 하여야 한다.

해설 **1**
0.01, 0.08, 0.04

2 철근콘크리트 구조의 기둥에서 띠철근(Hoop Bar)의 역할을 2가지만 쓰시오. (2점)

(1) _____

(2) _____

해설 **2**
(1) 주철근의 좌굴방지
(2) 수평력에 대한 전단보강

3 철근콘크리트 구조의 기둥에서 띠철근(Hoop Bar)의 간격을 결정하는 기준을 3가지 쓰시오. (3점)

(1) _____   (2) _____   (3) _____

해설 **3**
(1) 주철근 직경의 16배 이하
(2) 띠철근 직경의 48배 이하
(3) 기둥 단면의 최소 치수의 $\frac{1}{2}$ 이하

4 다음 보기의 괄호 안을 채우시오. (4점)

> 띠철근 기둥의 수직간격은 축방향주철근 직경의 (①)배, 띠철근 직경의 (②)배, 기둥 단면 최소 치수의 1/2 이하 중 작은 값으로 한다. 단, 200mm 보다 좁을 필요는 없다.

① _____

② _____

해설 **4**
① 16
② 48

5 그림과 같이 배근된 철근콘크리트 기둥에서 띠철근의 최대 수직간격을 구하시오. (3점)

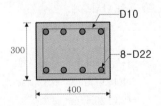

해설 **5**
(1) 22mm×16=352mm
(2) 10mm×48=480mm
(3) 기둥의 최소폭
  $300\text{mm} \times \frac{1}{2} = 150\text{mm}$
(4) 200mm ⬅ 지배

6 중심축하중을 받는 단주의 최대 설계축하중을 구하시오. (단, $A_{st} = 3,096\text{mm}^2$, $f_{ck} = 27\text{MPa}$, $f_y = 400\text{MPa}$) (3점)

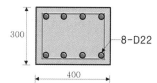
300

400

8-D22

해설 **6**

$$\phi P_n = \phi \cdot 0.80 P_o$$
$$= (0.65)(0.80)[0.85 f_{ck} \cdot (A_g - A_{st})$$
$$+ f_y \cdot A_{st}]$$
$$= (0.65)(0.80)[0.85(27) \cdot$$
$$[(300 \times 400) - (3,096)] + (400)(3,096)]$$
$$= 2,039,100\text{N} = 2,039.1\text{kN}$$

7 강도설계법에 의한 기둥의 설계에서 그림과 같은 띠철근 기둥의 최대 설계축하중 ϕP_n 을 구하시오. (단, $f_{ck} = 24\text{MPa}$, $f_y = 400\text{MPa}$, D22 철근의 단면적은 387mm^2, $\phi = 0.65$) (3점)

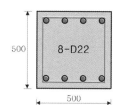
500

500

8-D22

해설 **7**

$$\phi P_n = \phi \cdot 0.80 P_o$$
$$= (0.65)(0.80)[0.85 f_{ck} \cdot (A_g - A_{st})$$
$$+ f_y \cdot A_{st}]$$
$$= (0.65)(0.80)[0.85(24) \cdot$$
$$[(500)^2 - (8 \times 387)] + (400)(8 \times 387)]$$
$$= 3,263,125\text{N} = 3,263.125\text{kN}$$

8 철근콘크리트 부재의 구조계산을 수행한 결과이다. 공칭휨강도와 공칭전단강도를 구하시오. (4점)

(1) 하중조건 :	(2) 강도감소계수 :
① 고정하중 : $M = 150\text{kN} \cdot \text{m}$, $V = 120\text{kN}$	① 휨에 대한 강도감소계수 : $\phi = 0.85$ 적용
② 활하중 : $M = 130\text{kN} \cdot \text{m}$, $V = 110\text{kN}$	② 전단에 대한 강도감소계수 : $\phi = 0.75$ 적용

(1) 공칭휨강도:

(2) 공칭전단강도:

해설 **8**

(1) $M_u = 1.2 M_D + 1.6 M_L$
$$= 1.2(150) + 1.6(130)$$
$$= 388\text{kN} \cdot \text{m}$$
$$\geq \ 1.4 M_D = 1.4(150)$$
$$= 210\text{kN} \cdot \text{m}$$

$M_u = \phi M_n$ 에서 $M_n = \dfrac{M_u}{\phi}$

$M_n = \dfrac{(388)}{(0.85)} = 456.471\text{kN} \cdot \text{m}$

(2) $V_u = 1.2 V_D + 1.6 V_L$
$$= 1.2(120) + 1.6(110) = 320\text{kN}$$
$$\geq \ 1.4 V_D = 1.4(120) = 168\text{kN}$$

$V_u = \phi V_n$ 에서 $V_n = \dfrac{V_u}{\phi}$

$V_n = \dfrac{(320)}{(0.75)} = 426.667\text{kN}$

9 그림과 같은 철근콘크리트 보에서 콘크리트가 부담할 수 있는 설계전단강도를 구하시오
(단, 보통중량콘크리트 $f_{ck} = 21$MPa, $f_{yt} = 400$MPa) (3점)

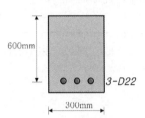

해설 **9**

(1) 보통중량콘크리트: $\lambda = 1.0$

(2) $\phi V_c = \phi \dfrac{1}{6} \lambda \sqrt{f_{ck}} \cdot b_w \cdot d$

$= (0.75)\dfrac{1}{6}(1.0)\sqrt{(21)}\,(300)(600)$

$= 103,107\text{N} = 103.107\text{kN}$

10 강도설계법으로 설계된 보에서 스터럽이 부담하는 전단력 $V_s = 265$kN일 경우 수직스터럽의 간격을 구하시오 (단, $f_{yt} = 350$MPa) (3점)

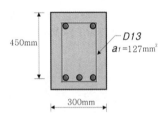

해설 **10**

$V_s = \dfrac{A_v \cdot f_{yt} \cdot d}{s}$ 에서

$s = \dfrac{A_v \cdot f_{yt} \cdot d}{V_s}$

$= \dfrac{(2 \times 127)(350)(450)}{(265 \times 10^3)}$

$= 150.962\text{mm}$

11 그림과 같은 철근콘크리트 보가 지지할 수 있는 설계전단강도를 구하시오.. (단,
보통중량콘크리트 $f_{ck} = 24$MPa, $f_{yt} = 400$MPa, D10 공칭단면적 71.33mm²) (4점)

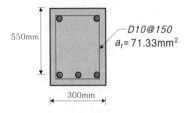

해설 **11**

(1) 보통중량콘크리트: $\lambda = 1.0$

(2) $V_c = \dfrac{1}{6} \lambda \sqrt{f_{ck}} \cdot b_w \cdot d$

$= \dfrac{1}{6}(1.0)\sqrt{(24)}\,(300)(550)$

$= 134,722\text{N}$

(3) $V_s = \dfrac{A_v \cdot f_{yt} \cdot d}{s}$

$= \dfrac{(2 \times 71.33)(400)(550)}{(150)}$

$= 209,235\text{N}$

(4) $\phi V_n = \phi(V_c + V_s)$

$= (0.75)[(134,722) + (209,235)]$

$= 257,968\text{N} = 257.968\text{kN}$

12 그림과 같은 철근콘크리트보를 보고 물음에 답하시오. (5점)

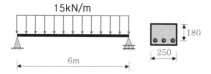

(1) 전단위험단면 위치에서의 계수전단력을 구하시오.

(2) 전단설계를 하고자 할 때, 경간길이 내에서 스터럽 배치가 필요하지 않은 구간의 길이를 산정하시오. (단, 지점 외부로 내민 부재길이는 무시, 보통중량콘크리트 $f_{ck} = 21\text{MPa}$)

해설 **12**

(1) $\dfrac{V_u}{45} = \dfrac{2.82}{3}$ 으로부터

$$V_u = 45 \times \dfrac{2.82}{3} = 42.3\text{kN}$$

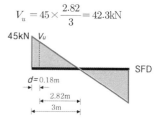

(2) $0.5\phi V_c = 0.5\phi\left(\dfrac{1}{6}\lambda\sqrt{f_{ck}} \cdot b_w \cdot d\right)$

$= 0.5(0.75)\left(\dfrac{1}{6}(1.0)\sqrt{(21)}(250)(180)\right)$

$= 12,888\text{N} = 12.888\text{kN}$

$\dfrac{x}{3} = \dfrac{12.888}{45}$ 으로부터

$x = 3 \times \dfrac{12.888}{45} = 0.859\text{m}$

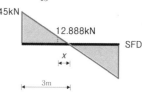

13 전단철근의 전단강도 V_s값의 산정결과, $V_s > \dfrac{1}{3}\lambda\sqrt{f_{ck}} \cdot b_w \cdot d$ 로 검토되었다. 다음 그림에서 S_2 구간에 적용되는 수직스터럽(Stirrup)의 최대간격을 구하시오. (단, 보의 유효깊이 $d = 550\text{mm}$ 이다.) (4점)

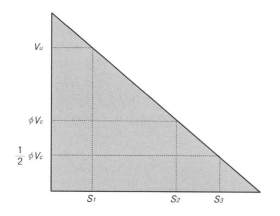

해설 **13**

① $\dfrac{d}{4} = \dfrac{(550)}{4} = 137.5\text{mm}$ 이하

② 300mm 이하

①, ② 중 작은값이므로 137.5mm

14 $f_{ck} = 30\text{MPa}$, $f_y = 400\text{MPa}$, D22(공칭지름 22.2mm) 인장이형철근의 기본정착길이를 구하시오. (단, 경량콘크리트계수 $\lambda = 1$) (3점)

해설 **14**

$$l_{db} = \frac{0.6 d_b \cdot f_y}{\lambda \sqrt{f_{ck}}}$$

$$= \frac{0.6 (22.2)(400)}{(1.0) \sqrt{(30)}} = 972.755 \text{mm}$$

15 철근콘크리트로 설계된 보에서 압축을 받는 D22 철근의 기본정착길이를 구하시오. (단, 보통중량콘크리트 $f_{ck} = 24\text{MPa}$, $f_y = 400\text{MPa}$) (3점)

해설 **15**

(1) $l_{db} = \dfrac{0.25 d_b \cdot f_y}{\lambda \sqrt{f_{ck}}} = \dfrac{0.25 (22)(400)}{(1.0) \sqrt{(24)}} = 449.07 \text{mm}$ ◀ 지배

(2) $l_{db} = 0.043 d_b \cdot f_y = 0.043 (22)(400) = 378.40 \text{mm}$

16 철근콘크리트로 설계된 보에서 표준갈고리를 갖는 D22 인장철근(공칭지름 $d_b = 22.2\text{mm}$) 기본정착길이를 구하시오 (단, 보통중량콘크리트 $f_{ck} = 21\text{MPa}$, 에폭시 도막되지 않은 철근 $f_y = 400\text{MPa}$ 사용) (3점)

해설 **16**

(1) 도막되지 않은 철근이므로
$\beta = 1.0$

(2) $l_{hb} = \dfrac{0.24 \beta \cdot d_b \cdot f_y}{\lambda \sqrt{f_{ck}}}$

$= \dfrac{0.24 (1.0)(22.2)(400)}{(1.0) \sqrt{(21)}}$

$= 465.066 \text{mm}$

17 인장이형철근의 정착길이를 다음과 같은 정밀식으로 계산할 때 α, β, γ, λ가 의미하는 바를 쓰시오. (3점)

$l_d = \dfrac{0.9 d_b \cdot f_y}{\lambda \sqrt{f_{ck}}} \cdot \dfrac{\alpha \cdot \beta \cdot \gamma}{\left(\dfrac{c + K_{tr}}{d_b} \right)}$	① α : ② β : ③ γ : ④ λ :

해설 **17**

① α : 철근배치 위치계수
② β : 철근 도막계수
③ γ : 철근 또는 철선의 크기 계수
④ λ : 경량콘크리트계수

18 철근콘크리트 보의 춤이 700mm이고, 부모멘트를 받는 상부단면에 HD25철근이 배근되어 있을 때, 철근의 인장정착길이(l_d)를 구하시오. (단, $f_{ck}=25$MPa, $f_y=400$MPa, 철근의 순간격과 피복두께는 철근직경 이상이고, 상부철근 보정 계수는 1.3을 적용, 도막되지 않은 철근, 보통중량콘크리트를 사용) (3점)

해설 **18**

$$l_d = \frac{0.6(25)(400)}{(1.0)\sqrt{(25)}} \times 1.3 \times 1.0$$

$$= 1,560\text{mm}$$

19 인장력을 받는 이형철근 및 이형철선의 겹침이음길이는 A급과 B급으로 분류되며, 다음 값 이상, 또한 300mm 이상이어야 한다. 괄호안에 알맞은 수치를 쓰시오. (단, l_d 는 인장이형철근의 정착길이) (3점)

(1) A급 이음 : (　　　) l_d　　　　　(2) B급 이음 : (　　　) l_d

해설 **19**

인장이형철근 겹침이음길이	배근된 철근량이 소요철근량의 2배 이상이고, 소요 겹침이음 길이 내 겹침이음된 철근량이 전체 철근량의 1/2 이하인 경우	A급 이음 ⇒ $1.0l_d \geq 300$mm
	그 외 경우	B급 이음 ⇒ $1.3l_d \geq 300$mm

20 RC구조의 1방향 슬래브와 2방향 슬래브를 구분하는 기준에 대해 설명하시오. (3점)

해설 **20**

(1) 1방향 슬래브(1-Way Slab)

　　변장비 $= \dfrac{\text{장변 경간}}{\text{단변 경간}} > 2$

(2) 2방향 슬래브(2-Way Slab)

　　변장비 $= \dfrac{\text{장변 경간}}{\text{단변 경간}} \leq 2$

21 다음 물음에 대해 답하시오. (6점)

(1)	큰보(Girder)와 작은보(Beam)를 간단히 설명하시오.	
	① 큰보(Girder) :	
	② 작은보(Beam) :	
(2)	그림의 (　　)안을 큰보와 작은보 중에서 선택하여 채우시오.	
(3)	그림의 빗금친 A부분의 변장비를 계산하고 1방향 슬래브인지 2방향슬래브인지에 대해 구분하시오. (단, 기둥 500×500, 큰보 500×600, 작은보 500×550이고, 변장비를 구할 때 기둥 중심치수를 적용한다.)	

해설 **21**

(1) ① 기둥에 직접 연결된 보
　　② 기둥과 직접 연결되지 않은 보

(2)

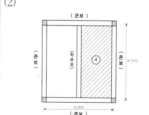

(3) $\dfrac{8,500}{4,000} = 2.125 > 2$

　➡ 1방향슬래브

22 수축온도철근(Shrinkage and Temperature Reinforcement)을 간단히 설명
하시오. (3점)

건조수축 또는 온도변화에 의하여
콘크리트에 발생하는 균열을 방지하기
위한 목적으로 배치되는 철근

23 1방향슬래브의 두께가 250mm일 때 단위폭 1m에 대한 수축온도철근량과 D13
($a_1 = 127\text{mm}^2$) 철근을 배근할 때 요구되는 배근개수를 구하시오.
(단, $f_y = 400\text{MPa}$) (4점)

해설 **23**
(1) $\rho = \dfrac{A_s}{bd}$ 로부터
$A_s = \rho \cdot bd$
$\quad = (0.0020)(1,000)(250) = 500\text{mm}^2$
(2) 배근개수
$n = \dfrac{A_s}{a_1} = \dfrac{500}{127} = 3.937 \;\Rightarrow\; 4$개

해설 **23** 수축온도철근비

$f_y = 400\text{MPa}$ 이하	$f_y = 400\text{MPa}$ 초과
$\rho = 0.0020$	$\rho = 0.0020 \times \dfrac{400}{f_y} \;\geq\; 0.0014$

24 다음 설명에 해당하는 용어를 쓰시오. (3점)

(1) RC조 구조방식에서 보를 사용하지 않고 바닥슬래브를 직접 기둥에 지지시키는
구조방식:
(2) 대형 형틀로서 슬래브와 벽체의 콘크리트 타설을 일체화하기 위한 것으로
Twin Shell Form과 Mono Shell Form으로 구성되는 형틀:
(3) 콘크리트 표면에서 제일 외측에 가까운 철근의 표면까지의 치수를 말하며,
RC조의 내화성 및 내구성을 정하는 요소:

해설 **24**
(가) 플랫 플레이트(Flat Plate)
(나) 터널폼(Tunnel Form)
(다) 피복두께(Cover Thickness)

25 플랫슬래브(플레이트)구조에서 2방향 전단에 대한 보강방법을 4가지 쓰시오. (4점)

(1) _____ (2) _____
(3) _____ (4) _____

해설 **25**
(1) 슬래브의 두께를 크게 한다.
(2) 지판 또는 기둥머리를 사용하여
위험단면의 면적을 늘린다.
(3) 기둥을 중심으로 양 방향 기둥열
철근을 스터럽으로 보강
(4) 기둥에 얹히는 슬래브를 C형강
이나 H형강으로 전단머리 보강

26 다음 그림과 같은 설계조건에서 플랫슬래브
지판(Drop Panel, 드롭 패널)의 최소 크기와
두께를 산정하시오. (단, 슬래브 두께 t_f 는
200mm) (4점)

(1) 지판의 최소 크기

(2) 지판의 최소 두께

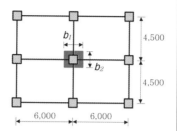

해설 **26**

(1) $b_1 = \dfrac{(6,000)}{6} + \dfrac{(6,000)}{6}$

$= 2,000mm$

$b_2 = \dfrac{(4,500)}{6} + \dfrac{(4,500)}{6}$

$= 1,500mm$

$\therefore b_1 \times b_2 = 2,000mm \times 1,500mm$

(2) $h_{min} = \dfrac{t_f}{4} = \dfrac{(200)}{4} = 50mm$

27 그림과 같은 독립기초의 2방향 뚫림전단(Punching Shear) 응력산정을 위한 저항면적(cm^2)을
구하시오. (3점)

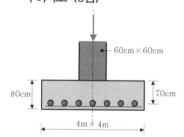

해설 **27**

(1) 위험단면의 둘레길이

$b_o = [(35+60+35)] \times 4 = 520cm$

(2) 저항면적:

$A = b_o \cdot d = (520)(70) = 36,400cm^2$

28 그림과 같은 독립기초의 2방향 전단(Punching Shear) 위험단면 둘레길이(mm)를
구하시오. (단, 위험단면의 위치는 기둥면에서 $0.75d$ 위치를 적용한다.) (4점)

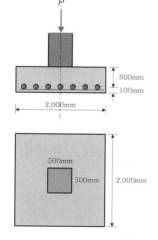

해설 **28**

$b_o = [(0.75(600)+500+0.75(600)] \times 4$

$= 5,600mm$

29 지반의 허용응력도와 관련하여 다음 괄호 안을 채우시오. (5점)

(1) 장기허용지내력도

① 경암반: (　　　)kN/㎡ ② 연암반: (　　　)kN/㎡

③ 자갈과 모래와의 혼합물: (　　　)kN/㎡ ④ 모래: (　　　)kN/㎡

(2) 단기허용지내력도 : 장기허용지내력도 × (　　　)

30 철근콘크리트 기초판 크기가 2m×4m일 때 단변방향으로의 소요전체철근량이 2,400mm²이다. 유효폭 내에 배근하여야 할 철근량을 구하시오. (3점)

31 그림과 같은 한변의 길이가 1.8m인 정사각형 철근콘크리트 기초판 바닥에 작용하는 총토압(kPa)을 계산하시오. (단, 흙의 단위질량 $\rho_s{'}=2{,}082kg/m^3$, 철근콘크리트의 단위질량 $\rho_s=2{,}400kg/m^3$) (5점)

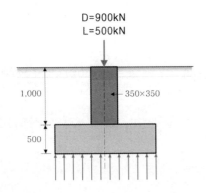

D=900kN
L=500kN

1,000

350×350

500

해설 **29**

① 4,000

② 1,000~2,000

③ 200

④ 100

⑤ 1.5

해설 **30**

$$A_{s1}=A_{sL}\times\frac{2}{\beta+1}$$

$$=(2{,}400)\cdot\frac{2}{\left(\dfrac{4}{2}\right)+1}$$

$$=1{,}600mm^2$$

해설 **31**

(1) 흙의 단위무게:

$2{,}082kg/m^3\times9.8m/sec^2$
$=20{,}404N/m^3$

(2) 철근콘크리트의 단위무게:

$2{,}400kg/m^3\times9.8m/sec^2$
$=23{,}520N/m^3$

(3) 기초의 고정하중:

$(1.8m\times1.8m\times0.5m)(23{,}520N/m^3)$
$=38{,}102.4N=38.10kN$

(4) 기둥의 고정하중:

$(0.35m\times0.35m\times1m)(23{,}520N/m^3)$
$=2{,}881.2N=2.88kN$

(5) 흙의 무게:

$(1m)(1.8^2m^2-0.35^2m^2)(20{,}404N/m^3)$
$=63{,}609.47N=63.61kN$

(6) 사용하중:

$900kN+500kN=1{,}400kN$

(7) 총하중: $1{,}504.59kN$

(8) 총토압 계산:

$$q_{gr}=\frac{P}{A}=\frac{(1{,}504.59)}{(1.8\times1.8)}$$

$$=464.38kN/m^2=464.38kPa$$

32 철근콘크리트 벽체의 설계축하중(ϕP_{nw})을 계산하시오. (4점)

- **유효벽길이** $b_e = 2,000$mm   • **벽두께** $h = 200$mm,   • **벽높이** $l_c = 3,200$mm
- $0.55\phi \cdot f_{ck} \cdot A_g \cdot \left[1 - \left(\dfrac{k \cdot l_c}{32h}\right)^2\right]$ 식을 적용하고,

   $\phi = 0.65$, $k = 0.8$, $f_{ck} = 24$MPa, $f_y = 400$MPa을 적용한다.

해설 32

$\phi P_{nw} = (0.55)(0.65)(24)(2,000 \times 200)$

$\left[1 - \left(\dfrac{(0.8)(3,200)}{32(200)}\right)^2\right]$

$= 2,882,880\text{N} = 2,882.880\text{kN}$

33 다음 괄호 안에 알맞은 수치를 쓰시오. (2점)

벽체 또는 슬래브에서 휨주철근의 간격은 벽체나 슬래브 두께의 (   )배
이하로 하여야 하고, 또한 (   )mm 이하로 하여야 한다. 다만, 콘크리트 장선
구조의 경우 이 규정이 적용되지 않는다.

해설 33

3, 450

해설 33

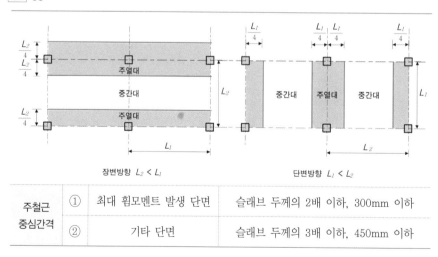

주철근 중심간격	①	최대 휨모멘트 발생 단면	슬래브 두께의 2배 이하, 300mm 이하
	②	기타 단면	슬래브 두께의 3배 이하, 450mm 이하

34 다음이 설명하는 구조의 명칭을 쓰시오. (2점)

> 건축물의 기초 부분 등에 적층고무 또는 미끄럼받이 등을 넣어서 지진에 대한 건축물의 흔들림을 감소시키는 구조

해설 34

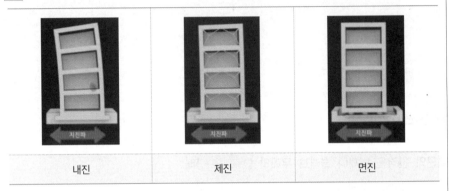

| 내진 | 제진 | 면진 |

35 다음 괄호 안에 알맞은 숫자를 쓰시오. (4점)

> 강도설계 또는 한계상태설계를 수행할 경우에는 각 설계법에 적용하는 하중조합의 지진하중계수는 (　　　)으로 한다.

해설 35

지진하중계수	강도설계 또는 한계상태설계를 수행할 경우에는 각 설계법에 적용하는 하중조합의 지진하중계수는 1.0으로 한다.	
	지진하중 관련 소요강도(U)	• $U = 1.2D + 1.0E + 1.0L$
		• $U = 0.9D + 1.0E$

36 다세대주택의 필로티 구조에서 전이보(Transfer Girder)의 1층 구조와 2층 구조가 상이한 이유를 설명하시오. (4점)

> 건축물의 기초 부분 등에 적층고무 또는 미끄럼받이 등을 넣어서 지진에 대한 건축물의 흔들림을 감소시키는 구조

해설 36

해설 36
건축계획상 상부층의 기둥이나 벽체가 하부로 연속성을 유지하면서 내려가지 못하기 때문에 이들을 춤이 큰 보에 지지시켜 이들이 지지하는 하중을 다른 하부의 기둥이나 벽체에 전이 시키기 때문이다.

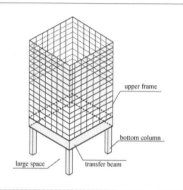

전이보(Transfer Girder)

건물 상층부의 골조를 어떤 층의 하부에서 별개의 구조형식으로 전이(轉移)하는 형식의 큰보

제 2 장

강 구 조

핵심 4

강구조 (1)

1 강재의 재료적 특성

(1) 강재의 설계기준강도(F_y)

강도	강재기호 판두께	SS275	SM275 SMA275	SM355 SMA355	SM420	SM460	SN275	SN355	SHN275	SHN355
F_y	16mm 이하	275	275	355	420	460	275	355	275	355
	16mm 초과 40mm 이하	265	265	345	410	450				
	40mm 초과 75mm 이하	245	255	335	400	430	255	335		
	75mm 초과 100mm 이하		245	325	390	420			−	−
F_u	75mm 이하	410	410	490	520	570	410	490	410	490
	75mm 초과 100mm 이하								−	−

(2) 구조용 강재의 표시

강재의 명칭	단면 형태	표시
H형강 (=H Beam, Wide Flange Beam)	H−H×B×t_1×t_2	H−H×B×t_1×t_2
ㄱ형강 (=Angle, L형강)	L−H×B×t	L−H×B×t
ㄷ형강 (=Channel, C형강)	ㄷ−H×B×t_1×t_2	ㄷ−H×B×t_1×t_2

학습 POINT

■ 주요 구조용 강재의 명칭

(1) SS : Steel Structure
　　(일반구조용 압연강재)

(2) SM : Steel Marine
　　(용접구조용 압연강재)

(3) SMA : Steel Marine Atmosphere
　　(용접구조용 내후성 열간압연강재)

(4) SN : Steel New(건축구조용 압연강재)
➡ 건축물의 내진성능을 확보하기 위한
　건축구조용압연강

(5) TMCP강: 두께 40mm 이상, 80mm
　이하의 후판에서도 항복강도가 저하하지
　않는 강

■ 국부좌굴 발생 방지를 위한
　판폭두께비 규정

기둥이나 보에서 압축재를 구성하는 판이
너무 얇아지면 부재의 좌굴 이외에 국부
좌굴이 발생하여 부재의 압축내력을 저하
시키게 되므로 판의 폭-두께비의 제한이
필요하다.

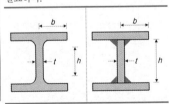

Check 1

강재의 종류 중 SM355에서 SM의 의미와 355가 의미하는 바를 각각 쓰시오. (4점)

(1) SM : _____ (2) 355 : _____

해설 (1) Steel Marine(용접구조용 압연강재) (2) 항복강도 $F_y = 355\text{MPa}$

Check 2

다음 보기에서 제시하는 형강을 개략적으로 스케치하고 치수를 기입하시오. (6점)

| (1) $H-294 \times 200 \times 10 \times 15$ | (2) $\mathsf{C}-150 \times 65 \times 20$ | (3) $L-100 \times 100 \times 7$ |

(1) (2) (3)

해설 (1) (2) (3)

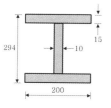

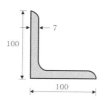

Check 3

$H-400 \times 200 \times 8 \times 13$(필릿반지름 $r=16\text{mm}$) 형강의 플랜지와 웨브의 판폭두께비를 구하시오. (4점)

(1) 플랜지 : _____ (2) 웨브 : _____

해설 (1) 플랜지: $\lambda_f = \dfrac{(200)/2}{(13)} = 7.69$

(2) 웨브: $\lambda_w = \dfrac{(400)-2(13)-2(16)}{(8)} = 42.75$

2 **고장력볼트 접합**

(1) 전단접합과 강접합

전단접합(=단순접합, Pin접합)	강접합(=모멘트접합)
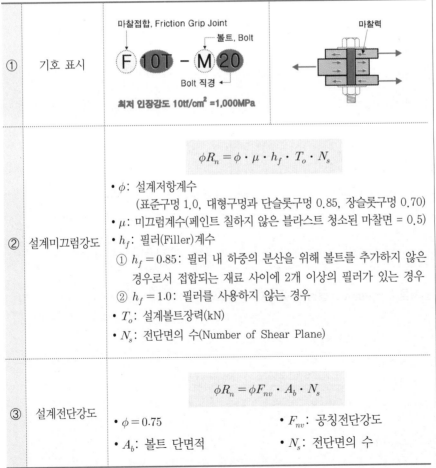	
웨브만 접합한 형태로서 휨모멘트에 대한 저항력이 없어 접합부가 자유로이 회전하며 기둥에는 전단력만 전달	웨브와 플랜지를 접합한 형태로서 휨모멘트에 대한 저항능력을 가지고 있어 보와 기둥의 휨모멘트가 강성에 따라 분배됨

(2) 고장력볼트 접합: 설계미끄럼강도, 설계전단강도

①	기호 표시	마찰접합, Friction Grip Joint 볼트, Bolt **F 10T - M 20** Bolt 직경 최저 인장강도 10tf/cm² =1,000MPa 마찰력

②	설계미끄럼강도	$$\phi R_n = \phi \cdot \mu \cdot h_f \cdot T_o \cdot N_s$$ • ϕ: 설계저항계수 　(표준구멍 1.0, 대형구멍과 단슬롯구멍 0.85, 장슬롯구멍 0.70) • μ: 미끄럼계수(페인트 칠하지 않은 블라스트 청소된 마찰면 = 0.5) • h_f: 필러(Filler)계수 　① $h_f = 0.85$: 필러 내 하중의 분산을 위해 볼트를 추가하지 않은 경우로서 접합되는 재료 사이에 2개 이상의 필러가 있는 경우 　② $h_f = 1.0$: 필러를 사용하지 않는 경우 • T_o: 설계볼트장력(kN) • N_s: 전단면의 수(Number of Shear Plane)

■ 미끄럼계수(μ)
부재응력이 부재간의 마찰력을 초과하게 되면 미끄럼 현상이 발생하게 되는데 이때의 마찰계수를 미끄럼계수라고 한다.

■ 필러(Filler)
요소의 두께를 증가시키는데 사용하는 플레이트

■ 전단면의 수

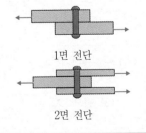

③	설계전단강도	$$\phi R_n = \phi F_{nv} \cdot A_b \cdot N_s$$ • $\phi = 0.75$　　• F_{nv}: 공칭전단강도 • A_b: 볼트 단면적　　• N_s: 전단면의 수

Check 4

고장력볼트로 접합된 큰보와 작은보의 접합부의 사용성한계상태에 대한 설계미끄럼강도를 계산하여 $V = 450\text{kN}$의 사용하중에 대해 볼트 개수가 적절한지 검토하시오. (단, 사용 고장력볼트는 M22(F10T), 필러를 사용하지 않는 경우, 표준구멍을 적용, 설계볼트장력 $T_o = 200\text{kN}$, 미끄럼계수 $\mu = 0.5$, 고장력볼트 $\phi R_n = \phi \cdot \mu \cdot h_f \cdot T_o \cdot N_s$ 설계미끄럼강도 식으로 검토한다.) (5점)

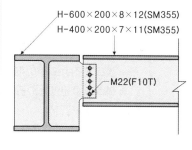

H-600×200×8×12(SM355)
H-400×200×7×11(SM355)
M22(F10T)

해설

(1) $\phi R_n = (1.0)(0.5)(1.0)(200)(1) = 100\text{kN}$

(2) 5개 $\times 100\text{kN} = 500\text{kN} \geq 450\text{kN}$이므로 고장력볼트의 개수는 적절하다.

Check 5

단순 인장접합부의 강도한계상태에 따른 고장력볼트의 설계전단강도를 구하시오. (단, 강재의 재질은 SS275, 고장력볼트 F10T-M22, 공칭전단강도 $F_{nv} = 450\text{N/mm}^2$) (4점)

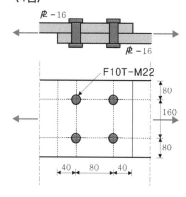

PL-16
PL-16
F10T-M22
80
160
80
40 80 40

해설 $\phi R_n = (0.75)(450)\left(\dfrac{\pi(22)^2}{4}\right)(1) \times (4\text{개}) = 513{,}179\text{N} = 513.179\text{kN}$

(3) 마찰면 처리, 도입장력

| ① | 마찰면 처리 | 고장력볼트 구멍을 중심으로 지름의 2배 이상 범위의 흑피를 숏블라스트 (Shot Blast) 또는 샌드블라스트(Sand Blast)로 제거한 후 도료, 기름, 오물 등이 없도록 하며, 들뜬 녹은 와이어 브러쉬로 제거한다. |

설계볼트장력은 고장력볼트 설계미끄럼강도를 구하기 위한 값이며, 현장시공에서의 표준볼트장력은 설계볼트장력에 10%를 할증한 값으로 한다.

표준볼트장력 = 설계볼트장력 × 1.1

볼트 등급	볼트 호칭	설계볼트장력 T_0(kN)	표준볼트장력 $1.1\,T_0$(kN)
F8T	M 16	84	93
	M 20	132	146
	M 22	160	176
	M 24	190	209
F10T	M 16	106	117
	M 20	165	182
	M 22	200	220
	M 24	237	261
F13T	M 16	137	151
	M 20	214	236
	M 22	259	285
	M 24	308	339

②는 설계볼트장력, 표준볼트장력에 해당한다.

Check 6

철골공사 고장력볼트의 마찰접합 및 인장접합에서는 설계볼트장력 및 표준볼트장력과 미끄럼계수의 확보가 반드시 보장되어야 한다. 이에 대한 방법을 서술하시오. (4점)

(1) 설계볼트장력 :

(2) 미끄럼계수의 확보를 위한 마찰면 처리 :

해설

(1) 설계볼트장력은 고장력볼트 설계미끄럼강도를 구하기 위한 값이며, 현장시공에서의 표준볼트장력은 설계볼트장력에 10%를 할증한 값으로 한다.
(2) 구멍을 중심으로 지름의 2배 이상 범위의 흑피를 숏블라스트(Shot Blast) 또는 샌드블라스트 (Sand Blast)로 제거한 후 도료, 기름, 오물 등이 없도록 하며, 들뜬 녹은 와이어 브러쉬로 제거한다.

학습 POINT

■ 설계볼트장력
  ⇒ 볼트 인장강도의 0.7배에
     볼트 유효단면적을 곱한 값
■ 볼트의 유효단면적
  ⇒ 공칭단면적의 0.75배

【F10T − M20 고장력볼트】
(1) 설계볼트장력
$$= (0.7F_u) \cdot (0.75A_b)$$
$$= 0.7(1,000) \cdot 0.75\left(\frac{\pi(20)^2}{4}\right)$$
$$= 164,934\,\text{N} = 164.934\,\text{kN}$$
(2) 표준볼트장력
$$= 164.934 \times 1.1 = 181.427\,\text{kN}$$

■■■ 강구조 (1)

1 강재의 종류 중 SM355에서 SM의 의미와 355가 의미하는 바를 각각 쓰시오.

(4점)

(1) SM : _____ (2) 355 : _____

해설 **1**
(1) Steel Marine(용접구조용 압연강재)
(2) 항복강도 $F_y = 355MPa$

2 다음 강재의 구조적 특성을 간단히 설명하시오. (4점)

(1) SN강 :

(2) TMCP강 :

해설 **2**
(1) 건축물의 내진성능을 확보하기 위한 건축구조용압연강
(2) 두께 40mm 이상, 80mm 이하의 후판에서도 항복강도가 저하하지 않는 강

3 다음 형강을 단면 형상의 표시방법에 따라 표시하시오. (2점)

(1)

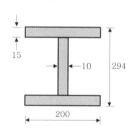

(2)

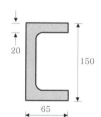

해설 **3**
(1) H-294×200×10×15
(2) ㄷ-150×65×20

해설 **4**
(1)

4 다음 보기에서 제시하는 형강을 개략적으로 스케치하고 치수를 기입하시오 (6점)

(1) $H - 294 \times 200 \times 10 \times 15$ (2) ㄷ $- 150 \times 65 \times 20$ (3) $L - 100 \times 100 \times 7$

(2)

(3)

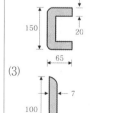

5 $H-350 \times 150 \times 9 \times 15$ 보에 전단력 150kN이 작용할 때 전단응력을 구하시오. (3점)

$$\tau = \frac{V}{A_{web}} = \frac{V}{t_{web} \cdot h}$$
$$= \frac{(150 \times 10^3)}{(9)(350 - 2 \times 15)}$$
$$= 52.08 \text{N/mm}^2 = 52.08 \text{MPa}$$

6 $H-400 \times 200 \times 8 \times 13$(필릿반지름 $r=16$mm) 형강의 플랜지와 웨브의 판폭두께비를 구하시오. (4점)

(1) 플랜지 :   (2) 웨브 :

(1) 플랜지:
$$\lambda_f = \frac{(200)/2}{(13)} = 7.69$$
(2) 웨브:
$$\lambda_w = \frac{(400) - 2(13) - 2(16)}{(8)} = 42.75$$

7 $H-400 \times 300 \times 9 \times 14$ 형강의 플랜지의 판폭두께비를 구하시오. (4점)

$$\lambda_f = \frac{(300)/2}{(14)} = 10.71$$

8 강구조 접합부에서 전단접합과 강접합을 도식하고 설명하시오. (4점)

(1) 전단접합	(2) 강접합

해설 **8**

(1) 전단접합	(2) 강접합
웨브만 접합한 형태로서 휨모멘트에 대한 저항력이 없어 접합부가 자유로이 회전하며 기둥에는 전단력만 전달	웨브와 플랜지를 접합한 형태로서 휨모멘트에 대한 저항능력을 가지고 있어 보와 기둥의 휨모멘트가 강성에 따라 분배

9 강구조 고장력볼트 접합은 3가지(인장접합, 지압접합, 마찰접합)로 구분된다. 다음 그림을 보고 해당하는 접합명을 쓰시오. (3점)

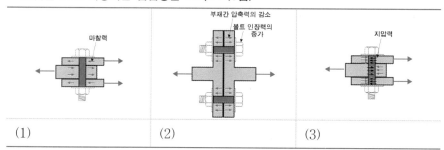

(1)	(2)	(3)

해설 **9**
(1) 마찰접합
(2) 인장접합
(3) 지압접합

10 고장력볼트로 접합된 큰보와 작은보의 접합부의 사용성한계상태에 대한 설계 미끄럼강도를 계산하여 $V=450kN$의 사용하중에 대해 볼트 개수가 적절한지 검토하시오. (단, 사용 고장력볼트는 M22(F10T), 필러를 사용하지 않는 경우, 표준구멍을 적용, 설계볼트장력 $T_o=200kN$, 미끄럼계수 $\mu=0.5$, 고장력볼트 $\phi R_n=\phi\cdot\mu\cdot h_f\cdot T_o\cdot N_s$ 설계미끄럼강도 식으로 검토한다.) (5점)

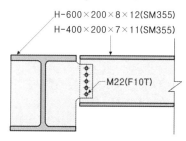

H-600×200×8×12(SM355)
H-400×200×7×11(SM355)

M22(F10T)

해설 **10**
(1) $\phi R_n = (1.0)(0.5)(1.0)(200)(1)$
$= 100kN$
(2) 5개 $\times 100kN = 500kN \geq 450kN$
이므로 고장력볼트의 개수는 적절하다.

11 단순 인장접합부의 사용성한계상태에 대한 고장력볼트의 설계미끄럼강도를 구하시오. (단, 강재는 SS275, 고장력볼트는 M22(F10T 표준구멍), 설계볼트장력 200kN, 설계미끄럼강도 식 $\phi R_n=\phi\cdot\mu\cdot h_f\cdot T_o\cdot N_s$을 적용, 필러를 사용하지 않는 경우이며, 미끄럼계수 $\mu=0.5$) (4점)

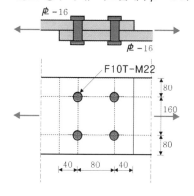

ℓ-16

ℓ-16

F10T-M22

80
160
80

40 80 40

해설 **11**
(1) $\phi R_n = (1.0)(0.5)(1.0)(200)(1)$
$= 100kN$
(2) 4개 $\times 100kN = 400kN$

12 그림에서 제시하는 볼트의 전단파괴에 대한 명칭을 쓰시오. (4점)

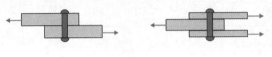

① _____ ② _____

13 단순 인장접합부의 강도한계상태에 따른 고장력볼트의 설계전단강도를 구하시오.
(단, 강재의 재질은 SS275, 고장력볼트 F10T-M22, 공칭전단강도 $F_{nv} = 450 \text{N/mm}^2$)
(4점)

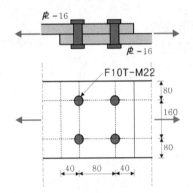

14 철골공사 고장력볼트의 마찰접합 및 인장접합에서는 설계볼트장력 및 표준볼트장력과
미끄럼계수의 확보가 반드시 보장되어야 한다. 이에 대한 방법을 서술하시오.
(4점)

(1) 설계볼트장력:

(2) 미끄럼계수의 확보를 위한 마찰면 처리:

15 다음 빈칸에 알맞은 용어 또는 숫자를 기입하시오.

> 설계볼트장력은 고장력볼트의 설계미끄럼강도를 구하기 위한 값으로 미끄
> 럼계수는 최소 (　①　)으로 하고 현장시공에서의 (　①　)볼트장력은
> (　①　)볼트장력에 (　①　)%를 할증한 값으로 한다.

해설 **12**
① 1면 전단파괴
② 2면 전단파괴

해설 **13**
$$\phi R_n = (0.75)\,(450)\left(\frac{\pi(22)^2}{4}\right)(1) \times (4\,\text{개})$$
$$= 513{,}179\text{N} = 513.179\text{kN}$$

해설 **14**
(1) 설계볼트장력은 고장력볼트 설계
미끄럼강도를 구하기 위한 값이며,
현장시공에서의 표준볼트장력은
설계볼트장력에 10%를 할증한 값
으로 한다.
(2) 구멍을 중심으로 지름의 2배 이상
범위의 흑피를 숏블라스트(Shot Blast)
또는 샌드블라스트(Sand Blast)로
제거한 후 도료, 기름, 오물 등이
없도록 하며, 들뜬 녹은 와이어
브러쉬로 제거한다.

해설 **15**
① 0.5
② 표준
③ 설계
④ 10

MEMO

강구조 (2)

1 강구조 인장재 순단면적(A_n) 산정

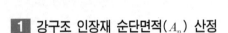

(1) 정렬 배치	(2) 불규칙 배치(엇 배치, 지그재그 배치)
$$A_n = A_g - n \cdot d \cdot t$$	$$A_n = A_g - n \cdot d \cdot t + \sum \frac{s^2}{4g} \cdot t$$

■ d : 순단면적 산정용 고력 볼트 구멍의 여유폭

직경(M)	표준구멍(d)
24mm 미만	+2.0mm
24mm 이상	+3.0mm

- n : 인장력에 의한 파단선상에 있는 구멍의 수
- t : 부재의 두께(mm)
- d : 순단면적 산정용 고력 볼트 구멍의 여유폭

- s : 인접한 2개 구멍의 응력방향 중심간격 (mm)
- g : 파스너 게이지선 사이의 응력 수직방향 중심간격(mm)

■ s: 피치(Pitch),

   g: 게이지(gauge)

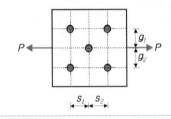

① 파단선 A – 1 – 3 – B :
$$A_n = h \cdot t - 2 \cdot d \cdot t$$

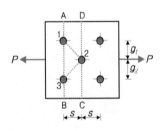

② 파단선 A – 1 – 2 – 3 – B :
$$A_n = h \cdot t - 3 \cdot d \cdot t + \frac{s^2}{4g_1} \cdot t + \frac{s^2}{4g_2} \cdot t$$

파단선 A–1–2–C와 D–2–3–B의 순단면적은 파단선 A–1–3–B의 경우보다 항상 크게 되므로 파단선 A–1–2–C와 D–2–3–B의 경우는 처음부터 고려할 필요가 없다는 것이 관찰된다. 순단면적의 크기가 가장 작은 경우가 실제로 파괴가 일어나는 파단선이며 순단면적이 된다.

③ 파단선 A – 1 – 2 – C :
$$A_n = h \cdot t - 2 \cdot d \cdot t + \frac{s^2}{4g_1} \cdot t$$

④ 파단선 D – 2 – 3 – B :
$$A_n = h \cdot t - 2 \cdot d \cdot t + \frac{s^2}{4g_2} \cdot t$$

Check 1

강구조 볼트접합과 관련된 용어를 쓰시오. (3점)

(가) 볼트 중심 사이의 간격 :

(나) 볼트 중심 사이를 연결하는 선 :

(다) 볼트 중심 사이를 연결하는 선 사이의 거리 :

해설 (가) 피치(Pitch)　　　(나) 게이지 라인(Gauge Line)　　　(다) 게이지(Gauge)

Check 2

그림과 같은 인장재의 순단면적을 구하시오. (단, F10T-M20볼트 사용,
판의 두께는 6mm) (3점)

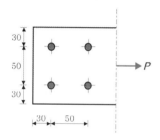

해설 $A_n = A_g - n \cdot d \cdot t = (6 \times 110) - (2)(20+2)(6) = 396\text{mm}^2$

Check 3

그림과 같은 인장부재의 순단면적을 구하시오. (단, 판재의 두께는 10mm 이며,
구멍크기는 22mm이다.) (4점)

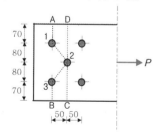

해설

(1) 파단선 A-1-3-B : $A_n = A_g - n \cdot d \cdot t = (10 \times 300) - (2)(22)(10) = 2,560\text{mm}^2$

(2) 파단선 A-1-2-3-B :

$$A_n = A_g - n \cdot d \cdot t + \sum \frac{s^2}{4g} \cdot t = (10 \times 300) - (3)(22)(10) + \frac{(50)^2}{4(80)} \cdot (10) + \frac{(50)^2}{4(80)} \cdot (10)$$

$$= 2,496.25\text{mm}^2 \quad \Longleftarrow \text{지배}$$

■ 파단선 A-1-2-C, D-2-3-B, D-2-C의
순단면적은 파단선 A-1-3-B의 경우
보다 항상 크게 되므로 처음부터 고려할
필요가 없다는 것이 관찰된다.

(3) 동일 평면상에 있지 않은 L형강의 두변에 구멍이 엇갈려 배치된 경우

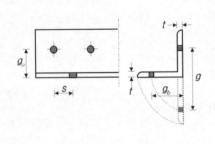

$$g = g_a + g_b - t$$

두 변을 펴서 동일 평면상에 놓은 후 앞에서와 동일한 방법으로 구한다. 이때 구멍열 사이의 간격 g의 값은 L형강의 두께중심선을 따른 두 구멍 사이의 거리에서 중복되는 두께 t를 감한 값을 사용한다.

Check 4

그림과 같은 $L-100 \times 100 \times 7$ 인장재의 순단면적을 구하시오. (4점)

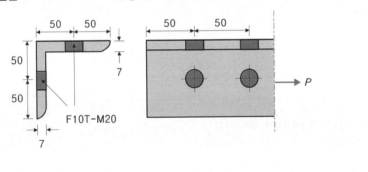

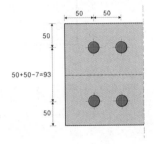

50+50−7=93

[해설] $A_n = A_g - n \cdot d \cdot t = [(7)(200-7)] - (2)(20+2)(7) = 1,043 \text{mm}^2$

Check 5

그림과 같은 $L-90 \times 90 \times 10 (A_g = 1,700 \text{mm}^2)$ 인장재의 순단면적을 구하시오 (4점)

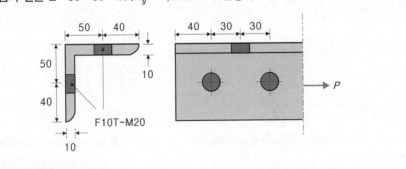

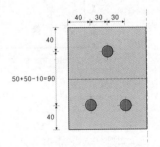

50+50−10=90

[해설] $A_n = A_g - n \cdot d \cdot t + \sum \dfrac{s^2}{4g} \cdot t = (1,700) - (2)(20+2)(10) + \dfrac{(30)^2}{4(90)} \cdot (10) = 1,285 \text{mm}^2$

2 설계인장강도

① 총단면 항복강도: $\phi P_n = \phi \cdot F_y \cdot A_g$	② (유효)순단면 파단강도: $\phi P_n = \phi \cdot F_u \cdot A_n$
$\phi = 0.90$ $P_n = F_y \cdot A_g$	$\phi = 0.75$ $P_n = F_u \cdot A_e$

두께 16mm이하	SS275	SM275	SM355	SM420	SM460
F_u	410	410	490	520	570

인장재의 설계인장강도는 총단면의 항복과, 유효순단면의 파단이라는 두 가지 한계상태와 블록전단파단강도를 비교하여 작은 값으로 결정한다.

학습 POINT

■ 블록전단파단

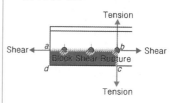

고력볼트의 사용이 증가함에 따라 접합부의 설계는 보다 적은 개수, 그리고 보다 큰 직경의 볼트를 사용하는 경향으로 변모함에 따라 접합부에서 블록전단파단이라는 파괴 양상이 일어날 수 있는 가능성이 커졌다. 접합 인장재에 하중방향과 나란한 수평 전단면과 하중방향과 수직인 인장면이 직사각형의 블록 조각으로 찢어지며 떨어져 나가는 현상을 블록전단파단이라고 한다.

Check 6

$A_g = 3,000\text{mm}^2$, $A_n = 2,700\text{mm}^2$, 블록전단파단강도 750kN, 이때 사용 형강은 SS275일 때 설계인장강도를 구하시오. (3점)

해설 강구조 인장재의 설계인장강도: (1),(2),(3) 중 작은값
(1) 총단면 항복: $\phi P_n = \phi \cdot F_y \cdot A_g = (0.9)(275)(3,000) = 742,500\text{N} = 742.500\text{kN}$ ◀ 지배
(2) 순단면 파단: $\phi P_n = \phi \cdot F_u \cdot A_n = (0.75)(410)(2,700) = 830,250\text{N} = 830.250\text{kN}$
(3) 블록전단파단: 750kN

Check 7

$A_g = 3,000\text{mm}^2$, $A_n = 2,700\text{mm}^2$, 블록전단파단강도 720kN, 이때 사용 형강은 SM355일 때 설계인장강도를 구하시오. (3점)

해설 강구조 인장재의 설계인장강도: (1),(2),(3) 중 작은값
(1) 총단면 항복: $\phi P_n = \phi \cdot F_y \cdot A_g = (0.9)(355)(3,000) = 958,500\text{N} = 958.500\text{kN}$
(2) 순단면 파단: $\phi P_n = \phi \cdot F_u \cdot A_n = (0.75)(490)(2,700) = 992,250\text{N} = 992.250\text{kN}$
(3) 블록전단파단: 720kN ◀ 지배

3 강구조 압축재: Euler의 탄성 좌굴하중

	탄성좌굴하중	세장비(Slenderness Ratio)
 Leonhard Euler (1707~1783)	$$P_{cr} = \frac{\pi^2 EI}{(KL)^2}$$	$$\lambda = \frac{KL}{r} = \frac{KL}{\sqrt{\dfrac{I}{A}}}$$

(1) 탄성좌굴하중: ①, ② 중 작은값	① $$P_{cr,x} = \frac{\pi^2 EI_x}{(KL_x)^2}$$ ② $$P_{cr,y} = \frac{\pi^2 EI_y}{(KL_y)^2}$$	• E: 탄성계수 (N/mm^2) • I: 단면2차모멘트(mm^4)
(2) 세장비: ①, ② 중 큰값	① $$\lambda_x = \frac{KL_x}{r_x} = \frac{KL_x}{\sqrt{\dfrac{I_x}{A}}}$$ ② $$\lambda_y = \frac{KL_y}{r_y} = \frac{KL_y}{\sqrt{\dfrac{I_y}{A}}}$$	• K: 재단조건에 따른 유효좌굴길이계수 • KL: 유효좌굴길이(mm)

■ 좌굴축과 좌굴방향

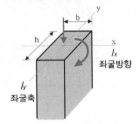

I_x : 강축에 대한 단면2차모멘트
I_y : 약축에 대한 단면2차모멘트

재단 조건	회전구속 이동구속	회전자유 이동구속	회전구속 이동자유	회전자유 이동자유		
	①	②	③	④	⑤	⑥
K 이론값	1.0	1.0	0.7	0.5	2.0	2.0
K 설계 권장값	1.0	1.2	0.8	0.65	2.1	2.0

■ 유효좌굴길이계수 K

(1) 조건이 없다면 이론값을 적용한다.
(2) ①의 경우를 양단힌지,
    ③의 경우를 일단힌지 일단고정,
    ④의 경우를 양단고정,
    ⑤의 경우를 일단고정 일단자유로
    표현할 수 있다.
(3) 재단조건이 제시되지 않는다면
    ①의 양단힌지 조건을 적용한다.

Check 8

재질과 단면적 및 길이가 같은 다음 4개의 장주에 대해 유효좌굴길이가 가장 큰 기둥을 순서대로 쓰시오. (3점)

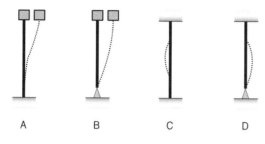

A   B   C   D

해설 $B \Rightarrow A \Rightarrow D \Rightarrow C$

Check 9

1단자유, 타단고정, 길이 2.5m인 압축력을 받는 H형강 기둥($H-100 \times 100 \times 6 \times 8$)의 탄성좌굴하중을 구하시오. (단, $I_x = 383 \times 10^4 \mathrm{mm}^4$, $I_y = 134 \times 10^4 \mathrm{mm}^4$, $E = 210,000 \mathrm{N/mm}^2$) (4점)

해설 $P_{cr} = \dfrac{\pi^2 EI}{(KL)^2} = \dfrac{\pi^2 (210,000)(134 \times 10^4)}{[(2.0)(2.5 \times 10^3)]^2} = 111,092\mathrm{N} = 111.092\mathrm{kN}$

Check 10

그림과 같은 콘크리트 기둥이 양단힌지로 지지되었을 때 약축에 대한 세장비가 150이 되기 위한 기둥의 길이(m)를 구하시오. (3점)

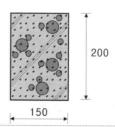

200

150

해설 $\lambda = \dfrac{KL}{r} = \dfrac{KL}{\sqrt{\dfrac{I}{A}}} = \dfrac{(1.0)L}{\sqrt{\dfrac{\dfrac{(200)(150)^3}{12}}{(200 \times 150)}}} = 150$ 으로부터 $L = 6,495\mathrm{mm} = 6.495\mathrm{m}$

■■■ 강구조 (2)

1 강구조 볼트접합과 관련된 용어를 쓰시오. (3점)

(가) 볼트 중심 사이의 간격 :

(나) 볼트 중심 사이를 연결하는 선 :

(다) 볼트 중심 사이를 연결하는 선 사이의 거리 :

해설 **1**
(가) 피치(Pitch)
(나) 게이지 라인(Gauge Line)
(다) 게이지(Gauge)

2 그림과 같은 인장재의 순단면적을 구하시오. (3점)

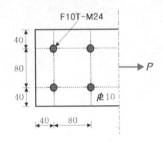

해설 **2**
$$A_n = A_g - n \cdot d \cdot t$$
$$= (10 \times 160) - (2)(24+3)(10)$$
$$= 1,060 \text{mm}^2$$

3 그림과 같은 $L-100 \times 100 \times 7$ 인장재의 순단면적을 구하시오. (3점, 4점)

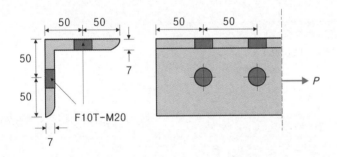

해설 **3**
$$A_n = A_g - n \cdot d \cdot t$$
$$= [(7)(200-7)] - (2)(20+2)(7)$$
$$= 1,043 \text{mm}^2$$

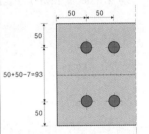

해설 **4**
$$A_n = A_g - n \cdot d \cdot t + \sum \frac{s^2}{4g} \cdot t$$
$$= (1,700) - (2)(20+2)(10)$$
$$+ \frac{(30)^2}{4(90)} \cdot (10)$$
$$= 1,285 \text{mm}^2$$

4 그림과 같은 $L-90 \times 90 \times 10(A_g = 1,700\text{mm}^2)$ 인장재의 순단면적을 구하시오 (4점)

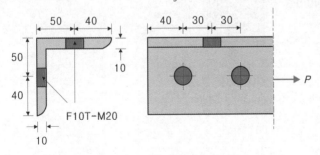

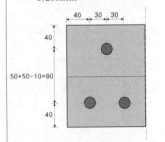

5 그림과 같은 인장부재의 순단면적을 구하시오. (단, 판재의 두께는 10mm이며, 구멍크기는 22mm이다.) (4점)

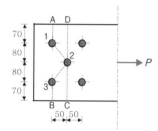

해설 5

(1) 파단선 A-1-3-B :
$$A_n = A_g - n \cdot d \cdot t = (10 \times 300) - (2)(22)(10) = 2,560 \text{mm}^2$$

(2) 파단선 A-1-2-3-B :
$$A_n = A_g - n \cdot d \cdot t + \sum \frac{s^2}{4g} \cdot t = (10 \times 300) - (3)(22)(10) + \frac{(50)^2}{4(80)} \cdot (10) + \frac{(50)^2}{4(80)} \cdot (10)$$
$$= 2,496.25 \text{mm}^2 \impliedby \text{지배}$$

6 강구조 인장재의 설계 시 고려해야 할 한계상태 3가지를 쓰시오. (3점)

(1) _____ (2) _____ (3) _____

해설 6
(1) 총단면 항복
(2) (유효)순단면 파단
(3) 블록전단파단

7 $H - 250 \times 175 \times 7 \times 11$(SM355, $A_g = 5,624 \text{mm}^2$)의 총단면항복강도를 한계상태 설계법에 의해 산정하시오. (단, 설계저항계수 $\phi = 0.90$을 적용한다.) (2점)

해설 7
$$\phi F_y \cdot A_g = (0.90)(355)(5,624)$$
$$= 1,796,868 \text{N} = 1,796.868 \text{kN}$$

8 $A_g = 3,000 \text{mm}^2$, $A_e = 2,700 \text{mm}^2$, 블록전단파단강도 720kN, 이때 사용 형강은 SM355일 때 설계인장강도를 구하시오. (3점)

해설 8
(1) 총단면 항복: $\phi P_n = \phi \cdot F_y \cdot A_g = (0.9)(355)(3,000) = 958,500 \text{N} = 958.500 \text{kN}$
(2) 유효 순단면 파단: $\phi P_n = \phi \cdot F_u \cdot A_e = (0.75)(490)(2,700) = 992,250 \text{N} = 992.250 \text{kN}$
(3) 블록전단파단: 720kN
∴ 설계인장강도는 (1),(2),(3) 중 작은값 이므로 720kN

9 기둥의 재질과 단면 크기가 모두 같은 그림과 같은 4개의 장주의 좌굴길이를 쓰시오. (4점)

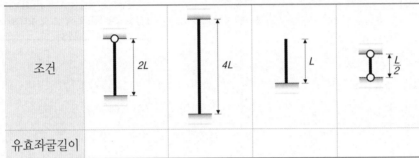

조건				
유효좌굴길이				

해설 9

(1) $KL = (0.7)(2L) = 1.4L$

(2) $KL = (0.5)(4L) = 2.0L$

(3) $KL = (2.0)(L) = 2.0L$

(4) $KL = (1.0)\left(\dfrac{L}{2}\right) = 0.5L$

10 재질과 단면적 및 길이가 같은 다음 4개의 장주에 대해 유효좌굴길이가 가장 큰 기둥을 순서대로 쓰시오. (3점)

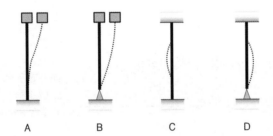

해설 10

B ➡ A ➡ D ➡ C

11 1단 자유, 타단 고정인 길이 2.5m인 압축력을 받는 철골조 기둥의 탄성좌굴하중을 구하시오. (단, 단면2차모멘트 $I = 798{,}000 \text{mm}^4$, $E = 210{,}000 \text{MPa}$) (3점)

해설 11

$$P_{cr} = \frac{\pi^2 EI}{(KL)^2}$$
$$= \frac{\pi^2 (210{,}000)(798{,}000)}{[(2.0)(2.5 \times 10^3)]^2}$$
$$= 66{,}157\text{N} = 66.157\text{kN}$$

12 1단 자유, 타단 고정, 길이 2.5m인 압축력을 받는 H형강 기둥 ($H-100 \times 100 \times 6 \times 8$)의 탄성좌굴하중을 구하시오. (단, $I_x = 383 \times 10^4 \text{mm}^4$, $I_y = 134 \times 10^4 \text{mm}^4$, $E = 210{,}000 \text{N/mm}^2$) (4점)

해설 12

$$P_{cr} = \frac{\pi^2 EI}{(KL)^2}$$
$$= \frac{\pi^2 (210{,}000)(134 \times 10^4)}{[(2.0)(2.5 \times 10^3)]^2}$$
$$= 111{,}092\text{N} = 111.092\text{kN}$$

13 지지조건은 양단 고정, 기둥의 길이 3m, 직경 100mm 원형 단면의 세장비를 구하시오. (3점)

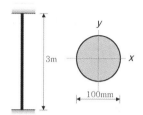

해설 13

$$\lambda = \frac{KL}{r} = \frac{KL}{\sqrt{\dfrac{I}{A}}}$$

$$= \frac{(0.5)(L)}{\sqrt{\dfrac{\left(\dfrac{\pi D^4}{64}\right)}{\left(\dfrac{\pi D^2}{4}\right)}}} = \frac{2L}{D} = \frac{2(3 \times 10^3)}{(100)} = 60$$

14 그림과 같은 콘크리트 기둥이 양단힌지로 지지되었을 때 약축에 대한 세장비가 150이 되기 위한 기둥의 길이(m)를 구하시오. (3점)

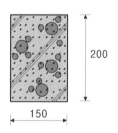

해설 14

$$\lambda = \frac{KL}{r} = \frac{KL}{\sqrt{\dfrac{I}{A}}}$$

$$= \frac{(1.0)L}{\sqrt{\dfrac{\dfrac{(200)(150)^3}{12}}{(200 \times 150)}}} = 150 \text{ 으로부터}$$

$$L = 6,495\text{mm} = 6.495\text{m}$$

핵심 6

강구조 (3)

1 그루브 용접(Groove Welding, 맞댐 용접, 맞대기 용접)

(1) 접합 특성	(2) 유효 목두께(a)	(3) 용접 유효길이(L_e)
 두 부재의 접합부를 일정한 모양으로 가공하고 그 속에 용착금속을 채워 넣어 용접하는 방법	얇은 쪽 모재두께 $a = t$ $a = t_1$	부재축에 직각인 접합부의 폭

학습 POINT

■ 그루브, 루트간격, 개선깊이

(1) 그루브(Groove): 용접할 2부재 사이에 만드는 홈을 말하며, 그루브의 바닥 부분을 루트(Root)간격 이라고 한다.

(2) 개선깊이(Groove Depth): 접합할 2부재 간에 만드는 홈의 깊이를 말한다.

Check 1

그림과 같은 용접부의 기호에 대해 기호의 수치를 모두 표기하여 제작 상세를 표시하시오. (4점)

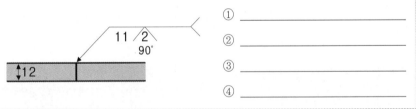

① _____
② _____
③ _____
④ _____

해설 ① 접합판재의 두께 12mm ② 개선깊이: 11mm

③ 루트(Root) 간격: 2mm ④ 개선각: 화살표쪽으로 90°

Check 2

그림과 같은 맞댐 용접의 용접부에 생기는 인장응력을 구하시오. (3점)

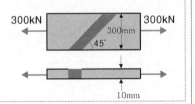

해설 $F_w = \dfrac{P}{A_n} = \dfrac{P}{a \cdot L_e} = \dfrac{(300 \times 10^3)}{(10)(300)} = 100\text{N/mm}^2 = 100\text{MPa}$

2 필릿 용접(Fillet Welding, 모살용접)

용접기호 표시	유효 목두께(a)	용접 유효길이(L_e)
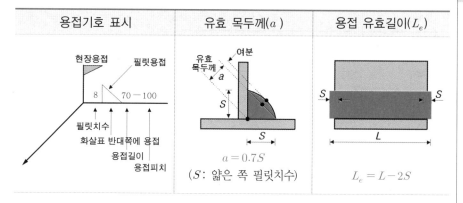	$a = 0.7S$ (S: 얇은 쪽 필릿치수)	$L_e = L - 2S$

용접부 설계강도:

$$\phi R_n = \phi \cdot 0.6F_{uw} \cdot 0.7S \cdot (L-2S)$$

$$\phi = 0.75$$

Check 3

그림과 같은 용접부의 설계강도를 구하시오. (단, 모재는 SM275, 용접재
(KS D7004 연강용 피복아크 용접봉)의 인장강도 $F_{uw} = 420\text{N/mm}^2$,
모재의 강도는 용접재의 강도보다 크다.) (4점)

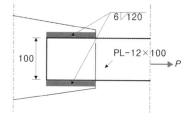

해설

$\phi R_n = \phi \cdot 0.6F_{uw} \cdot 0.7S \cdot (L-2S) = (0.75) \cdot 0.6(420) \cdot 0.7(6) \cdot (120 - 2 \times 6) \times 2면$
$= 171,461\text{N} = 171.461\text{kN}$

3 강구조 주요 용어정리

(1) 전단중심(Shear Center)

① 정의: 부재의 비틀림이 생기지 않고 휨변형만 유발하는 위치

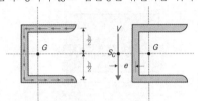

② 열린 단면을 가진 형강들의 전단중심 위치

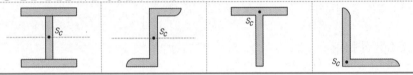

(2) 메탈터치(Metal Touch)

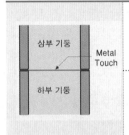

① 단면에 인장응력이 발생할 염려가 없는 상태에서 강재와 강재를 빈틈없이 밀착시키는 것의 총칭으로 밀피니시(Mill Finish) 이음이라고도 한다.

② 강구조 기둥의 이음부를 가공하여 상하부 기둥 밀착을 좋게 하며 축력의 50%까지 하부 기둥 밀착면에 직접 전달시키는 이음방법이다.

(3) 콘크리트 충전 강관구조(CFT, Concrete Filled steel Tube)

매입형 합성기둥		충전형 합성기둥	
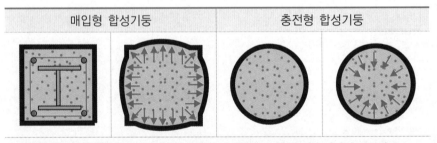			

강관의 구속효과에 의해 충전콘크리트의 내력상승과 충전콘크리트에 의한 강관의 국부좌굴 보강효과에 의해 뛰어난 변형 저항능력을 발휘하는 구조

CFT 장점	CFT 단점
① 강관이 거푸집 역할을 함으로서 철근 거푸집 공사가 배제되어 인건비 절감 및 공기단축이 가능 ② 연성과 인성이 우수하여 초고층구조물의 내진성에 유리	① 고품질의 충전 콘크리트가 요구됨 ② 판두께가 얇아질수록 조기에 국부좌굴이 발생함

■ 전단중심(s_c, Shear Center)

① 단면 내에 2개의 대칭축이 있거나 점대칭점이 있는 단면 부재에서는 전단중심과 도심은 일치한다.

② 단면 내에 1개의 대칭축이 있다면 전단중심은 그 대칭축 상에 있다.

③ 몇 개의 판요소가 1점에 모인 단면에서는 각 판요소에 작용하는 면내전단응력의 합력의 작용선이 그 점을 지나게 되어 비틀림모멘트를 발생시키지 못하므로 교차점이 전단중심이 된다.

■ 메탈터치(Metal Touch) 정밀도

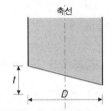

Facing Machine 또는 Rotary Planer 등의 절삭가공기를 사용하여 절단 마무리면의 정밀도 $\dfrac{t}{D} \leq \dfrac{1.5}{1,000}$ 를 확보하도록 상·하 기둥 부재의 밀착 정밀가공을 실시한다.

Check 4

강구조 부재에서 비틀림이 생기지 않고 휨변형만 유발하는 위치를 전단중심(Shear Center)이라 한다. 다음 형강들의 전단중심의 위치를 각 단면에 표기하시오. (5점)

해설

Check 5

강구조에서 메탈터치(Metal Touch)에 대한 개념을 간략하게 그림을 그려서 정의를 설명하시오. (4점)

해설

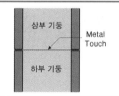

단면에 인장응력이 발생할 염려가 없는 상태에서 강재와 강재를 빈틈없이 밀착시키는 것

Check 6

콘크리트충전강관(CFT)구조를 설명하시오 (3점)

해설

강관의 구속효과에 의해 충전콘크리트의 내력상승과 충전콘크리트에 의한 강관의 국부좌굴 보강효과에 의해 뛰어난 변형 저항능력을 발휘하는 구조

(4) 기타 주요 용어정리

① 데크 플레이트, 매입형 합성기둥	 데크 플레이트 (Deck Plate)	 매입형 합성기둥 (Composite Column)
② 거셋플레이트 (Gusset Plate)	트러스의 부재, 스트럿 또는 가새재를 보 또는 기둥에 연결하는 판요소	
③ 강재 앵커 (Shear Connector)	합성부재의 두 가지 다른 재료 사이의 전단력을 전달하도록 강재에 용접되고 콘크리트 속에 매입된 스터드 앵커(Stud Anchor)와 같은 강재	

Check 7

다음 용어를 설명하시오. (6점)

(1) 거셋플레이트(Gusset Plate)

_____

_____

(2) 데크플레이트(Deck Plate)

_____

_____

(3) 강재 앵커(Shear Connector, 시어커넥터)

_____

_____

해설

(1) 트러스의 부재, 스트럿 또는 가새재를 보 또는 기둥에 연결하는 판요소
(2) 구조용 강판을 절곡하여 제작하며, 바닥콘크리트 타설을 위한 슬래브 하부 거푸집판
(3) 합성부재의 두 가지 다른 재료 사이의 전단력을 전달하도록 강재에 용접되고 콘크리트 속에 매입된 스터드 앵커(Stud Anchor)와 같은 강재

■■■ 강구조 (3)

1 다음이 설명하는 철골공사 용접방법을 기재하시오. (4점)

(1) 한쪽 또는 양쪽 부재의 끝을 용접이 양호하게 될 수 있도록 끝단면을 비스듬히 절단(개선)하여 용접하는 방법 :

(2) 부재를 일정한 각도로 접합한 후 2장의 판재를 겹치거나 T자형 , 十자형의 교차부를 등변 삼각형 모양으로 접합부을 용접하는 방법 :

(1) _____   (2) _____

해설 **1**
(1) 그루브 용접
(2) 필릿 용접

2 그림과 같은 용접 표시에서 알 수 있는 사항을 기입하시오. (3점)

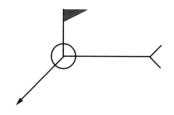

해설 **2**
전체둘레(全周, 전주) 현장용접

3 그림과 같은 용접부의 기호에 대해 기호의 수치를 모두 표기하여 제작 상세를 표시하시오. (4점)

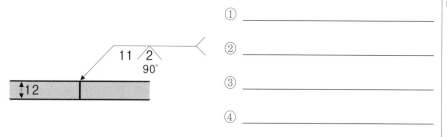

① _____

② _____

③ _____

④ _____

해설 **3**
① 접합판재의 두께 12mm
② 개선깊이: 11mm
③ 루트(Root) 간격: 2mm
④ 개선각: 화살표쪽으로 90°

4 그림과 같은 맞댐용접(Groove Welding)을 용접기호를 사용하여 표현하시오. (4점)

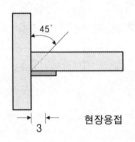 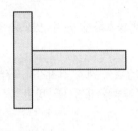

현장용접

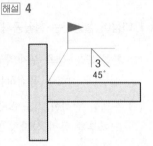

5 철골공사에서 다음 상황에 맞는 용접기호를 완성하시오. (6점)

공장용접   현장용접

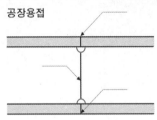 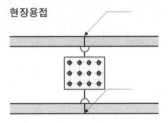

6 다음의 용접기호로서 알 수 있는 사항을 4가지 쓰시오. (4점)

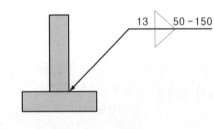

13   50 - 150

① _____
② _____
③ _____
④ _____

공장용접

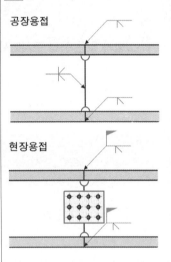

현장용접

① 양면 단속 필릿 용접
② 필릿치수 13mm
③ 용접길이 50mm
④ Pitch(=용접간격) 150mm

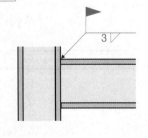

7 다음의 주의사항을 통해 그림상에 용접기호를 도식화하시오. (4점)

주의사항

① 필릿 용접
② 현장 용접
③ 필릿 치수 3mm

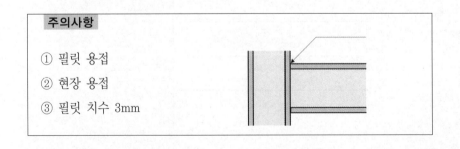

8 그림과 같은 용접부의 설계강도를 구하시오. (단, 모재는 SM275, 용접재(KS D7004 연강용 피복아크 용접봉)의 인장강도 $F_{uw} = 420\text{N/mm}^2$, 모재의 강도는 용접재의 강도보다 크다.) (4점)

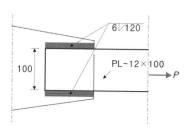

해설 8

$$\phi R_n = \phi \cdot 0.6 F_{uw} \cdot 0.7 S \cdot (L - 2S)$$
$$= (0.75) \cdot 0.6(420) \cdot 0.7(6)$$
$$\cdot (120 - 2 \times 6) \times 2\text{면}$$
$$= 171,461\text{N} = 171.461\text{kN}$$

9 그림과 같은 용접부의 설계강도를 구하시오. (단, 모재는 SM275, 용접재(KS D7004 연강용 피복아크 용접봉)의 인장강도 $F_{uw} = 420\text{N/mm}^2$, 모재의 강도는 용접재의 강도보다 크다.) (4점)

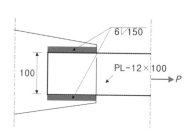

해설 9

$$\phi R_n = \phi \cdot 0.6 F_{uw} \cdot 0.7 S \cdot (L - 2S)$$
$$= (0.75) \cdot 0.6(420) \cdot 0.7(6)$$
$$\cdot (150 - 2 \times 6) \times 2\text{면}$$
$$= 219,089\text{N} = 219.089\text{kN}$$

10 그림과 같은 용접부의 설계강도를 구하시오. (단, 모재는 SM275, 용접재(KS D7004 연강용 피복아크 용접봉)의 인장강도 $F_{uw} = 420\text{N/mm}^2$, 모재의 강도는 용접재의 강도보다 크다.) (5점)

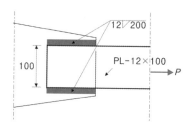

해설 10

$$\phi R_n = \phi \cdot 0.6 F_{uw} \cdot 0.7 S \cdot (L - 2S)$$
$$= (0.75) \cdot 0.6(420) \cdot 0.7(12)$$
$$\cdot (200 - 2 \times 12) \times 2\text{면}$$
$$= 558,835\text{N} = 558.835\text{kN}$$

11 다음 조건에서의 용접유효길이(L_e)를 산출하시오. (4점)

- 모재는 SM355($F_u = 490\text{MPa}$),
  용접재(KS D7004 연강용 피복아크 용접봉)의
  인장강도 $F_{uw} = 420\text{N/mm}^2$
- 필릿치수 $S = 5\text{mm}$
- 하중: 고정하중 20kN, 활하중 30kN

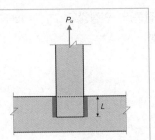

해설 11

(1) $P_U = 1.2P_D + 1.6P_L = 1.2(20) + 1.6(30) = 72\text{kN}$ ◀ 지배
$\geq 1.4P_D = 1.4(20) = 28\text{kN}$

(2) $a = 0.7S = 0.7(5) = 3.5\text{mm}$

$A_w = a \times 1 = 3.5 \times 1 = 3.5\text{mm}^2$

$\phi R_n = \phi F_w \cdot A_w = \phi(0.6F_{uw}) \cdot A_w = (0.75)(0.6 \times 420)(3.5) = 661.5\text{N/mm}$

(3) $L_e = \dfrac{P_U}{\phi P_w} = \dfrac{(72 \times 10^3)}{(661.5)} = 108.844\text{mm}$

■ 용접유효길이 L_e를 알 수 없는
상태이므로 단위길이 1에 대한
즉, $L_e = 1\text{mm}$에 대한 용접면적
A_w를 산정해본다.

12 강구조의 맞댐용접, 필릿용접을 개략적으로 도시하고 설명하시오. (6점)

맞댐용접	필릿용접

해설 12

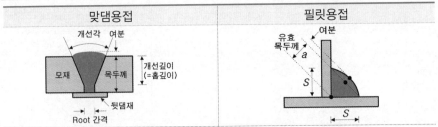

맞댐용접	필릿용접
두 부재의 접합부를 일정한 모양으로 가공하고 그 속에 용착금속을 채워 넣어 용접하는 방법	두 부재에 홈파기를 하지 않고 일정한 각도로 접합한 후 삼각형 모양으로 접합부를 용접하는 방법

13 부재 단면에 비틀림이 생기지 않고 휨변형만 유발하는 위치를 무엇이라 하는가?
(2점)

13
전단중심(S_c, Shear Center)

14 강구조 부재에서 비틀림이 생기지 않고 휨변형만 유발하는 위치를 전단중심(Shear
Center)이라 한다. 다음 형강들에 대하여 전단중심의 위치를 각 단면에 표기하시오.
(5점)

해설 14

15 강구조에서 메탈터치(Metal Touch)에 대한 개념을 간략하게 그림을 그려서 정의를
설명하시오. (4점)

메탈터치(Metal Touch) 개념도	메탈터치(Metal Touch) 정밀도의 요구

해설 15

메탈터치(Metal Touch) 개념도	메탈터치(Metal Touch) 정밀도의 요구
상부 기둥 — Metal Touch 하부 기둥	축선 t, D
단면에 인장응력이 발생할 염려가 없는 상태에서 강재와 강재를 빈틈없이 밀착시키는 것	절단 마무리면의 정밀도 $\dfrac{t}{D} \leq \dfrac{1.5}{1,000}$ 확보

16 CFT 구조를 간단히 설명하시오. (3점)

17 콘크리트충전강관(CFT) 구조를 설명하고 장·단점을 각각 2가지씩 쓰시오. (5점)

(1) CFT :

(2) 장점: ① _____

② _____

(3) 단점: ① _____

② _____

18 다음의 【보기】에서 설명하는 용어를 쓰시오. (3점)

【보기】
- 바닥 콘크리트 타설을 위한 슬래브(Slab) 하부 거푸집판
- 작업 시 안정성 강화 및 동바리 수량감소로 원가절감 가능
- 아연도철판을 절곡하여 제작하며, 해체작업이 필요 없음

19 다음의 【보기】에서 설명하는 구조의 명칭을 쓰시오. (3점)

【보기】
철골구조물 주위에 철근배근을 하고 그 위에 콘크리트가 타설되어 일체가
되도록 한 것으로서, 초고층 구조물 하층부의 복합구조로 많이 채택되는 구조

해설 **16, 17**
(1) 강관의 구속효과에 의해 충전콘크리트의 내력상승과 충전콘크리트에 의한 강관의 국부좌굴 보강효과에 의해 뛰어난 변형 저항능력을 발휘하는 구조
(2)
① 강관이 거푸집 역할을 함으로서 인건비 절감 및 공기단축 가능
② 연성과 인성이 우수하여 초고층 구조물의 내진성에 유리
(3)
① 고품질의 충전 콘크리트가 요구됨
② 판두께가 얇아질수록 조기에 국부좌굴이 발생함

해설 **18**
데크 플레이트(Deck Plate)

해설 **19**
매입형 합성기둥(Composite Column)

20 다음의 【보기】에서 설명하는 구조의 명칭을 쓰시오. (2점)

(1) 거셋플레이트(Gusset Plate) :

(2) 데크플레이트(Deck Plate) :

(3) 강재 앵커(Shear Connector, 시어커넥터) :

21 다음의 【보기】에서 설명하는 볼트의 명칭을 쓰시오. (3점)

【보기】
철근콘크리트 슬래브와 강재 보의 전단력을 전달하도록 강재에 용접되고
콘크리트 속에 매입된 시어커넥터(Shear Connector)에 사용되는 볼트

22 강합성 데크플레이트 구조에 사용되는 시어커넥터(Shear Connector)의 역할에
대하여 설명하시오.

해설 20
(1) 트러스의 부재, 스트럿 또는 가새
부재를 보 또는 기둥에 연결하는
판요소
(2) 구조용 강판을 절곡하여 제작하며,
바닥콘크리트 타설을 위한 슬래브
하부 거푸집판
(3) 합성부재의 두 가지 다른 재료 사이의
전단력을 전달하도록 강재에 용접되고
콘크리트 속에 매입된 스터드 앵커
(Stud Anchor)와 같은 강재

해설 21
강재 앵커

해설 22
합성부재의 두 가지 다른 재료 사이의
전단력을 전달하도록 강재에 용접되고
콘크리트에 매입된 스터드(Stud)와 같
은 강재

23 다음 그림은 철골 보-기둥 접합부의 개략적인 그림이다. 각 번호에 해당하는 구성재의 명칭을 쓰고, (나) 부재의 용접방법을 쓰시오.(3점)

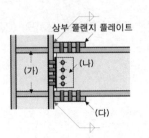

상부 플랜지 플레이트

(가)　(나)

(다)

(1) (가)＿＿＿＿＿＿＿　(나)＿＿＿＿＿＿＿　(다)＿＿＿＿＿＿＿

(2) 용접방법:

24 철골 주각부(Pedestal)는 고정주각, 핀주각, 매립형주각 3가지로 구분된다. 다음 그림과 적합한 주각부의 명칭을 쓰시오. (6점)

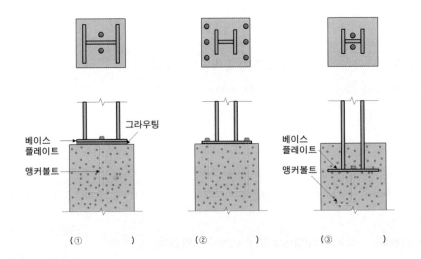

그라우팅

베이스
플레이트

앵커볼트

베이스
플레이트

앵커볼트

（①　　　）　　　（②　　　）　　　（③　　　）

25 구조물을 안전하게 설계하고자 할 때 강도한계상태(Strength Limit State)에 대한 안전을 확보해야 한다. 뿐만 아니라 사용성한계상태(Serviceability Limit State)를 고려하여야 하는데 여기서 사용성한계상태란 무엇인지 간단히 설명하시오. (3점)

해설 **23**
(1) (가) 스티프너
　　(나) 전단 플레이트
　　(다) 하부 플랜지 플레이트
(2) 필릿(Fillet) 용접

해설 **24**
① 핀주각
② 고정주각
③ 매입형주각

해설 **25**
구조체가 붕괴되지는 않더라도 구조 기능이 저하되어 외관, 유지관리, 내구성 및 사용에 매우 부적합하게 되는 상태

구 조 역 학

1 부정정 차수(N, Degree of Static Indeterminancy)

학습 POINT

$N=r+m+f-2j$	• $N \langle 0$: 불안정 • $N=0$: 정정 • $N \rangle 0$: 부정정

■ 불안정, 정정, 부정정

(1) 불안정: 외력이 작용했을 때 구조물이 평형을 이루지 못하는 상태
(위치나 모양이 변화함)
(2) 정정: 안정한 구조물이며, 평형조건식 만으로 반력과 부재력을 구할 수 있는 상태
(3) 부정정: 안정한 구조물이며, 평형조건식 만으로 반력과 부재력을 구할 수 없는 상태

r: 반력(reaction)수

이동지점: $r=1$

Beam
Anchor Bolt in Slotted Hole
Concrete Wall
Beam

회전지점: $r=2$

Beam Column
Beam

고정지점: $r=3$

Pole
Base Plate
Concrete Pier
Pole

m: 부재(member)수

f: 강(fixed)절점수

j: 절점(joint)수

$m=2$ $j=3$ $f=0$

$m=2$ $j=3$ $f=1$

$m=3$ $j=4$ $f=0$

$m=3$ $j=4$ $f=1$

$m=3$ $j=4$ $f=2$

○ 활절점, 힌지(Hinge), 핀(Pin)

Check 1

그림과 같은 라멘 구조물의 부정정 차수를 구하시오. (3점)

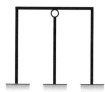

해설

$N = r + m + f - 2j = (3+3+3) + (5) + (3) - 2(6) = 5$차 부정정

Check 2

그림과 같은 라멘 구조물의 부정정 차수를 구하시오. (3점)

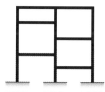

해설

$N = r + m + f - 2j = (3+3+3) + (17) + (20) - 2(14) = 18$차 부정정

Check 3

그림과 같은 트러스 구조의 부정정차수를 구하고, 안정구조인지 불안정구조인지를 판별하시오. (4점)

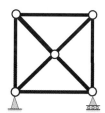

해설

$N = r + m + f - 2j = (2+1) + (8) + (0) - 2(5) = 1$차 부정정 ➡ 안정

2 지점반력(Reaction)

(1) 외적인 하중이 구조물에 작용하게 되면, 구조물을 지지하고 있는 지지단의 상태에 따라 반력(Reaction)이 발생하게 된다.

(2) 지점반력은 +로 가정하여 계산을 하는 것이 편리하며, 결과값이 +이면 해당 반력의 방향이 맞다는 의미이며, 결과값이 −이면 해당 반력의 방향이 반대임을 의미한다.

구분	지점상태	반력	+	−
이동 지점		V	↑	↓
회전 지점		V	↑	↓
		H	→	←
고정 지점		V	↑	↓
		H	→	←
		M	⤻	⤺

■ 회전지점(Hinged Support)

회전지점에서 반력성분 H, V는 편의상 수평 및 수직성분으로 분해하여 계산하는 것이 쉽지만 실제 두 성분의 합력 $R = \sqrt{H^2 + V^2}$ 으로 표시되어야 하는 한 개의 반력임을 주의한다.

Check 4

그림과 같은 캔틸레버 보의 A점의 반력을 구하시오. (4점)

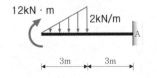

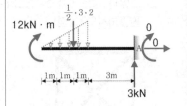

■ 캔틸레버(Cantilever) 구조

일단 자유단, 일단 고정단인 구조시스템으로 고정단에서만 수평반력(H), 수직반력(V), 모멘트반력(M)이 발생한다.

해설

(1) $\sum H = 0$: $H_A = 0$

(2) $\sum V = 0$: $-\left(\dfrac{1}{2} \times 2 \times 3\right) + (V_A) = 0$ ∴ $V_A = +3\text{kN}(\uparrow)$

(3) $\sum M_A = 0$: $+(M_A) + (12) - \left(\dfrac{1}{2} \times 2 \times 3\right)\left(3 + 3 \times \dfrac{1}{3}\right) = 0$ ∴ $M_A = 0$

Check 5

그림과 같은 겔버보의 A, B, C의 지점반력을 구하시오. (3점)

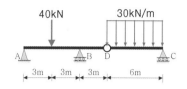

해설

(1) DC 구간: $V_C = V_D = +\dfrac{(30 \times 6)}{2} = +90\text{kN}(\uparrow)$

(2) AD 내민보 구간:

① $\sum H = 0 : H_A = 0$

② $\sum M_B = 0 : +(V_A)(6) - (40)(3) + (90)(3) = 0$ ∴ $V_A = -25\text{kN}(\downarrow)$

③ $\sum V = 0 : +(V_A) + (V_B) - (40) - (90) = 0$ 이므로 $V_B = +155\text{kN}(\uparrow)$

Check 6

그림과 같은 라멘구조의 A지점 반력을 구하시오. (단, 반력의 방향을 화살표로 반드시 표현하시오.) (3점)

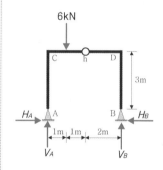

해설

(1) $\sum M_B = 0 : +(V_A)(4) - (6)(3) = 0$ ∴ $V_A = +4.5\text{kN}(\uparrow)$

(2) $M_{h,Left} = 0 : +(V_A)(2) - (H_A)(3) - (6)(1) = 0$ ∴ $H_A = +1\text{kN}(\rightarrow)$

(3) $R_A = \sqrt{V_A^2 + H_A^2} = \sqrt{(4.5^2) + (1)^2} = 4.61\text{kN}(\nearrow)$

학습 POINT

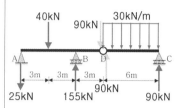

■ Heinrich Gerber(1832~1912)

연속보에 부정정 차수만큼 부재 내에 힌지 절점을 넣어 정정으로 만든 보를 겔버보라고 한다. 겔버보는 단순보와 내민보 또는 단순보와 캔틸레버보의 결합으로 간주하여, 단순보 구간을 먼저 해석하고 힌지를 지점으로 간주하여 반력을 계산한다. 그러나 지점으로 간주된 절점에서는 반력이 존재할 수 없으므로 계산된 반력을 힌지 절점에 하중으로 치환하여 나머지 구조를 해석한다.

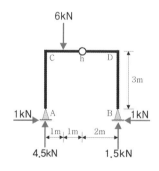

■ 3-Hinge 구조

2개의 회전지점과 1개의 회전절점으로 구성된 구조물이다. 수직반력은 단순보의 경우와 동일하며, 수평반력 계산이 관건인데 회전절점에서 $\sum M = 0$이라는 조건방정식을 적용하여 수평반력을 계산한다.

3 전단력과 휨모멘트

(1) 기본적인 부호규약

부재력	대표 기호	변형형태와 부호규약	
		+	**−**
전단력 (Shear Force)	V 또는 S		
휨모멘트 (Bending Moment)	M	하부 인장	상부 인장

(2) 전단력 및 휨모멘트의 계산

①	지점반력 계산 (단, Cantilever 구조의 경우 지점반력 계산을 하지 않아도 된다.)		
②	특정 위치를 수직절단 후	• 절단면의 좌측으로 계산 시 ☞ (+) 부호를 붙이고 계산	
		• 절단면의 우측으로 계산 시 ☞ (−) 부호를 붙이고 계산	
③	전단력	수직력의 합력 계산	☞ 상향력(↑) : (+) 계산
			☞ 하향력(↓) : (−) 계산
	휨모멘트	수직력×거리의 합력 계산	☞ 시계 방향(⤸) : (+) 계산
			☞ 반시계 방향(⤹) : (−) 계산

(3) 단순보: 주요 하중에 따른 전단력도 및 휨모멘트도

① 중앙점 집중하중 작용		② 등분포하중 만재 시

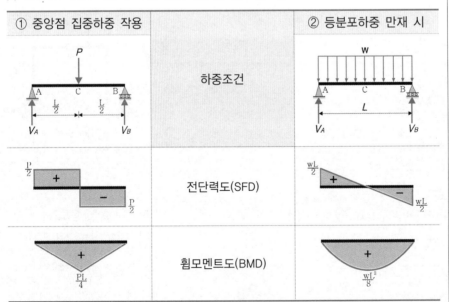

■ 캔틸레버보(Cantilever Beam)

특정위치를 수직절단 후 부재력 계산을 자유단에서 시작하면 지점반력을 구할 필요가 없게 되는 큰 특징이 발생한다.

■ 하중 − 전단력 − 휨모멘트 관계

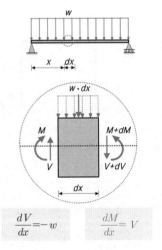

$$\frac{dV}{dx} = -w \qquad \frac{dM}{dx} = V$$

■ 전단력이 0이 되는 위치에서 휨모멘트가 최대가 된다.

Check 7

그림과 같은 캔틸레버 보의 A점으로부터 우측으로 4m 위치인 C점의 전단력과 휨모멘트를 구하시오. (4점)

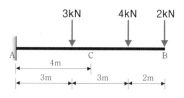

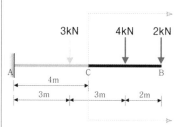

해설

(1) $V_{C,Right} = -[-(4)-(2)] = +6\text{kN}\,(\uparrow\downarrow)$

(2) $M_{C,Right} = -[+(4)(2)+(2)(4)] = -16\text{kN}\cdot\text{m}\,(\frown)$

Check 8

그림과 같은 겔버보에서 A단의 휨모멘트를 구하시오. (2점)

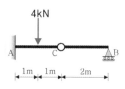

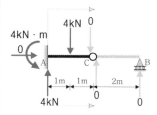

해설 $M_{A,Right} = -[+(4)(1)] = -4\text{kN}\cdot\text{m}\,(\frown)$

■ CB구간에 하중이 작용하지 않으므로 AC캔틸레버보의 해석과 같다.

Check 9

그림과 같은 단순보 (A)와 단순보 (B)의 최대휨모멘트가 같을 때 집중하중 P를 구하시오. (4점)

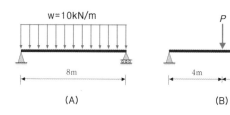

해설

$\dfrac{wL^2}{8} = \dfrac{PL}{4}$ 로부터 $\dfrac{(10)(8)^2}{8} = \dfrac{P(8)}{4}$ 이므로 $P = 40\text{kN}$

Check 10

그림과 같은 단순보에서 A점으로부터 최대 휨모멘트가 발생되는 위치까지의 거리를 구하시오. (3점)

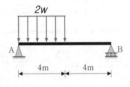

해설

(1) $\sum M_B = 0: \ +(V_A)(8) - (2w \times 4)(6) = 0 \quad \therefore \ V_A = +6w(\uparrow)$

(2) $M_x = +(6w)(x) - (2w \cdot x)\left(\dfrac{x}{2}\right) = +6w \cdot x - w \cdot x^2$

(3) $V_x = \dfrac{dM_x}{dx} = +6w - 2w \cdot x = 0 \quad \therefore \ x = 3\text{m}$

Check 11

다음 구조물의 전단력도와 휨모멘트도를 그리고, 최대전단력과 최대휨모멘트값을 구하시오. (4점)

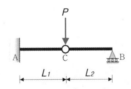

■ CB구간에 하중이 작용하지 않으므로 AC캔틸레버보의 해석과 같다.

해설

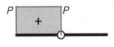

최대전단력: P

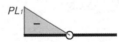

최대휨모멘트: PL_1

4 트러스(Truss) 해석

(1) 기본적인 부호규약

부재력	대표 기호	변형형태와 부호규약	
		$+$	$-$
축(방향)력 (Axial Force)	F 또는 N	절점에서 단면방향	단면에서 절점방향

(2) 절점법(Method of Joint)

① 부재력을 구하고자 하는 부재를 U형 형태로 3개 이내로 절단하여 인장(+)부재로 가정한다.

② 미지의 부재력이 2개가 넘지 않는 절점을 찾아가며 $\sum H = 0$, $\sum V = 0$을 적용하여 부재력을 구한다.

③ 임의 점을 수직절단 후, 인장(+)재로 가정하는 것이 편리하며, 해석 결과가 (+)이면 인장재이고, (−)이면 압축재이다.

Check 12

그림과 같은 구조물에서 T 부재에 발생하는 부재력을 구하시오 (3점)

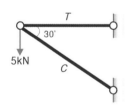

해설

(1) $\sum V = 0$: $-(5) - (F_C \cdot \sin 30°) = 0$ $\qquad \therefore F_C = -10\text{kN}$(압축)

(2) $\sum H = 0$: $+(F_T) + (F_C \cdot \cos 30°) = 0$ $\qquad \therefore F_T = +8.66\text{kN}$(인장)

(3) 절단법(Method of Sections)

① 부재력을 구하고자 하는 임의의 복재(수직재 또는 경사재)를 포함하여 3개 이내로 절단한 상태의 자유물체도상에서 전단력이 발생하지 않는 조건 $V = 0$을 이용하여 특정 부재의 부재력을 계산한다.

② 부재력을 구하고자 하는 임의의 현재(상현재 또는 하현재)를 포함하여 3개 이내로 절단한 상태의 자유물체도상에서 휨모멘트가 발생하지 않는 조건 $M = 0$을 이용하여 특정 부재의 부재력을 계산한다.

■ 트러스(Truss)

사전적인 의미는 『다발(Bundle), 꾸러미, 묶음』이다. 역학분야에서는 2개 이상, 보통 3개 이상의 직선 부재가 삼각형 단위로 구성된 구조형식을 말한다. 여러 가지 이유가 있었겠지만 하나의 면(Plane)을 밀실하게 덮을 필요가 없고 그 면의 내부를 채우지 않고 개방되도록 한다면 자중(Self Weight)을 줄여가면서 상대적으로 넓은 공간을 형성할 수 있도록 도와줄 수 있는 구조체의 필요성이 트러스의 탄생배경이었을 것이다.

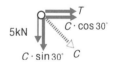

Check 13

그림과 같은 하우(Howe) 트러스 및 프랫(Pratt) 트러스에서 ①~⑧ 부재를 인장재 및 압축재로 구분하시오. (4점)

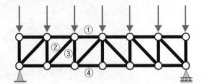 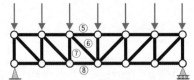

(가) 인장재: _____ (나) 압축재: _____

■ 하우(Howe) Truss, 프랫(Pratt) Truss

하우(Howe) Truss

프랫(Pratt) Truss

Pratt 트러스와 Howe 트러스는 사재의 경사 방향에 따라 구분되는데 프랫트러스에서 사재는 인장력을 받고, 하우트러스에서 사재는 압축력을 받는다.

결국, 수직재보다 사재의 길이가 더 길게 설계되는 경우에는 사재를 인장재가 되도록 설계하는 프랫트러스가 구조적으로 유리하게 된다. 왜냐하면 압축력을 받는 세장한 부재는 쉽게 좌굴이 일어나기 때문이다.

해설

(1) 연직하중이 작용하는 단순보형 트러스에서
    상현재(①, ⑤)는 압축재이고, 하현재(④, ⑧)는 인장재이다.

(2) 하우(Howe) 트러스

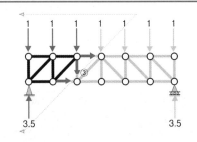 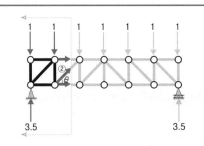

$V = 0 : +(3.5) - (1) - (1) - (1) - (F_③) = 0$
$\therefore F_③ = +0.5 (인장)$

$V = 0 : +(3.5) - (1) - (1) + (F_② \cdot \sin\theta) = 0$
$\therefore F_② = -\dfrac{1.5}{\sin\theta} (압축)$

(3) 프랫(Pratt) 트러스

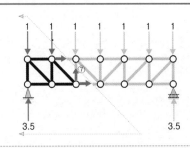 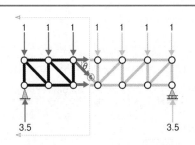

$V = 0 : +(3.5) - (1) - (1) + (F_⑦) = 0$
$\therefore F_⑦ = -1.5 (압축)$

$V = 0 :$
$+(3.5) - (1) - (1) - (1) - (F_⑥ \cdot \sin\theta) = 0$
$\therefore F_⑥ = +\dfrac{0.5}{\sin\theta} (인장)$

정답 (가) 인장재: ③, ④, ⑥, ⑧   (나) 압축재: ①, ②, ⑤, ⑦

Check 14

그림과 같은 트러스에서 U_2, L_2 부재의 부재력을 절단법으로 구하시오. (4점)

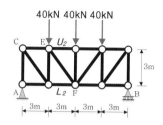

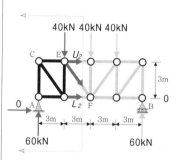

해설

(1) $V_A = \dfrac{(40)+(40)+(40)}{2} = +60\text{kN}(\uparrow)$

(2) $M_F = 0 \ : \ +(60)(6)-(40)(3)+(U_2)(3)=0 \qquad \therefore \ U_2 = -80\text{kN}(압축)$

(3) $M_E = 0 \ : \ +(60)(3)-(L_2)(3)=0 \qquad\qquad \therefore \ L_2 = +60\text{kN}(인장)$

■■■ 구조역학 (1)

1 그림과 같은 라멘 구조물의 부정정 차수를 구하시오. (3점)

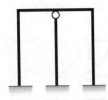

해설 **1**

$N = r + m + f - 2j$

$= (3+3+3) + (5) + (3) - 2(6)$

$= 5차 \ 부정정$

2 그림과 같은 라멘 구조물의 부정정 차수를 구하시오. (3점)

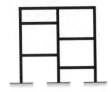

해설 **2**

$N = r + m + f - 2j$

$= (3+3+3) + (17) + (20) - 2(14)$

$= 18차 \ 부정정$

3 다음 구조물의 휨모멘트도(BMD)를 그리시오. (4점)

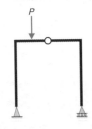

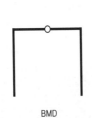

BMD

해설 **3**

$N = r + m + f - 2j$

$= (2+1) + (4) + (2) - 2(5)$

$= -1차 \ ⇒ \ 불안정$

∴ 불안정 구조이므로 휨모멘트도 없음

4 그림과 같은 트러스 구조의 부정정차수를 구하고, 안정구조인지 불안정구조인지를 판별하시오. (4점)

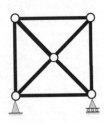

해설 **4**

$N = r + m + f - 2j$

$= (2+1) + (8) + (0) - 2(5)$

$= 1차 \ 부정정 \ ⇒ \ 안정$

5 그림과 같은 캔틸레버 보의 A점의 반력을 구하시오. (3점, 4점)

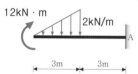

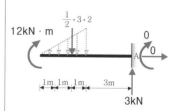

해설 **5**

(1) $\sum H = 0$: $H_A = 0$

(2) $\sum V = 0$: $-\left(\dfrac{1}{2} \times 2 \times 3\right) + (V_A) = 0$ $\therefore$ $V_A = +3\text{kN}(\uparrow)$

(3) $\sum M_A = 0$: $+(M_A) + (12) - \left(\dfrac{1}{2} \times 2 \times 3\right)\left(3 + 3 \times \dfrac{1}{3}\right) = 0$ $\therefore$ $M_A = 0$

6 그림과 같은 구조물의 지점반력(H, V, M)을 구하시오. (3점)

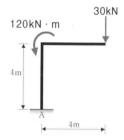

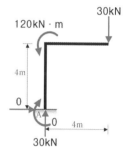

해설 **6**

(1) $\sum H = 0$: $H_A = 0$

(2) $\sum V = 0$: $+(V_A) - (30) = 0$ $\therefore$ $V_A = +30\text{kN}(\uparrow)$

(3) $\sum M = 0$: $+(M_A) + (30)(4) - (120) = 0$ $\therefore$ $M_A = 0$

7 그림과 같은 겔버보의 A, B, C의 지점반력을 구하시오. (3점)

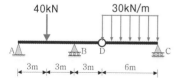

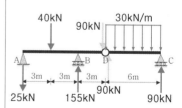

해설 **7**

(1) DC 구간: $V_C = V_D = +\dfrac{(30 \times 6)}{2} = +90\text{kN}(\uparrow)$

(2) AD 내민보 구간:

① $\sum H = 0$: $H_A = 0$

② $\sum M_B = 0$: $+(V_A)(6) - (40)(3) + (90)(3) = 0$ $\therefore$ $V_A = -25\text{kN}(\downarrow)$

③ $\sum V = 0$: $+(V_A) + (V_B) - (40) - (90) = 0$ 이므로 $V_B = +155\text{kN}(\uparrow)$

8 그림과 같은 라멘구조의 A지점 반력을 구하시오. (단, 반력의 방향을 화살표로 반드시 표현하시오.) (3점)

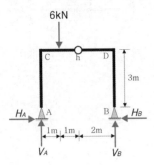

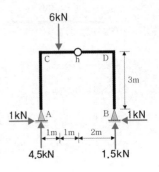

해설 **8**

(1) $\sum H = 0$: $+(H_A) + (H_B) = 0$

(2) $\sum M_B = 0$: $+(V_A)(4) - (6)(3) = 0$ $\therefore V_A = +4.5\text{kN}(\uparrow)$

(3) $M_{h,Left} = 0$: $+(V_A)(2) - (H_A)(3) - (6)(1) = 0$ $\therefore H_A = +1\text{kN}(\rightarrow)$

(4) $R_A = \sqrt{V_A^2 + H_A^2} = \sqrt{(4.5^2) + (1)^2} = 4.61\text{kN}(\nearrow)$

9 그림과 같은 3-Hinge라멘에서 A지점의 수평반력을 구하시오. (3점)

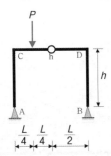

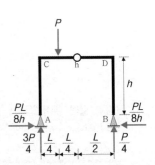

해설 **9**

(1) $\sum M_B = 0$: $+(V_A)(L) - (P)\left(\dfrac{3L}{4}\right) = 0$ $\therefore V_A = +\dfrac{3P}{4}(\uparrow)$

(2) $M_{h,Left} = 0$: $+\left(\dfrac{3P}{4}\right)\left(\dfrac{L}{2}\right) - (P)\left(\dfrac{L}{4}\right) - (H_A)(h) = 0$ $\therefore H_A = +\dfrac{PL}{8h}(\rightarrow)$

10 그림과 같은 3-Hinge라멘에서 A지점의 수평반력을 구하시오. (3점)

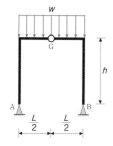

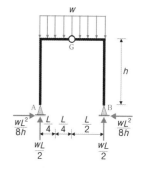

해설 **10**

(1) 하중과 경간이 대칭: $V_A = V_B = +\dfrac{wL}{2}(\uparrow)$

(2) $M_{G,Left} = 0 : +\left(\dfrac{wL}{2}\right)\left(\dfrac{L}{2}\right) - (H_A)(h) - \left(w \cdot \dfrac{L}{2}\right)\left(\dfrac{L}{4}\right) = 0$　∴ $H_A = +\dfrac{wL^2}{8h}(\rightarrow)$

11 그림과 같은 캔틸레버 보의 A점으로부터 우측으로 4m 위치인 C점의 전단력과
휨모멘트를 구하시오. (4점)

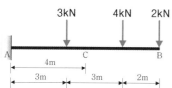

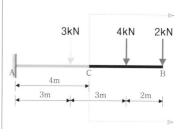

해설 **11**

(1) $V_{C,Right} = -[-(2)-(4)] = +6\text{kN}(\uparrow\downarrow)$

(2) $M_{C,Right} = -[+(4)(2)+(2)(4)] = -16\text{kN} \cdot \text{m}(\frown)$

12 그림과 같은 겔버보에서 A단의 휨모멘트를 구하시오. (2점)

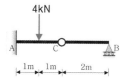

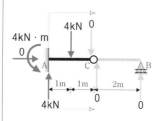

해설 **12**

$M_{A,Right} = -[+(4)(1)] = -4\text{kN} \cdot \text{m}(\frown)$

13 그림과 같은 단순보 (A)와 단순보 (B)의 최대휨모멘트가 같을 때 집중하중 P를 구하시오. (4점)

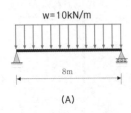

(A)

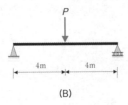

(B)

해설 13

$\dfrac{wL^2}{8} = \dfrac{PL}{4}$ 로부터 $\dfrac{(10)(8)^2}{8} = \dfrac{P(8)}{4}$ 이므로 $P = 40\text{kN}$

14 다음 구조물의 전단력도와 휨모멘트도를 그리고, 최대전단력과 최대휨모멘트값을 구하시오. (4점)

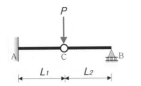

해설 14

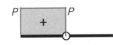

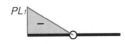

최대전단력: P 최대휨모멘트: PL_1

15 그림과 같은 내민보의 전단력도(SFD)와 휨모멘트도(BMD)를 그리시오. (4점)

하중에 의한 지점반력

해설 15

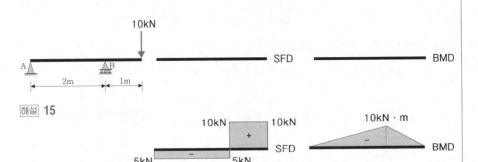

16 그림과 같은 하중이 작용하는 3-Hinge 라멘구조물의 휨모멘트도를 그리시오. (단, 라멘구조 바깥은 -, 안쪽은 +이며, 이를 그림에 표기할 것). (3점)

 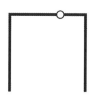

해설 16

17 단순보의 전단력도가 그림과 같을 때 보의 최대 휨모멘트를 구하시오. (4점)

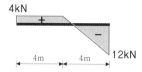

해설 17

(1) 전단력이 0인 곳에서 휨모멘트가 최대가 된다. 따라서, B점에서 전단력이 0인 위치까지의 거리를 x 라 하면 삼각형 닮음비 $12 : x = (12+4) : 4$ 이므로

∴ $x = 3\text{m}$

(2) 임의 위치에서의 휨모멘트는 그 위치의 좌측 또는 우측 한 쪽의 전단력도 면적과 같다.

∴ $M_{\max} = \dfrac{1}{2} \times 12 \times 3 = 18\text{kN} \cdot \text{m}$

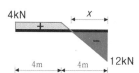

18 그림과 같은 단순보에서 A점으로부터 최대 휨모멘트가 발생되는 위치까지의 거리를 구하시오. (3점)

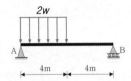

해설 **18**

(1) $\sum M_B = 0 : +(V_A)(8) - (2w \times 4)(6) = 0$　　∴ $V_A = +6w(\uparrow)$

(2) $M_x = +(6w)(x) - (2w \cdot x)\left(\dfrac{x}{2}\right) = +6w \cdot x - w \cdot x^2$

(3) $V_x = \dfrac{dM_x}{dx} = +6w - 2w \cdot x = 0$　　∴ $x = 3\text{m}$

19 그림과 같은 구조물에서 T부재에 발생하는 부재력을 구하시오. (3점)

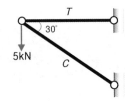

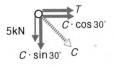

해설 **19**

(1) $\sum V = 0 : -(5) - (F_C \cdot \sin 30°) = 0$　　∴ $F_C = -10\text{kN}(압축)$

(2) $\sum H = 0 : +(F_T) + (F_C \cdot \cos 30°) = 0$　　∴ $F_T = +8.66\text{kN}(인장)$

20 그림과 같은 구조물에서 T부재에 발생하는 부재력을 구하시오. (단, 인장은 +, 압축은 -로 표시한다.) (3점)

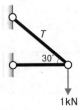

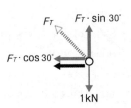

해설 **20**

$\sum V = 0 : -(1) + (F_T \cdot \sin 30°) = 0$　　∴ $F_T = +2\text{kN}(인장)$

21 그림과 같은 하우(Howe) 트러스 및 프랫(Pratt) 트러스에서 ①~⑧ 부재를 인장재 및 압축재로 구분하시오. (4점)

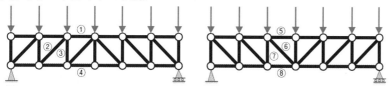

(가) 인장재: _____   (나) 압축재: _____

해설 **21**

(1) 연직하중이 작용하는 단순보형 트러스에서

     상현재(①, ⑤)는 압축재이고, 하현재(④, ⑧)는 인장재이다.

(2) 하우(Howe) 트러스의 경사재(②)는 압축재이고, 수직재(③)는 인장재이다.

(3) 프랫(Pratt) 트러스의 경사재(⑥)는 인장재이고, 수직재(⑦)는 압축재이다.

22 다음 그림과 같은 트러스의 명칭을 쓰시오. (4점)

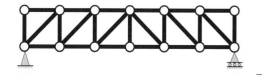

_____

_____

해설 **22**

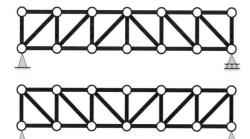

하우(Howe) 트러스

_____

프랫(Pratt) 트러스

_____

23 그림과 같은 트러스에서 U_2, L_2부재의 부재력을 절단법으로 구하시오.
(단, $-$는 압축력, $+$는 인장력으로 부호를 반드시 표시하시오.) (4점)

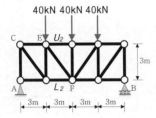

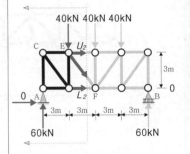

해설 **23**

(1) 하중과 경간이 좌우 대칭이므로 $V_A = \dfrac{(40)+(40)+(40)}{2} = +60\text{kN}(\uparrow)$

(2) $M_F = 0$: $+(60)(6)-(40)(3)+(F_{U_2})(3)=0$ $\qquad \therefore F_{U_2} = -80\text{kN}(\text{압축})$

(3) $M_E = 0$: $+(60)(3)-(F_{L_2})(3)=0$ $\qquad\qquad \therefore F_{L_2} = +60\text{kN}(\text{인장})$

24 그림과 같은 트러스의 V_2, U_2, L_2,의 부재력(kN)을 절단법으로 구하시오.
(단, $-$는 압축력, $+$는 인장력으로 부호를 반드시 표시하시오.) (6점)

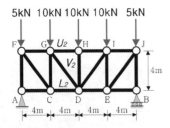

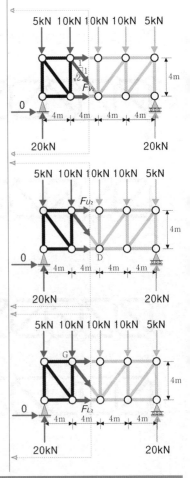

해설 **24**

(1) 하중과 경간이 좌우 대칭이므로 $\therefore V_A = +20\text{kN}(\uparrow)$

(2) $V = 0$: $+(20)-(5)-(10)-\left(F_{V_2}\cdot\dfrac{1}{\sqrt{2}}\right)=0$ $\qquad \therefore F_{V_2} = +5\sqrt{2}\,\text{kN}(\text{인장})$

(3) $M_{D,Left} = 0$: $+(20)(8)-(5)(8)-(10)(4)+(F_{U_2})(4)=0$ $\therefore F_{U_2} = -20\text{kN}(\text{압축})$

(4) $M_{G,Left} = 0$: $+(20)(4)-(5)(4)-(F_{L_2})(4)=0$ $\therefore F_{L_2} = +15\text{kN}(\text{인장})$

MEMO

핵심 8

구조역학 (2)

1 단면의 특성

(1) 단면2차모멘트(I , Second Moment of Area)

① 기본 단면의 단면2차모멘트

단 면	사 각 형	원 형
도 형	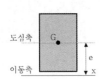	
도심축 I	$\dfrac{bh^3}{12}$	$\dfrac{\pi D^4}{64}$

② 단면2차모멘트 평행축 정리

$$I_{\text{이동축}} = I_{\text{도심축}} + A \cdot e^2$$

- A : 단면적
- e : eccentric distance
    도심축으로부터 이동축까지의 거리

> ■ 단면2차모멘트
>
> 단면의 형태를 유지하려는 관성(Inertia, 慣性)을 나타내는 지표이다.

> ■ 단면2차모멘트 평행축 정리
>
> 도심축에 대한 단면2차모멘트를 알고 있는 상태에서 임의의 축에 대한 단면2차모멘트를 구할 때 적용한다.

학습 POINT

Check 1

다음의 H형강 x 축에 대한 단면2차모멘트를 계산하시오. (3점)

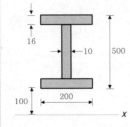

해설

$$I_x = \frac{(200)(16)^3}{12} + (200 \times 16)(592)^2 + \frac{(10)(468)^3}{12} + (10 \times 468)(350)^2 + \frac{(200)(16)^3}{12} + (200 \times 16)(108)^2$$

$$= 1.81767 \times 10^9 \text{mm}^4$$

Check 2

다음 장방형 단면에서 각 축에 대한 단면2차모멘트의 비 I_x/I_y 를 구하시오. (4점)

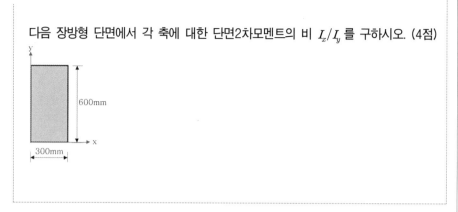

해설

$$\frac{I_x}{I_y} = \frac{\dfrac{(300)(600)^3}{12} + (300 \times 600)(300)^2}{\dfrac{(600)(300)^3}{12} + (600 \times 300)(150)^2} = 4$$

(2) (탄성)단면계수(Z 또는 S), 단면2차(회전)반경(r 또는 i)

단면	사 각 형	원 형
도형	(그림)	(그림)
Z	$Z = \dfrac{I}{y} = \dfrac{\dfrac{bh^3}{12}}{\dfrac{h}{2}} = \dfrac{bh^2}{6}$	$Z = \dfrac{I}{y} = \dfrac{\dfrac{\pi D^4}{64}}{\dfrac{D}{2}} = \dfrac{\pi D^3}{32}$
r	$r = \sqrt{\dfrac{I}{A}} = \dfrac{h}{\sqrt{12}}$	$r = \sqrt{\dfrac{I}{A}} = \dfrac{D}{4}$

■ 최대 단면계수를 갖기 위한 조건

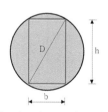

① $D^2 = b^2 + h^2$ 에서 $h^2 = D^2 - b^2$

② $Z = \dfrac{bh^2}{6} = \dfrac{b}{6}(D^2 - b^2)$

  $= \dfrac{1}{6}(D^2 \cdot b - b^3)$

③ Z값이 최대가 되려면 이것을 미분한 값이 0이 되어야 한다.

④ $\dfrac{dZ}{db} = \dfrac{1}{6}(D^2 - 3b^2) = 0$ 에서

  $D = \sqrt{3} b$

∴ $b : h : D = \sqrt{1} : \sqrt{2} : \sqrt{3}$

Check 3

그림과 같은 원형 단면에서 폭 b, 높이 $h = 2b$의 직사각형 단면을 얻기 위한 단면계수 Z를 직경 D의 함수로 표현하시오. (4점)

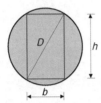

해설

(1) 직각 삼각형에서 $D^2 = b^2 + h^2 = b^2 + (2b)^2 = 5b^2$ 이므로 $b = \dfrac{D}{\sqrt{5}}$

(2) $Z = \dfrac{bh^2}{6} = \dfrac{b(2b)^2}{6} = \dfrac{4b^3}{6} = \dfrac{4\left(\dfrac{D}{\sqrt{5}}\right)^3}{6} = 0.059D^3$

Check 4

그림과 같은 단면의 단면2차모멘트 $I = 64{,}000\,\mathrm{cm}^4$, 단면2차반경 $r = \dfrac{20}{\sqrt{3}}\,\mathrm{cm}$ 일 때 폭 b와 높이 h를 구하시오. (4점)

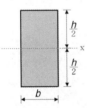

해설

(1) $r = \sqrt{\dfrac{I}{A}}$ 로부터 $A = \dfrac{I}{r^2} = \dfrac{(64{,}000)}{\left(\dfrac{20}{\sqrt{3}}\right)^2} = 480\,\mathrm{cm}^2$

(2) $I = \dfrac{bh^3}{12} = \dfrac{A \cdot h^2}{12}$ 으로부터 $h = \sqrt{\dfrac{12I}{A}} = \sqrt{\dfrac{12(64{,}000)}{(480)}} = 40\,\mathrm{cm}$

(3) $A = bh$ 로부터 $b = \dfrac{A}{h} = \dfrac{(480)}{(40)} = 12\,\mathrm{cm}$

2 후크(R. Hooke)의 법칙

(1) 응력(Stress, 응력도), 변형률(Strain, 변형도)

인장응력(Tensile Stress)

$$\sigma_t = +\frac{P}{A}$$

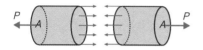

압축응력(Compressive Stress)

$$\sigma_c = -\frac{P}{A}$$

길이변형률(ϵ_L)

$$\epsilon_L = \frac{\Delta L}{L}$$

온도변형률 $\varepsilon_T = \alpha \cdot \Delta T$

선팽창계수 α

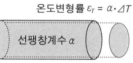

L ΔL

길이변형률 $\varepsilon_L = \frac{\Delta L}{L}$

온도변형률(ϵ_T)

$$\epsilon_T = \alpha \cdot \Delta T$$

- α : 열팽창(=선팽창)계수(/℃)
- ΔT : 온도 변화량(℃)

(2) 후크의 법칙

탄성(Elasticity)한도 내에서 재료의 응력과 변형률은 비례한다는 탄성의 법칙이다.

Robert Hooke(1635~1703)

수직응력(σ)에 대한 후크의 법칙

$$\sigma_L = E \cdot \epsilon_L \quad \Rightarrow \quad \frac{P}{A} = E \cdot \frac{\Delta L}{L}$$

온도응력(σ_T)에 의한 후크의 법칙

$$\sigma_T = E \cdot \epsilon_T \quad \Rightarrow \quad \sigma_T = E \cdot (\alpha \cdot \Delta T)$$

■ 길이변형률과 온도변형률의 관계

임의의 재료가 외력에 대한 길이변형률 $\epsilon_L = \dfrac{\Delta L}{L}$ 이고, 온도변화에 대한 온도변형률 $\epsilon_T = \alpha \cdot \Delta T$ 에서 $\epsilon_L = \epsilon_T$ 로부터 $\dfrac{\Delta L}{L} = \alpha \cdot \Delta T$ 이므로 $\Delta L = \alpha \cdot \Delta T \cdot L$ 의 관계를 갖는다.

Check 5

그림을 보고 물음에 답하시오. (단, 축하중 $P=1,000\text{kN}$) (3점)

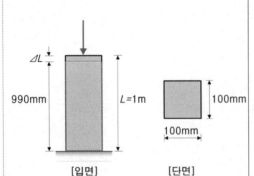

[입면]   [단면]

(1) 압축응력:

(2) 길이방향 변형률:

(3) 탄성계수:

해설

(1) $\sigma_c = \dfrac{P}{A} = \dfrac{(1,000 \times 10^3)}{(100 \times 100)} = 100\text{N/mm}^2 = 100\text{MPa}$

(2) $\epsilon = \dfrac{\Delta L}{L} = \dfrac{(10)}{(1 \times 10^3)} = 0.01$

(3) $E = \dfrac{\sigma}{\epsilon} = \dfrac{(100)}{(0.01)} = 10,000\text{MPa}$

Check 6

강재의 탄성계수 $210,000\text{MPa}$, 단면적 10cm^2, 길이 4m, 외력으로 80kN의 인장력이 작용할 때 변형량(ΔL)을 구하시오. (2점)

해설

$\Delta L = \dfrac{PL}{EA} = \dfrac{(80 \times 10^3)(4 \times 10^3)}{(210,000)(10 \times 10^2)} = 1.52\text{mm}$

Check 7

철근콘크리트 선팽창계수가 $1.0 \times 10^{-5}/\text{℃}$ 라면 10m 부재가 10℃의 온도변화 시 부재의 길이변화량을 구하시오. (2점)

해설

$\Delta L = \alpha \cdot \Delta T \cdot L = (1.0 \times 10^{-5})(10)(10 \times 10^3) = 1\text{mm}$

3 보의 휨응력(σ_b, Bending Stress in Beam)

(1) 휨응력 기본식

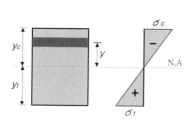

$$\sigma_b = \mp \frac{M}{I} \cdot y$$

- σ_b : 휨응력(N/mm², MPa)
- M : 휨모멘트(N·mm)
- I : 단면2차모멘트(mm⁴)
- y : 중립축으로부터의 거리(mm)

(2) 최대 휨응력: $\sigma_{\max} = \mp \dfrac{M}{Z}$

① 압축측: $\sigma_{\max} = -\dfrac{M}{Z}$

② 인장측: $\sigma_{\max} = +\dfrac{M}{Z}$

$$Z = \frac{bh^2}{6}$$

$$Z = \frac{\pi D^3}{32}$$

Check 8

다음 그림과 같은 단면을 갖는 단순보의

최대 휨응력을 구하시오. (4점)

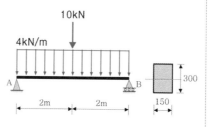

해설

(1) 중첩의 원리를 적용: 집중하중 + 등분포하중

$$M_{\max} = \frac{PL}{4} + \frac{wL^2}{8} = \frac{(10)(4)}{4} + \frac{(4)(4)^2}{8} = 18\text{kN} \cdot \text{m} = 18 \times 10^6 \text{N} \cdot \text{mm}$$

(2) $Z = \dfrac{bh^2}{6} = \dfrac{(150)(300)^2}{6} = 2.25 \times 10^6 \text{mm}^3$

(3) $\sigma_{b,\max} = \dfrac{M_{\max}}{Z} = \dfrac{(18 \times 10^6)}{(2.25 \times 10^6)} = 8\text{N/mm}^2 = 8\text{MPa}$

4 보의 전단응력(τ, Shear Stress in Beam)

(1) 전단응력 기본식

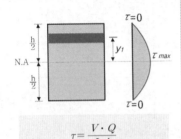

$$\tau = \frac{V \cdot Q}{I \cdot b}$$

- τ : 전단응력(N/mm², MPa)
- V : 전단력(N)
- Q : 전단응력을 구하고자 하는 외측 단면에 대한 중립축으로부터의 단면1차모멘트(mm³)
- I : 중립축에 대한 단면2차모멘트(mm⁴)
- b : 전단응력을 구하고자 하는 위치의 단면폭(mm)

(2) 최대 전단응력을 계산하기 위한 전단계수 k

$$\tau_{\max} = k \cdot \frac{V}{A}$$

전단계수: $k = \dfrac{3}{2}$

전단계수: $k = \dfrac{4}{3}$

Check 9

그림과 같은 단순보의 최대 전단응력을 구하시오 (3점)

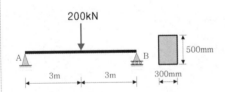

해설

(1) $V_{\max} = V_A = V_B = +\dfrac{P}{2} = +\dfrac{(200)}{2} = 100\text{kN}$

(2) $\tau_{\max} = k \cdot \dfrac{V_{\max}}{A} = \left(\dfrac{3}{2}\right) \cdot \dfrac{(100 \times 10^3)}{(300 \times 500)} = 1\text{N/mm}^2 = 1\text{MPa}$

■■■ 구조역학 (2)

1 다음 그림의 x축에 대한 단면2차모멘트를 구하시오. (2점)

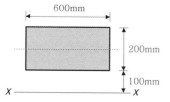

해설 **1**

$$I = \frac{(600)(200)^3}{12} + (600 \times 200)(200)^2 = 5.2 \times 10^9 \text{mm}^4$$

2 그림과 같은 단면의 x축에 대한 단면2차모멘트를 계산하시오. (3점)

해설 **2**

$$I_x = \frac{bd^3}{12} + (bd)\left(\frac{d}{4}\right)^2 = \frac{7bd^3}{48}$$

3 다음 장방형 단면에서 각 축에 대한 단면2차모멘트의 비 I_x/I_y를 구하시오. (4점)

해설 **3**

$$\frac{I_x}{I_y} = \frac{\dfrac{(300)(600)^3}{12} + (300 \times 600)(300)^2}{\dfrac{(600)(300)^3}{12} + (600 \times 300)(150)^2} = 4$$

4 그림과 같은 단면의 x축에 대한 단면2차모멘트를 계산하시오. (3점)

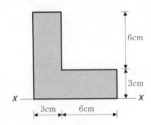

해설 **4**

$$I_x = \left[\frac{(3)(9)^3}{12} + (3 \times 9)(4.5)^2\right] + \left[\frac{(6)(3)^3}{12} + (6 \times 3)(1.5)^2\right] = 783\text{cm}^4$$

5 그림과 같은 T형 단면의 x축에 대한 단면2차모멘트를 계산하시오. (단, 그림상의 단위는 cm이고 x축은 도심축이다.) (3점)

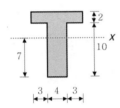

해설 **5**

$$I_x = \left[\frac{(10)(2)^3}{12} + (10 \times 2)(4)^2\right] + \left[\frac{(4)(10)^3}{12} + (4 \times 10)(2)^2\right] = 820\text{cm}^4$$

6 다음의 H형강 x축에 대한 단면2차모멘트를 계산하시오. (3점)

해설 **6**

$$I_x = \frac{(200)(16)^3}{12} + (200 \times 16)(592)^2 + \frac{(10)(468)^3}{12} + (10 \times 468)(350)^2 + \frac{(200)(16)^3}{12} + (200 \times 16)(108)^2$$
$$= 1.81767 \times 10^9 \text{mm}^4$$

7 그림과 같은 원형 단면에서 폭 b, 높이 $h=2b$의 직사각형 단면을 얻기 위한 단면계수 Z를 직경 D의 함수로 표현하시오. (4점)

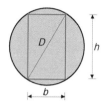

해설 **7**

(1) 직각 삼각형에서 $D^2=b^2+h^2=b^2+(2b)^2=5b^2$ 이므로 $b=\dfrac{D}{\sqrt5}$

(2) $Z=\dfrac{bh^2}{6}=\dfrac{b(2b)^2}{6}=\dfrac{4b^3}{6}=\dfrac{4\left(\dfrac{D}{\sqrt5}\right)^3}{6}=0.059D^3$

8 지름이 D인 원형의 단면계수를 Z_A, 한변의 길이가 a인 정사각형의 단면계수를 Z_B라고 할 때 $Z_A:Z_B$를 구하시오 (단, 두 재료의 단면적은 같고, Z_A를 1로 환산한 Z_B의 값으로 표현하시오.) (4점)

해설 **8**

(1) $\dfrac{\pi D^2}{4}=a^2$ 으로부터

$D=\sqrt{\dfrac{4a^2}{\pi}}=1.128a$

(2) $Z_A=\dfrac{\pi}{32}D^3$

$=\dfrac{\pi}{32}(1.128a)^3=0.141a^3$,

$Z_B=\dfrac{1}{6}a^3$ 이므로

$Z_A:Z_B=1:1.182$

9 그림과 같은 단면의 단면2차모멘트 $I=64,000\text{cm}^4$, 단면2차반경 $r=\dfrac{20}{\sqrt3}\text{cm}$ 일 때 폭 b와 높이 h를 구하시오. (4점)

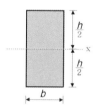

해설 **9**

(1) $r=\sqrt{\dfrac{I}{A}}$ 로부터 $A=\dfrac{I}{r^2}=\dfrac{(64,000)}{\left(\dfrac{20}{\sqrt3}\right)^2}=480\text{cm}^2$

(2) $I=\dfrac{bh^3}{12}=\dfrac{A\cdot h^2}{12}$ 으로부터 $h=\sqrt{\dfrac{12I}{A}}=\sqrt{\dfrac{12(64,000)}{(480)}}=40\text{cm}$

(3) $A=bh$ 로부터 $b=\dfrac{A}{h}=\dfrac{(480)}{(40)}=12\text{cm}$

10 그림을 보고 물음에 답하시오. (단, 축하중 $P = 1{,}000\text{kN}$) (3점)

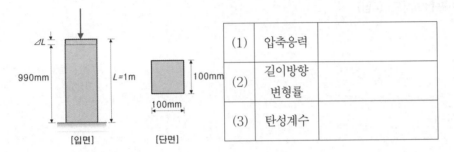

(1)	압축응력	
(2)	길이방향 변형률	
(3)	탄성계수	

[입면]   [단면]

해설 **10**

(1) $\sigma_c = \dfrac{P}{A} = \dfrac{(1{,}000 \times 10^3)}{(100 \times 100)} = 100\text{N/mm}^2 = 100\text{MPa}$

(2) $\epsilon = \dfrac{\Delta L}{L} = \dfrac{(10)}{(1 \times 10^3)} = 0.01$

(3) $E = \dfrac{\sigma}{\epsilon} = \dfrac{(100)}{(0.01)} = 10{,}000\text{MPa}$

11 강재의 탄성계수 205,000MPa, 단면적 10cm², 길이 4m, 외력으로 80kN의 인장력이 작용할 때 변형량(ΔL)을 구하시오. (2점)

해설 **11**

$\Delta L = \dfrac{PL}{EA} = \dfrac{(80 \times 10^3)(4 \times 10^3)}{(205{,}000)(10 \times 10^2)} = 1.56\text{mm}$

12 철근콘크리트의 선팽창계수가 $1.0 \times 10^{-5}/℃$ 라면 10m 부재가 10℃의 온도변화 시 부재의 길이변화량을 구하시오. (3점)

해설 **12**

$\Delta L = \alpha \cdot \Delta T \cdot L = (1.0 \times 10^{-5})(10)(10 \times 10^3) = 1\text{mm}$

13 용수철에 단위하중이 작용할 때 용수철계수 k를 구하시오.
(단, 하중 P, 길이 L, 단면적 A, 탄성계수 E) (4점)

해설 13

(1) 힘(P), 변위(ΔL), 용수철계수(k)의 관계식: $P = k \cdot \Delta L$

(2) 훅의 법칙: $\sigma = E \cdot \epsilon$ 로부터 $\dfrac{P}{A} = E \cdot \dfrac{\Delta L}{L}$ $\quad \therefore \ \Delta L = \dfrac{PL}{EA}$

(3) $P = k \cdot \Delta L = k \cdot \dfrac{PL}{EA}$ $\quad \therefore \ k = \dfrac{EA}{L}$

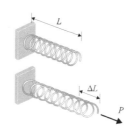

14 그림과 같은 단순보의 C점에서의 최대 휨응력을 구하시오. (3점)

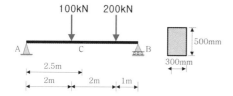

해설 14

(1) $\Sigma M_B = 0$: $+(V_A)(5) - (100)(3) - (200)(1) = 0$ $\quad \therefore \ V_A = +100\text{kN}(\uparrow)$

(2) $M_{C,Left} = +[+(100)(2.5) - (100)(0.5)] = +200\text{kN} \cdot \text{m}$

(3) $\sigma_C = \dfrac{M_{\max}}{Z} = \dfrac{(200 \times 10^6)}{\dfrac{(300)(500)^2}{6}} = 16\text{N/mm}^2 = 16\text{MPa}$

15 그림과 같은 단순보의 최대 휨응력을 구하시오. (단, 보의 자중은 무시한다.) (3점)

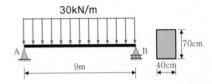

30kN/m

A   B

9m

70cm

40cm

해설 15

$$\sigma_{\max} = \frac{M_{\max}}{Z} = \frac{\dfrac{wL^2}{8}}{\dfrac{bh^2}{6}} = \frac{\dfrac{(30)(9\times10^3)^2}{8}}{\dfrac{(400)(700)^2}{6}} = 9.30\text{N/mm}^2 = 9.30\text{MPa}$$

16 그림과 같은 단순보의 최대 휨응력을 구하시오

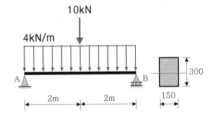

10kN

4kN/m

A   B

2m   2m

300

150

해설 16

(1) 중첩의 원리를 적용: 집중하중 + 등분포하중

$$M_{\max} = \frac{PL}{4} + \frac{wL^2}{8} = \frac{(10)(4)}{4} + \frac{(4)(4)^2}{8} = 18\text{kN} \cdot \text{m} = 18\times10^6\text{N} \cdot \text{mm}$$

(2) $Z = \dfrac{bh^2}{6} = \dfrac{(150)(300)^2}{6} = 2.25\times10^6\text{mm}^3$

(3) $\sigma_{b,\max} = \dfrac{M_{\max}}{Z} = \dfrac{(18\times10^6)}{(2.25\times10^6)} = 8\text{N/mm}^2 = 8\text{MPa}$

17 그림과 같은 단순보의 최대 전단응력을 구하시오 (3점)

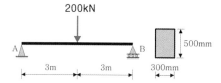

해설 **17**

(1) $V_{\max} = V_A = V_B = \dfrac{P}{2} = \dfrac{(200)}{2} = 100\text{kN}$

(2) $\tau_{\max} = k \cdot \dfrac{V_{\max}}{A} = \left(\dfrac{3}{2}\right) \cdot \dfrac{(100 \times 10^3)}{(300 \times 500)} = 1\text{N/mm}^2 = 1\text{MPa}$

18 그림과 같은 단순보의 최대 전단응력을 구하시오

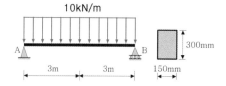

해설 **18**

(1) $V_{\max} = V_A = V_B = \dfrac{wL}{2} = \dfrac{(10)(6)}{2} = 30\text{kN}$

(2) $\tau_{\max} = k \cdot \dfrac{V_{\max}}{A} = \left(\dfrac{3}{2}\right) \cdot \dfrac{(30 \times 10^3)}{(150 \times 300)} = 1\text{N/mm}^2 = 1\text{MPa}$

19 그림과 같은 구조물의 고정단에 발생하는 최대 압축응력을 구하시오. (단, 기둥 단면은 600mm×600mm, 압축응력은 −로 표현) (3점)

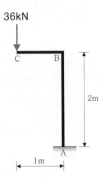

해설 **19** 압축응력 + 휨응력

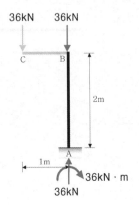

해설 **19**

$$\sigma_A = -\frac{P}{A} - \frac{M}{Z} = -\frac{(36\times10^3)}{(600\times600)} - \frac{(36\times10^6)}{\frac{(600)(600)^2}{6}} = -1.1\text{N/mm}^2 = -1.1\text{MPa(압축)}$$

20 다음 그림과 같은 독립기초에 발생하는 최대압축응력[MPa]을 구하시오. (4점)

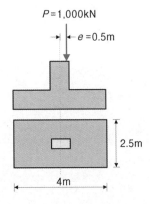

해설 **20**

단면계수$(Z=\dfrac{bh^2}{6})$의 산정에 주의한다.

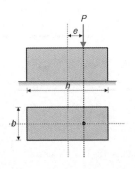

해설 **20**

$$\sigma_{\max} = -\frac{P}{A} - \frac{M}{Z} = -\frac{(1,000\times10^3)}{(2,500\times4,000)} - \frac{(1,000\times10^3)(500)}{\frac{(2,500)(4,000)^2}{6}} = -0.175\text{N/mm}^2 = -0.175\text{MPa(압축)}$$

21 그림과 같은 비틀림모멘트(T)가 작용하는 원형 강관의 비틀림전단응력(τ_t)을
기호로 표현하시오. (4점)

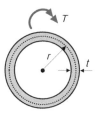

해설 **21**

$$\tau_t = \frac{T}{2t \cdot A_m} = \frac{T}{2t \cdot \pi r^2}$$

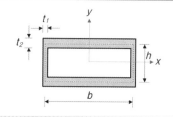

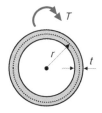

$$\tau_t = \frac{T}{2t \cdot A_m} = \frac{T}{2t_1 \cdot b \cdot h} \qquad \tau_t = \frac{T}{2t \cdot A_m} = \frac{T}{2t \cdot \pi r^2}$$

박판관(=두께가 얇은 관)에 대한 비틀림전단을 고려할 때 관 단면의 중심선에 의해
둘러싸인 면적(A_m)을 적용한다.

핵심 9

구조역학 (3)

1 공액보법(Conjugate Beam Method)

학습 POINT

(1) 구조물의 휨변형: 처짐각(θ)과 처짐(δ)

하중(M, P, w), 부재 경간의 길이(L), 탄성계수(E), 단면2차모멘트(I)의 함수식으로 표현된다.

처짐각	하중조건	처짐
$\theta = \dfrac{ML}{EI}$	모멘트하중(M)	$\delta = \dfrac{ML^2}{EI}$
$\theta = \dfrac{PL^2}{EI}$	집중하중(P)	$\delta = \dfrac{PL^3}{EI}$
$\theta = \dfrac{wL^3}{EI}$	분포하중(w)	$\delta = \dfrac{wL^4}{EI}$

■ 구조물의 휨변형

(1) 처짐(δ 또는 Δ 또는 y, Deflection):
mm 등의 길이 단위로 표시하며,
하향처짐(↓) 일 때(+),
상향처짐(↑)일 때 (−)로 정의한다.

(2) 처짐각(θ, Deflection Angle):
radian 단위로 표시하며,
시계 방향(⌒)을 (+),
반시계 방향(⌒)을 (−)로 정의한다.

(2) 공액보

① 휨모멘트도(BMD)를 탄성하중$\left(\dfrac{M}{EI}\right)$으로 치환하고 단부의 지점 조건을 변환시킨 보

	실제 보	지점 변환	공액 보
	A ———— B	고정단 ↕ 자유단	A ———— B
	A △ B △ C	내측지점 ↕ 내측힌지	A △ B ○ C

Christian Otto Mohr
(1835~1918)

② 공액보를 이용한 변형 해석

$+\dfrac{M}{EI}$ 도를 하향의 하중으로 재하시킨 공액보에서 (+)전단력은 시계방향(⌒)의 처짐각, (+)휨모멘트는 하향의 처짐(↓)을 나타낸다.

실제보에서 x점의 처짐각 θ_x	실제보에서 x점의 처짐 δ_x
↓	↓
공액보에서 x점의 전단력 V_x	공액보에서 x점의 휨모멘트 M_x

(3) 캔틸레버보 및 단순보의 주요 휨변형

하중 조건	휨모멘트도(BMD)	공액보

행1 공액보: $\frac{L}{3}$, $\frac{2L}{3}$, $\frac{PL}{EI}$, $\frac{1}{2}\cdot L\cdot\frac{PL}{EI}$ (집중하중 P, EI, L, BMD PL)

행2: w, EI, L, BMD $\frac{wL^2}{2}$, 공액보 $\frac{L}{4}$, $\frac{3L}{4}$, $\frac{wL^2}{2EI}$, $\frac{1}{3}\cdot L\cdot\frac{wL^2}{2EI}$

행3: P, $\frac{L}{2}$, $\frac{L}{2}$, BMD $\frac{PL}{4}$, 공액보 $\frac{1}{2}\cdot\frac{L}{2}\cdot\frac{PL}{4EI}$, $\frac{2L}{6}$, $\frac{L}{6}$, V_A

행4: w, $\frac{L}{2}$, $\frac{L}{2}$, BMD $\frac{wL^2}{8}$, 공액보 $\frac{2}{3}\cdot\frac{L}{2}\cdot\frac{wL^3}{8EI}$, $\frac{5L}{16}$, $\frac{3L}{16}$, V_A

■ 캔틸레버보:

자유단 집중하중 작용 시

$$\theta_B = \frac{1}{2}\cdot L\cdot\frac{PL}{EI} = \frac{1}{2}\cdot\frac{PL^2}{EI}$$

$$\delta_B = \left(\frac{1}{2}\cdot L\cdot\frac{PL}{EI}\right)\left(L\cdot\frac{2}{3}\right)$$

$$= \frac{1}{3}\cdot\frac{PL^3}{EI}$$

■ 캔틸레버보:

전 경간 등분포하중 작용 시

$$\theta_B = \frac{1}{3}\cdot L\cdot\frac{wL^2}{2EI} = \frac{1}{6}\cdot\frac{wL^3}{EI}$$

$$\delta_B = \left(\frac{1}{3}\cdot L\cdot\frac{wL^2}{2EI}\right)\left(L\cdot\frac{3}{4}\right)$$

$$= \frac{1}{8}\cdot\frac{wL^4}{EI}$$

■ 단순보:

경간 중앙점 집중하중 작용 시

$$\theta_A = V_A = \frac{1}{2}\cdot\frac{L}{2}\cdot\frac{PL}{4EI} = \frac{1}{16}\cdot\frac{PL^2}{EI}$$

$$\delta_C = M_C = \left(\frac{1}{2}\cdot\frac{L}{2}\cdot\frac{PL}{4EI}\right)\left(\frac{L}{2}\cdot\frac{2}{3}\right)$$

$$= \frac{1}{48}\cdot\frac{PL^3}{EI}$$

■ 단순보:

전 경간 등분포하중 작용

$$\theta_A = V_A$$

$$= \frac{2}{3}\cdot\frac{L}{2}\cdot\frac{wL^2}{8EI} = \frac{1}{24}\cdot\frac{wL^3}{EI}$$

$$\delta_C = M_C = \left(\frac{2}{3}\cdot\frac{L}{2}\cdot\frac{wL^2}{8EI}\right)\left(\frac{L}{2}\cdot\frac{5}{8}\right)$$

$$= \frac{5}{384}\cdot\frac{wL^4}{EI}$$

Check 1

그림과 같은 캔틸레버 보의 자유단 B점의 처짐이 0이 되기 위한 등분포하중 $w(\text{kN/m})$의 크기를 구하시오. (단, 경간 전체의 휨강성 EI는 일정) (3점)

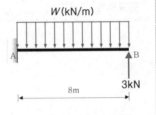

해설

$\delta_B = \dfrac{wL^4}{8EI} - \dfrac{PL^3}{3EI} = 0$ 으로부터 $3wL^4 = 8PL^3$ 이므로 $w = \dfrac{8P}{3L} = \dfrac{8(3)}{3(8)} = 1\text{kN/m}$

Check 2

그림과 같은 단순보의 A지점의 처짐각, 보의 중앙 C점의 최대처짐량을 계산하시오.

(단, $E = 210\text{GPa}$, $I = 1.6 \times 10^8\text{mm}^4$) (4점)

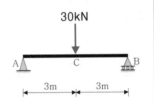

해설

(1) $\theta_A = +\dfrac{1}{16} \cdot \dfrac{PL^2}{EI} = +\dfrac{1}{16} \cdot \dfrac{(30 \times 10^3)(6 \times 10^3)^2}{(210 \times 10^3)(1.6 \times 10^8)} = +0.00201 \text{ rad } (\curvearrowright)$

(2) $\delta_C = +\dfrac{1}{48} \cdot \dfrac{PL^3}{EI} = +\dfrac{1}{48} \cdot \dfrac{(30 \times 10^3)(6 \times 10^3)^3}{(210 \times 10^3)(1.6 \times 10^8)} = +4.01\text{mm } (\downarrow)$

Check 3

$H-500 \times 200 \times 10 \times 16$(SS275) H형강을 사용한

그림과 같은 단순지지 철골보의 최대 처짐(mm)을

구하시오. (단, 철골보의 자중은 무시, $I = 4{,}780\text{cm}^4$,

$E = 210{,}000\text{MPa}$, $L = 7\text{m}$, 고정하중: 10kN/m,

활하중: 18kN/m) (3점)

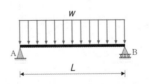

해설

(1) $w = 1.0w_D + 1.0w_L = 1.0(10) + 1.0(18) = 28\text{kN/m} = 28\text{N/mm}$

(2) $\delta_{\max} = \dfrac{5}{384} \cdot \dfrac{wL^4}{EI} = \dfrac{5}{384} \cdot \dfrac{(28)(7 \times 10^3)^4}{(210{,}000)(4{,}780 \times 10^4)} = 87.20\text{mm}$

■ 처짐과 같은 사용성(Serviceability)의 계산 및 검토는 하중계수를 적용한 계수하중($U = 1.2D + 1.6L$)이 아닌 사용하중($U = 1.0D + 1.0L$)을 적용함에 주의한다.

제5편 건축구조 ──── **5-132**

2 모멘트 분배법(Moment Distributed Method)

(1) 강도계수, 수정강도계수

① 강도(Stiffness) 계수 $K=\dfrac{I}{L}$	해당 부재의 단면2차 모멘트를 부재의 길이로 나눈 것	② 수정강도계수 $K^R=\dfrac{3}{4}K$	강도계수는 양단이 고정단인 경우를 기준으로 정한 것이며, 부재의 타단이 Hinge일 경우 $\dfrac{3}{4}$ 을 적용

(2) 분배율, 분배모멘트, 전달모멘트

① 분배율 (Distributed Factor, DF)	$DF=\dfrac{구하려는\ 부재의\ 유효강비}{전체\ 유효강비의\ 합}$ 절점에서 각 부재로 분배되는 비율
② 분배모멘트 (Distributed Moment)	$M_{OA}=M_O\cdot DF_{OA}=M_O\cdot\dfrac{K_{OA}}{\sum K}$
③ 전달모멘트 (Carry-Over Moment)	절점에서 분배된 분배모멘트는 지지단 쪽으로 전달되며, 고정단일 경우 항상 분배모멘트의 $\dfrac{1}{2}$ 이다.

■ 모멘트분배법의 적용 예제(1)

그림과 같은 구조물에서 AB 부재의 재단모멘트 M_{AB} 를 구해보자.	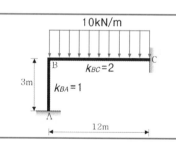

해설

(1) B절점 고정단모멘트: $FEM_{BC}=-\dfrac{wL^2}{12}=-\dfrac{(10)(12)^2}{12}=-120\text{kN}\cdot\text{m}\,(\frown)$

(2) 해제모멘트: $\overline{M_B}=-FEM_{BC}=+120\text{kN}\cdot\text{m}\,(\frown)$

(3) 분배율: $DF_{BA}=\dfrac{1}{1+2}=\dfrac{1}{3}$

(4) 분배모멘트: $M_{BA}=\overline{M_B}\cdot DF_{BA}=+(120)\left(\dfrac{1}{3}\right)=+40\text{kN}\cdot\text{m}\,(\frown)$

(5) 전달모멘트: $M_{AB}=\dfrac{1}{2}M_{BA}=\left(\dfrac{1}{2}\right)(+40)=+20\text{kN}\cdot\text{m}\,(\frown)$

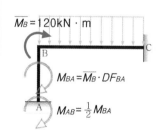

그림과 같은 구조물에서 절점O에 외력
$M = 300\text{kN} \cdot \text{m}$가 작용할 때 전달모멘트를
구해보자. (단, 모든 부재의 EI는 일정)

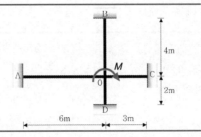

해설

(1) 강도계수(K): 계산의 편의를 위해 최소공배수 12를 각각 곱한다.

$$K_{OA} = \frac{I}{6} \Rightarrow 2K, \; K_{OB} = \frac{I}{4} \Rightarrow 3K, \; K_{OC} = \frac{I}{3} \Rightarrow 4K, \; K_{OD} = \frac{I}{2} \Rightarrow 6K$$

(2) 분배율(DF)

① $DF_{OA} = \dfrac{2K}{2K+3K+4K+6K} = \dfrac{2}{15}$

② $DF_{OB} = \dfrac{3K}{2K+3K+4K+6K} = \dfrac{3}{15}$

③ $DF_{OC} = \dfrac{4K}{2K+3K+4K+6K} = \dfrac{4}{15}$

④ $DF_{OD} = \dfrac{6K}{2K+3K+4K+6K} = \dfrac{6}{15}$

(3) 분배모멘트

① $M_{OA} = M_O \cdot DF_{OA} = +(300)\left(\dfrac{2}{15}\right) = +40\text{kN} \cdot \text{m} \, (\frown)$

② $M_{OB} = M_O \cdot DF_{OB} = +(300)\left(\dfrac{3}{15}\right) = +60\text{kN} \cdot \text{m} \, (\frown)$

③ $M_{OC} = M_O \cdot DF_{OC} = +(300)\left(\dfrac{4}{15}\right) = +80\text{kN} \cdot \text{m} \, (\frown)$

④ $M_{OD} = M_O \cdot DF_{OD} = +(300)\left(\dfrac{6}{15}\right) = +120\text{kN} \cdot \text{m} \, (\frown)$

(4) 전달모멘트는 분배모멘트를 구하면 1/2 로 구할 수 있게 된다.

① $M_{AO} = \dfrac{1}{2} M_{OA} = +20\text{kN} \cdot \text{m} \, (\frown)$

② $M_{BO} = \dfrac{1}{2} M_{OB} = +30\text{kN} \cdot \text{m} \, (\frown)$

③ $M_{CO} = \dfrac{1}{2} M_{OC} = +40\text{kN} \cdot \text{m} \, (\frown)$

④ $M_{DO} = \dfrac{1}{2} M_{OD} = +60\text{kN} \cdot \text{m} \, (\frown)$

■■■ 구조역학 (3)

1 그림과 같은 캔틸레버보의 최대휨응력과 최대처짐을 구하시오. (4점) (단, 부재의 탄성계수 $E=1\times10^4$MPa)

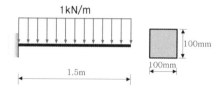

1kN/m

100mm

100mm

1.5m

해설 **1**

(1) 최대휨모멘트는 고정단에서 발생: $M_{max}=(1\times1.5)\left(\dfrac{1.5}{2}\right)=1.125$kN · m

$$\sigma_{max}=\frac{M_{max}}{Z}=\frac{M_{max}}{\dfrac{bh^2}{6}}=\frac{(1.125\times10^6)}{\dfrac{(100)(100)^2}{6}}=6.75\text{N/mm}^2=6.75\text{MPa}$$

(2) $\delta_{max}=\dfrac{1}{8}\cdot\dfrac{wL^4}{EI}=\dfrac{1}{8}\cdot\dfrac{(1)(1,500)^4}{(1\times10^4)\left(\dfrac{(100)(100)^3}{12}\right)}=7.59$mm

2 그림과 같은 캔틸레버 보의 자유단 B점의 처짐이 0이 되기 위한 등분포하중 w(kN/m)의 크기를 구하시오. (단, 경간 전체의 휨강성 EI는 일정) (3점)

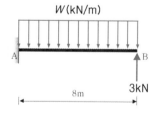

W(kN/m)

A
B

8m

3kN

해설 **2**

$\delta_B=\dfrac{wL^4}{8EI}-\dfrac{PL^3}{3EI}=0$ 으로부터

$w=\dfrac{8P}{3L}=\dfrac{8(3)}{3(8)}=1$kN/m

3 그림과 같은 단순보의 A지점의 처짐각, 보의 중앙 C점의 최대처짐량을 계산하시오. (단, $E=210$GPa, $I=1.6\times10^8$mm^4) (4점)

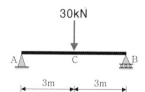

30kN

A
C
B

3m
3m

해설 **3**

(1) $\theta_A=+\dfrac{1}{16}\cdot\dfrac{PL^2}{EI}$

$=+\dfrac{1}{16}\cdot\dfrac{(30\times10^3)(6\times10^3)^2}{(210\times10^3)(1.6\times10^8)}$

$=+0.00201$ rad $(\curvearrowright)$

(2) $\delta_C=+\dfrac{1}{48}\cdot\dfrac{PL^3}{EI}$

$=+\dfrac{1}{48}\cdot\dfrac{(30\times10^3)(6\times10^3)^3}{(210\times10^3)(1.6\times10^8)}$

$=+4.01$mm $(\downarrow)$

4 그림과 같은 단순보의 지점처짐각과 최대 처짐량을 구하시오 (단, $E=210{,}000\text{MPa}$, $I_x=2.18\times10^7\text{mm}^4$)

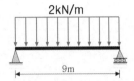

2kN/m

9m

해설 **4**

(1) $w=2\text{kN/m}=2{,}000\text{N}/1{,}000\text{mm}=2\text{N/mm}$

(2) $\theta_A=V_A{'}=\dfrac{1}{24}\cdot\dfrac{wL^3}{EI}=\dfrac{1}{24}\cdot\dfrac{(2)(9\times10^3)^3}{(210{,}000)(2.18\times10^7)}=0.01327\text{rad}$

(3) $\delta_{\max}=\dfrac{5}{384}\cdot\dfrac{wL^4}{EI}=\dfrac{5}{384}\cdot\dfrac{(2)(9\times10^3)^4}{(210{,}000)(2.18\times10^7)}=37.32\text{mm}$

5 H형강을 사용한 그림과 같은 단순지지 철골보의 최대 처짐(mm)을 구하시오 (단, 철골보의 자중은 무시한다.) (3점)

보기

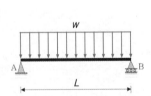

w

A   B

L

- $H-500\times200\times10\times16\,(\text{SS275})$
- 탄성단면계수 $S_x=1{,}910\text{cm}^3$
- 단면2차모멘트 $I=4{,}780\text{cm}^4$
- 탄성계수 $E=210{,}000\text{MPa}$
- $L=7\text{m}$
- 고정하중: 10kN/m, 활하중: 18kN/m

해설 **5**

(1) $w=1.0w_D+1.0w_L=1.0(10)+1.0(18)=28\text{kN/m}=28\text{N/mm}$

(2) $\delta_{\max}=\dfrac{5}{384}\cdot\dfrac{wL^4}{EI}=\dfrac{5}{384}\cdot\dfrac{(28)(7\times10^3)^4}{(210{,}000)(4{,}780\times10^4)}=87.20\text{mm}$

6 그림과 같은 부정정 연속보의 지점반력 V_A, V_B, V_C 를 구하시오. (3점)

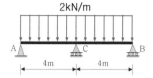

2kN/m

A ─── 4m ─── C ─── 4m ─── B

해설 **6**

(1) 적합조건: $\delta_C = \dfrac{5wL^4}{384EI} - \dfrac{V_C \cdot L^3}{48EI} = 0$ 으로부터 $V_C = +\dfrac{5}{8}wL = +\dfrac{5}{8}(2)(8) = +10\text{kN}(\uparrow)$

(2) 평형조건: $V_A = V_B = +\dfrac{1.5}{8}wL = +\dfrac{1.5}{8}(2)(8) = +3\text{kN}(\uparrow)$

7 그림과 같은 구조물에서 OA부재의 분배율을 모멘트 분배법으로 계산하시오. (3점)

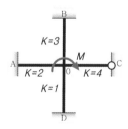

B
$K=3$
A
$K=2$ O M $K=4$ C
$K=1$
D

해설 **7**

$$DF_{OA} = \dfrac{2}{2+3+4\times\dfrac{3}{4}+1} = \dfrac{2}{9}$$

8 그림과 같은 구조물의 A점의 전달모멘트 M_{AB} 를 구하시오. (3점)

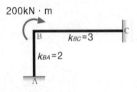

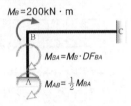

해설 **8**

(1) 분배율: $DF_{BA} = \dfrac{2}{2+3} = \dfrac{2}{5}$

(2) 분배모멘트: $M_{BA} = M_B \cdot DF_{BA} = +(200)\left(\dfrac{2}{5}\right) = +80 \text{kN} \cdot \text{m} \ (\curvearrowright)$

(3) 전달모멘트: $M_{AB} = \dfrac{1}{2} M_{BA} = \left(\dfrac{1}{2}\right)(+80) = +40 \text{kN} \cdot \text{m} (\curvearrowright)$

9 그림과 같은 부정정 라멘에서 A점의 전달모멘트 M_{AB} 를 구하시오. (4점)

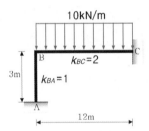

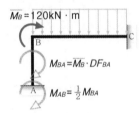

해설 **9**

(1) B절점: $FEM_{BC} = -\dfrac{wL^2}{12} = -\dfrac{(10)(12)^2}{12} = -120 \text{kN} \cdot \text{m} \ (\curvearrowright)$

(2) 해제모멘트: $\overline{M_B} = M_u = -FEM_{BC} = +120 \text{kN} \cdot \text{m} (\curvearrowright)$

(3) 분배율: $DF_{BA} = \dfrac{1}{1+2} = \dfrac{1}{3}$

(4) 분배모멘트: $M_{BA} = \overline{M_B} \cdot DF_{BA} = +(120)\left(\dfrac{1}{3}\right) = +40 \text{kN} \cdot \text{m} \ (\curvearrowright)$

(5) 전달모멘트: $M_{AB} = \dfrac{1}{2} M_{BA} = \left(\dfrac{1}{2}\right)(+40) = +20 \text{kN} \cdot \text{m} (\curvearrowright)$

10 그림과 같은 라멘에서 A점의 전달모멘트를 구하시오. (단, k 는 강비이다.) (3점)

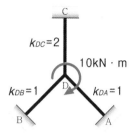

해설 10

(1) 분배율: $DF_{DA} = \dfrac{1}{1+1+2} = \dfrac{1}{4}$

(2) 분배모멘트: $M_{DA} = M_D \cdot DF_{DA} = (+10)\left(\dfrac{1}{4}\right) = +2.5\text{kN} \cdot \text{m} \,(\frown)$

(3) 전달모멘트: $M_{AD} = \dfrac{1}{2} M_{DA} = +1.25\text{kN} \cdot \text{m}\,(\frown)$

11 그림과 같은 구조에서 C단에 생기는 휨모멘트를 구하시오. (4점)

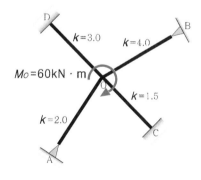

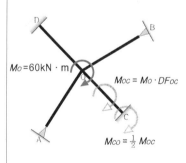

해설 11

(1) 분배율: $DF_{OC} = \dfrac{1.5}{2.0\left(\dfrac{3}{4}\right)+4.0\left(\dfrac{3}{4}\right)+1.5+3.0} = \dfrac{1}{6}$

(2) 분배모멘트: $M_{OC} = M_O \cdot DF_{OC} = (+60) \cdot \left(\dfrac{1}{6}\right) = +10\text{kN} \cdot \text{m}\,(\frown)$

(3) 전달모멘트: $M_{CO} = \dfrac{1}{2} M_{OC} = \dfrac{1}{2}(+10) = +5\text{kN} \cdot \text{m}\,(\frown)$

12 그림과 같은 단순보에 모멘트하중 M이 작용할 때 A지점의 처짐각을 구하시오.

(단, 부재의 탄성계수 E, 단면2차모멘트 I, 가상력이 한 일은 내력이 한 일과

같음을 이용한 방식만 점수로 인정함) (4점)

해설 12

$$\theta_A = \int_0^L \frac{M \cdot m}{EI} dx = \frac{1}{EI} \int_0^L \left(M - \frac{M}{L} \cdot x \right) \left(1 - \frac{1}{L} \cdot x \right) dx = \frac{1}{3} \cdot \frac{ML}{EI}$$

John Bernoulli(1667~1748)

$$\int_0^L \frac{M \cdot m}{EI} dx$$

• M : 주어진 실제 하중에 의한 휨모멘트

• m : 단위모멘트하중($M=1$)에 의한 휨모멘트

처짐(δ) 및 처짐각(θ)을 구하려고 하는 위치에서 변형과 같은 방향으로 가상의 단위집중
하중($P=1$)을 작용시켜 처짐(δ)을 구하고, 가상의 단위모멘트하중($M=1$)을 작용시켜
처짐각(θ)을 구하는 해법이다.

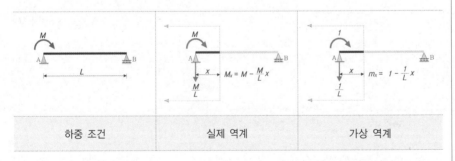

하중 조건	실제 역계	가상 역계

$$\theta_A = \int_0^L \frac{M \cdot m}{EI} dx = \frac{1}{EI} \int_0^L \left(M - \frac{M}{L} \cdot x \right) \left(1 - \frac{1}{L} \cdot x \right) dx = \frac{1}{3} \cdot \frac{ML}{EI}$$

13 그림과 같은 부정정 라멘구조의 휨모멘트도(BMD)를 그리시오. (4점)

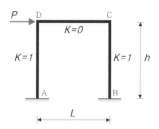

해설 **13**

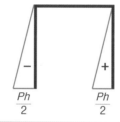

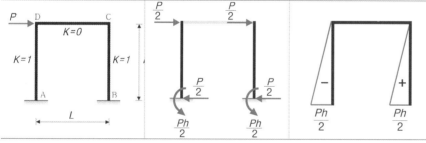

K는 강성도(Stiffness)를 나타내는 지표이며, 외력에 대해 구조부재가 변형을 흡수할 수 있는 능력으로 정의된다.

조건의 그림에서 보의 $K=0$이라는 조건은 수평하중 P에 대한 보의 강성도가 0이라는 것이므로 절점B와 절점C는 자유단 해석이 가능해지며 좌측 기둥과 우측기둥의 강성도가 같기 때문에 가운데 그림과 같은 구조해석이 가능해진다.

건축기사실기
건축적산·공정·품질·구조 (2권)

———————————————————— 定價 52,000원 (전 3권)

저 자 한규대·김형중
안광호·이병억
발행인 이 종 권

2001年 1月 12日 改訂版 3刷發行
2010年 1月 20日 10次改訂 1刷發行
2011年 1月 27日 11次改訂 1刷發行
2011年 6月 15日 11次改訂 2刷發行
2011年 8月 22日 11次改訂 3刷發行
2012年 2月 13日 12次改訂 1刷發行
2012年 4月 10日 12次改訂 2刷發行
2012年 5月 11日 12次改訂 3刷發行
2013年 2月 8日 13次改訂 1刷發行
2014年 2月 17日 14次改訂 1刷發行
2015年 1月 28日 15次改訂 1刷發行
2016年 2月 2日 16次改訂 1刷發行
2017年 2月 3日 17次改訂 1刷發行
2018年 1月 29日 18次改訂 1刷發行
2019年 1月 22日 19次改訂 1刷發行
2020年 1月 23日 20次改訂 1刷發行
2021年 1月 11日 21次改訂 1刷發行
2022年 1月 10日 22次改訂 1刷發行
2023年 1月 26日 23次改訂 1刷發行
2024年 1月 30日 24次改訂 1刷發行

發行處 (주)한솔아카데미

(우)06775 서울시 서초구 마방로10길 25 트윈타워 A동 2002호
TEL : (02)575-6144/5   FAX : (02)529-1130
〈1998. 2. 19 登錄 第16-1608號〉

※ 본 교재의 내용 중에서 오타, 오류 등은 발견되는 대로 한솔아
카데미 인터넷 홈페이지를 통해 공지하여 드리며 보다 완벽한
교재를 위해 끊임없이 최선의 노력을 다하겠습니다.

※ 파본은 구입하신 서점에서 교환해 드립니다.

www.inup.co.kr / www.bestbook.co.kr

ISBN 979-11-6654-454-5 14540
ISBN 979-11-6654-452-1 (세트)

건축기사시리즈
①건축계획

이종석, 이병억 공저
536쪽 | 26,000원

건축기사시리즈
②건축시공

김형중, 한규대, 이명철, 홍태화
공저
678쪽 | 26,000원

건축기사시리즈
③건축구조

안광호, 홍태화, 고길용 공저
796쪽 | 27,000원

건축기사시리즈
④건축설비

오병칠, 권영철, 오호영 공저
564쪽 | 26,000원

건축기사시리즈
⑤건축법규

현정기, 조영호, 김광수, 한웅규
공저
622쪽 | 27,000원

건축기사 필기 10개년
핵심 과년도문제해설

안광호, 백종엽, 이병억 공저
1,000쪽 | 44,000원

건축기사 4주완성

남재호, 송우용 공저
1,412쪽 | 46,000원

건축산업기사 4주완성

남재호, 송우용 공저
1,136쪽 | 43,000원

7개년 기출문제
건축산업기사 필기

한솔아카데미 수험연구회
868쪽 | 36,000원

건축설비기사 4주완성

남재호 저
1,280쪽 | 44,000원

건축설비산업기사
4주완성

남재호 저
770쪽 | 38,000원

10개년 핵심
건축설비기사 과년도

남재호 저
1,148쪽 | 38,000원

건축기사 실기

한규대, 김형중, 안광호, 이병억
공저
1,672쪽 | 52,000원

건축기사 실기
(The Bible)

안광호, 백종엽, 이병억 공저
818쪽 | 37,000원

건축기사 실기 12개년
과년도

안광호, 백종엽, 이병억 공저
688쪽 | 30,000원

건축산업기사 실기

한규대, 김형중, 안광호, 이병억
공저
696쪽 | 33,000원

건축산업기사 실기
(The Bible)

안광호, 백종엽, 이병억 공저
300쪽 | 27,000원

실내건축기사 4주완성

남재호 저
1,320쪽 | 39,000원

실내건축산업기사
4주완성

남재호 저
1,020쪽 | 31,000원

시공실무
실내건축(산업)기사 실기

안동훈, 이병억 공저
422쪽 | 31,000원

Hansol Academy

건축사 과년도출제문제
1교시 대지계획
한솔아카데미 건축사수험연구회
346쪽 | 33,000원

건축사 과년도출제문제
2교시 건축설계1
한솔아카데미 건축사수험연구회
192쪽 | 33,000원

건축사 과년도출제문제
3교시 건축설계2
한솔아카데미 건축사수험연구회
436쪽 | 33,000원

건축물에너지평가사
①건물 에너지 관계법규
건축물에너지평가사 수험연구회
818쪽 | 30,000원

건축물에너지평가사
②건축환경계획
건축물에너지평가사 수험연구회
456쪽 | 26,000원

건축물에너지평가사
③건축설비시스템
건축물에너지평가사 수험연구회
682쪽 | 29,000원

건축물에너지평가사
④건물 에너지효율설계 · 평가
건축물에너지평가사 수험연구회
756쪽 | 30,000원

건축물에너지평가사
2차실기(상)
건축물에너지평가사 수험연구회
940쪽 | 45,000원

건축물에너지평가사
2차실기(하)
건축물에너지평가사 수험연구회
905쪽 | 50,000원

토목기사시리즈
①응용역학
염창열, 김창원, 안광호, 정용욱,
이지훈 공저
804쪽 | 25,000원

토목기사시리즈
②측량학
남수영, 정경동, 고길용 공저
452쪽 | 25,000원

토목기사시리즈
③수리학 및 수문학
심기오, 노재식, 한웅규 공저
450쪽 | 25,000원

토목기사시리즈
④철근콘크리트 및 강구조
정경동, 정용욱, 고길용, 김지우 공저
464쪽 | 25,000원

토목기사시리즈
⑤토질 및 기초
안진수, 박광진, 김창원, 홍성협 공저
640쪽 | 25,000원

토목기사시리즈
⑥상하수도공학
노재식, 이상도, 한웅규, 정용욱 공저
544쪽 | 25,000원

10개년 핵심 토목기사
과년도문제해설
김창원 외 5인 공저
1,076쪽 | 45,000원

토목기사 4주완성
핵심 및 과년도문제해설
이상도, 고길용, 안광호, 한웅규,
홍성협, 김지우 공저
1,054쪽 | 42,000원

토목산업기사 4주완성
7개년 과년도문제해설
이상도, 정경동, 고길용, 안광호,
한웅규, 홍성협 공저
752쪽 | 39,000원

토목기사 실기
김태선, 박광진, 홍성협, 김창원,
김상욱, 이상도 공저
1,496쪽 | 50,000원

토목기사 실기
12개년 과년도문제해설
김태선, 이상도, 한웅규, 홍성협,
김상욱, 김지우 공저
708쪽 | 35,000원

**콘크리트기사 · 산업기사
4주완성(필기)**

정용욱, 고길용, 전지현, 김지우
공저
976쪽 | 37,000원

**콘크리트기사
12개년 과년도(필기)**

정용욱, 고길용, 김지우 공저
576쪽 | 28,000원

**콘크리트기사 · 산업기사
3주완성(실기)**

정용욱, 김태형, 이승철 공저
748쪽 | 30,000원

**건설재료시험기사
4주완성(필기)**

박광진, 이상도, 김지우, 전지현
공저
742쪽 | 37,000원

**건설재료시험기사
13개년 과년도(필기)**

고길용, 정용욱, 홍성협, 전지현
공저
656쪽 | 30,000원

**건설재료시험기사
3주완성(실기)**

고길용, 홍성협, 전지현, 김지우
공저
728쪽 | 29,000원

**콘크리트기능사
3주완성(필기+실기)**

정용욱, 고길용, 전지현 공저
524쪽 | 24,000원

**지적기능사(필기+실기)
3주완성**

염창열, 정병노 공저
640쪽 | 29,000원

측량기능사 3주완성

염창열, 정병노 공저
562쪽 | 27,000원

**전산응용토목제도기능사
필기 3주완성**

김지우, 최진호, 전지현 공저
438쪽 | 26,000원

**건설안전기사 4주완성
필기**

지준석, 조태연 공저
1,388쪽 | 36,000원

**산업안전기사 4주완성
필기**

지준석, 조태연 공저
1,560쪽 | 36,000원

공조냉동기계기사 필기

조성안, 이승원, 강희중 공저
1,358쪽 | 39,000원

**공조냉동기계산업기사
필기**

조성안, 이승원, 강희중 공저
1,269쪽 | 34,000원

공조냉동기계기사 실기

조성안, 강희중 공저
950쪽 | 37,000원

**조경기사 · 산업기사
필기**

이윤진 저
1,836쪽 | 49,000원

**조경기사 · 산업기사
실기**

이윤진 저
1,050쪽 | 45,000원

조경기능사 필기

이윤진 저
682쪽 | 29,000원

조경기능사 실기

이윤진 저
350쪽 | 28,000원

조경기능사 필기

한상엽 저
712쪽 | 28,000원

Hansol Academy

조경기능사 실기
한상엽 저
738쪽 | 29,000원

산림기사·산업기사 1권
이윤진 저
888쪽 | 27,000원

산림기사·산업기사 2권
이윤진 저
974쪽 | 27,000원

전기기사시리즈(전6권)
대산전기수험연구회
2,240쪽 | 113,000원

전기기사 5주완성
전기기사수험연구회
1,680쪽 | 42,000원

전기산업기사 5주완성
전기산업기사수험연구회
1,556쪽 | 42,000원

전기공사기사 5주완성
전기공사기사수험연구회
1,608쪽 | 41,000원

**전기공사산업기사
5주완성**
전기공사산업기사수험연구회
1,606쪽 | 41,000원

전기(산업)기사 실기
대산전기수험연구회
766쪽 | 42,000원

**전기기사 실기 15개년
과년도문제해설**
대산전기수험연구회
808쪽 | 37,000원

전기기사시리즈(전6권)
김대호 저
3,230쪽 | 119,000원

전기기사 실기 기본서
김대호 저
964쪽 | 36,000원

전기기사 실기 기출문제
김대호 저
1,336쪽 | 39,000원

**전기산업기사 실기
기본서**
김대호 저
920쪽 | 36,000원

**전기산업기사 실기
기출문제**
김대호 저
1,076쪽 | 38,000원

전기기사 실기 마인드 맵
김대호 저
232쪽 | 16,000원

**전기(산업)기사
실기 모의고사 100선**
김대호 저
296쪽 | 24,000원

전기기능사 필기
이승원, 김승철 공저
624쪽 | 25,000원

**소방설비기사
기계분야 필기**
김흥준, 한영동, 박래철, 윤중오
공저
1,130쪽 | 39,000원

**소방설비기사
전기분야 필기**
김흥준, 홍성민, 박래철 공저
990쪽 | 38,000원

공무원 건축계획

이병억 저

800쪽 | 37,000원

**7 · 9급 토목직
응용역학**

정경동 저

1,192쪽 | 42,000원

9급 토목직 토목설계

정경동 저

1,114쪽 | 42,000원

응용역학개론 기출문제

정경동 저

686쪽 | 40,000원

**측량학(9급 기술직/
서울시 · 지방직)**

정병노, 염창열, 정경동 공저

722쪽 | 27,000원

**응용역학(9급 기술직/
서울시 · 지방직)**

이국형 저

628쪽 | 23,000원

**스마트 9급 물리
(서울시 · 지방직)**

신용찬 저

422쪽 | 23,000원

**7급 공무원
스마트 물리학개론**

신용찬 저

614쪽 | 38,000원

1종 운전면허

도로교통공단 저

110쪽 | 12,000원

2종 운전면허

도로교통공단 저

110쪽 | 12,000원

1 · 2종 운전면허

도로교통공단 저

110쪽 | 12,000원

지게차 운전기능사

건설기계수험연구회 편

216쪽 | 15,000원

굴삭기 운전기능사

건설기계수험연구회 편

224쪽 | 15,000원

**지게차 운전기능사
3주완성**

건설기계수험연구회 편

338쪽 | 12,000원

**굴삭기 운전기능사
3주완성**

건설기계수험연구회 편

356쪽 | 12,000원

**초경량 비행장치
무인멀티콥터**

권희춘, 김병구 공저

258쪽 | 22,000원

**시각디자인 산업기사
4주완성**

김영애, 서정술, 이원범 공저

1,102쪽 | 36,000원

**시각디자인
기사 · 산업기사 실기**

김영애, 이원범 공저

508쪽 | 35,000원

토목 BIM 설계활용서

김영휘, 박형순, 송윤상, 신현준,
안서현, 박진훈, 노기태 공저

388쪽 | 30,000원

BIM 구조편

(주)알피종합건축사사무소
(주)동양구조안전기술 공저

536쪽 | 32,000원

Hansol Academy

BIM 주택설계편
(주)알피종합건축사사무소
박기백, 서창석, 함남혁, 유기찬
공저
514쪽 | 32,000원

BIM 기본편
(주)알피종합건축사사무소
402쪽 | 32,000원

**BIM 건축계획설계
Revit 실무지침서**
BIMFACTORY
607쪽 | 35,000원

**전통가옥에서 BIM을
보며**
김요한, 함남혁, 유기찬 공저
548쪽 | 32,000원

BIM 주택설계편
(주)알피종합건축사사무소
박기백, 서창석, 함남혁, 유기찬
공저
514쪽 | 32,000원

BIM 활용편 2탄
(주)알피종합건축사사무소
380쪽 | 30,000원

BIM 건축전기설비설계
모델링스토어, 함남혁
572쪽 | 32,000원

BIM 토목편
송현혜, 김동욱, 임성순, 유자영,
심창수 공저
278쪽 | 25,000원

디지털모델링 방법론
이나래, 박기백, 함남혁, 유기찬
공저
380쪽 | 28,000원

**건축디자인을 위한
BIM 실무 지침서**
(주)알피종합건축사사무소
박기백, 오정우, 함남혁, 유기찬 공저
516쪽 | 30,000원

**BIM건축운용전문가
2급자격**
모델링스토어, 함남혁 공저
826쪽 | 34,000원

**BIM토목운용전문가
2급자격**
채재현, 김영휘, 박준오, 소광영,
김소희, 이기수, 조수연
614쪽 | 35,000원

BE Architect
유기찬, 김재준, 차성민, 신수진,
홍유찬 공저
282쪽 | 20,000원

**BE Architect
라이노&그래스호퍼**
유기찬, 김재준, 조준상, 오주연
공저
288쪽 | 22,000원

**BE Architect
AUTO CAD**
유기찬, 김재준 공저
400쪽 | 25,000원

건축관계법규(전3권)
최한석, 김수영 공저
3,544쪽 | 110,000원

건축법령집
최한석, 김수영 공저
1,490쪽 | 60,000원

건축법해설
김수영, 이종석, 김동화, 김용환,
조영호, 오호영 공저
918쪽 | 32,000원

건축설비관계법규
김수영, 이종석, 박호준, 조영호,
오호영 공저
790쪽 | 34,000원

건축계획
이순희, 오호영 공저
422쪽 | 23,000원

www.bestbook.co.kr

건축시공학

이찬식, 김선국, 김예상, 고성석,
손보식, 유정호, 김태완 공저
776쪽 | 30,000원

**현장실무를 위한
토목시공학**

남기천,김상환,유광호,강보순,
김종민,최준성 공저
1,212쪽 | 45,000원

알기쉬운 토목시공

남기천, 유광호, 류명찬, 윤영철,
최준성, 고준영, 김연덕 공저
818쪽 | 28,000원

Auto CAD 오토캐드

김수영, 정기범 공저
364쪽 | 25,000원

친환경 업무매뉴얼

정보현, 장동원 공저
352쪽 | 30,000원

**건축시공기술사
기출문제**

배용환, 서갑성 공저
1,146쪽 | 69,000원

**합격의 정석
건축시공기술사**

조민수 저
904쪽 | 67,000원

**건축전기설비기술사
(상권)**

서학범 저
784쪽 | 65,000원

**건축전기설비기술사
(하권)**

서학범 저
748쪽 | 65,000원

**마법기본서 PE
건축시공기술사**

백종엽 저
730쪽 | 62,000원

**스크린 PE
건축시공기술사**

백종엽 저
376쪽 | 32,000원

**용어설명1000 PE
건축시공기술사(상)**

백종엽 저
1,072쪽 | 70,000원

**용어설명1000 PE
건축시공기술사(하)**

백종엽 저
988쪽 | 70,000원

**합격의 정석
토목시공기술사**

김무섭, 조민수 공저
804쪽 | 60,000원

건설안전기술사

이태엽 저
600쪽 | 52,000원

소방기술사 上

윤정득, 박견용 공저
656쪽 | 55,000원

소방기술사 下

윤정득, 박견용 공저
730쪽 | 55,000원

**소방시설관리사 1차
(상,하)**

김흥준 저
1,630쪽 | 63,000원

건축에너지관계법해설

조영호 저
614쪽 | 27,000원

ENERGYPULS

이광호 저
236쪽 | 25,000원

수학의 마술(2권)

아서 벤저민 저, 이경희, 윤미선,
김은현, 성지현 옮김
206쪽 | 24,000원

**스트레스,
과학으로 풀다**

그리고리 L. 프리키온, 애너이브
코비치, 앨버트 S.융 저
176쪽 | 20,000원

숫자의 비밀

마리안 프라이베르거, 레이첼
토머스 지음, 이경희, 김영은,
윤미선, 김은현 옮김
376쪽 | 16,000원

지치지 않는 뇌 휴식법

이시카와 요시키 저
188쪽 | 12,800원

행복충전 50Lists

에드워드 호프만 저
272쪽 | 16,000원

**스마트 건설,
스마트 시티, 스마트 홈**

김선근 저
436쪽 | 19,500원

**e-Test 엑셀
ver.2016**

임창인, 조은경, 성대근, 강현권
공저
268쪽 | 17,000원

**e-Test 파워포인트
ver.2016**

임창인, 권영희, 성대근, 강현권
공저
206쪽 | 15,000원

**e-Test 한글
ver.2016**

임창인, 이권일, 성대근, 강현권
공저
198쪽 | 13,000원

**e-Test 엑셀
2010(영문판)**

Daegeun-Seong
188쪽 | 25,000원

**e-Test
한글+엑셀+파워포인트**

성대근, 유재휘, 강현권 공저
412쪽 | 28,000원

**재미있고 쉽게 배우는
포토샵 CC2020**

이영주 저
320쪽 | 23,000원

건축설비기사 4주완성

남재호
1,280쪽 | 44,000원

실내건축기사 4주완성

남재호
1,320쪽 | 39,000원

※ 구입처는 **전국대형서점**에서 구매하실 수 있습니다.